U0215855

中国古代名著全本译注丛书

齐民要术

译注

下

[北朝] 贾思勰　著

缪启愉　缪桂龙　译注

齐民要术卷第六

养牛、马、驴、骡第五十六相牛、马及诸病方法

服牛乘马，量其力能；寒温饮饲，适其天性：如不肥充繁息者，未之有也。金日磾[1]，降虏之煨烬，卜式[2]，编户齐民，以羊、马之肥[3]，位登宰相[4]。公孙弘，梁伯鸾[5]，牧豕者，或位极人臣，身名俱泰；或声高天下，万载不穷。宁戚以饭牛见知，马援以牧养发迹[6]。莫不自近及远，从微至著。呜呼小子，何可已乎！故小童曰："羊去乱群，马去害者。"[7]卜式曰："非独羊也，治民亦如是。以时起居，恶者辄去，无令败群也。"[8]谚曰"羸牛劣马寒食下"，言其乏食瘦瘠，春中必死。务在充饱调适而已。

陶朱公曰："子欲速富，当畜五牸。"[9]牛、马、猪、羊、驴五畜之牸。然畜牸则速富之术也。

《礼记·月令》曰："季春之月……合累牛、腾马，游牝于牧。""累、腾，皆乘匹之名，是月所以合牛马。"[10]"仲夏之月……游牝别群，则絷腾驹。""孕任欲止，为其牡气有余[11]，恐相蹄啮也。""仲冬之月……马牛畜兽，有放逸者，取之不诘。""《王居明堂礼》曰：'孟冬命农毕积聚，继收牛马[12]，'"

凡驴、马驹初生，忌灰气；遇新出炉者，辄死[13]。经雨者则不忌。

【注释】

〔1〕金日(mì)䃅(dī)(前134—前86)：匈奴贵族，汉武帝时因战败被俘，叫他养马。由于马养得肥壮，得到汉武帝的信任，由侍中至封侯。《汉书》有传。西汉时的侍中不等于宰相，至南朝时始掌机要，相当于宰相，在后魏更见贵重，称为"小宰相"。贾氏是以后魏的侍中比拟金日䃅为"宰相"。

〔2〕卜式：《汉书》有传。汉武帝时曾在上林苑给皇家养羊，羊养得很好。最后做到御史大夫，跟宰相差不多。

〔3〕"羊、马"，似宜作"马、羊"，因金日䃅以善养马发迹，卜式以善养羊贵显。

〔4〕西汉时的侍中不等于宰相，至南朝时始掌机要，相当于宰相，在后魏更见贵重，称为"小宰相"。贾氏是以后魏的侍中比拟金日䃅为"宰相"。

〔5〕公孙弘(前200—前121)：汉武帝时人，六十岁以前，以牧猪为业。后应征为官吏，最后做到宰相。《史记》、《汉书》均有传。　　梁伯鸾：名鸿，东汉初人。早年以牧猪为生。后与其妻孟光迁居苏州，替人家舂米，不肯做官。舂米回来，孟光捧着饭食，"举案齐眉"，就是他俩的故事。当时和后世以为"清高"。

〔6〕宁戚：春秋时卫国人。偶尔一次在齐国都城东门外喂牛，刚巧齐桓公(？—前643，春秋时第一个霸主)夜间出巡，宁戚就边喂牛边大声唱歌，招惹桓公注意。桓公听了，认为是贤才，便举荐他为"客卿"。　　马援(前14—49)：东汉初人。因辅佐汉光武有功，任伏波将军，封侯。早年以养马起家，曾得专家传授，《铜马相法》传说是他写的。

〔7〕《庄子·徐无鬼》："〔牧马〕小童曰：'夫为天下者，亦奚以异乎牧马者哉？亦去其害马者而已矣。'"但这里多"羊去乱群"一句，未审所出。

〔8〕卜式语见《史记·平准书》。《汉书·卜式传》亦有。

〔9〕陶朱公语见《孔丛子》卷五《陈士义》。《齐民要术序》中已有引到。牸(zì)，雌性牲畜。

〔10〕引《月令》注文，都是郑玄注。

〔11〕《月令》郑注作"牡气"，《要术》各本均作"牝气"。按：此指怀孕母马恐被牡马所伤害，"其"指"腾驹"，即牡马，应作"牡气"。孟方平说，牡马发情是受牝马的引诱，母马怀孕后，公马不发情，应作"牝气"。但既已"孕任欲止"，何来"牝气"？孟又说是指没有怀孕的母马，则外加"水分"，于文义尤为扞格不通。著名畜牧专家谢成侠教授说，母马怀孕后，牡马仍会发情，询之其他畜牧学者，其说相同，故从郑注改为"牡气"。

〔12〕"继收"，各本均作"继放"，意义相反。按：此时正该收马入厩，否则"取之不诘"，《月令》郑注即作"系收"，没有存误必要，据改。"继"古

通"系"。

〔13〕古代禁止弃灰于道路，说法很早：殷代对犯禁的人，斩断其手，商鞅治秦，对犯禁的人，处以刺面涂墨的黥刑。直到清代，仍有忌灰之说，不过不是一般的灰，而是专指蓝灰。清代山东地区的丁宜曾《农圃便览·七月》"刈蓝打靛"："蓝秸烧灰，弃于道路，马畏之，驹遇即死。故秦有禁。"

【译文】

役使牛马，酌量它所能负荷的力量；天冷天热和饮水喂料，适应它们的天性：〔这样合理饲养管理，〕如果还不膘肥壮实、健康繁息，那是从来没有的。像金日磾这样被俘虏的外族人，像卜式这样老百姓出身的人，因为养马养羊养得肥壮，后来都做到了宰相。又像公孙弘和梁伯鸾，都是放猪的，可是公孙弘也做到了极品的人臣，地位和名誉都很高，梁伯鸾清高的名声传遍天下，千万年也受人尊敬。还有，宁戚由于喂牛被人家赏识，马援也因养马起家。这些人无一不是从近到远，从不出名到很出名的。啊！年轻的百姓们，怎么可以不努力育养呢！所以牧童说："羊要去掉乱群的，马要除掉害群的。"卜式说："不但是牧羊，治理老百姓也是这样。按一定的时间工作或休息，个别捣乱的一定要除掉，不要让他败坏集体。"农谚说："瘦牛弱马，寒食前一定倒下。"这是说冬季饲料不够吃不饱，因而瘠弱，到春天一定会死。所以务必要喂得充足饱满，调理合宜。

陶朱公说："你想要快快致富，该养五种母畜。"指牛、马、猪、羊、驴五种母畜。这样看来，育养母畜是快速致富的窍门。

《礼记·月令》说："三月……让累牛、腾马与母畜交配，把母畜放到公母合群的牧场中去。"〔郑玄注解说：〕"累、腾都是公畜爬配的名称，〔所以累牛就是公牛，腾马就是公马〕。这个月进行牛马交配。""五月……牧放母马单独成群，把公马拴系起来。"注解说："母马已经怀孕，不再发情，但是〔公〕马的冲动还会有的，恐怕它踢伤或咬伤母马和胎儿〔，所以要拴起来〕。""十一月……牛、马和其他家畜，如果还有放任着在外面的，任何人都可以收去，不算犯法。"注解说："《王居明堂礼》就说过：'十月命令农家必须收聚积蓄完毕，把牛马全都收回来拴着。'"

凡驴、马初生出的小驹子，忌灰气；碰上新出炉的灰，就会死。已经被雨淋过的灰，不忌。

马[1]：头为王，欲得方；目为丞相，欲得光；脊为将军，欲得强；腹胁为城郭，欲得张；四下为令，欲得长。

凡相马之法，先除"三羸"、"五驽"，乃相其余。大头小颈，一羸；弱瘠大腹，二羸；小胫大蹄，三羸。大头缓耳，一驽；长颈不折，二驽；短上长下，三驽；大髂^{枯价切}短胁^[2]，四驽；浅髋薄髀^[3]，五驽。

骝马、骊肩、鹿毛、□马^[4]、骓、骆马，皆善马也。

马生堕地无毛，行千里。溺举一脚，行五百里。

相马五藏法^[5]：肝欲得小；耳小则肝小，肝小则识人意。肺欲得大；鼻大则肺大，肺大则能奔。心欲得大；目大则心大，心大则猛利不惊，目四满则朝暮健。肾欲得小^[6]。肠欲得厚且长，肠厚则腹下广方而平。脾欲得小；𦜕腹小则脾小^[7]，脾小则易养。

望之大，就之小，筋马也；望之小，就之大，肉马也：皆可乘致。致瘦欲得见其肉，谓前肩守肉^[8]。致肥欲得见其骨。骨谓头颅。^[9]

马，龙颅突目，平脊大腹，腄重有肉^[10]：此三事备者，亦千里马也。

【注释】

〔1〕"马"这条和下面"三羸五驽"条，与《初学记》卷二九及《御览》卷八九六引《伯乐相马经》文基本相同；《御览》所引还有下面的"马生堕地无毛"条。《要术》下文相马眼、耳、鼻、口等文，亦错见于二书所引《伯乐相马经》。启愉按：《要术》所载相马文，颇为繁琐、零乱，重复既多，也间有出入，与他篇大异。"马"这条以下大致是总论性的整体相马法，"'水火'欲得分"以下则分相各部位。但这部分分相法又与下文"相马从头始"以下的分相法重出，而后者特详，反映各成系列，其来源不同，特别是后者迷信白章和旋毛，而前者无一字涉及。再下面"久步则生筋劳"以下，则又回头讲役用法和饲养法。《伯乐相马经》是托伪之书，《世说新语·德行》"庾公(亮)乘马有'的卢'"下南朝梁刘孝标注引到该书，其说与《要术》的"的颅"白章

说相同。《隋书·经籍志三》五行类著录"《相马经》一卷"下注云,梁有《伯乐相马经》二卷,亡。《旧唐书·经籍志下》农家类著录"《相马经》一卷,伯乐撰",则伯乐书在唐开元间征集遗书时又有征得。奇怪的是:《要术》最可贵的特点是引书都标明出处,可就是本篇没有一处标明出处,虽然那时有《伯乐相马经》,也有宁戚、王良、高堂隆三种《相牛经》,似乎贾氏根本没有看到或根本没有用它们,否则大量资料不会不标明出处。从本篇资料的繁杂交错看来,怀疑其中大部分是后人插进去的。《相马经》最初只一二卷,可到隋代诸葛颖等的《相马经》,猛增至六十卷,只相马一项,"浩瀚"如此,诸葛颖曾任隋炀帝时著作郎,其为汇录各家相马之说,可想而知,而庞然芜杂,在所难免。想不到本篇也是这样繁杂无章,恐怕贾氏不致如此。

〔2〕髂(qià):髂骨,即腰下腹部的侧骨。

〔3〕髋(kuān):髋骨,通称胯骨。　　髀(bì):股部,大腿骨。

〔4〕此处脱文,金抄等空一格,湖湘本等空两格。

〔5〕此条及下面"望之大,就之小"条,《司牧安骥集》(简称《安骥集》)及《元亨疗马集》(简称《疗马集》)并引为《王良先师天地五脏论》文,除个别不起作用字眼外,文句全同,是后人假托"王良先师"的。

〔6〕本段就内脏和外形的互相联系和制约立论,但"肾欲得小",无下文,与相肝、心、脾、肺四脏不相称,五脏实缺其一,又插进六腑的"肠",疑有窜乱脱误。可《王良先师》文跟《要术》一样,殊为可疑。

〔7〕膁(qiǎn):腰软窝,又名软肚。

〔8〕"前肩守肉",各本同,《安骥集》、《疗马集》引《王良先师》文作"前肩府肉"。"守"、"府"都对"四下为令"而言,字异实同,这里指肩部肌肉。

〔9〕本条三"致"字,各本同。后二者通"至"(《疗马集》引《王良先师》即作"至"),仍其旧。至于"乘致",是"乘传致远"的省词,《疗马集》引无"致"字,于义为疏。

〔10〕龙颅:形容额部大而隆起,同时骨突明显。　　突目:眼要略微突出些,首先必须眼球充盈于眼窝,但不要求过分突出,成为凶相。头和眼是马体的主宰,这样的外形是良马的必要条件。　　平脊大腹:腹大而脊平,表背腰强抗有力,腹部满实而不下垂。　　腿(bì)重有肉:腿,大腿。臀股部肌肉发达,骨头壮实,则后躯推进有力。头、中躯和后躯构成马体的三大主要部分,这里合三者的良形于一马,所以符合骏马的条件。

【译文】

马的总要求:头是王,要求方;眼是丞相,要求有光;背椎、腰椎是将军，要求坚强有力；胸腹部是城郭，要求〔充实〕开张；四肢是地方官，要求相应地长〔而有力〕。

〔上面从总的方面肯定了良马的外形，现在还要进一步用失格淘汰法〕来鉴定马匹，必须先把"三羸"、"五驽"的劣马除掉，然后再相其余的马。头大颈子细，〔无力支持头部，〕这是第一种羸；腰背部瘦弱，而腹部却膨大，〔更加重了自身负担，〕这是第二种羸；管部细小，而四蹄过大，〔必使四腿举步沉重，〕这是第三种羸。头大，耳朵却弛缓不耸立，这是第一种驽相；头颈长长的没有适度的弯曲，这是第二种驽相；躯干短，而四肢长，〔发育不完全，〕这是第三种驽相；腰椎长，而胁肋短，〔胸廓不发达，难得快跑和持久，〕这是第四种驽相；髋部狭窄，股部瘠薄，〔臀股部骨肉发育不良，推进之力怯弱，〕这是第五种驽相。

〔赤毛黑鬣的〕骝（liú）马，〔肩部毛黑色的〕骊（lí）肩马，〔毛色褐黄的〕鹿毛马，□马，〔青黑毛中夹杂着灰白色的〕騜（tuó）马，〔白马黑鬣的〕骆马，都是好马。

马生下来没有毛的，一天行一千里。撒尿时抬起一只脚的，一天行五百里。

相马五脏的方法：肝要求小；耳朵小肝就小，肝小就知晓人意。肺要求大；鼻子大肺就大，肺大就善于奔跑。心要求大；眼大心就大，心大就勇猛不受惊吓，眼球充满，神采焕发，可以从早到晚健走有力。外肾要求小……（？）肠要求厚而且长，肠厚腹部下面就宽舒平正。脾要求小；腰软窝儿小脾就小，脾小就容易饲养。

远看大，近看小，这是"筋马"；远看小，近看大，这是"肉马"：都可以骑乘走远路。马再瘦，也得见到一定部位的肉；肉指肩胳部的肌肉。马再肥，也得见到一定部位的骨。骨指头颅骨突显现。

马，如果龙颅突目，腹大背脊平，臀股部肌肉发达、骨头壮实：这三种条件都具备的，也是千里马。

"水火"欲得分[1]。**"水火"，在鼻两孔间也。上唇欲急而方，口中欲得红而有光：此马千里。马，上齿欲钩，钩则寿；下齿欲锯，锯则怒。颔下欲深。下唇欲缓。牙欲去齿**

一寸，则四百里；牙剑锋，则千里。"嗣骨"欲廉如织杼而阔，又欲长。颊下侧小骨是[2]。目欲满而泽；眶欲小，上欲弓曲，下欲直。"素"中欲廉而张。"素"，鼻孔上。

"阴中"欲得平。股下。"主人"欲小[3]。股里上近前也。"阳里"欲高[4]，则怒。股中上近"主人"。

额欲方而平。"八肉"欲大而明。耳下。"玄中"欲深。耳下近牙。耳欲小而锐，如削筒，相去欲促。鬣欲戴；"中骨"高三寸。鬣中骨也。"易骨"欲直。眼下直下骨也。颊欲开，尺长[5]。

膺下欲广一尺以上，名曰"挟一作扶尺"，能久走。"鞅"欲方。颊前[6]。喉欲曲而深。胸欲直而出。髀间前向。"凫"间欲开，望视之如双凫[7]。

颈骨欲大，肉次之。䰅欲桎而厚且折；"季毛"欲长多覆，肝肺无病。发后毛是也。

背欲短而方，脊欲大而抗。腢筋欲大，夹脊筋也。"飞凫"见者怒[8]。膂后筋也。

"三府"欲齐。两髂及中骨也。尻欲颓而方。尾欲减，本欲大。

胁肋欲大而洼，名曰"上渠"，能久走[9]。

"龙翅"欲广而长。"升肉"欲大而明。髀外肉也。"辅肉"欲大而明。前脚下肉。

腹欲充，腔欲小。腔，膁。"季肋"欲张。短肋。

"悬薄"欲厚而缓，脚胫。"虎口"欲开。股内[10]。

腹下欲平满，善走，名曰"下渠"，日三百里。

"阳肉"欲上而高起。髀外近前。髀欲广厚。"汗沟"欲深明[11]。"直肉"欲方，能久走。髀后肉也。"输一作翰鼠"
欲方。"直肉"下也。"胁肉"欲急。髀里也。"间筋"欲急短而
减，善细走。"输鼠"下筋。

"机骨"欲举，上曲如悬匡[12]。马头欲高[13]。

"距骨"欲出前。"间骨"欲出前，后目[14]。外凫，临蹄
骨也。

"附蝉"欲大。前后目。夜眼[15]。

股欲薄而博，善能走。后髀前骨[16]。

臂欲长，而膝本欲起，有力。前脚膝上向前。肘腋欲开，
能走。膝欲方而庳。髀骨欲短。两肩骨欲深，名曰"前
渠"，怒。

蹄欲厚三寸，硬如石，下欲深而明，其后开如鹞翼，能
久走。

【注释】

〔1〕自本条至末了"蹄欲厚三寸，硬如石"条止，所谓"马援《铜马相
法》"，错见于此中各条。《后汉书·马援传》唐李贤注引有《铜马相法》，录
其全文，以资参比："水火欲分明。水火，在鼻两孔间也。上唇欲急而方，口
中欲红而有光：此千里马。颔下欲深。下唇欲缓。牙欲前向。牙欲去齿一
寸，则四百里；牙剑锋，则千里。目欲满而泽。腹欲充，膁欲小。季肋欲长。
悬薄欲厚而缓。悬薄，股也。腹下欲平满。汗沟欲深长。而膝本欲起。肘
腋欲开。膝欲方。蹄欲厚三寸，坚如石。"与《要术》所记稍有异文，而详略
大不相同。但可以看出二者有相承袭的关系，不过无从推测是谁承袭谁。

〔2〕两宋本作"侧小骨"，湖湘本作"侧八骨"。侧八骨可以指辅车骨。

〔3〕主人：日译本推测是阴茎。

〔4〕阳里：日译本推测是睾丸。

〔5〕"颊欲开，尺长"，各本同。《安骥集》及《疗马集·相良马论》均无
"尺长"二字。《御览》卷八九六引马援《铜马相法》亦无此二字而径连下文
作"颊欲开而膺下欲广一尺以上"，"而"下应脱"长"字，则《要术》"尺长"

应是"而长"之误,应以"颊欲开而长"为句。又,《御览》引《铜马相法》比李贤所引多有增益。

〔6〕"颊前",各本同;《御览》引《铜马相法》作"颈前"。按:"鞅"原是马颈上革带,应以作"颈前"为是。

〔7〕双凫(fú):形容胸前两侧上端肌肉部分,向上隆起像伏着的一对野鸭,其肌肉十分发达,因即名此部为"双凫"。此部为颈动静脉的径路,也是中兽医诊脉的部位。

〔8〕背长肌等肌群肌肉发达,配合强抗有力的脊柱,更使背腰部强厚有劲,加之腰椎、荐椎两侧的肌肉也发达隆起如凫,全躯更加强劲饱满,悍威洋溢("怒")。

〔9〕就胸部外形宽度说,要求宽广,上文称为"挟尺";就内部空腔说,要求大而注,这里称为"上渠"。虽然宽胸难能要求高速,但有持久力,则二者相符应。

〔10〕金抄、明抄作"股内",他本及《相良马论》作"股肉"。按:"'虎口'欲开",相当于现代外形学上所说的股间宜有空隙,应作"股内"。上文"脚胫",《铜马相法》作"股也",此与"虎口"同指股部,似宜作"股也"。

〔11〕汗沟:位于股胫的后方及臀端处,主要由于半膜样肌与股二头肌的发达,而形成二肌之间的浅沟。

〔12〕机骨:指上眶骨。"如悬匡",匡即"眶"字,也是"筐"的本字,眼眶所以容纳和保护眼球,如筐之容物。

〔13〕"马头",各本同。后文有"乌头欲高",注:"后足外节",指飞节。"马头"应是"乌头"之误。

〔14〕金抄作"前,后目",他本作"前,后曰"。按:"前后目"即"夜眼",但在这里没有下文,《观象庐丛书》本《要术》改为"前后臼",读成"间骨欲出前,后臼",则认为"间骨"是指系部,系部在向后突出的距(即上文"距骨")和蹄之间,后部呈凹形,则改"臼"可以解释,也不和下面的"前后目"重沓。这样,"外凫,临蹄骨也"的注文,可勉强解释"间骨"又名"外凫",是靠到蹄部的骨。

〔15〕"前后目。夜眼。"各本同。按:"附蝉"之名,现代外形学上仍在沿用,即群众所称的"夜眼"。附蝉前后肢都有,故称"前后目",则"前后目"也应是注"附蝉"的注文,被误作大字正文。又,自"距骨欲出前"至"夜眼"全段,《相良马论》所记相同,跟着《要术》错脱,跟《王良先师》一样,错脱都是《要术》的一个样板,不能不使人怀疑它们是承袭《要术》的。

〔16〕"后髀前骨",《相良马论》仅采"股欲薄而博"的正文,不采此注。

【译文】

"水火"要分明。水火在两个鼻孔中间。上唇要紧密有力，口腔里面要现红色而有光：这样的马是千里马。马，上面的切齿齿弓要稍微向里面钩曲，钩曲的就长寿；下面的切齿要锐利，锐利的就强悍有力。颔凹要深。下唇要弛缓〔富于收缩性〕。犬齿和切齿之间的相隔要有一寸宽，这样的马，日行四百里；犬齿像剑锋的，日行千里。"嗣骨"要像织布梭子一样有棱而阔，又要长。嗣骨是两颊下面侧边的小骨。眼球要充盈眼窝，眼珠要有光彩而明澈；眼眶要小，眶的上缘要有一定的弓曲度，下缘的弓曲要比上缘小，比较直些。"素"的中部要比较狭，下部要开张。素，在两鼻孔上面〔就是鼻梁〕。

"阴中"要平。阴中在股下面。"主人"要小。主人在股里面向上近前方的地方。"阳里"要高，高就强悍有力。阳里在股里面，上面接近主人。

前额要宽要平。"八肉"要大而明显。八肉是耳后面的项肌部。"玄中"要深。玄中在耳下面近牙齿的地方。马耳要短小，上端尖锐，像斜削的竹筒样子，两耳要凑近些。鬃毛〔保护头盖〕，要像戴帽子一样盖着；"中骨"要有三寸高。中骨是鬃中的骨〔就是第二颈椎骨〕。"易骨"要直。易骨是眼下面直下的骨。颊要向后宽开〔而〕长。

前胸下部要求宽广达到一尺以上，名为"挟（一作扶）尺"，行走有持久力。"鞅"要宽满。鞅在颈前。喉要弯曲要深。胸部要平而稍为突出。前髀之间向前的地方〔，就是前胸〕。两"凫"的肌肉要隆起，看上去像双凫。

颈椎骨要发达，肉不要过分厚重。鬣毛要厚密，要曲折；"季毛"要长而多有覆盖，肝肺就没有毛病。季毛是鬣后面的毛〔，就是鬐甲毛〕。

背脊要短而平广，而脊椎要大，则强抗有力。脢（méi）的肌肉要发达，脢肌指背脊两侧的背长肌。"飞凫"明显的，慓悍奋发有力。飞凫是腰椎、荐椎两侧的肌肉。

"三府"要基本齐平。三府指两边的髋骨和中间的荐椎骨。尻（kāo）部要稍为倾斜而肌肉要宽厚。尾要短些，但尾根要粗大。

胁肋构成的胸廓要大而洼，名为"上渠"，能有持久力。

"龙翅"要宽广而长。"升肉"要大而明显。升肉是后股外的肌肉。"辅肉"要大而明显。辅肉是前脚下面的肉。

腹部要充实，腔要小。腔指腰软窝儿〔，软窝儿小则腰短，腰短就有力〕。

"季肋"要开张。季肋是短肋〔，就是假肋〕。

"悬薄"要厚而舒缓，悬薄是指后股。"虎口"要开。虎口指股间〔宜有空隙〕。

腹部下面要平满，善能久走，名为"下渠"，日行三百里。

"阳肉"要向上面高起。阳肉是后股外靠前面的肌肉。后股肌肉要广而厚。"汗沟"要深而明显。"直肉"要发达充实，跑起来能有持久力。直肉是后股后面的肌肉。"输（一作翰）鼠"要发达充实。输鼠是"直肉"下部的肌肉。"肭（nà）肉"要紧实。肭肉是后股里面的肌肉。"间筋"要紧要短而有收缩力，善能小跑步。间筋是"输鼠"下面的肌肉。

"机骨"要高起，向上面弯曲成弓形，装着眼球。〔乌〕头要高。

"距骨"要向外面突出。"间骨"要向前面斜出，后部〔呈凹形〕。〔又名〕外兔，是靠近蹄的骨。

"附蝉"要大。附蝉即"前后目"，就是"夜眼"。

股要薄而宽广，善能久走。指后股前面的骨。

前膊要长，而膝骨要突起，这样，有力量。前膊在前脚膝骨之上向外的部位。肘内侧的腋窝要离空些，〔不致压迫胸部，〕能行走有劲。膝骨要方而不露角。股骨要短。两肩骨要深，称为"前渠"，就奋猛有力。

蹄要有三寸厚，像石头一样坚硬，蹄底要有适度的穹窿，蹄叉也显明，后方要岔开像鹞翼的形状，〔富于弹性，有利于运动，〕这样，能有持久力。

相马从头始：

头欲得高峻，如削成。头欲重，宜少肉，如剥兔头。"寿骨"欲得大，如绵絮苞圭石。"寿骨"者，发所生处也。白从额上入口，名"俞膺"〔1〕，一名"的颅"，奴乘客死，主乘弃市，大凶马也。

马眼欲得高，眶欲得端正，骨欲得成三角，睛欲得如悬铃，紫艳光。目不四满，下唇急，不爱人；又浅，不健食〔2〕。目中缕贯瞳子者，五百里；下上彻者，千里。睫乱者伤人。目小而多白，畏惊。瞳子前后肉不满，皆凶恶。若旋毛眼眶上，寿四十年；值眶骨中，三十年；值中眶下，十八年；在目下者，不借。睛却转后白不见者，喜旋而不前。目睛欲得黄，目欲大而光，目皮欲得厚。目上白中有横筋，五百里；上下彻者千里。目中白缕者，老马子。目赤，睫乱，啮人。反睫者，善奔，伤人。目下有横毛，不利人。目中有"火"字者，寿四十年。目偏长一寸，三百里。目欲长大。旋毛在目下，名曰"承泣"，不利人。目中五采尽具，五百里，寿九十年。良，多赤，血气也；驽，多青，肝气也；走，多黄，肠气也；材知，多白，骨气也；材口[3]，多黑，肾气也。驽，用策乃使也。白马黑目[4]，不利人。目多白，却视有态，畏物喜惊。

马耳欲得相近而前竖，小而厚。口一寸[5]，三百里；三寸，千里。耳欲得小而前竦。耳欲得短，杀者良，植者驽，小而长者亦驽。耳欲得小而促，状如斩竹筒。耳方者千里；如斩筒，七百里；如鸡距者，五百里。

鼻孔欲得大。鼻头文如"王"、"火"字，欲得明。鼻上文如"王"、"公"，五十岁；如"火"，四十岁；如"天"，三十岁；如"小"，二十岁；如"今"，十八岁；如"四"，八岁；如"宅"，七岁。鼻如"水"文，二十岁。鼻欲得广而方。

唇不覆齿，少食。上唇欲得急，下唇欲得缓。上唇欲得方，下唇欲得厚而多理，故曰："唇如板鞦[6]，御者啼。"黄马白喙，不利人。

口中色欲得红白如火光，为善材，多气，良且寿。即黑不鲜明，上盘不通明，为恶材，少气，不寿。一曰：相马气：发口中，欲见红白色，如穴中看火，此皆老寿。一曰：口欲正赤，上理文欲使通直，勿令断错；口中青者，三十岁；如虹腹下[7]，皆不尽寿，驹齿死矣。口吻欲得长。口中色欲得鲜好。

旋毛在吻后为"衔祸"，不利人。

"刺刍"欲竟骨端[8]。"刺刍"者，齿间肉。

齿，左右蹉不相当，难御[9]。齿不周密，不久疾；不满不厚，不能久走。

一岁，上下生乳齿各二。二岁，上下生齿各四。三岁，上下生齿各六。

四岁，上下生成齿二。成齿，皆背三入四方生也。五岁，上下着成齿四。六岁，上下着成齿六。两厢黄，生区[10]，受麻子也。

七岁，上下齿两边黄，各缺区，平受米。八岁，上下尽区如一，受麦。

九岁，下中央两齿臼，受米。十岁，下中央四齿臼。十一岁，下六齿尽臼。

十二岁，下中央两齿平。十三岁，下中央四齿平。十四岁，下中央六齿平。

十五岁，上中央两齿臼。十六岁，上中央四齿臼。若看上齿，依下齿次第看。十七岁，上中央六齿皆臼。

十八岁，上中央两齿平。十九岁，上中央四齿平。二十岁，上下中央六齿平[11]。

二十一岁，下中央两齿黄。二十二岁，下中央四齿黄。二十三岁,下中央六齿尽黄。

二十四岁,上中央二齿黄。二十五岁,上中央四齿黄。二十六岁,上中齿尽黄。

二十七岁,下中二齿白。二十八岁,下中四齿白。二十九岁,下中尽白。

三十岁,上中央二齿白。三十一岁,上中央四齿白。三十二岁,上中尽白。

颈欲得䯏而长[12],颈欲得重。颔欲折。胸欲出,臆欲广。颈项欲厚而强。回毛在颈,不利人。白马黑髦,不利人。

肩肉欲宁。宁者,却也[13]。"双凫"欲大而上。"双凫",胸两边肉如凫。

脊背欲得平而广,能负重;背欲得平而方。鞍下有回毛,名"负尸",不利人。

从后数其胁肋[14]:得十者良。凡马:十一者,二百里;十二者,千里;过十三者,天马,万乃有一耳。一云:十三肋五百里,十五肋千里也。

腋下有回毛,名曰"挟尸",不利人。左胁有白毛直上,名曰"带刀",不利人。

腹下欲平,有"八"字;腹下毛,欲前向。腹欲大而垂结,脉欲多;"大道筋"欲大而直。"大道筋",从腋下抵股者是。腹下阴前,两边生逆毛入腹带者,行千里;一尺者,五百里。

"三封"欲得齐如一。"三封"者,即尻上三骨也。尾骨欲高而垂;尾本欲大,欲高;尾下欲无毛。"汗沟"欲得深。尻欲多肉。茎欲得粗大。

蹄欲得厚而大。踠欲得细而促[15]。

髂骨欲得大而长。

尾本欲大而强。

膝骨欲圆而张,大如杯盂。

"沟",上通尾本者,蹋杀人。

马有双脚"胫亭"[16],行六百里。回毛起踠膝是也[17]。

腓欲得圆而厚,里肉生焉。

后脚欲曲而立[18]。

臂欲大而短。

骸欲小而长[19]。

踠欲促而大,其间才容靽[20]。

"乌头"欲高。"乌头",后足外节[21]。后足"辅骨"欲大。"辅足骨"者[22],后足骸之后骨。

后左右足白,不利人。白马四足黑,不利人。黄马白喙,不利人。后左右足白,杀妇。

相马视其四蹄:后两足白,老马子;前两足白,驹马子。白毛者,老马也。

四蹄欲厚且大。四蹄颠倒若竖履,奴乘客死,主乘弃市,不可畜。

【注释】

〔1〕"俞膺",《世说新语·德行》刘孝标注引《伯乐相马经》作"榆雁",《御览》卷八九六引同书作"榆写"。

〔2〕"目不四满……不健食",《相良马论》作:"目不四满,上睑急,下睑浅,不健食。"

〔3〕"材"下南宋系统本空一格,金抄加一小圈,表明有脱字。此脱字疑即上文"材知"的"知"字(通"智"),却被上窜,而这里又误衍了个"材"字。其实这两句应是"材,多白","知,多黑"。

〔4〕一般的马,其睛体色素深时多呈黑色,而某些良种马则多呈鲜艳的浅紫色。白马由于在整个有机体内色素少,因此目睛基本上都是黄或紫色,极少黑色。这里白马黑睛,不利人,古人以异常现象为不祥的说法是很多的。

〔5〕"厚"下各本径接"一寸",仅金抄空一格,表明有脱字。按:"一寸三百里,三寸千里",无论指耳翼的厚度还是耳根的直径,都讲不通,如果指耳的长度,尤其和"耳欲得短"抵牾。《相良马论》称:"耳三寸者三百里,一寸者千里。"这才是指耳长。《御览》卷八九六引《伯乐相马经》,此脱字作"雍",通"壅",即有物壅起。《多能鄙事》卷七《相马法》记载:"耳本下生角一寸,三百里;三寸,行千里。"所谓"雍",原指耳根下有凸肉或有某骨凸起,后来索性变成"角",无论所说是否合理,说明《要术》有脱字,故从金抄空格。

〔6〕鞮(dī):兽皮做的鞋。

〔7〕"如虹腹下",各本同,不可解。有人解释为虹腹下面带紫的暗灰色。但"口中青者"尚三十岁,黑者才是"不寿",暗灰色与驹子时就夭折的最坏的口腔色泽不合。《安骥集》所载《相良马论》几乎全同《要术》,"如虹腹下"这条,该书就没有采收。本书存疑待考。

〔8〕刺刍:指牙龈。   骨:指齿。这是说齿槽要深,露出齿冠要低,则牙龈充实,着齿坚固。

〔9〕齿,不管前后左右怎样错开,最终必使上齿与下齿不相密合,即所谓"龃齿"。这样,势必影响受辔,所以难于驾驭。齿是骨骼系统的一部分,齿的发育不良,出现咬合不紧密,稀疏不厚实,同时可为骨骼发育不健全的表征,则咀嚼不良,影响消化,营养必差,都可以影响马匹的速力与持久力。

〔10〕区(ōu):沟穴。

〔11〕两宋本均作"上下",湖湘本"下"字空白一格,《津逮》本、《学津》本不空,只一"上"字。按:此指到二十岁上下六齿齿坎都磨平,照二十六岁、三十二岁例,《津逮》本等省去"下"字也可以。

〔12〕腿(hùn):圆而长。

〔13〕宁:作宁耐解释。   却:是拒却,不是退却,就是能抗得住重荷。所以这里是指肩部肌肉发达结实,能吃重驮东西。

〔14〕此条《四时纂要·三月》引《马经》有不同,是:"……数其肋骨,得十茎,凡马;十一者,五百里;十三者,千里也;过十三者,天马也。"《多能

鄙事》同《四时纂要》。据记载，肋骨以多为良，十肋是"凡马"，不是"良"马，《要术》"良"字衍，"二百里"应作"五百里"，全条应作："得十者凡马；十一者，五百里……"

〔15〕跹：跹部，此指球节。下文同指。球节上连管骨，下接系部。对管骨说，要细而紧促；对系部说，要紧促而大。

〔16〕胫亭：是跹膝处旋毛的名称。

〔17〕"回毛起跹膝是也"，应是注文，《相良马论》正作注文，列"六百里"下。跹膝，指后肢膝部（与球节的跹部不同）。

〔18〕后脚欲曲：后脚要适度弯曲。此指飞节，即后肢的胫的斜度对飞节构成一定的角度。但不要求过分弯曲，成为不良的曲飞节，而要求下方挺立，恰好是良形。

〔19〕骹：指胫骨，在这里是指管骨。管骨不应很细长，而是四肢下半段干燥，看起来比较细长。对骑乘马要求管部较细而干燥，有些地区称为"干腿"，即指此。

〔20〕鞢（bàn）：套在马后的皮带。

〔21〕乌头：指飞端及飞节，就是后脚向后面突出的"节"。其前方就是《良马相图》所称的"曲池"，现在群众称为"大弯"。

〔22〕"辅足骨"，各本同，"足"当是衍文，《疗马集》即无"足"字。

【译文】

相马从头部开始：

头要高峻，骨突显明，像用刀削成的样子。头要重，但肉要少，峻削，像剥了皮的兔头。"寿骨"要大，像绵絮包着圭石。〔就是头皮要软，而额骨要坚硬如石。〕寿骨就是长着头发的额骨。白章从额上一直下来进入口中，这种马叫作"俞膺"，又叫作"的颅"，奴仆骑乘，死在外乡；主人骑乘，杀头弃市，是大大不吉利的凶马。

马眼要在高位，眼眶要对称端正，眼骨要成三角形，眼球要充满，像悬铃而有紫艳光。眼球四面不充盈于眼眶，下唇紧巴巴不松弛，这马不会爱护人；口角又浅又小，不利于采食。眼中有一条"缕"贯穿着瞳孔的，日行五百里；从上到下一直贯通的，日行千里。睫毛乱的，容易伤人。眼乌珠小，而巩膜过于发达呈现多白的马，胆小多惊。瞳孔前后的肉不充盈，凹陷，都是凶恶相。如果旋毛在眼眶上面的，这马有四十年寿命；在眶骨正中的，有三十年寿命；在正中下面的，有十八年寿命；在眼睛下面的，寿命不长，很轻贱。眼珠转动时不见白，〔是角膜过于发达而呈现多黑，则珠大无光，视线不确，〕喜欢旋转着不肯向前走。眼珠要黄，眼睛要大而有光，眼皮要厚。上面的眼白中有横筋的，日行五百里；横筋贯彻到下面的，日行千里。眼中有"白缕"的，是老马子。眼发红，睫毛乱的，会咬人。睫毛翻进眼内的，喜欢奔跑，容易伤人。眼下面有横毛的，不利人。眼中有像"火"字形的，有四十年寿命。眼睑半边的长有一寸的，日行三百里。眼要长要大。眼下面有旋毛，名叫"承泣"，不利人。眼中五种色彩都具有的，日行五百里，有九十年寿命。良马，眼中多红色，是血气；驽马多青色，是肝气；善走的马多黄色，是肠气；有力的马多白色，是骨气；〔智慧的〕马多黑色，是肾气。驽马是要用鞭子才能役使的。白马黑睛，不利人。眼睛多白，回避却视，胆小害怕，很容易受惊。

马耳要彼此相近，要向前直竖，要小而厚。〔耳根后有物壅起〕一寸高，日行三百里；三寸高，日行千里。耳要小，要向前挺立。耳要短，像削成的尖锐形的，是良马；一样粗细耸立的，是驽马；小而长的也是驽马。耳要小而紧促，形状像斜削的竹筒。耳方的，日行千里；像斜削的竹筒的，七百里；像鸡距的，五百里。

鼻孔要大。鼻头上的纹理，像"王"字、"火"字的，要明显。纹理像"王"字、"公"字的，寿命五十岁；像"火"字的，四十岁；像"天"字的，三十岁；像"小"字的，二十岁；像"今"字的，十八岁；像"四"字的，八岁；像"宅"字的，七岁。鼻纹像"水"字的，寿命二十岁。鼻要宽广而方。

唇盖不住齿，〔有碍采食，〕所以吃得少。上唇要紧密，下唇要松弛。上唇要方，下唇要厚而多皱纹，〔富于收缩性，〕所以说："嘴唇像兽皮鞋那样薄，驾驭的人一定会哭。"黄马白嘴唇，不利人。

口黏膜的颜色要像火光一样，有红有白的，这是素质好的马，它多〔甘香的〕口气，是良马，而且长寿。如果是黑色，不鲜明，上腭沟纹不明显通顺，是素质恶劣的马，少〔甘香的〕口气，短寿早死。一说：相马的口气，扒开口，要看见里面有红白色，像从洞里看见火光一样，这是能够长寿到老的马。又一说：口黏膜要现正红色，上腭沟纹要通直整齐，不能错乱断绝；口中青色的，三十岁；如虹腹下的颜色的（？），都不能尽寿，而在驹子时就死了。口吻要长〔，利于采食）。口黏膜颜色要鲜明红润。

口吻后面有旋毛，名为"街祸"，对人不利。

"刺刍"要尽量到达骨的下端。刺刍是齿间的肉。

齿，上下向一边错开，不相密合，难于驾驭。齿咬合不紧密，不能长久快跑；不满不厚实，奔跑没有持久力。

马一岁，上下各长出两个乳齿。二岁，上下各长出四个乳齿。三岁，上下各长出六个乳齿。

四岁，上下各生出两个成齿。成齿都是过三岁进入四岁才生出的。五岁，上下各生出四个成齿。六岁，上下各生出六个成齿。这时两边的齿，齿质开始现黄色，形成齿坎，可以受纳麻子。

七岁，上下两边的齿呈现黄色，各自的齿坎都磨失，可以平平地受米。八岁，上下两边的齿都出现齿坎，可以受纳麦子。

九岁，下面中央的两个齿，齿面成臼形，可以受米。十岁，下面中央四个齿成臼形。十一岁，下面中央六个齿全都成臼形。

十二岁，下面中央的两个齿，齿面磨平了。十三岁，下面中央的四个齿磨平了。十四岁，下面中央的六个齿都磨平了。

十五岁，上面中央的两个齿，齿面成臼形。十六岁，上面中央的四个齿成臼形。看上面的齿，依照上文看下面的齿的次序看。十七岁，上面中央的六个齿都成臼形。

十八岁，上面中央的两个齿磨平了。十九岁，上面中央的四个齿磨平了。二十岁，上面和下面中央的六个齿全都磨平了。

二十一岁，下面中央的两个齿呈现黄色。二十二岁，下面中央的四个齿呈现黄色。二十三岁，下面中央的六个齿都呈现黄色。

二十四岁，上面中央的两个齿呈黄色。二十五岁，上面中央的四个齿呈黄色。二十六岁，上面中央的六个齿都呈黄色。

二十七岁，下面中央的两个齿呈白色。二十八岁，下面中央的四个齿呈白色。二十九岁，下面中央的六个齿全都白色。

三十岁，上面中央的两个齿呈白色。三十一岁，上面中央的四个齿呈白色。三十二岁，上面中央的六个齿全都白色。

马颈要圆而长，要厚重。颔凹要深。胸部要稍为突出，胸前的上方要开广。颈项部要厚而悍强。颈上有旋毛，对人不利。白马黑鬃，对人不利。

肩部的肌肉要宁。宁,是却的意思〔,就是能抗得住〕。"双凫"要大而向上隆起。双凫是胸的两侧像野兔那样伏着的肌肉。

背脊要平而宽广,就能够负重;背要平要广。鞍下有旋毛,名为"负尸",不利人。

从后面数马的肋骨:有十条的,是普通的马;十一条的,日行二百里;十二条的,日行千里;超过十三条的,是天马,一万匹中也许遇到一匹。一说:十三肋的日行五百里,十五肋的日行千里。

腋下有旋毛,名为"挟尸",不利人。左胁下有一道白毛一直向上长的,名为"带刀",不利人。

腹的下部要平满,有"八"字纹;腹下部的毛要向前倾。腹部要大而稍微垂曲,要结实饱满,〔腹壁皮下的静〕脉要多;"大道筋"要大而直。大道筋是从腋下一直到股间的肌肉〔,就是胸大肌和腹直肌等肌肉〕。公马腹部下面,阴茎前面,两边生逆毛伸到腹带下面的,日行千里;有一尺长的,日行五百里。

"三封"要基本齐平。三封是尻上的三块骨〔,就是两边的髋骨和中间的荐椎骨〕。尾骨要高而下垂;尾根要大要高〔,不致贴着会阴部〕;尾根下面不要有毛〔,不致擦伤肛门及阴门〕。"汗沟"要深。尻要多肉。阴茎要粗大。

蹄要厚而大。踠部要细而紧促。

髋骨要大而长。

尾根要大而强有力。

膝盖骨要圆而开张,像杯子的大小。

"汗沟"向上面通到尾基部的,会踢死人。

马的双脚有"胫亭"的,日行六百里。胫亭就是发生在踠膝处的旋毛。

后股要圆而厚实,股内侧肌要发达。

后脚要适度的弯曲,但下方要求挺立。

前臂要粗大,要短些。

管部要比较细长〔,看起来干燥〕。

踠部要紧促而大,中间仅仅容得下绊带。

"乌头"要高。乌头是后脚向后面突出的"节"。后脚的"辅骨"要大。辅骨是后脚胫后面的骨。

马,后面左右两脚白的,不利人。白马,四脚黑的,不利人。黄马白嘴唇,不利人。后面左右两脚白的,克杀妇人。

相马相它的四蹄:后两脚白的,是老马子;前两脚白的,是马驹子。白毛的,是老马。

四蹄要厚而且大。四蹄〔蹄底不着地,蹄穹外露〕,像倒竖着的履,奴仆骑乘,死在外乡;主人骑乘,杀头弃市,是养不得的。

久步即生筋劳;筋劳则"发蹄"[1],痛凌气。一曰:生骨则发痛肿。一曰:"发蹄",生痛也。[2]久立则发骨劳;骨劳即发痛肿。久汗不干则生皮劳;皮劳者,骡而不振[3]。汗未善燥而饲饮之,则生气劳;气劳者,即骡而不起[4]。驱驰无节,则生血劳;血劳则发强行[5]。

何以察"五劳"?终日驱驰,舍而视之:不骡者,筋劳也;骡而不时起者,骨劳也;起而不振者,皮劳也;振而不喷者,气劳也;喷而不溺者,血劳也。

筋劳者,两绊却行三十步而已。一曰:筋劳者,骡起而绊之,徐行三十里而已。骨劳者,令人牵之起,从后笞之起而已[6]。皮劳者,侠脊摩之热而已。气劳者,缓系之枥上,远喂草,喷而已。血劳者,高系,无饮食之,大溺而已。

饮食之节:食有"三刍",饮有"三时"。何谓也?一曰恶刍,二曰中刍,三曰善刍。善谓饥时与恶刍[7],饱时与善刍,引之令食,食常饱,则无不肥。剉草粗,虽足豆谷,亦不肥充;细剉无节,簁去土而食之者,令马肥[8],不啌(苦江反)[9],自然好矣。何谓"三时"?一曰朝饮,少之;二曰昼饮,则胸餍水;三曰暮,极饮之[10]。一曰:夏汗、冬寒,皆当节饮。谚曰:"旦起骑谷,日中骑水。"斯言旦饮须节水也。每饮食,令行骡则消水,小骡数百步亦佳。十日一放,令其陆梁舒展,令马硬实也。夏即不汗,冬即不寒;汗而极干。

饲父马令不斗法：多有父马者，别作一坊，多置槽厩；剉刍及谷豆，各自别安。唯着羁头，浪放不系。非直饮食遂性，舒适自在；至于粪溺，自然一处，不须扫除。干地眠卧，不湿不污。百匹群行，亦不斗也。

饲征马令硬实法：细剉刍，杴掷扬去叶[11]，专取茎，和谷豆秣之。置槽于迥地[12]，虽复雪寒，勿令安厂下。一日一走，令其肉热，马则硬实，而耐寒苦也。

赢：驴覆马生赢[13]，则准常。以马覆驴，所生骡者，形容壮大，弥复胜马。然必选七八岁草驴，骨目正大者：母长则受驹，父大则子壮。草骡不产，产无不死。养草骡，常须防勿令杂群也。

驴[14]，大都类马，不复别起条端。

凡以猪槽饲马，以石灰泥马槽，马汗系着门：此三事，皆令马落驹。

《术》曰[15]："常系猕猴于马坊，令马不畏，辟恶，消百病也。"

【注释】

　　〔1〕"发蹄"，各本同，《疗马集·五劳七伤论》作"发'发蹄'"。"发蹄"是病名，《要术》脱一"发"字。本段所称"生"，指内因，即病根；"发"是外象，即症状。五劳均称"生"，独骨劳称"发"，怀疑这个"发"字原在"发蹄"上而误窜入"骨劳"上，而原应作"生骨劳"的"生"字，却窜入注文作"一曰生骨……"

　　〔2〕这条注文，有脱衍。《疗马集·五劳七伤论》注文作："'发蹄'，谓毒气散于膈间，其痛凌气也。"解说正文很明白。《要术》注文"一曰生骨则发病肿"，与正文毫不相干，又不可解，却错衍列于此处，而将"谓毒气散于膈间……"的原有注文挤跑。据此，"一曰生骨"云云显系错衍，这条正注文

应是这样:"筋劳则发'发蹄',痛凌气。"注:"谓毒气散于膈间,其痛凌气也。一曰'发蹄',生痈也。"

〔3〕"骣而不振",《疗马集·五劳七伤论》是:"皮劳者……虽骣起而不振毛者是也。"据下段"起而不振者,皮劳也",这里"骣"应作"起",或作"骣起"。骣(zhàn),马躺在地上打滚。

〔4〕"骣而不起",据下段是指"骨劳",而"气劳"是"振而不喷"。《五劳七伤论》同此解释。《辑要》引《要术》作"骣而不喷","骣"显系"振"的形近之误,故此句应作"振而不喷"。

〔5〕强行:脚不停急走,狂走,东西乱走,猖狂乱撞等狂病。

〔6〕笞(chī):用鞭子或竹板打。

〔7〕"善谓",《辑要》引《要术》无"善"字,不应有,衍。

〔8〕草要铡得细,是养马的重要准则。今群众有"寸草铡三刀,无料也上膘"的农谚,其理相符。要根据牲口的饥饱情况分别给予粗、中、精三等的饲料。饥饿时饲给粗料,所谓"饥不择食",粗的吃口也好;饱时给予精料,诱使多吃些,就容易长得肥壮。

〔9〕哐(qiāng):咳。

〔10〕早晨天气凉爽,水的消耗比较少,应该少喝水,否则使腹部胀满,不利于劳役。晚上,如果不让它尽情地喝水,不能满足它的生理需要,就会影响采食。中午,适量。夏天多汗,冬天冷,都应该节饮,如果暴饮冷水,会引起疝痛病。这些饲养原则都是合理的。"胸餍水",《疗马集·腾驹牧养法》及《多能鄙事》卷七"养马法"均作:"昼饮,则酌其中。""餍水"与"极饮"无别,"胸"应是"酌"字之误,酌餍水则有节制。

〔11〕杴(xiān):即木杴,像锹而杴头较方阔,木制,是一种抄取和抛扬谷物的农具,也叫"扬铲"。抛扬谷物时利用高抛的力量使谷物散开,由于物体的重量不同,轻的糠秕之类飘扬在较远地方,而沉重的谷粒坠落在跟前,从而达到扬粗取精的目的。操作简便,但技术性颇强,北方少风车处常用之。《王氏农书》有图,不录。

〔12〕迥地:远处地方,一般释为远地即可。孟方平喜创为"新说",说迥与坰通,是指旷野,但迥、坰相通,文献无证。又说原文"虽复雪寒,勿令安厂下",是解放前辽东的无厩养马法。然而,"勿令安厂下"是指槽,不是指马,马每天走一趟去远槽就食,回来还是在厂棚里的,根本不是无厩养马,何况以现今的辽东强加于后魏的山东,其说尤其不可捉摸。

〔13〕赢:即"骡"字。公驴配母马所生的叫作骡,古今解释相同;公马配母驴所生的,古时叫驮䮘(jué tí),现在叫"驴骡",就是驴生的骡。但《要术》称前者为"赢",称后者为"骡",同一字分指二物,和一般不同,不知二

字读音有无分别。驮骡个体比母本的驴大，和父本的马差不多，耐粗饲，适应性和抗病力强，挽力大，能持久，但和骡相比，还是要差些，可寿命最长。驴骡现在主要分布于华北农业区。

〔14〕"驴"下《辑要》引有"骡"字，应有。

〔15〕此《术》条原列在上文"落驹"下作注文，但与正文无关，今按篇末"《术》曰"例提行另列，并改为大字。

【译文】

马行走过久会生筋劳；筋劳的就〔发〕"发蹄"的病，痛得侵凌到心肺。〔注解说："发蹄"，是说毒气上冲膈膜，使心肺发痛。〕一说："发蹄，是生痈疽。"站立过久会生骨劳；骨劳的就发痈肿的病。出汗很久不干会生皮劳；皮劳的卧地打滚〔起来后〕不抖毛。汗还没有干透就喂料喂水，会生气劳；气劳的〔抖毛而不喷气〕。奔驰过度会生血劳；血劳的就发"强行"的病。

怎样察知这"五劳"的病呢？整天奔驰之后，让它休息，观察它，就可以知道：不卧地打滚的，是筋劳；打滚而不按时起来的，是骨劳；起来后不抖毛的，是皮劳；抖毛而不喷气的，是气劳；喷气而不撒尿的，是血劳。

〔治疗五劳的方法：〕筋劳的，四肢分两边绑绊起来，强迫它退后走三十步，就好了。一说：筋劳的，〔强迫使〕打滚，起来后绊上，慢慢地走三十里，就好了。骨劳的，叫人牵它起来，或者从后面鞭打它，让它起来，就好了。皮劳的，夹着背脊两侧，摩擦使发热，就好了。气劳的，松松地系在槽上，远远地喂草，让它喷气，就好了。血劳的，系在高处，不给喂水喂草，让它大量撒尿，就好了。

饮食有一定的规律：食物有"三刍"，饮水有"三时"。怎样讲呢？"三刍"是：第一种叫恶刍，第二种叫中刍，第三种叫善刍。这是说饥时给恶刍吃，饱时给善刍吃，总要引诱它吃，常常吃得饱饱的，就没有不肥壮的。如果草铡得太粗，尽管豆子谷物喂得充足，也不会膘肥。把草铡得细细的，不要有节，把泥土筛干净，然后喂饲，马就长得膘肥体壮，又不会呛喉，自然很好了。怎样叫"三时"？第一时是"朝饮"，要少给水喝；第二时是"昼饮"，〔酌量着〕给喝够就行了；第三时是"暮饮"，让它尽量痛快地喝。一说：夏天出汗，冬天冷，都应该少喝水。谚语说："早晨骑谷，日中骑水。"这就是说早晨必须少喝水。每次饮食之后，让它小跑步一下，就容易消化，就是小跑几百步也是好的。闲着的马，十天放出一次，让它自由行走跳步，肌体舒展，马就硬实壮健。这样，夏天不出汗，冬天不怕冷；就是出汗，也很快就干。

养公马让它不争斗的方法：公马养得多的，该另外圈一块场地，在里面多作些厩棚，多放些食槽；铡碎的草和谷豆饲料，也各自分别安放。马只上鞁头，放任它们不拴系。这样，不但饮食顺遂它的性情，舒适自在；就是粪尿也自然拉在一定的地方，不需要到处跟着扫除。它们有干燥的地方眠卧，不潮湿，不污秽。就是一百匹成群行走，也不会争斗了。

养骑乘马使硬棒壮实的方法：把刍草铡细，用木杴抄草扬去轻浮的枯叶，专取沉重的茎秆，用来和上谷豆来喂马。把槽放在远处地方，即使下雪寒天，也不要放在厂屋下面。让马每天走一趟去远地就食，使肌体活动发热，得到了锻炼，马也就硬朗结实而耐寒苦了。

赢：公驴配母马所生的赢，是通常的。公马配母驴所生的"骡"，身体壮大，比马还强。但必须选择七八岁的母驴，骨盆正大的，与公马交配。这样，母驴骨盆大了，容易受胎；公马大了，后代一定强壮。草骡没有生殖能力，就是生产了也没有不死的。所以养草骡，常常要防备着不让它和公畜杂群。

驴〔、骡〕的情况，大都跟马相似，所以不再另列条目记述。

凡用猪槽喂马，或者用石灰泥马槽，或者马出汗时系在门口：这三件事，有一件都可以使母马小产。

《术》说："常常在马坊中系上一个猕猴，可以使马不畏惊，辟除邪恶，消除百病。"

治牛马病疫气方：取獭屎，煮以灌之。獭肉及肝弥良；不能得肉、肝，乃用屎耳。

治马患喉痹欲死方[1]：缠刀子露锋刃一寸，刺咽喉，令溃破即愈。不治，必死也。

治马黑汗方[2]：取燥马屎置瓦上，以人头乱发覆之，火烧马屎及发，令烟出，着马鼻上熏之，使烟入马鼻中，须臾即差也。

又方：取猪脊引脂、雄黄、乱发，凡三物，着马鼻下烧之，使烟入马鼻中，须臾即差。

马中热方：煮大豆及热饭噉马，三度，愈也。

治马汗凌方[3]：取美豉一升，好酒一升——夏着日中，冬则温热——浸豉使液，以手搦之[4]，绞去滓，以汁灌口。汗出，则愈矣。

治马疥方：用雄黄、头发二物，以腊月猪脂煎之，令发消；以砖揩疥令赤，及热涂之，即愈也。

又方：汤洗疥，拭令干。煮面糊，热涂之，即愈也。

又方：烧柏脂涂之，良。

又方：研芥子涂之，差。六畜疥，悉愈。然柏沥、芥子，并是躁药，其遍体患疥者，宜历落斑驳，以渐涂之；待差，更涂余处。一日之中，顿涂遍体，则无不死。

治马中水方：取盐着两鼻中——各如鸡子黄许大，捉鼻，令马眼中泪出，乃止，良矣。

治马中谷方：手捉甲上长鬃，向上提之，令皮离肉，如此数过。以铍刀子刺空中皮，令突过。以手当刺孔，则有如风吹人手，则是谷气耳。令人溺上，又以盐涂，使人立乘数十步，即愈耳。

又方：取饧如鸡子大[5]，打碎，和草饲马，甚佳也。

又方：取麦蘖末三升，和谷饲马，亦良。

治马脚生附骨——不治者，入膝节，令马长跛——方[6]：取芥子，熟捣，如鸡子黄许[7]，取巴豆三枚[8]，去皮留脐，三枚亦熟捣[9]，以水和，令相着。和时用刀子，不尔破人手。当附骨上，拔去毛。骨外，融蜜蜡周匝拥之，不尔，恐药躁疮大。着蜡罢，以药傅骨上，取生布割两头，各作三道急裹之。骨小者一宿便尽，大者不过再宿。然要须数看，恐骨尽便伤好处。看附骨尽，取冷水净洗疮上，刮取车轴头脂作饼子，着疮上，还以净布急裹之。三四日，解去，即生毛而无瘢。此法甚良，大胜炙者。然疮未差，不得辄乘；若疮中出血，便成大病也。

治马被刺脚方：用矿麦和小儿哺涂[10]，即愈。

马炙疮：未差，不用令汗。疮白痂时，慎风。得差后，从意骑耳。

治马瘙蹄方[11]：以刀刺马踠丛毛中，使血出，愈。

又方：融羊脂涂疮上，以布裹之。

又方：取咸土两石许，以水淋取一石五斗，釜中煎取三二斗。剪去毛，以泔清净洗。干，以咸汁洗之。三度即愈。

又方：以汤净洗，燥拭之。嚼麻子涂之，以布帛裹。三度愈。若不断，用谷涂[12]。五六度即愈。

又方：剪去毛，以盐汤净洗，去痂，燥拭。于破瓦中煮人尿令沸，热涂之，即愈。

又方：以锯子割所患蹄头前正当中，斜割之，令上狭下阔，如锯齿形；去之，如剪箭括。向深一寸许，刀子摘令血出，色必黑，出五升许，解放，即差。

又方：先以酸泔清洗净，然后烂煮猪蹄取汁，及热洗之，差。

又方：取炊底釜汤净洗，以布拭令水尽。取黍米一升作稠粥，以故布广三四寸，长七八寸，以粥糊布上，厚裹蹄上疮处，以散麻缠之。三日，去之，即当差也。

又方：耕地中拾取禾茇东倒西倒者——若东西横地，取南倒北倒者，一垅取七科，三垅凡取二十一科，净洗，釜中煮取汁，色黑乃止。剪却毛，泔净洗，去痂，以禾茇汁热涂之，一上即愈。

又方：尿渍羊粪令液[13]，取屋四角草，就上烧，令灰入钵中，研令熟。用泔洗蹄，以粪涂之。再三，愈。

又方：煮酸枣根，取汁净洗，讫。水和酒糟，毛袋盛，渍蹄没疮处。数度即愈也。

又方：净洗了，捣杏人和猪脂涂。四五上，即当愈。

治马大小便不通，眠起欲死，须急治之，不治，一日即死：以脂涂人手，探谷道中，去结屎。以盐内溺道中，须臾得溺，便当差也。

治马卒腹胀[14]，眠卧欲死方：用冷水五升，盐二升[15]，研盐令消，以灌口中，必愈。

治驴漏蹄方[16]：凿厚砖石，令容驴蹄，深二寸许。热烧砖，令热赤。削驴蹄，令出漏孔，以蹄顿着砖孔中，倾盐、酒、醋，令沸，浸之。牢捉勿令脚动。待砖冷，然后放之，即愈。入水、远行，悉不发。

【注释】

〔1〕喉痹：指咽喉部肿胀，致使呼吸困难，甚至窒息死亡；也有指咽喉麻痹的。刺破咽喉的疗法，对脓肿喉痹有效，对并发性的，尚需进行其他治疗。

〔2〕黑汗：现名日射病，即中暑热。烟熏法有加重肺充血、肺水肿的不

良后果,现在早已不用于治疗黑汗病。

〔3〕汗凌:指正出汗时受风寒闭住了汗,即中兽医所称的"歇汗风",不是汗淋不止。

〔4〕搦(ruò):捏,握持。

〔5〕饧(xíng):糖块。

〔6〕生附骨:指附骨疽,其疽附着于骨成脓。所记治疗法适用于慢性骨膜炎,使其停止骨组织的增长。

〔7〕"许"下应脱"大"字。

〔8〕巴豆:大戟科的Croton tiglium。种子腹面的顶端有种脐。有大毒,功能破结通便,杀菌解毒。

〔9〕"三枚",各本同,但重出,应是袭上文"取巴豆三枚"抄重了的。

〔10〕矿麦:今指元麦,即裸大麦。但在旧本草书上常指为皮大麦(即今通常所称的大麦),东汉末吴普《吴氏本草》、梁齐间陶弘景《名医别录》、唐苏敬《唐本草》、唐陈藏器《本草拾遗》等都这样指称。陈藏器的辨别法是:"大麦是麦'米',矿麦是麦'谷'。"就是说脱壳成"米"的是"大麦",稃壳粘连不分离而成"谷"的是"矿麦",实际仍然以裸粒大麦为"大麦"(实为元麦),而以有稃大麦为"矿麦"(实为通常的大麦),二者恰恰和现在的通名相反。贾思勰引陶弘景说而没有指出他的说法不对,实际是同意陶说(参看《大小麦》注释)。因此,《今释》把这里的矿麦译为"大麦粉"是有见地的。孟方平则解释为元麦面,就不免片面,以今套古了。矿麦可能加工成粉面,但古医方凡用禾谷类作外敷药的,常是嚼烂后敷贴之,则"咬咀"的可能性更大些,也更有消炎的作用。至于小儿哺,孟方平说中药师告诉他是人乳的异名,是得自师传的。只是文献上还没有查到根据,待考。

〔11〕瘙(sào)蹄:指蹄部发炎红肿,甚至化脓。

〔12〕谷:谷子。《今释》"谷"(繁体作"榖")疑是"榖"字之误,译为"榖树浆",孟方平承袭其说,认为"榖"下夺"汁"字,即构树的白色乳汁,可治疥癣。原因是谷子治疮不可理解,故改极其形似的"谷"(榖)为"榖"。其实这也是以今臆古而误古。《证类本草》卷二五"粟米"、"秫米"、"青粱米"、"黄粱米"等引《肘后方》、《本草拾遗》、《食疗本草》、《外台秘要》等多有用粟米治疗疮疥肿毒等的记载,或生捣,或炒黄为末,或浸汁,或用酸泔水,或敷或洗,均有疗效。包括黍米、大麦、小麦,亦然。《要术》下文还用黍米粥同治此病,岂能视而不见。《本草图经》还记载用粟米英粉,"今人用去痱疮,尤佳"。凡此之类,对古籍不要一刀砍死,还请稍留余地为好。谷子〔嚼烂〕,是承上文嚼烂大麻子而省文的。

〔13〕"渍",各本作"清",明显是"渍"字之误,《观象庐丛书》本即改

为"渍"。其渍器即为"钵","尿渍"上应有"钵中"字样。

　　〔14〕卒（cù）：同"猝"，突然。

　　〔15〕各本作"斤"，仅金抄作"升"。按：《要术》中计量食盐均用升斗，不用斤两，卷八作酱、腌腊、烹调及卷九盐渍瓜菜各篇无不如此。况且，后魏1升约合今400毫升，5升共2 000毫升，即2市升。后魏1斤约合今444克，2斤共888克，即将近1.8市斤。拿1.8斤的盐投入2升的水里，肯定超过饱和度，那就没法"研盐令消"了。

　　〔16〕漏蹄：指蹄底生疮，包括蹄底蹄皮炎、蹄叉腐烂、蹄叉癌等症。

【译文】

　　治牛马患疫气病的方子：用獭的屎，加水煮过灌下去。用獭的肉或肝，更好；没法得到肉或肝，只好用屎了。

　　治马患喉痹快要死的方子：缠扎刀子的下部，只露出一寸锋刃，用来刺咽喉，把它刺破，就会好。不治的话，一定会死。

　　治马黑汗的方子：拿干燥的马屎放在瓦片上，用人的乱发盖在上面，拿火来烧马屎和头发，让它们出烟，放在马鼻下面熏，让烟熏入鼻孔中去，一会儿就好了。

　　又一方子：拿猪板脂、雄黄和乱头发三样东西，搁在马鼻下面烧，让烟熏进鼻孔中去，一会儿就好了。

　　治马中热的方子：煮好大豆，和上加热的饭喂马，喂三次，好了。

　　治马汗凌的方子：取一升好豆豉，用一升好酒——夏天在太阳底下晒暖，冬天加火使温热——来浸豆豉，使化开，再用手揉烂后，绞去豉滓，用纯汁灌入马口中。出了汗，就好了。

　　治马疥癣的方子：用雄黄和头发两样，放入腊月猪油里面熬煎，使头发溶化掉；用砖刮去疮痂脓污，使现出红色，趁热涂上这药汁，就会好。

　　又一方子：用热水将疥癣洗干净，揩干水分。煮面糊，趁热涂上，就会好。

　　又一方子：烧柏树枝条，取它滴下的含油沥汁涂上，也好。

　　又一方子：把芥子研末涂上，也会好。凡是六畜的疥癣，用芥子末涂上，都可以治好。不过，柏树沥汁和芥子，都是烈性药，如果是遍身患着疥癣的，应该分散开来分批地逐渐涂治；第一批涂的地方好了，再涂另外的地方。如果在一天之内，将全身一下子都涂遍，没有不死的。

治马中水的方子：拿像鸡蛋黄大小的两撮食盐，塞入马的两个鼻孔中，捏住鼻子，让马眼中流出泪来，再放手，就好了。

治马中谷的方子：用手捉住鬐甲上的长鬃，向上面提起，让皮离开肉，这样提起几次。拿钑针刺入提起来的空皮中，让钑针刺通两头。用手挡在刺孔上试试，会有气出来，像风一样吹着手，这就是"谷气"。叫人在刺孔上撒尿，又用盐涂上，立即叫人骑着走几十步，就好了。

又一方子：取硬饴糖像鸡蛋大小的一块，打碎，和在草中喂马，很好。

又一方子：取三升麦芽末，和在谷中喂马，也好。

治马脚生附骨——如果不治，侵入膝关节里，马就长期跛脚了——的方子：将芥子捣得细熟，拿像鸡蛋黄大小的一块，再拿三颗巴豆，去掉种皮，留着种脐，也捣得细熟，两样用水调和，使匀熟相混合。和时用刀子调和，不然会灼破人手。拔去附骨上的毛，再在附骨外围用融化了的蜜蜡周围壅护着，不然的话，恐怕药性躁烈把疽面扩大。蜡壅好之后，拿药敷在附骨疽上，取生布割破两端，各自〔按相反的方向〕紧紧地缠扎三道〔，然后缚牢〕。骨疽小的，一夜便消尽了，大的也不过两夜。然而需要多次察看，只怕疽消尽了，便会蚀伤好的地方。看骨疽已经消尽了，用冷水把疽洗干净，刮些车轴头上的油脂，作成饼，贴在疽上面，仍然用干净的生布紧紧地裹好。三四天后，解去，便会生毛，没有瘢痕。这个方法很好，大大胜过炙法。不过，疽如果还没有完全好，不得马上骑乘；万一疽中出血，便成大病了。

治马脚被刺伤的方子：用矿麦和进小儿哺，涂上，就好。

马的炙疮〔须要注意的〕：疮没有全好，不能让它出汗。疮结白痂时，要谨慎避风。疮完全好了之后，可以任意骑乘了。

治马瘙蹄的方子：用刀子刺入踠部的丛毛中，让它出血，就好。

又一方子：把羊脂融化了，涂在疮上，用布包裹起来。

又一方子：取两石左右的咸土，用水淋取一石五斗的汁，盛在锅里煎煮，浓缩成二三斗。将毛剪去，用澄清的米泔水洗干净。干燥后,再用咸汁洗疮。洗三次,就好。

又一方子:用热水把疮洗净,揩干。将大麻子嚼烂敷上,用布或绸子包扎好。包三次,会好。如果没有全好,再〔嚼烂〕谷子敷上。敷五六次,就会痊愈。

又一方子:剪去毛,用盐汤把疮洗净,刮去痂,揩干。用破瓦器将人尿煮沸,趁热涂在疮上,就好。

又一方子:用锯子锯开病蹄的蹄头前面正中的地方,斜着锯进去,使锯的地方上面尖,下面阔,像锯齿的形状;像剪箭括一样,把这片尖角形的蹄壳切除掉。这时,用刀子刺向这一寸左右深的切去蹄壳的地方,挑刺出血来,血一定是黑的;出了五升左右的血,再解放,就好了。

又一方子:先拿澄清的酸泔水把疮洗干净,然后将猪蹄煮烂,拿猪蹄汁趁热来洗疮,就好。

又一方子:先拿蒸锅底的热汤把疮洗净,用布把水揩干。取一升黍米煮成稠粥,把粥糊在一块三四寸阔、七八寸长的旧布上,拿来厚厚地裹在蹄上生疮的地方,用散麻缕缠扎好。三天之后,解开,应当就好了。

又一方子:在耕地里拾取东倒西倒的禾茋——如果是东西方向的横地,就拾取南倒北倒的禾茋,一垅取七科,三垅共取二十一科,洗干净,加水在锅里煮,煮得水汁发黑,停止。剪去毛,用米泔水洗净,去掉痂,就拿禾茋汁趁热涂上,涂一次就好了。

又一方子:〔在钵子里盛着〕尿,浸泡羊粪,让羊粪化开。取得房屋四角上的草,就在钵子上烧,让草灰落入钵子中,再搅拌匀熟。用米泔水把蹄洗干净,拿这粪汁涂上。再三地涂,就好了。

又一方子:加水煮酸枣根,取得液汁,把蹄洗干净。再用水调和酒糟,盛在黑羊毛作成的毛袋里,将病蹄浸在酒糟里,让疮全浸没在酒糟中。这样浸过几次,就好了。

又一方子:洗净之后,拿杏仁捣烂,和上猪油,涂在疮上。涂上四五次,就应该会好。

治马大小便不通,忽眠忽起痛苦得要死,必须赶紧治它,不治的话,一天之内就会死的方子:用油脂涂在手上,探到直肠里,把结住的屎抠出来。用盐塞进尿道里,一会儿就撒出尿来。这样,便应当会好。

治马猝然急性腹胀，眠起不安要死的方子：用五升冷水，和进二升盐，搅拌着让盐溶化，灌入马口中，一定会好。

治驴漏蹄的方子：拿一块厚砖石，凿出一个可以容纳驴蹄的孔，大约二寸深。把砖烧热，热到发红。削去驴蹄，使露出漏孔，就将蹄子放入砖孔中，倒入盐水、酒、醋，让它滚烫，把蹄浸着。牢牢地捉住驴脚，不让蹄子移动。等到砖冷了，然后放开，就好了。以后下水，或者走远路，都不会再发。

牛，歧胡有寿[1]。歧胡：牵两腋；亦分为三也。

眼去角近[2]，行驶[3]。眼欲得大。眼中有白脉贯瞳子，最快。"二轨"齐者快[4]。"二轨"，从鼻至髀为"前轨"，从甲至髂为"后轨"。颈骨长且大，快。

"壁堂"欲得阔[5]。"壁堂"，脚、股间也。倚欲得如绊马聚而正也[6]。茎欲得小。"膺庭"欲得广。"膺庭"，胸也[7]。"天关"欲得成[8]。"天关"，脊接骨也。"儁骨"欲得垂[9]。"儁骨"，脊骨中央，欲得下也。

洞胡无寿。洞胡：从颈至臆也。旋毛在"珠渊"，无寿。"珠渊"，当眼下也。"上池"有乱毛起，妨主。"上池"，两角中，一曰"戴麻"也。

倚脚不正，有劳病。角冷，有病。毛拳，有病。毛欲得短密，若长、疏，不耐寒气。耳多长毛，不耐寒热。单膂[10]，无力。有生疕即决者，有大劳病。

尿射前脚者，快；直下者，不快。

乱睫者觚人。

后脚曲及直[11]，并是好相；直尤胜。进不甚直，退不甚曲，为下。行欲得似羊行。

头不用多肉。臀欲方。尾不用至地；至地，劣力。尾上毛少骨多者，有力。膝上缚肉欲得硬。角欲得细，横、竖无在大。身欲得促，形欲得如卷。卷者，其形圆也。"插颈"欲得高。一曰，体欲得紧[12]。

大膁疏肋[13]，难饲。龙头突目[14]，好跳。又云：不能行也。鼻如镜鼻[15]，难牵。口方易饲。

"兰株"欲得大。"兰株"，尾株。"豪筋"欲得成就。"豪筋"，脚后横筋。"丰岳"欲得大。"丰岳"，膝株骨也。蹄欲得竖。竖如羊脚。"垂星"欲得有"怒肉"。"垂星"，蹄上；有肉覆蹄，谓之"怒肉"。"力柱"欲得大而成[16]。"力柱"，当车。肋欲得密，肋骨欲得大而张。张而广也。髀骨欲得出儁骨上[17]。出背脊骨上也。

易牵则易使，难牵则难使。[18]

"泉根"不用多肉及多毛。"泉根"，茎所出也。"悬蹄"欲得横。如"八"字也。"阴虹"属颈，行千里。"阴虹"者，有双筋自尾骨属颈[19]，宁公所饭也。"阳盐"欲得广[20]。"阳盐"者，夹尾株前两膁上也[21]。当"阳盐"中间脊骨欲得窊[22]。窊则双膂，不窊则为单膂。

常有似鸣者，有黄[23]。

【注释】

〔1〕胡：指颔下垂皮。垂皮分叉的叫"歧胡"；也有分为三叉的。单条不分叉的叫"洞胡"。垂皮只有黄牛有，水牛没有，因此这里相牛法，仅限于黄牛。歧胡可以表示食槽宽，颔凹深，咀嚼力强，有利于消化吸收，使牛健壮。

〔2〕眼去角近：眼离角近，表示额宽，面短，头轻，是驮用牛的良好头形。

〔3〕驶(kuài)：通"快"，迅疾。

〔4〕二轨：是测量牛体的两条假定的轨线，其所指注文已说明。　　齐：指这两条线的长度要相称。这是古人对牛体的量法，虽然没有现代的精密，但也反映对于前躯和中躯要适当相称的重视。

〔5〕壁堂：指前脚和后股之间的胸腹部，要求胸腹壁要宽阔，则中躯发育健全，有力。这和膺庭要宽广是相应的。

〔6〕倚：支撑住；又通"踦"(jǐ)，指脚胫。脚胫支撑全体，二义相通。这里要求四肢端正，两胫间距离宁可小些，宁以稍偏于狭踏肢势为良；否则距离太大，反而形成不良的广踏肢势。下文倚脚不正，即脚胫偏斜，为骨骼发育不良之征。

〔7〕"胸也"，《初学记》卷二九及《御览》卷八九九引《相牛经》作"胸前也"或"胸前"，宜有"前"字。

〔8〕天关：指肩脊接合部，要求肩、脊的附着良好(即"成")，则肌肉丰厚发达，有利于受轭。

〔9〕儁骨：指脊骨中央，要求微凹，但不是深陷下垂，成为不良的弯背。

〔10〕膂：指背椎椎两侧的肌肉。所谓"双膂"，即指此部两侧肌肉要发达隆起，中间的脊梁显得微微凹下，而背腰部横阔，有似双重的膂。不隆起，不微凹，则为"单膂"。下文阳盐中间的脊骨有凹下一些与不凹下之分，形成双膂和单膂，即指此。现在群众还有"双肩"、"单肩"的说法。

〔11〕此指飞节的曲度。要求前进时较直，后退时较曲，都是良形。但不是说曲飞节或直飞节都好，应予区别。

〔12〕"'插颈'欲得高。一曰，体欲得紧"，《世说新语·汰侈》刘孝标注引《宁戚〔相牛〕经》作："'捶头'欲得高。百体欲得紧。"(上海古籍出版社影印本)"插颈"与"捶头(颈)"二字形似，"百"分成二字可变成"一曰"，未知孰是孰误。插颈，应指鬐甲部，高则有力。

〔13〕臁：腰软窝儿，即臁腹，俗又名软肚。软窝儿大则腹大腰垂，加之肋骨又疏，则胸弱背软(背椎必细长)，骨骼发育不良，驮负乏力，饲养不利。

〔14〕《学津》本作"头"，金抄作"颈"，他本脱。按：《世说新语·汰侈》刘孝标注引《宁戚〔相牛〕经》及《御览》卷八九九引《相牛经》均作"龙头突目，好跳"，故从《学津》本作"头"。

〔15〕镜鼻：古时铜镜背面中央穿绳的纽。牛鼻要求大而开张，如果像镜鼻那样的低陷小孔，自然难于牵挽役使。

〔16〕力柱：即肩胛部受轭处，有些地方群众称为"力峰"。　　成：相成。指该部稍稍隆起，有利于受轭，不滑脱。

〔17〕髀骨：此指髋骨，不是股骨。要求高出儁骨，其说与儁骨要求垂

下些相应。

〔18〕这两句插在这里，突兀得很，疑是上文"鼻如镜鼻难牵"的注文误窜入此。

〔19〕"自尾"，各本均作"白毛"，不可解。《初学记》卷二九引《相牛经》作"自尾"。《世说新语·汰侈》注引作"白尾"，尚存"尾"字，而"白"仍是"自"的残误。《渐西》本《要术》改作"自尾"，是。

〔20〕阳盐：指两嶓前的背腰两侧的肌肉，要求隆起而宽广，而阳盐中间的脊骨要求微凹，则与双脊相应。

〔21〕"上"，各本均无，于部位不当。《初学记》及《御览》引《相牛经》均作"夹尾株前两嶓上"，《四时纂要·正月》"拣耕牛法"正作"夹尾前两尻上"，应有"上"字。

〔22〕"窊"（wā），各本原作"窅"（注同）。按："窅"，字书解释都是"入脉刺穴"，别无二义，这里讲不通。《四时纂要·正月》作"当阳盐中间脊欲得窊"，《疗马集》附《牛经》"相耕牛法"亦作"窊"。据改。

〔23〕黄：指牛黄，即胆囊结石。《唐本草》注说："牛有黄者，必多吼唤。"《吴氏本草》说："牛出入呻者有之。"是胆结石疼痛的表征。

【译文】

牛，歧胡的长寿。歧胡，分叉连到两边腋下；也有分为三叉的。

眼离开角近的，走得快。眼要大。眼中有白脉贯穿着瞳子的，最快。"二轨"相齐的，快。"二轨"，从鼻至前髀为"前轨"，从肩胛至髋部为"后轨"。颈骨长而且大的，快。

"壁堂"要阔。壁堂，指前脚和后股之间。倚要像绊着的马那样，靠近些而且端正。阴茎要小。"膺庭"要宽广。膺庭，指〔前〕胸。"天关"要接合良好。天关是脊椎和肩骨相接的部位。"儁骨"要垂下些。儁骨是脊骨的中央，要垂下些。

洞胡的不长寿。洞胡是垂皮不分叉而成一体，从颈到胸前的。"珠渊"上有旋毛，不长寿。珠渊，正当眼睛下面。"上池"上有乱毛长着，妨害主人。上池在两角之间，又叫"戴麻"。

倚脚偏斜不正，有劳病。角冷，有病。毛卷曲，有病。毛要短而密；如果长而疏，不耐寒冷。耳朵上多长毛，不耐寒热。单脊的，力气弱。有生疖疮而很快就溃破的，有大劳病。

撒尿射到前脚的，行走快；向下直射的，不快。

睫毛乱的,容易觚撞人。

后脚前进时比较直,后退时比较曲,都是好相;前进时比较直,尤其好。前进时不怎么直,后退时不怎么曲,是下等相。走路时,要像羊走的样子。

头不要多肉。臀部要宽广。尾不要长到地;长到地的,力气弱。尾上毛少骨多的,有力。膝上的缚肉要硬实。角要细,横生也好,竖生也好,都不需要大。躯干要紧促,形状要像"卷"的一样。所谓卷的,就是形状是圆的。"插颈"要高。一说(?)躯干要紧。

腰软窝儿大,而肋骨疏的,难饲养。头像龙头,眼睛突出,常常会跳。一说:不肯好好走路。鼻子像镜鼻,难牵。口阔唇厚,容易饲养。

"兰株"要大。兰株,就是尾根部。"豪筋"要相称相成。豪筋是脚后面的横筋。"丰岳"要大。丰岳,就是膝盖骨。蹄要竖。像羊脚一样竖。"垂星"上要有"怒肉"。垂星的部位在蹄上;蹄上有肉覆盖着,叫作怒肉。"力柱"要大而相成。力柱是轭车的部位。肋骨要密,要大而开张。就是要开张而宽广。髀骨要高出儁骨之上。就是要高出脊梁之上。

容易牵的容易役使,难牵的难于役使。

"泉根"不要多肉,也不要多毛。泉根是阴茎所出的根部。"悬蹄"要横。像"八"字的样子。"阴虹"连到颈上的,日行千里。所谓阴虹,是说有两条筋从尾骨一直连到颈上,就是宁戚所喂的牛。"阳盐"要宽广。所谓阳盐,是夹着尾根向前在两膁的前面。阳盐中间的脊骨要凹下一些。凹下的就是双脊,不凹下的就是单脊。

常常有像鸣叫的声音的,有牛黄。

治牛疫气方:取人参一两,细切,水煮,取汁五六升,灌口中,验。

又方:腊月兔头烧作灰,和水五六升灌之,亦良。

又方:朱砂三指撮,油脂二合,清酒六合,暖,灌,即差。

治牛腹胀欲死方:取妇人阴毛,草裹与食之,即愈。此治气胀也。

又方：研麻子取汁，温令微热，擘口灌之五六升许，愈。此治食生豆腹胀欲垂死者，大良。

治牛疥方：煮乌豆汁[1]，热洗五度，即差耳。

治牛肚反及嗽方[2]：取榆白皮，水煮极熟[3]，令甚滑，以二升灌之[4]，即差也。

治牛中热方：取兔肠肚，勿去屎，以草裹[5]，吞之。不过再三，即愈。

治牛虱方：以胡麻油涂之，即愈。猪脂亦得。凡六畜虱，脂涂悉愈。

治牛病：用牛胆一个，灌牛口中，差。

《家政法》曰："四月伐牛茭。"四月青草[6]，与茭豆不殊，齐俗不收，所失大也。

《术》曰："埋牛蹄着宅四角，令人大富。"

【注释】

〔1〕金抄、明抄作"乌豆"，《津逮》本作"乌头"。乌豆，即黑大豆。《四时纂要·正月》及元刻《辑要》引《四时类要》，正文均作"乌豆汁"，而其下注云："一本作'乌头汁'。"因此，《今释》和孟方平都认为"乌豆"是"乌头"之误，因为现在未见乌豆治疥，而常用乌头，"是科学的"。其实乌豆"涂痈肿"已见于今传最早的本草书《神农本草经》，本草书上的大豆以黑者入药（即乌豆），其后《华佗神方》明确记载："治牛疥方：黑豆水煮，去滓取汁，洗五六次即差。"所记与《要术》完全相同。葛洪《肘后备急方》卷八亦明载："治牛马六畜疥：以大豆熬焦，和生麻油捣敷，醋泔水净洗。"孟诜《食疗本草》、《子母秘录》等都有治"阴痒"、"涂一切毒肿"和煮汁洗或嚼敷小儿疮疥等的记载（《政类本草·生大豆》引录）。乌头（Aconitum carmichaelii），毛茛科，有剧毒，性大热，用热汁洗五次，恐有副作用。韩鄂和《辑要》编者保留原文的"乌豆汁"，而不改用另本的"乌头汁"，是很有见地的。

〔2〕肚反：即习俗所称的"反胃"，指食后过一会就呕吐出来。

〔3〕"熟"，指煮得极透使汁释出，"令甚滑"，各本均作"热"。《四时纂

要·正月》及《辑要》引《四时类要》均作"熟",据改。

〔4〕金抄、明抄作"二升",湖湘本作"三升",《津逮》本作"五升"。《四时纂要·正月》作"三五升"。

〔5〕"草裹",各本均作"裹草",《四时纂要·正月》作"草裹",据以倒正。

〔6〕"青草",各本均作"毒草",无理,应是"青草"之误,今改正。

【译文】

治牛疫气病的方子:取人参一两,切细,用水煮,煮得五六升的汁,灌入牛口中,灵验。

又一方子:腊月的兔头烧成灰,用五六升的水调和,灌下去,也好。

又一方子:三个手指的一小撮朱砂,二合油脂,六合清酒,调和在一起烫暖,灌下去,就好。

治牛腹胀难受快要死的方子:取妇人阴毛,用草裹着,喂给牛吃,就好。这是治气胀的方子。

又一方子:把大麻子研烂,〔调水〕取得液汁,加火烧得微微温热,扳开口灌下去,灌入五六升,就好。这是治吃生豆肚胀快要死的方子,非常好。

治牛疥癣的方子:煮取乌豆汁,趁热洗,洗五次,就好了。

治牛"肚反"和咳嗽的方子:取榆树白皮,水煮到极熟,使液汁很黏滑,拿二升灌下去,就会好。

治牛中热的方子:取兔子的肠肚,不要去掉屎,用草裹着,让它吞下去。不过两三次,就好了。

治牛虱的方子:用芝麻油涂上,就会好。用猪油也可以。凡六畜生虱,用油脂涂上,都会好。

治牛病的方子:用牛胆一个,灌入牛口中,就会好。

《家政法》说:"四月割喂牛的荬草。"四月青草,与荬豆没有两样,可齐人习俗上不知道收割,损失很大。

《术》说:"在住宅的四角埋下牛蹄,可以使人大富。"

养羊第五十七

毡及酥酪、干酪法，收驴马驹、羔、犊法，羊病诸方，并附

常留腊月、正月生羔为种者，上；十一月、二月生者，次之。[1]非此月数生者[2]，毛必焦卷，骨骼细小[3]。所以然者，是逢寒遇热故也[4]。其八、九、十月生者，虽值秋肥，然比至冬暮，母乳已竭，春草未生，是故不佳。其三、四月生者，草虽茂美，而羔小未食，常饮热乳，所以亦恶。五、六、七月生者，两热相仍，恶中之甚。其十一月及二月生者[5]，母既含重[6]，肤躯充满，草虽枯，亦不羸瘦；母乳适尽，即得春草，是以极佳也。

大率十口二羝[7]。羝少则不孕，羝多则乱群。不孕者必瘦，瘦则非唯不蕃息，经冬或死[8]。羝无角者更佳[9]。有角者，喜相觗触，伤胎所由也。

拟供厨者，宜剩之。剩法：生十余日，布裹齿脉碎之[10]。

牧羊必须大老子、心性宛顺者，起居以时，调其宜适。卜式云[11]：牧民何异于是者。若使急性人及小儿者，拦约不得，必有打伤之灾；或劳戏不看[12]，则有狼犬之害；懒不驱行，无肥充之理；将息失所，有羔死之患也。唯远水为良[13]。二日一饮。频饮则伤水而鼻脓。缓驱行，勿停息。息则不食而羊瘦，急行则尘而蚛颡也。[14]春夏早放[15]，秋冬晚出。春夏气软[16]，所以宜

早；秋冬霜露，所以宜晚。《养生经》云[17]："春夏早起，与鸡俱兴；秋冬晏起，必待日光。"此其义也。夏日盛暑，须得阴凉；若日中不避热，则尘汗相渐[18]，秋冬之间，必致癣疥。七月以后，霜露气降，必须日出霜露晞解，然后放之；不尔则逢毒气，令羊口疮、腹胀也。

圈不厌近[19]，**必须与人居相连，开窗向圈**。所以然者，羊性怯弱，不能御物，狼一入圈，或能绝群。**架北墙为厂**。为屋即伤热，热则生疥癣。且屋居惯暖，冬月入田，尤不耐寒。**圈中作台，开窦，无令停水。二日一除，勿使粪秽**。秽则污毛，停水则"挟蹄"[20]，眠湿则腹胀也。**圈内须并墙竖柴栅，令周匝**。羊不揩土，毛常自净；不竖柴者，羊揩墙壁，土、咸相得，毛皆成毡。又竖栅头出墙者，虎狼不敢逾也。

【注释】

〔1〕绵羊多数品种秋冬季节发情配种，但也有终年发情繁殖的。《要术》所记一年十二个月都能生育，是终年发情繁殖的品种。阴历十一月至二月生的仔羔，由于母羊怀孕后正值秋草丰茂，母羊长得膘肥体壮，乳房"含重"奶水多，小羔吃得饱饱的，到断奶时已有青草长出，可以接上嫩草，所以小羔长得好。这四个月中，又以十二月和正月生的为更好，因为初秋交配的母羊，能整天吃到营养丰富的秋草，使羔子在母胎中就生长发育良好，生下后虽然冬天没有青草，但有丰足的母乳，待到母乳已尽的时候，恰好接上嫩草，所以长得特别健壮，最宜于选作种羊。冬羔具有体躯肥壮、耐热耐寒和抗病力强等优点，目前我国西北牧区一般仍选留冬羔作种。

〔2〕"月数"，各本及《辑要》引同，是说这些月份，意思明白，仅《渐西》本改作"数月"。

〔3〕"骨骼"，原作"骨髓"，元刻《辑要》引同，殿本《辑要》改作"骨骼"，字应作"骼"。

〔4〕逢寒遇热：八至十月生的羊羔，要经过寒冬腊月，三至七月生的羊羔，要经过炎热季节，或者青草接济不上，或者天热吃着热奶，都会营养不良，所以都不好。

〔5〕各本均作"十一月及二月"，仅金抄作"十一月、十二月"，《辑要》

引同金抄。按："及"应作"至"解释，即自十一月至二月，正文所说最好和较好的四个月都包括在内。一年十二个月中，三至十月的八个月，逐月点明其所以不好的缘由，剩下只有十一月至二月这四个月才是好的。所以不应作"十一月、十二月"。

〔6〕含重：奶水丰足。按：含重，原指"重身"，即怀孕，这里引申为乳量丰足，重亦通"湩"(dòng)，指乳汁，《列子·力命》："乳湩有余。"即此意。或谓"含重"应释为"母畜乳房丰满下垂即将生羔者"，泥于"重身"作解释，讲不通。因为《要术》说的是已经产下的仔羔，由于母乳丰足，虽然冬天没有青草，也吃得饱饱的，所以特别肥健。这和乳房丰满还没有产羔是不相干的两回事。

〔7〕羝(dī)：公羊。

〔8〕经冬或死：过冬可能死亡。怀孕母羊能分泌一种激素，促进肌体新陈代谢旺盛，提高消化吸收能力，所以比较肥健。未怀孕的没有这种优势，容易消瘦，过冬或致死亡。

〔9〕有的绵羊品种，公羊中有的有角，有的没有角。

〔10〕布裹齿脉碎之：齿，作动词用，就是咬。脉，指睾丸。这句就是用布裹着睾丸，咬碎它。但也有人解释"齿脉"是指精索，方法是用锤锤打，使输精管与血管闭锁，睾丸因得不到血脉的供养而萎缩。但不知那时有否现在的这种"锤骟法"？

〔11〕卜式语见《史记·平准书》。上篇已引到，但这里是贾氏意述，不是原文。

〔12〕"劳"，两宋本及元刻《辑要》引同；湖湘本作"旁"；《学津》本从殿本《辑要》引改作"遊"。按："劳"有过分、癖好之义，今浙江尚有此口语，为贬词。又《广雅·释诂二》："劳……嬾也。""劳戏"实际就是偷懒好嬉之意。

〔13〕羊爱干燥清洁的环境，放牧宜于高燥地方，经常漫水会引起蹄部发炎，乃至蹄叉腐烂。

〔14〕羊要缓缓地赶着走，让它边走边吃草，有利于吃饱长膘；不要赶得太快，羊只顾走路来不及吃草，就会瘦；也不要停止不赶，羊在同一草地吃草，草吃光了就没有好草吃了，也会消瘦，而且还会破坏牧草的生长。坌(bèn)，聚积。蚛(zhòng)，被虫咬，这里指呼吸道感染而引起脓肿。颡，借作"嗓"字，即嗓子(喉咙)。指赶得太快，尘土飞扬，而呼吸急促，吸入较多的尘土，因而引起呼吸器官疾病。

〔15〕将羊早些放出也是有条件的，春夏季节有露水的日子，也不宜早放，因为羊往往贪吃吃口好的露水草，因而引起腹胀。但对泌乳母羊准备挤

乳供食用的,例外。

〔16〕"软",各本及元刻《辑要》引同,《学津》本从殿本《辑要》引改作"和"。惟"软"也写作"輭",跟"暖"的异写字"㬉"相像,容易缠错,"软"也可能是"暖"字之误。

〔17〕《养生经》:《崇文总目》著录有《养生经》一卷,陶弘景撰。但《梁书·陶弘景传》不记陶著有《养生经》。其书已佚。

〔18〕渐(jiān):沾湿,浸润。

〔19〕圈(juàn):喂养家畜的棚栏。

〔20〕挟蹄:蹄部炎症引起的蹄壳变形狭窄症。

【译文】

　　常常留下腊月、正月生的羊羔作种羊,最好;十一月、二月生的,次之。不是这几个月生的,被毛必然焦卷没有光泽,骨骼也细小。所以会这样,是逢寒遇热的缘故。〔具体说,〕八、九、十月生的,虽然母羊还有秋肥过来的一定优势,但到了冬季岁暮的月份,母乳已经枯竭,可是青草还没长出来,接济不上,所以羊羔长不好。三月、四月生的,虽然有又多又嫩的草,可是羊羔还不会吃,整天吃着热奶,所以也不好。五、六、七月生的,〔天气既热,又吃热奶,〕两热相逼,这是不好之中最不好的。只有十一月到二月这四个月生的,母羊奶水丰足,膘肥体壮,虽然没有青草,身躯并不羸瘦;到奶水刚刚吃尽,就有春草接济上,所以羔子长得很好。

　　大致说来,十只羊里面,有两只公羊是合适的。公羊太少,母羊不容易怀孕;公羊太多,又会搅乱羊群。没有怀孕的母羊必定消瘦,消瘦后不但不能繁息后代,本身过冬可能死亡。公羊没有角的更好。有角的公羊喜欢用角觝触,这是伤胎的主要原因。

　　准备上厨房供食的,应该加以阉割。阉割的方法:生下来十多天,用布裹着睾丸,咬碎它。

　　牧羊人必须是〔身体健康、〕性情委婉随和的老年人,能够使羊群边走边吃和休息都有合宜的时间,护理也适应它的本性。卜式说,管理老百姓,不是和这个正是一样吗?如果让急性的人或者小童儿去牧放,那么,羊群阻拦约束不住,一定有打伤的危害;或者贪看自己游玩,不好好看管,会有狼犬咬伤叼走的灾难;懒惰停下来不赶着吃草,便没有肥满充实的道理;不照顾好休息好,羔子有死去的祸害。惟有离水远些为好。两天让羊喝一次水。喝水次数过多,会伤水,鼻子出脓。缓缓地赶着走,不要停息下来。停息下来就吃不到好草,羊便瘦了;赶得太快,尘土飞扬起来,会引起"虫颡"病。春夏二季,早上可以早些放出；秋冬二季，早上宜于晚些放出。春夏二季天气〔暖和〕，所以宜于早放；秋冬二季有霜露，所以宜于晚出。《养生经》说："春夏要起得早，随着鸡叫起身；秋冬要起得晏些，必须等到太阳出来。"道理是一样的。夏日天气酷热，必须要有阴凉的地方；假如日中不避开炎热，尘土和汗水浸染身体，到秋冬之间，必然诱发疥癣。七月以后，有了霜露冷气，必须等到太阳出来之后霜露消解了，然后放出；不然的话，遇着毒气，使羊口上生疮，肚腹发胀。

羊圈不嫌近，必须同住房相连，并且要对着羊圈开着窗。所以要这样，是因为羊的天性懦弱，没有抗御暴力的能力，万一狼进了圈，可能全群覆灭。在北墙外边披搭一个厂棚。如果盖成屋，太热，热了羊会生疥癣。而且在屋里住惯了习惯于暖和，一旦冬天到田野里去，尤其禁受不了寒冷。圈里面要把地面填高，开通出水口，不要让地面有积水。两天扫除一次，不要让粪秽堆积着。有粪秽会使羊毛受污染，有积水会生挟蹄病，睡在湿地就会腹胀。圈里面须要靠墙竖立木栅栏，要四周都竖着。这样，羊不揩擦墙土，毛自然经常保持洁净；如果不竖立栅栏，羊揩擦墙土，泥土和汗里的盐分相黏，毛都结成了块。再者，竖着的栅栏高出墙头的，虎狼就不敢从上面闯进来。

羊一千口者，三四月中，种大豆一顷杂谷，并草留之，不须锄治。八九月中，刈作青茭[1]。若不种豆、谷者，初草实成时，收刈杂草，薄铺使干，勿令郁浥。葍（豆、胡豆、蓬、藜、荆、棘为上；大小豆萁次之；高丽豆萁[2]，尤是所便；芦、藚二种则不中[3]。凡乘秋刈草，非直为羊，然大凡悉皆倍胜[4]。崔寔曰"七月七日刈刍茭"也[5]。既至冬寒，多饶风霜，或春初雨落，青草未生时，则须饲，不宜出放[6]。

积茭之法：于高燥之处，竖桑、棘木作两圆栅，各五六步许。积茭着栅中，高一丈亦无嫌。任羊绕栅抽食，竟日通夜，口常不住。终冬过春，无不肥充。若不作栅，假有千车茭，掷与十口羊，亦不得饱：群羊践蹋而已，不得一茎入口。

不收茭者：初冬乘秋，似如有肤；羊羔乳食其母，比至正月，母皆瘦死；羔小未能独食水草，寻亦俱死。非直不滋息，或能灭群断种矣。余昔有羊二百口，茭豆既少，无以饲，一岁之中，饿死过半。假有在者，疥瘦羸弊，与死不殊，毛复浅短，全无润泽。余初谓家自不宜，又疑岁道疫病，乃饥饿所致，无他故也。人家八月收获之始，多无庸暇，宜卖羊雇人，所费既少，所存者大。传曰："三折臂，知为良医。"[7]又曰："亡羊治牢，未为晚也。"[8]世事略皆如此，安可不存意哉？

寒月生者，须燃火于其边。夜不燃火，必致冻死。凡初产者，宜煮谷豆饲之。

白羊留母二三日，即母子俱放。白羊性很[9]，不得独留；并母久住，则令乳之。

羖羊但留母一日。寒月者，内羔子坑中，日夕母还，乃出之。坑中暖，不苦风寒；地热使眠，如常饱者也。十五日后，方吃草，乃放之。

白羊，三月得草力，毛床动，则铰之。铰讫，于河水之中净洗羊，则生白净毛也。五月，毛床将落，又铰取之。铰讫，更洗如前。八月初，胡葈子未成时，又铰之。铰了亦洗如初。其八月半后铰者，勿洗：白露已降，寒气侵人[10]，洗即不益。胡葈子成，然后铰者，非直着毛难治[11]，又岁稍晚，比至寒时，毛长不足，令羊瘦损。漠北寒乡之羊，则八月不铰，铰则不耐寒。中国必须铰，不铰则毛长相着，作毡难成也。

作毡法：春毛秋毛，中半和用。秋毛紧强，春毛软弱，独用太偏，是以须杂。三月桃花水时[12]，毡第一。凡作毡，不须厚大，唯紧薄均调乃佳耳。

二年敷卧，小觉垢黑，以九月、十月，卖作靴毡，明年四五月出毡时，更买新者：此为长存，永不穿败。若不数换者，非直垢污，穿穴之后，便无所直，虚成糜费。此不朽之功，岂可同年而语也？

令毡不生虫法：夏月敷席下卧上，则不生虫。若毡多无人卧上者，预收柞柴、桑薪灰，入五月中，罗灰遍着毡上，厚五寸许^[13]，卷束，于风凉之处搁置，虫亦不生。如其不尔，无不虫出。

羖羊^[14]，四月末五月初铰之。性不耐寒，早铰值寒则冻死。双生者多，易为繁息；性既丰乳，有酥酪之饶；毛堪酒袋，兼绳索之利：其润益又过白羊。

【注释】

〔1〕青茭：在草豆等未老前进行青刈，主要贮作干饲料，即下文所称的"茭豆"。茭，干草。

〔2〕营（láo）豆：一般指黑小豆。　胡豆：说法最杂，见卷二《大豆》注释。　蓬：蓬草，即飞蓬。　藜：藜科的藜，也叫"灰菜"。　荆：荆条。　棘：酸枣。　高丽豆：大豆一类。

〔3〕薍（wàn）：初生的荻。

〔4〕倍胜：加倍的好。秋季开花孕穗时期的草，质量好，养分多，产量也高，尤其豆科植物，蛋白质、维生素和钙的含量很丰富，营养价值很高，这正是今天群众所说的"秋天的草，冬天的宝"。

〔5〕七月七日："七日"，各本同，疑误。按：《玉烛宝典》引《四民月令》有七月、八月"刈刍茭"，《要术》卷三《杂说》引《四民月令》也有八月"刈……刍茭"，"七月七日"疑是"七月、八月"之误。但孟方平说"七日"没有错，因为辽宁东部解放前有七月七日开山"打羊柴"的习俗，改为"八月"不合《要术》强调初秋原意。可惜《要术》原文是"初草实成时"，没有说"初秋"。这是很合理的，因为各种杂草的种实绝无一律在七月七日成熟之理，就拿《要术》所举的荆，黄荆果期在8—9月，蔓荆果期在9月，酸枣果期在9—10月，都和七月七日违戾。《要术》明说趁着秋天割草，那就七月、

八月都可以割,何况《四民月令》根本没有七月七日割草的原文,只有七月、八月割草的记载,岂不是要把"七日"的误文强栽在崔寔的"八月"上? 用现今的辽宁硬套古代的中原、山东,自然不会得出正确结论。

〔6〕不宜出放:不宜放出。牧养必须采取放牧和舍饲相结合的原则。冬天不宜放牧,应该由放牧转为舍饲。舍饲方法,前文"羊圈不嫌近"一段已记述得很清楚,都是针对羊性怯弱、怕热、怕水、爱干燥干净等的生理特性和人们需要优良毛质而安排的科学措施。

〔7〕《左传·定公十三年》:"三折肱,知为良医。"

〔8〕《战国策·楚策》:"亡羊而补牢,未为迟也。"

〔9〕金抄、明抄作"佷",他本作"狠"。按:"佷"、"很"、"狠"三字古通用。《说文》:"很,不听从也。"这里不能作"狠心"讲,只能作不顺从解释,指白羊母性很强,产羔后不愿母子分开,眷恋着在一起。所以采取顺其母性的措施,"并母久住",又"母子俱放",这跟黑羊(羖羊)不同。

〔10〕"人",各本同,虽可解释,但疑是"入"字之误。

〔11〕胡枲(xǐ):即菊科的枲耳。其果实为纺锤形的瘦果,外部密生硬刺,常附着于兽毛和人的衣服上到处传播,所以古时又有"羊负来"的名称。

〔12〕桃花水:即"桃花汛"。《宋史·河渠志一》记载黄河之水随时涨落,以物候名其各汛期的水。桃花水是阴历二三月间桃花开时泛滥盛涨的汛水。这里只是指三月的时令而已。

〔13〕"厚五寸",《四时纂要·四月》采《要术》作"厚五分",疑是"五分"之误。

〔14〕"羖(gǔ)羊",各本均作"羝羊"。按:羝羊是公羊,羖羊指黑羊,此处即指黑羊,注文指明"其润益又过白羊"的对比可证。又公羊十只羊中只有两只,为什么只剪公羊的毛却放着黑羊不剪,而且毛的用途又不同,这里应是指羖羊。

【译文】

养着千把头羊的,该在三四月里种上一顷大豆,连同谷子一起混播,出苗后连杂草一并留着,不必锄治。到八九月里,一齐收割下来作青茭。如果没有混播大豆和谷子的,该在杂草开始结成种实的时候,将杂草收割下来,薄薄地摊开,晒干,不要窝坏了。萱豆、胡豆、蓬、藜、荆、棘是上等的;大豆茎和小豆茎是次等的;高丽豆茎,更是适宜;刚孕穗的芦和荻就不合用。趁着秋天的时机割草,不但是为了羊,凡是用作饲料,都是加倍的好。崔寔说:"七月七日(?)收割杂草作干饲料。"冬季天寒地冻,风霜很大,或者初春下雨之时,青草还没有长出来,这些时候,都必须舍饲,不宜放出。

堆积干草喂羊的方法:在高燥的地方,将桑木或酸枣木竖插在地上,围成两个圆形的栅栏,周围各有五六步左右的长度。把干草堆积在栅栏里面,堆到一丈高也没有关系。就让羊在栅栏外面绕着抽草吃,整天连夜的,常常不停地吃着。这样,过了冬天,又过春天,没有不膘肥体壮的。假如不作成栅栏,即使有一千车干草,扔给十只羊吃,也是吃不饱,原因是羊群在草上面挤来挤去,羊没有吃上一根草,草倒被践踏完了。

如果不储备着越冬干草,后果是:初冬时母羊还保留着秋膘余势,看上去好像还膘肥;但是羊羔全靠母乳喂养,到了正月,〔奶水都给吸干了,〕母羊也就瘦死了;可羔子还小,还不能独自吃水草,结果不久也都死去。这样,不但不能繁息,甚至本身都可能绝群断种呀!我自己从前养过两百头羊,由于荚豆储备不足,没法喂养它们,一年下来,饿死了一大半。就是有死里逃生的,也是疹病瘦瘠得疲弱不堪,和死的差不多,毛又疏又短,没有一点润泽。开始我还认为是自家不宜养羊,又怀疑是碰上了瘟疫的年岁,〔其实都不是,〕完全是饥饿造成的,并无其他原因。农家八月正开始忙着秋收,大多没有空闲时间,该卖去少数的羊,雇请专人来割草,所花费的不多,所保全的却很大。《左传》说:"折断过几次臂膀的人,自己也可以当医生。"《战国策》说:"羊走失了,回头再补羊圈,也不算晚。"世事大致都是如此,怎么可以不细心留意呢?

寒冷月份生下的小羔,必须在它旁边烧火取暖。夜间不烧火,必然会冻死。凡初次产羔的母羊,应该煮些谷类和豆子喂它。

白羊,把母羊留下两三天之后,就让它带着小羔一道出去。白羊的母性很强,不能把小羔单独留下;把母羊多留几天,〔并和小羔一齐放出,〕可以让母羊多喂奶。

黑羊,只要把母羊留下一天就放出去。冷天生的黑羔,放在土坑里,等傍晚母羊回来,就放出来跟着母羊。坑里暖和,不受风寒之苦;坑里暖暖的,让黑羔睡着,好像跟平常吃饱的一样。十五天之后,小羔开始吃草,就放出去。

白羊,三月间得到青草的营养力,被毛基部开始变动了,就铰毛。铰完后,在河水里把羊洗清净,以后长的毛就白净。五月,被毛快要掉落,又铰一遍。铰完,还像上次一样洗干净。八月初,趁胡菜子还没有成熟以前,再铰一次。铰过也要和前次一样洗净。八月半以后铰的,不要洗,因为已经降露水,寒气侵

〔八〕，洗了没有好处。胡菜子实成熟之后才铰毛的，不但子实粘在毛上不容易除掉，而且时令晚了些，到冷天毛还没有长足，使羊瘦弱，受到损害。大漠以北严寒地区的羊，八月不铰毛，铰了不耐寒。"中国"必须铰毛，不铰的话，毛太长，相黏结，作毡就作不好了。

作毡的方法：春毛和秋毛，一样一半混合着用。秋毛紧硬，春毛细软，单独用一样，质地太偏，所以要混杂。三月桃花水盛的时候作的毡，最好。凡是作毡，不在乎又厚又大，惟有松紧厚薄都均匀合宜为好。

毡子铺卧过两年之后，稍稍有些肮脏带黑的，就在九月、十月里卖给人家作毡靴的面料用，到明年四五月里新毡出来时，再买新的回来。这是长远有好毡，永远不会脏污穿洞的好办法。如果不这样常常掉换，不但污秽不堪，而且穿洞之后，便不值一文钱，白白地浪费了。这个永恒不朽的功效，难道可以同泛泛的办法同样看待的吗？

保护毡子使不生虫的方法：夏天铺在席子下面，人睡在席子上面，毡就不会生虫。假如毡多，没有那么多的人睡，可以预先收下柞柴、桑柴的灰，到五月里，把灰筛在整块毡子上面，筛上五寸（？）左右厚，卷起来，扎好，搁在通风凉爽的地方，也不会生虫。不然的话，没有不出虫的。

黑羊，在四月末五月初铰毛。黑羊天性不耐寒，铰得早了，碰上冷天，就会冻死。黑羊一胎生两羔的多，容易繁息；天性乳量丰足，可以多作酥酪；黑毛可以作榨酒的酒袋，又可以作绳索；所以它的利益胜过白羊。

作酪法[1]：牛羊乳皆得。别作、和作随人意。

牛产日，即粉谷如米屑，多着水煮，则作薄粥，待冷饮牛。牛若不饮者，莫与水，明日渴自饮。

牛产三日，以绳绞牛项、胫，令遍身脉胀；倒地即缚，以手痛按乳核令破[2]，以脚二七遍蹴乳房[3]，然后解放。羊产三日，直以手按核令破，不以脚蹴。若不如此破核者，乳脉细微，摄身则闭；核破脉开，捋乳易得。曾经破核后产者，不须复治。

牛产五日外,羊十日外,羔、犊得乳力强健,能噉水草,然后取乳。挼乳之时,须人斟酌:三分之中,当留一分,以与羔犊。若取乳太早,及不留一分乳者,羔犊瘦死。

三月末,四月初,牛羊饱草,便可作酪,以收其利,至八月末止。从九月一日后,止可小小供食,不得多作:天寒草枯,牛羊渐瘦故也。

大作酪时,日暮,牛羊还,即间羔犊别着一处,凌旦早放,母子别群,至日东南角,噉露草饱,驱归挼之。讫,还放之,听羔犊随母。日暮还别。如此得乳多,牛羊不瘦。若不早放先挼者,比竟,日高则露解,常食燥草,无复膏润,非直渐瘦,得乳亦少。

挼讫,于铛釜中缓火煎之——火急则着底焦。常以正月、二月预收干牛羊矢煎乳,第一好:草既灰汁,柴又喜焦;干粪火软[4],无此二患。常以杓扬乳,勿令溢出;时复彻底纵横直勾,慎勿圆搅,圆搅喜断[5]。亦勿口吹,吹则解。四五沸便止。泻着盆中,勿便扬之[6]。待小冷,掠取乳皮,着别器中,以为酥。

屈木为棬[7],以张生绢袋子,滤熟乳着瓦瓶子中卧之。新瓶即直用之,不烧。若旧瓶已曾卧酪者,每卧酪时,辄须灰火中烧瓶,令津出,回转烧之,皆使周匝热彻,好干,待冷乃用。不烧者,有润气[8],则酪断不成。若日日烧瓶,酪犹有断者,作酪屋中有蛇、蝦蟆故也。宜烧人发、牛羊角以辟之,闻臭气则去矣。

其卧酪待冷暖之节,温温小暖于人体为合宜适。热卧则酪醋,伤冷则难成。

滤乳讫，以先成甜酪为酵[9]——大率熟乳一升，用酪半匙——着杓中，以匙痛搅令散，泻着熟乳中，仍以杓搅使均调。以毡、絮之属，茹瓶令暖。良久，以单布盖之。明旦酪成。

若去城中远，无熟酪作酵者，急揄醋飱[10]，研熟以为酵——大率一斗乳，下一匙飱——搅令均调，亦得成。其酢酪为酵者，酪亦醋；甜酵伤多，酪亦醋[11]。

其六七月中作者，卧时令如人体，直置冷地，不须温茹。冬天作者，卧时少令热于人体，降于余月，茹令极热。

【注释】

〔1〕酪：经凝结的乳，以乳酸菌发酵制成，有甜、酸两种，其酸酪似今"酸奶"。其制作过程为：原料乳加热杀菌，冷却，揭乳皮，过滤，加发酵剂，装瓶，保温发酵，作成酪。

〔2〕乳核：谢成侠教授解释应指乳头，因土初产母牛的乳头短小，其形如核，经用力揉捏，使其有蜡质封口的乳头管通畅。乳腺腺泡是泌乳单位，构成腺泡系；腺管系是排乳的管道系统，都不能损伤，而且要保护。乳上淋巴结如"核"形，有的相当大，也不能损伤。产乳时需要大量的血液流经乳房，在乳房上踢十几下，无非达到机械性刺激作用，增进其血行，但动作鲁莽，容易伤及乳房。

〔3〕蹴（cù）：踢，踏。

〔4〕"軟"，金抄作"歌"，明抄作"輭"，无此字，他本作"輙"。按：《四时纂要·正月》采《要术》作"軟"，日本山田罗谷本《要术》校语亦称："一本'輙'作'軟'。"就金抄、明抄二字字形推测，亦应是"軟"字之误。"軟"谓火力缓和。

〔5〕断：指奶不凝结。圆搅易起向心现象，乳脂较轻，易向中心聚集，乳蛋白比重较大，则向锅边分散，以致乳汁物质分布不匀，有碍作酪。

〔6〕"扬"，各本同。但这"泻着盆中"的熟乳，正是下文"抨酥法"中说的"泻熟乳着盆中，未滤之前，乳皮凝厚，亦悉掠取"的熟乳，这时正要稍冷掠取乳皮，岂能再扬使凝结的奶皮解离，"扬"应是"掠"字之误。

〔7〕棬（quān）：曲木制成的饮器。

〔8〕有润气：有潮气。是滋生细菌的好场所。这实际是对旧瓶进行干热灭菌处理，杀灭其中污染的微生物，保证在相对纯净的条件下顺利进行发酵。否则，乳蛋白被污染破坏，就不能凝固了。

〔9〕甜酪：先前作成的酪，被作为发酵剂保存下来。除自留外，那时城市中也有得卖。如果没有现成的酵酪，可以用酸浆水饭代替，这也是乳酸发酵的产物。

〔10〕揄（yóu）：同"抌"，即舀，舀取。

〔11〕甜酵也含有乳酸菌，用得过多，乳酸菌含量过多，则发酵过度，酪也会变酸。

【译文】

作酪的方法：牛乳、羊乳都可以作。单独作或者两样混合着作，也随人的意愿。

牛产犊的这天，就粉碎谷子像米屑一样，多放些水煮成稀粥，等冷了给母牛喝。母牛如果不喝，不要给它水，明天渴了，自然会喝。

牛产犊的第三天，用绳子把牛颈项和脚胫都绑得紧紧的，使它遍身血脉发胀；倒地后再用绳子捆住，用手使劲地揉捏乳核，把乳核捏破，又用脚向乳房踢十几下，然后松绑放开。羊，产羔后三天，也用手把乳核捏破，但不用脚踢。如果不这样捏破乳核，输乳管细小，牛羊只要身体紧缩一下，就闭住流不出奶了。乳核捏破之后，输乳管张大了，挤奶就容易出来了。已经捏破之后再生产的，就不必再这样处理。

牛生产过五天之外，羊生产过十日之外，羊羔和牛犊吃母乳身体强健，能够自己喝水吃草了，这时才可以挤奶。挤奶时，还必须细心地斟酌，就是三分奶中，该留下一分来给小羔小犊吃。假若挤奶太早，或者不留这一分奶，羔、犊便会瘦死。

三月末到四月初，牛羊有青草吃得饱饱的，便可以开始挤奶作酪，以取得乳酪的利益，到八月底停止。九月初一以后，只可以小小地作些供自家食用，不可以多作，因为天冷草枯了，牛羊渐渐瘦了。

大量作酪时，〔方法是：〕黄昏时，牛羊回家，就将母畜和羔犊隔离开来，圈在另外的地方，到凌晨趁早放出，还是母畜和羔犊分开放出，到太阳转到东南角的时候，吃饱了露水草，将母畜赶回来挤奶。

挤好了，再放出去，让羔犊跟着母畜。到傍晚回来仍然隔离开来。这样做，得奶多，母牛母羊也不会瘦。如果不是凌晨放出去先吃露水草，而是在家里先挤奶，等到挤好了再放出去，太阳已经高了，露水也干了，吃的常是干了的草，没有滋润，不但母畜会渐渐瘦下去，而且得奶也少。

挤完了，把奶倒进铛锅里用文火煎——火猛了会粘在锅底上焦坏。经常在正月、二月里预先收集牛羊干粪，用来煎奶，第一好。因为烧草会有灰飞起来落在奶汁里，烧柴火猛又容易焦，只有干粪的火力缓和，没有这两种毛病。常常用杓子把奶舀动扬去热气，不要让它溢出来；又时常把杓子伸到锅底横着竖着直向地匀动，千万不要绕着圆圈搅动，那奶会不凝结的。也不要用口吹，口吹也会解散。煮四、五个滚头便停止。倒在盆子里，不要马上就〔揭奶皮〕。等到稍为冷了之后，便可以揭起浮面的奶皮了，把它放在另外的容器里，准备作酥。

拿树枝弯成一个圆圈，用来撑开生绢作成的袋子，通过袋子过滤熟奶到一个瓦瓶子里，〔保持合适的温度〕让它毦着。新的瓶子可以直接用它毦酪，不必烧。如果是已经毦过酪的旧瓶，每次毦时必须先在煻灰里烧过，让水气渗散出去，并且要转动着烧，让周围到处都热透，里面全都干了，等冷了才用它。如果不烧的话，里面有潮气，酪就不凝固，作不成了。如果天天烧瓶，酪还是不凝固的，那是作酪的房子里有蛇或蛤蟆的缘故，应该烧些人发或者牛羊角来辟除它，它们闻到臭气就会离去。

毦酪时察候温度冷热的程度，要温温的稍微比人的体温高一点才合适。温度过高酪会变酸，太低又作不成酪。

熟奶过滤完了之后，用预先作成的甜酪作为酵，大致一升熟奶，用半调羹的酵。先把酵放在杓子里，用调羹尽力搅捣使散开，然后倒进瓶中熟奶里，再用杓子搅拌均匀。瓶子外面用毡子或者棉絮之类包裹起来，让它暖暖地保温着。过了相当长的时间，再用单层的布盖在瓶口上面。到明天早上，酪就作成了。

假如离开城市远，没法买到熟酪作酵，〔自己又没有，〕赶快舀酸浆水饭，研散和透了作酵，也可以作成。用量大致是一斗熟奶，下一调羹的酸浆饭。用酸酪作酵，作成的酪也是酸的；甜酵用得太多，酪也会变酸。

在六七月中作的酪，罨酪时的温度让它和人的体温那样，直接搁在冷地，不需要包裹起来保温。冬天作的，罨时的温度比人体稍为高些，比起其他各月来，包裹保温的程度都要相当热些。

作干酪法：七月、八月中作之。日中炙酪，酪上皮成，掠取。更炙之，又掠。肥尽无皮，乃止。得一斗许，于铛中炒少许时，即出于盘上，日曝。泡泡时作团，大如梨许。又曝使干。得经数年不坏，以供远行。

作粥、作浆时，细剉，着水中，煮沸，便有酪味。亦有全掷一团着汤中，尝有酪味，还漉取曝干。一团则得五遍煮，不破。看势两渐薄，乃削研，用倍省矣。

作漉酪法[1]：八月中作。取好淳酪，生布袋盛，悬之，当有水出滴滴然下。水尽，着铛中暂炒，即出于盘上，日曝。泡泡时作团，大如梨许。亦数年不坏。削作粥、浆，味胜前者。炒虽味短，不及生酪，然不炒生虫，不得过夏。干、漉二酪，久停皆有喝气[2]，不如年别新作，岁管用尽。

作马酪酵法：用驴乳汁二三升，和马乳，不限多少。澄酪成，取下淀，团，曝干。后岁作酪，用此为酵也。

抨酥法[3]：以夹榆木碗为耙子[4]——作耙子法：割却碗半上[5]，剜四厢各作一圆孔，大小径寸许，正底施长柄，如酒把形——抨酥[6]，酥酪甜醋皆得所，数日陈酪极大醋者，亦无嫌。

酪多用大瓮，酪少用小瓮。置瓮于日中。旦起，泻酪着瓮中炙，直至日西南角，起手抨之，令耙子常至瓮底。一食顷，作热汤，水解，令得下手，泻着瓮中。汤多少，令常半酪。乃抨之。良久，酥出，复下冷水[7]。冷水多少[8]，亦与汤等。更急抨之。于此时，耙子不须复达瓮底，酥已浮出故也。酥既遍覆酪上，更下冷水，多少如前。酥凝，抨止。

大盆盛冷水着瓮边[9]，以手接酥，沉手盆水中，酥自浮出。更掠如初，酥尽乃止。抨酥酪浆，中和殠粥。

盆中浮酥，得冷悉凝，以手接取，搦去水，作团，着铜器中，或不津瓦器亦得。十日许，得多少，并内铛中，燃牛羊矢缓火煎，如香泽法。当日内乳涌出，如雨打水声；水乳既尽，声止沸定，酥便成矣。冬即内着羊肚中，夏盛不津器。

初煎乳时，上有皮膜，以手随即掠取，着别器中；泻熟乳着盆中，未滤之前，乳皮凝厚，亦悉掠取；明日酪成，若有黄皮，亦悉掠取[10]：并着瓮中，以物痛熟研良久，下汤又研，亦下冷水，纯是好酥[11]。接取，作团，与大段同煎矣。

【注释】

〔1〕漉酪：沥水酪。漉，这里作沥水讲。沥水到半干时不再晒干，有别于"干酪"，相当于"湿酪"。它用淳酪作成，没有分离去乳脂，所以味道比干酪好。

〔2〕"喝"(yē)，各本相同，是伤热中暑，但这里是指食物变质，正字应作"餲"(ài)。或者食物变坏主要由湿热引起，所以借用了"喝"字？

〔3〕酥：即酥油、奶油，也叫黄油，又从英文butter译称"白脱"。其制作程序为：聚集乳皮，煎去乳清，加热水研磨，加冷水，收集，煎炼，与现在少数民族制黄油的传统方法基本相同。

〔4〕"夹榆木"，就是卷五《种榆白杨》的"梜榆"，特别适宜作镟作器的，正字应作"梜"，可能是传刻中少写了木旁。

〔5〕"半上"，疑应作"上半"，即截去碗壁的上半，以剩下的下半，在四面各剜一个圆孔，然后将长柄装在碗底上。这样的耙子适宜于上下彻底地搅打。

〔6〕"抨酥"应与上文"以夹榆木碗为耙子"连成一句，中间的"作耙子法"是插进去的。但这样的句式在古文或今文中都是没有的。毛病出在注文混入正文中。注文的最早形式是在大字正文下面写成单行小字的，所以在传抄中很容易和正文混杂。本篇制酥酪各法原来全是双行小字（本书一律改为大字），但其中应是注文的很多，即如下一段内，就有"汤多少，令常半酪"和"冷水多少，亦与汤等"两条明显是注文，因为只有把这注文剔开，才能使上面正文和下面正文连贯起来读。这里"作耙子法"也是这种情况，实际也是注文混作正文，才会出现"抨酥"应连贯上面正文而被隔开的情况。

〔7〕加温水有利于脂肪的分离。加冷水是为了提高液面，使脂肪与下面的残余杂物尽量分开，并有利于酥油的凝集。下文炼酥加热水熟研，又加冷水，作用相同。

〔8〕重文的"冷水"和上文的"复"字，各本都脱，仅金抄有，应该有。

〔9〕金抄作"大盆"，南宋系统本作"水盆"。《永乐大典》卷二四〇五"酥"字下引《要术》亦作"大盆"。"瓮"，湖湘本等如字，两宋本误作"盆"。

〔10〕掠取：揭下来。煎奶酪过程中有三次乳皮可以揭：第一次是最初煎奶时的"皮膜"，第二次是熟奶稍冷时凝结的"乳皮"，第三次就是这一次，是明晨成酪时结出的"黄皮"。这些都是自然上浮于液面的乳脂，加工后再与专门抨酪所得的酥一起煎炼，取得富集、浓缩的酥油。

〔11〕"酥"，仅金抄如字，他本均作"酪"。按：上文"皮膜"、"乳皮"、"黄皮"三项都是初时煎乳制酪过程中分离出来的乳脂，即酥，不是酪，"酪"误。

【译文】

作干酪的方法：作的时期在七月、八月。在太阳底下炙酪，酪面上结出奶皮时，揭取奶皮；再炙，再揭；到乳脂结尽了，没有皮了，停止。取得一斗左右揭皮后的酪时，在锅里炒一会儿，就倒出来搁在盘子里，在太阳底下晒。晒到半干时，作成像梨子大小的团子。再晒干。这样，可以经过几年不坏，供给出远门的时候食用。

煮粥或煮饮浆的时候，拿团子细细地削些下来，投入水中，烧开，便有酪味。也有将整团的干酪扔入热汤中煮的，尝尝有了酪味，仍然捞出来，晒干。这样，一团可以煮上五次，不会破。此后看看汤里面的酪味和团子本身两方面的力量都薄弱了，再削下来研细用，就加倍的省了。

作沥水酪的方法：在八月里作。取淳浓的好酪，盛在生布袋子里，挂起来，会有水沥出，一滴一滴落下来。水滴尽了，放在铛锅里稍为炒一下，就拿出来盛在盘子里，在太阳底下晒。晒到半干时，作成团子，像梨子大小。这样，也可以几年不坏。削些下来煮粥或煮饮浆，味道比干酪好。炒过虽然味道差些，不及生酪好，但是不炒会生虫，不能过夏。干酪和沥水酪，搁久了都有坏气味，不如每年作新的，当年就用完它。

用马酪作酵的方法：用驴奶二三升，和上马奶，马奶不限多少。〔作成酪，〕让酪澄清后，取它下面的沉淀，作成团子，晒干。明年作酪时，用来作酵。

抨酥的方法：用梜榆镟制成的木碗，改制成耙子，用来抨酥。作耙子的方法：把碗的上半圈割去，〔在下半圈的〕四面各挖出一个圆孔，孔的大小直径一寸左右，然后在碗底正中装上一根长柄，形状像酒耙的样子。用这耙子来抨酥，所用的酪，甜酪、酸酪都可以用，就是陈了几天酸味极大的陈酪，也不要紧。

酪多时用大瓮，酪少时用小瓮。瓮放在太阳下面。清晨起来，把酪倒在瓮中让太阳晒着，一直晒到太阳转到西南角的时候，动手抨酥，要使耙子常常一直搅到瓮底。一顿饭久之后，烧些开水，加水冲凉，到不烫手的温度，倒进瓮里。温水的分量，常常是酪的一半。再动手抨击。好久，酥出来了，再加冷水。冷水的分量，和温水一样。又赶快抨击。在这时候，耙子不需要再直冲到瓮底，因为酥已经浮出来了。酥已经盖满了酪面，再下冷水，分量和上次一样。酥都已凝聚了，停止抨打。

大盆盛着冷水放在瓮边，用手揭取浮在酪面上的酥，把手往冷水下面一沉，酥便浮出在冷水上面了。再揭再沉出，到酥揭尽为止。抨过酥的酪浆，可以调和酸浆饭和粥。

水盆里浮着的酥，遇着冷水都会凝结起来，用手掠取，捏去水，作成团子，盛在铜器中，或者盛在不渗水的瓦器里也可以。十天左右，积累了若干酥，一并放进铛锅里，烧着牛羊屎，用文火缓缓地煎，像煎润发油的方法一样。当天就有残留的奶清涌出来，像下雨打水的声音。到奶清都煎干了，声音没有，也不再沸了，酥便作成了。冬天放在羊肚里，夏天盛在不渗水的瓦器里。

当初作酪煎奶的时候，奶上就有奶皮结着，随即用手揭下来，放入另外的容器里；煎好把熟奶倒在盆子里，在没有过滤以前，稍稍冷了，也有厚厚的奶皮凝结着，也揭下来；明晨酪作成时，如果上面有黄皮，也揭下来。这三种都一并放在瓮中，用东西着力地研磨好久，把它研熟，加热水又研，又下冷水，这样，得到的全是好酥。揭下来，作成团子，和专门抨酪取得的酥合在一起煎炼。

羊有疥者，间别之；不别，相染污，或能合群致死。羊疥先着口者，难治，多死。

治羊疥方：取藜芦根[1]，㕮咀令破[2]，以泔浸之，以瓶盛，塞口，于灶边常令暖，数日醋香，便中用。以砖瓦刮疥令赤，若强硬痂厚者，亦可以汤洗之，去痂，拭燥，以药汁涂之。再上，愈。若多者，日别渐渐涂之，勿顿涂令遍——羊瘦，不堪药势，便死矣。

又方：去痂如前法。烧葵根为灰。煮醋淀，热涂之，以灰厚傅。再上，愈。寒时勿剪毛，去即冻死矣。

又方：腊月猪脂，加熏黄涂之[3]，即愈。

羊脓鼻眼不净者，皆以中水治方：以汤和盐，用杓研之极咸，涂之为佳。更待冷，接取清，以小角受一鸡子者，灌两鼻各一角，非直水差，永自去虫。五日后，必饮。以眼鼻净为候；不差，更灌，一如前法。

羊脓鼻，口颊生疮如干癣者，名曰“可妒浑”，迭相染易，着者多死，或能绝群。治之方：竖长竿于圈中，竿头施横板，令猕猴上居数日，自然差。此兽辟恶，常安于圈中，亦好。

治羊"挟蹄"方：取羝羊脂，和盐煎使熟，烧铁令微赤，着脂烙之。着干地，勿令水泥入。七日，自然差耳。

凡羊经疥得差者，至夏后初肥时[4]，宜卖易之。不尔，后年春疥发，必死矣。

凡驴马牛羊收犊子、驹、羔法：常于市上伺候，见含重垂欲生者，辄买取。驹、犊一百五十日，羊羔六十日，皆能自活，不复藉乳。乳母好，堪为种产者，因留之以为种，恶者还卖：不失本价，坐赢驹犊[5]。还更买怀孕者。一岁之中，牛马驴得两番，羊得四倍。羊羔腊月、正月生者，留以作种；余月生者，剩而卖之。用二万钱为羊本，必岁收千口。所留之种，率皆精好，与世间绝殊，不可同日而语之。何必羔犊之饶[6]，又赢毡酪之利矣。羔有死者，皮好作裘褥，肉好作干腊，及作肉酱，味又甚美。

《家政法》曰："养羊法，当以瓦器盛一升盐，悬羊栏中，羊喜盐，自数还啖之，不劳人收。

"羊有病，辄相污，欲令别病法：当栏前作渎，深二尺，广四尺，往还皆跳过者无病；不能过者，入渎中行过，便别之。"[7]

《术》曰："悬羊蹄着户上，辟盗贼。泽中放六畜，不用令他人无事横截群中过。道上行，即不讳。"

《龙鱼河图》曰："羊有一角，食之杀人。"

【注释】

〔1〕藜芦：百合科的藜芦（Veratrum nigrum），多年生有毒草本。其根用作外用药，可治疥癣、白秃等恶疮，并能毒杀蚤、虱、臭虫等。

〔2〕㕮（fǔ）咀（jǔ）：咀嚼。原意指将药嚼碎，后也指将中药捣碎、

切碎。

〔3〕熏黄:劣质的雄黄。《唐本草》注:"雄黄……恶者名熏黄,用熏疮疥,故名之。"

〔4〕他本作"夏后",金抄、明抄作"后夏",指次年夏天。下文"后年春",也只是翌年春,不是后年春天。原来《要术》的"后年"是指后一年,就是明年,不是现在通称的以明年的明年为"后年",这和那时的称去年为"前年"(前一年)一样。

〔5〕"赢",各本均作"赢",显系误字,径改。下文"赢毡酪之利",各本仍误作"赢"或"赢",只《渐西》本已改正为"赢"。

〔6〕"何必",各本同,应作"何况"。

〔7〕这对体弱的病羊有应验,但对已感染而在潜伏期尚未发病的病羊,虽然已带有病毒,但体力未衰,仍能跳过沟渎,就不能区别开来了。

【译文】

羊患有疥疮的,应该隔离开来;如果不隔离,互相传染,可能全群都死掉。羊疥先长在口上的,难治,大多死去。

治羊疥癣的方子:取藜芦的根,弄碎它,用米泔水浸泡,盛在瓶子里,塞住瓶口,搁在灶边上,让它保持温暖,几天之后,发出酸香味,便可以用了。用砖瓦刮净疮痂使发红,如果结有强硬的厚痂,也可以用热水洗软了,再刮去痂,然后揩干,把药汁涂上去。涂两次,就好了。如果疥癣很多,应该每天分批涂上,不要一下子都涂遍,因为羊已经瘦弱了,禁不起药的猛烈,便会死去。

又一方子:照上面的方法刮去疥痂。拿葵的根烧成灰。将酸浆的沉淀煮热,趁热涂上去,再敷上厚厚的一层葵根灰。涂敷两次,就好了。天气寒冷时,不要剪去毛,剪去就会冻死。

又一方子:腊月猪油加熏黄涂上,就好。

羊鼻子、眼睛出脓不干净,都当作中水治疗的方子:拿热水调和食盐,用杓子研化成极咸的盐水,涂上,很好。等盐水冷了,滗取上层的清汁,拿一个能容受一个鸡蛋大小的小角子,装着盐水,灌进两个鼻孔里,一个灌进一角盐水,不但中水的病治好了,以后也不会生虫。五天之后,羊必定要喝水。看眼睛、鼻子的脓都干净了(表明好了);没有好,照上面的方法再灌。

羊鼻子出脓,口颊生疮像干癣的,名为"可妬浑",互相传染,染上的大多会死,甚或全群覆灭。治疗的方子:在羊圈中竖立一根长竹竿,竿头上装一块横板,让猕猴在板上住几天,自然会好。猕猴辟除邪恶,常常放它在圈里也好。

治羊挟蹄的方子:用公羊的油脂,和进盐,煎熟,把铁块烧到微红,〔让羊脚踏在烫铁上,〕灌下羊脂烤烙蹄子。此后踏在干燥的地上,不要让水和烂泥侵入蹄里。七天之后,自然好了。

羊患疥癣治好了之后,到夏天之后开始长肥的时候,就该卖掉,买回健康的。不然的话,明年春天疥癣再发,一定会死。

收买驴、马、牛、羊母畜和犊子、小驹、小羔的方法:常常到市场上去伺候察看,看到有怀孕快要生产的母畜,就买回来。生下来的小驹、小犊过一百五十天,小羔过六十天,都能够自己生活,不再靠母乳喂养。母畜好的,可以作种畜的,就留下来作种;不好的仍旧卖去。这样,买母畜的本钱可以收回,小驹小犊是现成赚下的。仍然继续去买怀孕母畜。一年之中,牛、马、驴可以翻两番,羊可以翻四番。腊月、正月生的羊羔,留下来作种;其余月份生的,阉割后卖掉。用两万钱作经营羊的本钱,一年一定可以收得一千头羊。所留的种,都是经过精选很好的,跟一般的截然不同,绝不能同等看待的。何〔况〕还有羊羔、牛犊的丰饶利益,又赢得了毡和酪的赚头呢。死去的羊羔,皮可以作皮衣和褥子,肉可以作干腊,以及作肉酱,味道都很好。

《家政法》说:"养羊的方法,应当用一个瓦器盛着一升盐,悬挂在羊栏中。羊喜欢盐,自然常常回来吃盐,用不着人去赶回来。

"羊有病,就会传染开来,有一个鉴别有病无病的方法:在羊栏前掘一条沟,二尺深,四尺阔,羊来回都跳过沟的,没有病;不能跳过,从沟下面走过的,便知道有病〔,要隔离开来〕。"

《术》说:"拿羊蹄挂在门户上,辟除盗贼。在泽地上放牧六畜,不可以让人随便从畜群中横穿走过。走在一般路上,就不忌讳。"

《龙鱼河图》说:"一只角的羊,吃了它的肉会死人。"

养猪第五十八

《尔雅》曰："豱，豷。幺，幼。奏者，豱。""四豴皆白曰豥。""绝有力，豝。牝，豝。"〔1〕

《小雅》云〔2〕："豕，猪也。其子曰豚。一岁曰豵〔3〕。"

《广雅》曰〔4〕："豨、狙、豱、豞，皆豕也。豯、豞，豚也。""豰，艾豭也。"〔5〕

【注释】

〔1〕均《尔雅·释兽》文。"曰豥"，《尔雅》无"曰"字，余同。各本所引，多有脱误，据金抄、湖湘本及《尔雅》原文补正。豮（suí），郭璞注："俗呼小豶（fén）猪为豮子。"即阉过的小公猪。幺，郭注："最后生者，俗呼为幺豚。"现在有些地方叫作"搭底猪"。豱（wēn），郭注："今豱猪短头，皮理腠蹙。"即俗所谓"紧皮猪"，不容易长大的。豴（dí），同"蹢"，蹄。豝（è），郭注："即豕高五尺者。"魏晋五尺约合今三尺六寸余。

〔2〕《小雅》：明抄误作《尔雅》，他本作一"注"字，则误作《尔雅》的注文，只有金抄作《小雅》，不误。按，《小雅》即《小尔雅》，系《孔丛子》中的第十一篇，为训诂书。

〔3〕一岁曰豵（zōng）：今本《孔丛子·小尔雅》篇"广兽第十"作："豕之大者谓之豜（jiān），小者谓之豵。"

〔4〕《广雅》，各本均作《广志》，但《广志》不见此类训诂句例，却与《广雅》相合，实系《广雅》之误，丁国钧校改为《广雅》，是。

〔5〕《广雅·释兽》文是："豨、狙、豱、豞，豕也。豯、豞、豥（按即豚字）也。……豰，豝豭也。"但各本所引，多有脱误，今参照金抄、明抄等及《广雅》原文改正如引号内所引。豭，也指公猪。艾豭，是老公猪（见《左传·定公十四年》杜预注），则与"豰"（《说文》释为"小豚"）不合，王念孙《广雅

疏证》疑《广雅》有窜误。

【译文】

《尔雅》说:"豕精,是豮猪。幺,是幼小的猪。皮紧的是猵猪。""四蹄都白的叫豥(hài)。""很有力的叫豝。雌猪叫豝(bā)。"

《小尔雅》说:"彘,就是猪。小猪叫豚。一岁的猪叫豵。"

(《广雅》)说:"豨(xī)、狙(cú)、豭(jiā)、彘,都是猪。豯(xī)、豰(míng),都是小猪。""豰(hú),是艾豭。"

母猪取短喙无柔毛者良[1]。喙长则牙多;一厢三牙以上则不烦畜,为难肥故。有柔毛者,𤉸治难净也[2]。

牝者,子母不同圈。子母同圈,喜相聚不食,则死伤[3]。牡者同圈则无嫌。牡性游荡,若非家生,则喜浪失。圈不厌小[4]。圈小则肥疾。处不厌秽。泥污得避暑。亦须小厂,以避雨雪。

春夏草生,随时放牧。糟糠之属,当日别与。糟糠经夏辄败,不中停故。八、九、十月,放而不饲。所有糟糠,则蓄待穷冬春初[5]。猪性甚便水生之草,杷楼水藻等令近岸,猪则食之,皆肥。

初产者,宜煮谷饲之[6]。其子三日便掐尾[7],六十日后犍[8]。三日掐尾,则不畏风[9]。凡犍猪死者,皆尾风所致耳[10]。犍不截尾,则前大后小。犍者,骨细肉多;不犍者,骨粗肉少。如犍牛法者,无风死之患。

十一、十二月生子豚[11],一宿,蒸之。蒸法:索笼盛豚,着甑中,微火蒸之,汗出便罢。不蒸则脑冻不合,不出旬便死。所以然者,豚性脑少,寒盛则不能自暖,故须暖气助之。

供食豚,乳下者佳[12],简取别饲之。愁其不肥——共母同圈,粟豆难足——宜埋车轮为食场,散粟豆于内,小豚足食，出入自由，则肥速。

《杂五行书》曰：“悬腊月猪羊耳着堂梁上，大富。”

《淮南万毕术》曰：“麻盐肥豚豕。”“取麻子三升，捣千余杵，煮为羹，以盐一升着中，和以糠三斛，饲豕即肥也。”〔13〕

【注释】

〔1〕嘴筒短善于吃食，则消化系统发达，故易于早熟和肥育。群众经验，猪以毛疏而净无绒毛者长得快长得好。绒毛猪不宜留种。

〔2〕燖（xún，又qián）：宰杀禽畜后用开水去毛。

〔3〕金抄及《辑要》引作“死伤”，明抄作“不□”，《今释》认为“死伤”不合情理，参照明抄校改为“不肥”。不过母猪体大笨拙，初生仔猪被压死压伤是常有的（尤其是新母猪），则“相聚不食”，仔猪嫩弱，类似的恶果，也是难免。

〔4〕圈不厌小：圈不嫌小。猪性好睡，在小圈内少活动，吃了就睡，减少食物消耗，充分转化为肉膘，蹲膘催肥，就是农谚所说：“小猪要游，大猪要囚。”

〔5〕春夏青草多，随时放牧吃草，适当地辅助以糟糠。八至十月则放而不饲，尽先利用野生水草之类，把糟糠留待隆冬喂饲，都表明其饲养方法是牧养和圈养相结合。

〔6〕“初产者”，指刚产仔猪的母猪，不是指仔猪。刚产的母猪开始几天饲得很精，尤其初产母猪身体虚弱，必须精饲以增加其营养，恢复体力，并促进泌乳丰足，至今犹然。

〔7〕“掐”字，各本或误作“搯”、“指”、“招”，或空或脱。掐断字应作“掐”，径改。

〔8〕犍（jiān）：阉割。

〔9〕风：一般解释为破伤风。但下文“尾风”显然不是破伤风，因此有矛盾，殿本《辑要》删去“尾”字，可以解释，但不知何据。

〔10〕“尾风”，各本同。其意不明。

〔11〕此句金抄作“十一、十二月生者豚”，湖湘本等作“十二月子生者豚”。《四时纂要》采《要术》“蒸狆子”列在十一月，证明金抄有“十一”是正确的。今从金抄，并参照湖湘本改“者”为“子”。

〔12〕乳下：启愉解释为“顶子猪”，不释为一般正吃奶的小猪（如卷八《菹绿》、卷九《炙法》的“乳下豚”）。按：母猪腹下位于前面的奶头，泌乳

量多，吃这几管奶头的仔猪长得快长得肥，而抢到吃的总是体质强健的那几只仔猪。因此简选顶子猪分开饲养，具有适宜于育肥供食的一定优势。力弱的仔猪只能吃后面泌乳量少的奶头，所以很难赶上顶子猪的肥壮，相差有小一倍以上者。启愉养过多年的母猪，细细观察深知此种情况。贾氏说要"拣出来"，他拣出来的也必然是顶子猪，不可能舍肥拣瘦，舍大拣小。孟方平又说"乳下"应解释为"哺乳期"。这是通常解释，没有体会"拣出来"的深意和顶子猪的优势，真是"落窠臼"了。

　　〔13〕《四时纂要·八月》采《要术》"千余"作"十余"，"三斛"作"三斗"。

【译文】

　　母猪，选取嘴筒短而没有绒毛的为好。嘴筒长的牙多，一边有三颗以上的牙的，不必养，因为难得长肥。有绒毛的，爆毛不容易干净。

　　雌小猪，不要让它和母猪同一个圈。同一个圈，喜欢聚在一起不吃奶，就容易有死伤。雄小猪同母猪同一个圈没有关系。雄小猪喜欢乱跑，如果不圈养起来，容易走失。圈不嫌小。圈小了肥得快。住的地方不嫌污秽。有污泥，可以避免暑热。也需要有个小厂棚，可以遮蔽雨雪。

　　春夏长着青草，随时放出去吃草。糟糠之类，当天回来都给新鲜的。因为糟糠〔拌水后〕在夏天很容易败坏，不能停放。八、九、十月，只放牧，不喂饲。所有的糟糠，留着准备作严冬和初春的饲料。猪很喜欢吃水生的草，把水藻等耙搂到岸边上，让猪吃，都长得膘肥。

　　刚产仔猪的母猪，该煮谷类喂它。仔猪生下三天，就掐去尾巴，六十天后，阉割。三天就掐去尾巴，便不怕风。凡阉猪所以会死，都是尾风引起的。阉割不截去尾巴，猪会长得前头大后头小。阉过的猪，骨细肉多；不阉的，骨粗肉少。像阉牛法那样阉猪，猪没有风死的祸害。

　　十一月、十二月生的仔猪，过一夜，要蒸一下。蒸的方法：用索编的笼子盛着仔猪，上在甑上，用缓火来蒸，出了汗就停止。不蒸的话，仔猪受冻，囟门合不严，不出十天便会死。所以会这样，因为仔猪脑少，天气太冷，本身不够暖，所以要用暖气帮助它。

　　供食用的小猪，乳下的为好，拣出来，另外饲养。小猪和母猪同一个圈时，粟豆精料不容易满足，小猪就长不肥，应该想个妥善的办法，就是竖埋一个大车轮在地上，〔隔出一小块地方〕作喂饲场地，把粟豆散在场地里面,小猪通过轮圈,出入自由,进去吃粟豆吃得饱〔,出来还可以吃母奶,可母猪却不能进去吃粟豆〕。这样,小猪就肥得快了。

《杂五行书》说:"将腊月的猪羊耳朵,挂在正堂梁上,可以使人大富。"

《淮南万毕术》说:"大麻子和盐,可以使猪长肥。""取三升大麻子,捣一千多杵,煮成羹,加入一升盐,再和进三斛糠,用来喂猪,猪就会肥。"

养鸡第五十九

《尔雅》曰[1]:"鸡,大者蜀。蜀子,雓。未成鸡,僆。绝有力,奋。""鸡三尺曰鹍。"郭璞注曰:"阳沟巨鹍,古之名鸡。"

《广志》曰[2]:"鸡有胡髯、五指、金骹、反翅之种[3]。大者蜀,小者荆。白鸡金骹者,鸣美。吴中送长鸣鸡,鸡鸣长,倍于常鸡。"

《异物志》曰[4]:"九真长鸣鸡最长,声甚好,清朗。鸣未必在曙时,潮水夜至,因之并鸣,或名曰'伺潮鸡'。"[5]

《风俗通》云[6]:"俗说朱氏公化而为鸡,故呼鸡者,皆言'朱朱'。"[7]

《玄中记》云[8]:"东南有桃都山,上有大桃树,名曰'桃都',枝相去三千里。上有一天鸡,日初出,光照此木,天鸡则鸣,群鸡皆随而鸣也。"

【注释】

〔1〕见《尔雅·释畜》。"名鸡",各本均倒作"鸡名",据郭璞注原文改正。此外各本所引互有错脱,均据《尔雅》并参照各本校正。关于"僆",郭璞注:"江东呼鸡小者为僆。"

〔2〕《类聚》卷九一、《初学记》卷三〇及《御览》卷九一八"鸡"都引到《广志》此条,多有异文,《初学记》内容尤异,《御览》多有错字。

〔3〕胡髯:鸡颔下长着长毛,像髯子。　　五指:五个脚爪。　　金骹(qiāo):其胫金黄色。骹,足胫。　　反翅:翅毛倒生。

〔4〕《异物志》:最早是东汉时杨孚所撰,又名《交州异物志》。不题作者姓名的《异物志》,古文献引录很多,《要术》也引录了很多条(见于卷一〇),

但未题名为杨孚,则未必是杨孚的《异物志》,只能是缺名的《异物志》。

〔5〕《御览》卷九一八引《异物志》只是:"伺潮鸡,潮水上则鸣。"九真,郡名,在今越南中部偏北。

〔6〕《风俗通》:即《风俗通义》,东汉末应劭撰。原书三十二卷,今残存十卷。本条即不见于今本。

〔7〕《初学记》卷三〇及《御览》卷九一八均引到《风俗通》此条,但不见于今本《风俗通义》(已非完帙)。《御览》所引,先是"俗说",后加作者按语析辨,还保留着原书的体裁。其文曰:"呼鸡朱朱(按:这是原书小标题)。俗说:'鸡本朱公化而为之,今呼鸡者朱朱也。'谨按(这是作者应劭的辨说):《说文》解雡雡:二口为雡(按谓呼叫),州其声也;读若祝祝者,诱致禽畜和顺之意。雡与朱,音相似耳。"批评了朱公化鸡之说。今本《说文》是:"雡,呼鸡重言之。从吅,州声,读若祝。"

〔8〕《玄中记》:《隋书·经籍志》不著录。《初学记》、《御览》引有郭氏《玄中记》,或谓郭氏即郭璞。据胡立初考证,郭氏并非郭璞,则其作者和时代均难确指。

【译文】

《尔雅》说:"鸡,大的是蜀。蜀的小雏是雓(yú)。没有长大的鸡叫僆(liàn)。极有力的鸡叫奋。""三尺高的鸡叫鶤(kūn)。"郭璞注解说:"阳沟的大鶤,是古来有名的〔斗〕鸡。"

《广志》说:"鸡有胡髯、五指、金骹、反翅等种。大的是蜀,小的是荆。白鸡金骹的鸣声好听。吴中送来的长鸣鸡,鸣声很长,比平常的鸡长一倍。"

《异物志》说:"九真的长鸣鸡鸣声最长,声音很好听,清朗。鸣叫不一定在天快亮的时候,潮水夜间涨了,因而一齐鸣叫,所以也叫作'伺潮鸡'。"

《风俗通》说:"习俗传说有个朱公,化而为鸡,所以呼鸡时总是呼'朱朱'。"

《玄中记》说:"东南有座桃都山,山上有株大桃树,树名就叫'桃都',树枝长出三千里。树上有一只天鸡,太阳刚出来,阳光照到这树上,天鸡就鸣叫,所有的鸡也就跟着叫起来。"

鸡种,取桑落时生者良[1],形小,浅毛,脚细短者是也,守窠,少声,善育雏子。春夏生者则不佳。形大,毛羽悦泽,脚粗长者是,游荡饶声,产、乳易厌,既不守窠,则无缘蕃息也。

鸡,春夏雏,二十日内,无令出窠,饲以燥饭。出窠早,不免乌、鸱[2];与湿饭,则令脐脓也。

鸡栖,宜据地为笼,笼内着栈。虽鸣声不朗,而安稳易肥,又免狐狸之患。若任之树林,一遇风寒,大者损瘦,小者或死。

燃柳柴,杀鸡雏:小者死,大者盲。此亦"烧穰杀瓠"之流[3],其理难悉。

养鸡令速肥,不耙屋,不暴园,不畏乌、鸱、狐狸法:别筑墙匡,开小门;作小厂,令鸡避雨日。雌雄皆斩去六翮[4],无令得飞出。常多收秕、稗、胡豆之类以养之;亦作小槽以贮水。荆藩为栖,去地一尺。数扫去屎。凿墙为窠,亦去地一尺。唯冬天着草——不茹则子冻。春夏秋三时则不须,直置土上,任其产、伏;留草则蜫虫生。雏出则着外许,以罩笼之。如鹌鹑大[5],还内墙匡中。其供食者,又别作墙匡,蒸小麦饲之,三七日便肥大矣。

取谷产鸡子供常食法:别取雌鸡,勿令与雄相杂,其墙匡、斩翅、荆栖、土窠,一如前法。唯多与谷,令竟冬肥盛,自然谷产矣。一鸡生百余卵,不雏,并食之无咎。饼、炙所须,皆宜用此。

瀹音爚鸡子法[6]:打破,泻沸汤中,浮出,即掠取,生熟正得,即加盐醋也。

炒鸡子法:打破,着铜铛中,搅令黄白相杂。细擘葱白,下盐米[7]、浑豉,麻油炒之,甚香美。

《孟子》曰:"鸡、豚、狗、彘之畜,无失其时,七十者可以食肉矣。"[8]

《家政法》曰:"养鸡法:二月先耕一亩作田,秫粥洒之,刈生茅覆上,自生白虫。便买黄雌鸡十只,雄一只。于地上作屋,方广丈五,于屋下悬篓[9],令鸡宿上。并作鸡笼,悬中。夏月盛昼,鸡当还屋下息。并于园中筑作小屋,覆鸡得养子,乌不得就。"

《龙鱼河图》曰:"玄鸡白头,食之病人。鸡有六指者亦杀人。鸡有五色者亦杀人。"[10]

《养生论》曰[11]:"鸡肉不可食小儿,食令生蚘虫[12],又令体消瘦。鼠肉味甘,无毒,令小儿消谷,除寒热,炙食之,良也。"

【注释】

〔1〕所谓"生",所指不明。如指小雏,桑树落叶在十月、十一月间,小雏孵出后天气一天天冷起来,不易成活,下篇孵鹅鸭雏就说"冬寒,雏多死",鸡亦不例外。如指鸡卵,则待春暖下抱,隔时太长,而且其卵受冻,影响孵化率。注文说体型小,毛短云云,明显指鸡,那么,凡是桑落蛋或桑落时孵出的小雏,难道都会是这种鸡? 又不无可疑。

〔2〕鸱(chī):鹞鹰。

〔3〕"穰",各本同,《辑要》引作"黍穰"。按:《要术》称"穰",概指黍穰。此外,谷称"谷䅥",麦称"麦䅪",稻称"稻秆",豆称"豆萁",麻称"麻䕸",各有秸秆专名。此说始见于卷一《种谷》引《氾书》"烧黍穰则害瓠"。

〔4〕翮(hé):翅膀。

〔5〕鹌(ān)鹑(chún):体长约五六寸,为鸡形目中最小的种类,体型酷似雏鸡。今各地每有饲养。

〔6〕"爚",南宋本作"擩",无此字,金抄作"揄",亦误。按:"爚"音药,卷八《菹绿》"白瀹豚法"注"瀹"(yuè)即"音药"。"爚"与"瀹"同音,故改为"爚"。

〔7〕"盐米"是指盐颗,但《要术》中用盐极多,没有"盐米"之名,疑"米"应作"末",指经过捣研的细盐。

〔8〕见《孟子・梁惠王上》,文同。

〔9〕簀(zé): 竹席。

〔10〕《御览》卷九一八引《龙鱼河图》基本同《要术》,《初学记》卷三〇引该书多"鸡有四距亦杀人"。

〔11〕《养生论》:《隋书·经籍志三》道家类注称:"梁有《养生论》三卷,嵇康撰。亡。"《晋书·嵇康传》亦称其著有《养生论》,为养生服食之作。书已佚。

〔12〕蛕(huí)虫: 即蛔虫。

【译文】

种鸡,选取桑树落叶时生的为好,体型小,毛短,脚细短的就是。这种鸡伏巢性强,叫声少,善于孵小鸡。春夏生的不好。体型大,羽毛好看,脚又粗又长的就是。这种鸡爱游荡,爱乱叫,产蛋少,抱蛋容易厌倦,既然不耐心伏巢,因此就无从繁育小雏。

春夏孵出的小雏,二十天之内,不要让它出窠,用干饭喂饲。出窠早了,难免有老鹰、乌鸦的为害;喂给湿饭,会拉白屎。

鸡栖息的地方,应该就地作成鸡笼,笼里面支设横木条,〔让鸡栖息在上面〕。这样,虽然鸣声被阻隔了,不清朗,但是安稳,容易长肥,又可以避免狐狸的祸害。如果让它们栖息在树林上,遇到风寒,大鸡会冻伤冻瘦,小鸡甚至冻死。

烧柳树柴枝,会杀死小鸡,小的死去,大点的瞎眼。这也和"在家里烧黍穰,地里的瓠就会死去"的两物相克一样,道理难明白。

养鸡使肥得快,不爬屋,不糟蹋园菜,不怕乌鸦、老鹰、狐狸的方法:另外筑起土墙,〔围成一个饲养场地,〕开个小门;场地里面搭个小厂棚,让鸡可以避雨躲太阳。雌鸡雄鸡都斩去翅翎,不让它们飞出去。常常多收积秕谷、稗子、胡豆之类,喂养它们;又要作个小槽贮着水〔,让它们喝〕。〔沿着厂棚的墙边〕用荆条编成矮篱笆,离地一尺高,让鸡栖息在上面。经常把鸡屎扫干净。在墙上凿些孔作鸡窠,也离地一尺高〔,正好对着矮篱笆和篱笆一样高〕。墙窠里面,只有冬天要垫进草,因为不垫草鸡蛋会受冻;春夏秋三季就不必垫草,让母鸡直接蹲在土窠上,由它去产卵和抱卵;垫草反而会生虫。孵出的小雏,拿开放在外面地方,用笼子罩着。到像鹌鹑大小时,再移回围墙里去。准备养着自家吃的,又另外筑个小围墙,蒸熟小麦喂养它,二十多天便肥大了。

取得未经受精的鸡蛋供给时常食用的方法：另外选得一些母鸡，不让它们和公鸡混杂在一处〔，分开饲养〕。筑围墙，斩去翅翎，编荆篱笆栖息，凿土窠等方法，都跟上面说的一样。但要多喂饲谷类，促使在整个冬天长得又肥又壮实。这样，自然产的全是未经受精的蛋了。一只鸡产一百多个蛋，都不会孵化的，全都拿来吃，没有什么罪过。作饼作炙食所需的，都该用这种蛋。

焯〔荷包〕蛋的方法：把鸡蛋打破，〔浑个儿〕下在沸水里，一浮上来，随即捞出，生熟正好，调入盐醋就吃。

炒鸡蛋的方法：打破，下在铜锅里，搅打，使黄白和匀。加入擘细了的葱白、盐花、整粒的豆豉，用大麻油炒熟，很香很好吃。

《孟子》说："鸡、小猪、狗、猪这些家畜，都不失其时地养着，七十岁的老人，可以有肉吃了。"

《家政法》说："养鸡的方法：二月间，先耕一亩地，耕熟，洒上秫米熬的粥，割茅草覆盖在上面，自然会生出白蛆虫来。便买十只黄母鸡，一只公鸡〔，放进地里吃虫〕。在地里盖一间小屋，横竖都是一丈五尺宽，在屋椽下面悬挂几块竹席，让鸡宿在上面，再作鸡笼，挂在中间。夏月白天酷热的时候，鸡会回到屋下来休息。另外在园里筑个小屋，庇覆母鸡在里面带小鸡，乌鸦不能来侵害。"

《龙鱼河图》说："黑毛白头的鸡，吃了会生病。有六个脚爪的鸡，吃了会死人。有五色羽毛的鸡，吃了也会死人。"

《养生论》说："鸡肉不可以给小孩吃，吃了会生蛔虫，又使身体消瘦。老鼠肉味道好，没有毒，小孩吃了助消化，消除寒热，炙熟了吃，很好。"

养鹅、鸭第六十

《尔雅》曰："舒雁，鹅。"[1]

《广雅》曰："驾鹅，野鹅也。"[2]

《说文》曰："鵱鷜，野鹅也。"[3]

晋沈充《鹅赋·序》曰[4]："于时绿眼黄喙，家家有焉。太康中得大苍鹅，从喙至足，四尺有九寸，体色丰丽，鸣声惊人。"[5]

《尔雅》曰："舒凫，鹜。"[6]

《说文》云："鹜，舒凫。"[7]

《广雅》曰："鸭、凫、鹜，鸭也。"[8]

《广志》曰："野鸭，雄者赤头，有距。鹜生百卵，或一日再生；有露华鹜，以秋冬生卵：并出蜀中。"[9]

【注释】

[1]见《尔雅·释鸟》，文同。

[2]今本《广雅》无此文，《御览》卷九一九"鹅"也引作《广雅》，但《类聚》卷九一"鹅"引《广志》有："驾鹅，野鹅也。"未知是《广雅》佚文还是《广志》之误。

[3]今本《说文》是："鵱，鷜鹅也。"《尔雅·释鸟》有："鵱，鷜鹅。"郭璞注："今之野鹅。"是《说文》据《尔雅》为释，"鷜"为古字异写而已。但《玉篇》、《广韵》都"鵱鷜"连读，沈涛《说文古本考》并说"鷜鹅"连读是错的。但据《说文》，自宜"鷜鹅"连读，而《要术》所引，径释为"野鹅"，不仅读法不同，释义亦异，未悉是否"古本"如是。

[4]《鹅赋·序》:《隋书·经籍志四》别集类注称："梁有吴兴太守《沈充集》三卷，亡。"《鹅赋》当在其集中。书已佚。沈充，《晋书》有传。

〔5〕《类聚》卷九一、《御览》卷九一九引沈充《鹅赋·序》"鸣声惊人"下尚有："三年而为暴犬所害，惜其不终，故为之赋云。""大苍"，除金抄、明抄外，他本都误作"太仓"。太康（280—289），西晋武帝年号。

〔6〕见《尔雅·释鸟》，文同。

〔7〕《说文》句末有"也"字。"云"，据金抄补，他本均脱。

〔8〕引《广雅·释鸟》，仅金抄如文，他本均有脱误。今本《广雅》句首还多两个鸭的别名。

〔9〕《御览》卷九一九"鹜"引《广志》末了多"晨凫，肥而耐寒，宜为臛"。明抄误《广志》为《广雅》，他本还脱去书名，仅金抄作"《广志》曰"不误，其他文字，各本亦多有脱误，也只有金抄全文无脱误。

【译文】

《尔雅》说："舒雁，就是鹅。"

《广雅》（？）说："䴥（jiā）鹅，是野鹅。"

《说文》说："鵱（lù）鷜（lóu），是野鹅。"

晋沈充《鹅赋·序》说："当时绿眼黄嘴的，家家都有。太康中，得到灰白色的大鹅，从嘴到脚，有四尺九寸长，身体丰满，颜色美丽，鸣叫的声音惊人。"

《尔雅》说："舒凫（fú），是鹜（wù）。"

《说文》说："鹜，是舒凫。"

《广雅》说："鸧（lóng）、凫、鹜，都是鸭。"

《广志》说："野鸭，雄的头红色，脚有距。鹜可以生一百个卵，有时一天生两个；有一种露华鹜，在秋冬产卵：都出在蜀地。"

鹅、鸭，并一岁再伏者为种〔1〕。一伏者得子少；三伏者，冬寒，雏亦多死也〔2〕。

大率鹅，三雌一雄；鸭，五雌一雄。鹅初辈生子十余，鸭生数十；后辈皆渐少矣。常足五谷饲之，生子多；不足者，生子少。

欲于厂屋之下作窠，以防猪、犬、狐狸惊恐之害。多着细草于窠中，令暖。先刻白木为卵形，窠别着一枚以诳之。不尔,不肯入窠,喜东西浪生;若独着一窠,后有争窠之患。生时寻即收取,别着一暖处,以柔细草覆藉之。停置窠中,冻即雏死。

伏时,大鹅一十子,大鸭二十子;小者减之。多则不周。数起者,不任为种。数起则冻冷也。其贪伏不起者,须五六日一与食起之,令洗浴。久不起者,饥羸身冷,虽伏无热。

鹅、鸭皆一月雏出[3]。量雏欲出之时,四五日内,不用闻打鼓、纺车、大叫、猪、犬及春声;又不用器淋灰,不用见新产妇。触忌者,雏多厌杀[4],不能自出;假令出,亦寻死也。

雏既出,别作笼笼之。先以粳米为粥糜,一顿饱食之,名曰"填嗉"[5]。不尔,喜轩虚羌(丘尚切)量而死[6]。然后以粟饭,切苦菜、芜菁英为食。以清水与之;浊则易。不易,泥塞鼻则死。入水中,不用停久,寻宜驱出。此既水禽,不得水则死;脐未合[7],久在水中,冷彻亦死。于笼中高处,敷细草,令寝处其上。雏小,脐未合,不欲冷也。十五日后,乃出笼。早放者,非直乏力致困,又有寒冷,兼乌鸱灾也。

鹅唯食五谷、稗子及草、菜,不食生虫。《葛洪方》曰:"居'射工'之地[8],当养鹅,鹅见此物能食之,故鹅辟此物也。"鸭,靡不食矣。水稗实成时,尤是所便,噉此足得肥充。

供厨者,子鹅百日以外,子鸭六七十日,佳。过此肉硬。

大率鹅鸭六年以上,老,不复生、伏矣,宜去之。少者,初生,伏又未能工。唯数年之中佳耳。

《风土记》曰:"鸭,春季雏,到夏五月则任噉,故俗五六月则烹食之。"[9]

作杬子法：纯取雌鸭，无令杂雄，足其粟豆，常令肥饱，一鸭便生百卵。俗所谓"谷生"者。此卵既非阴阳合生，虽伏亦不成雏，宜以供膳，幸无麛卵之咎也。

取杬木皮[10]，《尔雅》曰[11]："杬，鱼毒。"郭璞注曰："杬，大木，子似栗，生南方，皮厚汁赤，中藏卵、果。"无杬皮者，虎杖根、牛李根[12]，并任用。《尔雅》云[13]："蒤，虎杖。"郭璞注云："似红草，粗大，有细节，可以染赤。"净洗细茎[14]，剉，煮取汁。率二斗，及热下盐一升和之。汁极冷，内瓮中，汁热，卵则致败，不堪久停。浸鸭子。一月任食。煮而食之，酒、食俱用。咸彻则卵浮。吴中多作者，至十数斛。久停弥善，亦得经夏也。

【注释】

〔1〕再伏者：应指第二次孵化的小雏，非指一年两抱的母禽。第二次孵化在春夏间，天气转暖，青草已生，而且白昼放养时间长，苗鹅、苗鸭长得好，发育快，最适宜于留作种用。

〔2〕一伏：指第一次孵化，是冷天下的蛋，天越冷，受精率越低，因而孵化率也低，而孵出的小雏也弱。　　得子少：子指受精卵。　　三伏：指第三次孵化，在冷天，所以成活率低，活着的也差。古时的鸭会孵卵，后世经过长期的人工炕育，其就巢性退化。

〔3〕孵化期，鹅28—33天，鸭26—28天，大约说来是一个月。

〔4〕厌（yā）：即厌胜，古代的一种巫术。

〔5〕填嗉：嗉指嗉囊。苗鹅、苗鸭生长特别快，而消化器官发育不完全，功能不完善，填嗉是将粳米充分软化成糊状，使顺利进入嗉囊，易于消化吸收，并有刺激和促进消化器官发育的作用。

〔6〕"喜轩虚"，元刻《辑要》引作"噎轫虚"，殿本《辑要》根本无此注。按："喜"亦通，"噎"更好，谓被干硬食物阻噎，但"轫"下应补"轩"字。"轩"谓高举，这里指昂头直颈；"虚"谓腹中虚空，即饥饿；"羌量"同"哓哴"，指喘气嘶叫。全句是"噎，轫轩虚羌量而死"，意思是说小鹅被干硬食物阻噎，而消化器官尚未完全发育，噎物无力消化，终致饥饿而痛苦地昂头直颈、喘气嘶叫而死。"喜"亦通，仍其旧。"丘尚切"，各本作

"立向切"或"立句切"，或空白一格，或三字拼合成一字，均误。按：《方言》卷一："自关而西秦晋之间，凡大人小儿泣而不止，谓之唴，哭极音绝，亦谓之唴；平原谓啼极无声，谓之唴哴。"郭璞注唴，"丘尚反"。"羌"、"唴"同字，"羌量"即"唴哴"。《要术》"立向切"应是"丘尚切"形似之误，因据改。

〔7〕脐未合：脐没有合拢。苗鹅腹部中心偏后有一脐眼，若干日就愈合不见，俗称"收靫"。

〔8〕射工：古时传说的毒虫名，又叫"蜮"、"水弩"。据说能以口气或含沙射人身或人影，射中生疮或发病，可致死。成语"含沙射影"，即指此物。参见《博物志》卷二、陆德明《经典释文》等。

〔9〕《玉烛宝典》卷五引《风土记》作："鶃，春孚雏，到夏至月，皆任㗖也。"全文参见卷九《糉糥法》注释。"鶃"即"鸭"字，"孚"同"孵"。《要术》的"季"，虽亦可通，应以作"孚"为正，疑形似而讹。

〔10〕杬（yuán）木：应是山毛榉科栎属（Quercus）的植物。但《尔雅》的"杬"和郭璞注的"杬，大木"是不相干的两种植物。启愉按：杬，也写作"芫"，是瑞香科的芫花（Daphne genkwa），落叶灌木，有毒，可毒鱼，故又名"鱼毒"或"毒鱼"，即《尔雅》所指者，现在南北各地都有。但郭璞注的杬木是另一种，《文选·吴都赋》中有"杬"，刘逵注引《异物志》称："杬，大树也。其皮厚，味近苦涩，剥干之，正赤，煎讫以藏众果，使不烂败，以增其味。豫章有之。"这种正是郭璞注的生在南方的杬木。所以颜师古注《急就篇》卷四"芫花"说："郭景纯（即郭璞）……误耳。其生南方用藏卵、果者，自别一杬木……非〔《尔雅》〕鱼毒之杬也。"有毒的芫花，岂能渍藏禽蛋和果子？但郭璞误注的杬木，却正是《要术》所用的杬木，但绝不是"鱼毒"的"杬"。

〔11〕见《尔雅·释木》，正注文并同《要术》。但郭璞以"杬木"注"鱼毒"是错的。下文"并任用"，仅金抄如文，他本均误作"并作用"。

〔12〕虎杖：蓼科的虎杖（Polygonum cuspidatum），高大粗壮的多年生草本，茎中空，节有膜质鞘状托叶，但无刺。南宋陆游（1125—1210）《老学庵笔记》卷五："《齐民要术》有咸杬子法……今吴人用虎杖根渍之，亦古遗法。"　　牛李：即鼠李科的鼠李（Rhamnus davurica），落叶灌木或小乔木。树皮和果实可制黄色染料。

〔13〕见《尔雅·释草》，文同。郭璞注的"节"，仅金抄如字，他本均作"刺"，今本郭注亦作"刺"。但虎杖无刺，疑"节"之误。

〔14〕各本都有"茎"字，但上文既说"杬木皮"、"杬皮"，应是衍文，应作"净洗，细剉"。

【译文】

鹅和鸭，都用一年里第二次卵化的小雏作种。第一次孵化的小雏虚弱；第三次孵化的冬天寒冷，小雏大多会死去。

大致的比例是：鹅，三只雌一只雄；鸭，五只雌一只雄。鹅，第一批生十几个蛋；鸭，第一批生几十个蛋；以后各批生的，都渐渐少了。常常喂给充足的五谷，生蛋就多；不充足的，生蛋就少。

要在厂屋下面作些窠，避开猪、狗、狐狸的惊扰侵害。窠里面多放些细草，让它保暖。预先用白色的木料刻成蛋的形状，每窠里面放一个，来诓它们入窠。不然，不肯入窠，往往东一个西一个地乱生；如果只放在一个窠里，以后又有争窠的麻烦。蛋生下来随即取出来，另外放在暖和的地方，用柔软的细草上面盖着，下面垫着。如果留在窠里，蛋受冻了，小雏也就死了出不来了。

孵蛋的数目，大鹅十个蛋，大鸭二十个蛋；鹅鸭体型小的，减少些。多了抱热不能周遍。常常起来的，不能作母禽。常常起来，蛋就冻冷了。贪孵不起来的，须要五六天喂吃一次，诱它起来，让它洗浴。久久不起身的，饿了瘦了，身体是冷的，就是孵着也不热。

孵化时间，鹅、鸭都是一个月孵出小雏。估计快要出小雏的四五天之内，不要让它们听到打鼓声、纺车声、大喊大叫声、猪狗的叫声，以及舂捣的声音；也不可以用器皿淋灰汁，不可以让新产妇进来。触犯这些禁忌的，小雏大多会被克死在壳中，不能出来；就是出来，不多天也会死去。

小雏孵出来，另外作笼子关着。先用粳米煮成稠粥，给它们饱吃一顿，称为"填嗉"。不然的话，往往昂头直颈、喘气嘶叫而死。然后再用粟饭，切细的苦菜和芜菁的嫩叶喂它们。要给它们清水喝；水浑浊了就换掉。不换水，浑泥塞住鼻孔就会死。游水不能长久，应该不久就赶上来。鹅鸭既是水禽，不游水就会死；脐没有合拢，在水中太久，冷狠了，也会死。在笼里高些的地方，铺上细草，让它们睡在上面。雏儿小，脐没有合拢，不能让它们受冷。十五天之后，才可以出笼。早放出来，不但力气不足，容易疲困，又受了寒冷，还有乌鸦、老鹰的祸害。

鹅，只吃五谷、稗子和青草、青菜，不吃活虫。《葛洪方》说："住在有'射工'的地方，应当养鹅，鹅见了射工就吃它，所以鹅能辟除射工。"鸭，什么东西都吃。水稗成熟的时候，尤其有利，吃水稗，可以使鹅鸭肥满充实。

上厨房供食的，仔鹅一百多天，仔鸭六七十天，都好。过了这时候,肉便老了。

大致说,鹅鸭六年以上便老,不再生蛋,也不再孵雏了,应该去掉。少的,刚生下不久,又不善于伏巢,所以只有中间的几年好的。

《风土记》说:"鸭,春季〔孵出〕的小雏,到夏天五月份时就可以吃,所以习俗上到五六月就烧鸭来吃。"

用杬木皮腌盐鸭蛋的方法:〔先取得无"雄"鸭蛋,方法是:〕单纯养雌鸭,不让它和雄鸭相杂,饲给充足的粟豆,常常让它们吃饱长肥。这样,一只母鸭可以下一百来个蛋。这蛋就是俗话所称无"雄"的蛋,既不是阴阳交配所生,就是孵也孵不出小雏,拿来吃很合适,所以就没有残害小生命的罪过。

拿杬木皮,《尔雅》说:"杬,是鱼毒。"郭璞注解说:"杬,是大木,果实像栗子,生在南方。树皮厚,汁红色,可以渍藏禽蛋和果子。"没有杬木皮,用虎杖的根,牛李的根,也可以。《尔雅》说:"蒤(tú),是虎杖。"郭璞注解说:"像红草,粗大,有密节,可以染红色。"洗干净,切细,煮出浓汁。大致二斗汁,趁热和入一升盐。等到汁完全冷了,倒在瓮里,如果用热汁,鸭蛋容易坏,不能久放。就用来腌渍鸭蛋。一个月,可以吃。煮熟了吃,下酒过饭都可以。咸透了之后,卵会浮上来。太湖地区作得多的,一家多到十几斛。腌得久了更好,也可以过夏天。

养鱼第六十一种莼、藕、莲、芡、芰附

《陶朱公养鱼经》曰[1]："威王聘朱公，问之曰：'闻公在湖为渔父，在齐为鸱夷子皮，在西戎为赤精子，在越为范蠡，有之乎？'曰：'有之。'曰：'公任足千万，家累亿金，何术乎？'

"朱公曰：'夫治生之法有五，水畜第一。水畜，所谓鱼池也。以六亩地为池，池中有九洲。求怀子鲤鱼长三尺者二十头，牡鲤鱼长三尺者四头，以二月上庚日内池中，令水无声，鱼必生。至四月，内一神守；六月，内二神守；八月，内三神守。'神守'者，鳖也。所以内鳖者，鱼满三百六十，则蛟龙为之长，而将鱼飞去；内鳖，则鱼不复去，在池中，周绕九洲无穷，自谓江湖也。

'至来年二月，得鲤鱼长一尺者一万五千枚，三尺者四万五千枚，二尺者万枚。枚直五十，得钱一百二十五万[2]。至明年，得长一尺者十万枚，长二尺者五万枚，长三尺者五万枚，长四尺者四万枚。留长二尺者二千枚作种。所余皆货，得钱五百一十五万钱。候至明年，不可胜计也。'

"王乃于后苑治池。一年，得钱三十余万。池中九洲、八谷，谷上立水二尺，又谷中立水六尺。[3]

"所以养鲤者，鲤不相食，易长又贵也。"如朱公收利，未可顿求。然依法为池，养鱼必大丰足，终天靡穷，斯亦无赀之利也。

又作鱼池法：三尺大鲤，非近江湖，仓卒难求；若养小鱼，积年不大。欲令生大鱼法：要须载取薮泽陂湖饶大鱼之处[4]、近水际土十数载，以布池底。二年之内，即生大鱼。盖由土中先有大鱼子，得水即生也。

【注释】

〔1〕《陶朱公养鱼经》：可能是西汉时的托伪之作，而且不是成于一时一人之手。据现有文献，最早依此书方法养鱼的是东汉光武帝时人习郁。由于其书所记关于鱼池的设计、放养技术、繁殖方法、大小混养以及经济效益等，都比较合理，又易于见效，所以传播较广，该书无疑对后代的淡水养鱼业有促进作用。所谓威王，只能是齐威王，但越灭吴在公元前473年，而齐威王元年在公元前356年，要晚一百多年，所以不会是范蠡之作，而是后人托伪之书。唐段公路《北户录》卷一"鱼种"引到此书，止于"留长二尺者二千枚作种"，以下只"所养"二字，显多脱误。《御览》卷九三六"鲤鱼"也有引到，极简略。《史记·货殖列传》记载："范蠡既雪会稽之耻……乃乘扁舟，浮于江湖，变名易姓。适齐，为鸱夷子皮。之陶，为朱公。……乃治产积居，与时逐，而不责于人。故善治生者，能择人而任时。十九年之中，三致千金。……遂至巨万。"无"在西戎为赤精子"之说。

〔2〕钱数和鱼数不符。大概因此之故，《辑要》引《要术》删去所有"得钱"多少之句。

〔3〕此段鱼池建造，除露出水面的九个陆洲之外，还增挖了"八谷"。即八个深水坑。鲤鱼是深水鱼，这样，既可在浅水环洲而游，也可在深水坑中栖息，更适合于它的生活习性，比前面所记更合理，有发展。据此推测，其书似非一时一人所写。

〔4〕薮(sǒu)泽：湖泽。

【译文】

《陶朱公养鱼经》说："威王礼聘陶朱公，问他说：'听说您老先生在太湖称为渔父，在齐国称为鸱夷子皮，在西戎称为赤精子，在越国

称为范蠡，有这回事吗？'回答说：'有的。'又问道：'您老行装足值千万文钱，家里积累有成亿的金，用什么方法得到的？'

"陶朱公说：'经营生产的方法有五种，而以水畜为第一。所谓水畜，就是鱼池。用六亩地开挖成一个池，池中留出九块地作为陆洲不挖。想法取得怀有鱼子的三尺长的鲤鱼二十条，三尺长的雄鲤鱼四条，在二月上旬的庚日，放入池中，轻轻地放入不让出声音，鱼一定会活。到四月，放进一个"神守"；六月，放进两个神守；八月，放进三个神守。所谓"神守"，就是鳖。所以要放鳖，因为鱼增加到三百六十条之后，就有蛟龙来领导它们，把它们带着飞走；放进鳖，鱼就不会再走了，它们在池中绕着九洲环游，游不到尽头，自以为是在江湖里了。

'到第二年二月，有一尺长的鲤鱼一万五千条，三尺长的四万五千条，两尺长的一万条。每条值五十文钱，一共得钱一百二十五万文。再到明年，有一尺长的十万条，两尺长的五万条，三尺长的五万条，四尺长的四万条。留下两尺长的二千条作种。其余的都卖去，共可得钱五百一十五万文。再等到明年，就多到不可胜计了。'

"威王就依着在后苑中作鱼池。一年，得钱三十余万文。池中除九洲外，还有八个谷。谷口到池面的水深是二尺，谷本身的水深是六尺。

"之所以要养鲤鱼，因为鲤鱼不食同类，容易长大，价钱又贵。"像陶朱公这样的大大得利，不是一下子可以求得的。但是按照这样的方法作池养鱼，必定可以得到丰足的厚利，一辈子吃用不尽，这也是无穷的利益啊。

另一个作鱼池养鱼的方法：三尺长的大鲤鱼，不是靠近江湖的地方，仓促间难以求得；如果养小鱼，好几年还长不大。怎么办？有一个快长大鱼的方法：须要在沼泽陂湖多产大鱼的地方，将靠近水边的泥土，运回来十几车，倒在鱼池底上。二年之内，就有大鱼生出。这是由于土中先有着大鱼子，得到水就孵出长大了。

莼

《南越志》云[1]："石莼[2]，似紫菜，色青。"

《诗》云："思乐泮水，言采其茆。"[3]毛云："茆，凫葵也。"[4]
《诗义疏》云[5]："茆，与葵相似。叶大如手，赤圆[6]，有肥，断着手
中，滑不得停也。茎大如箸。皆可生食；又可汋，滑美[7]。江南人
谓之莼菜，或谓之水葵。"

《本草》云："治痟渴、热痹[8]。"又云："冷补，下气。杂鳢鱼作羹，
亦逐水而性滑。谓之淳菜，或谓之水芹。服食之家，不可多啜[9]。"

【注释】

〔1〕《南越志》:《隋书》、《旧唐书·经籍志》均著录，旧唐《志》题沈怀
远撰。沈怀远，南朝宋、齐间人，因罪被谪徙广州。465年北归，任武康（今属
浙江德清）令。沈在广州十余年，以其所见的草木禽鱼等异物而写成此书。
书已佚。

〔2〕石莼：石莼科的石莼(Ulva lactuca)，绿藻类植物，生于浅海中，
附生于岩石上。虽有"莼"名，实与莼无关。莼即睡莲科的莼菜(Brasenia
schreberi)，水生宿根草本。嫩茎和叶背有胶状透明黏液。春夏季可作蔬菜，
秋季老，叶小而微苦，作猪饲料。

〔3〕见《诗经·鲁颂·泮水》，"言"作"薄"。

〔4〕"毛云"指毛《传》，文同。茆(mǎo)，有两种解释。毛《传》等解
释为凫葵，是龙胆科的莕菜(Nymphoides peltatum)，也作"荇菜"，多年生水
生草本。叶卵圆形，背面带紫红色，似莼叶。《诗义疏》等解释有不同，说是
莼菜。

〔5〕《诗义疏》与《诗经·泮水》孔颖达疏引陆机《疏》有不同，其最大
不同处为"与葵相似"，陆《疏》作"与荇菜相似"。按："荇菜"即莕菜，和莼
菜更相像，陆《疏》所说更合适些。但二书都以莼菜释"茆"，则二者相同。
陆《疏》即陆机《毛诗草木鸟兽虫鱼疏》。

〔6〕金抄、明抄作"亦"，他本作"赤"，孔引陆机《疏》亦作"赤"。按：
葵叶不圆，手也不圆，不应言"亦"，而莼叶卵形至椭圆形，上面绿色，下面带
紫色，字应作"赤圆"。

〔7〕汋(yuè)：通"瀹"，煮。"美"，仅金抄作此，同孔引陆机《疏》，他本
均作"羹"，"滑羹"不词，误。

〔8〕痟渴：即消渴，中医病名，包括糖尿病、尿崩症等。　　热痹：中
医病名，痹证的一种，由风寒湿邪久郁化热而引起，有关节红肿热痛，发烧怕
冷，汗出口渴等症状。

〔9〕"又云",见于陶弘景注,但无"谓之淳菜,或谓之水芹"句。莼,别名"水芹",各书未见,疑"水葵"之误。"冷补"连读,据唐孟诜《食疗本草》:"虽冷而补。"服食之家,服食的人。指服食金石矿物药物等以求"长生"的人,在两晋南北朝时特别盛行,热毒发作多有癫狂致死者。

【译文】

莼

《南越志》说:"石莼,像紫菜,但颜色是绿的。"

《诗经》说:"好快乐呀在那泮水,采呀采呀采那茆菜。"毛《传》说:"茆,是凫葵。"《诗义疏》说:"茆,跟葵相似。叶片像手掌大小,赤色,圆形,有黏滑的液汁,掐断拿在手里,滑得捏不住。茎像筷子粗细。茎叶都可以生吃,也可以在沸水里焯一下吃,黏滑,味道好。江南人叫作莼菜,或者叫水葵。"

《本草》说:"莼,治消渴、热痹。"又说:"虽冷而补,下气。和在鳢鱼中作羹,也可以逐水,性质滑。叫作淳菜,或者叫水芹(?)。服食的人,不可多吃。"

种莼法:近陂湖者,可于湖中种之;近流水者,可决水为池种之。以深浅为候:水深则茎肥而叶少,水浅则叶多而茎瘦。莼性易生,一种永得。宜净洁;不耐污,粪秽入池即死矣。种一斗余许〔1〕,足以供用也。

种藕法:春初掘藕根节头〔2〕,着鱼池泥中种之,当年即有莲花。

种莲子法:八月、九月中,收莲子坚黑者,于瓦上磨莲子头,令皮薄。取墐土作熟泥,封之,如三指大,长二寸,使蒂头平重,磨处尖锐。泥干时,掷于池中,重头沉下,自然周正。皮薄易生,少时即出。其不磨者,皮既坚厚,仓卒不能生也。

种芡法〔3〕:一名"鸡头",一名"雁喙",即今"芡子"是也。由子形上花似鸡冠,故名曰"鸡头"。八月中收取,擘破,取子,散着池中,自生也。

种芰法:一名菱。秋上子黑熟时,收取,散着池中,自生矣。

《本草》云:"莲、菱、芡中米,上品药[4]。食之,安中补藏,养神强志,除百病,益精气,耳目聪明,轻身耐老。多蒸曝,蜜和饵之,长生神仙。"多种,俭岁资此,足度荒年。

【注释】

〔1〕一斗:不明所指。现在有的地方以石、斗作为土地面积单位,但《要术》无此例,未悉何指。

〔2〕藕根节头:指藕的先端的二三节,连带顶芽,非指藕节。

〔3〕芡:睡莲科的芡(Euryale ferox),花梗多刺,顶生一花。花后花托长大,结成球形多刺的果实。顶部宿萼闭合而成嘴状,全形像鸡头,故名"鸡头"。

〔4〕"莲"、"芡"二种出《神农本草经》,"菱"出《名医别录》,均"果部上品",各自分列。《要术》是同类合并作综合缀引。"菱",《名医别录》作"芰"。

【译文】

种莼菜的方法:靠近陂湖的地方,可以种在湖里;靠近河流的地方,可以作成池塘引河水来种。掌握好水的深浅:水深了,茎肥而叶少;水浅了,叶多而茎瘦。莼菜容易生长,种一次,以后永久生长。水应该洁净,莼菜不耐污染,粪秽之类进入池里,就死了。种上一斗多些,就足够用了。

种藕的方法:初春掘取藕根节头,埋植在鱼池的泥土底下,当年就会有莲花。

种莲子的方法:八月、九月中,收取硬而黑的老熟莲子,在瓦上磨莲子的上头,把壳磨薄。拿黏土作成熟泥,封裹在莲子外面,〔捏塑成一个泥坨子,〕像三个指头那样粗细,二寸长,让下头平而重,磨的一头尖锐。等到泥干了,投种在池塘里,因为下头沉重,自然沉到泥底,而且位置周正。壳磨薄了,容易发芽,不久就长出了。不磨薄的,壳又硬又厚，一下子是不能发芽的。

种芡的方法：芡，又名"鸡头"，又名"雁喙"，就是现在的"芡子"。由于果实上面的花像鸡冠，所以叫"鸡头"。八月中，收取果实，擘破，取得种子，投入池塘里，自然会发芽生长。

种芰（jì）的方法：芰，又名菱角。秋天果实成熟发黑时，收取，撒在池塘里，自然会发芽生长。

《本草》说："莲子、菱角和芡中的肉，都是上品的药。吃下，安中补五脏，滋养精神，增益智力，消除百病，补益精气，使耳目聪明，轻身耐老。多蒸，晒干，用蜜和着吃，可以长生，像神仙一样。"多种这些植物，荒年靠这些可以度过饥荒。

齐民要术卷第七

货殖第六十二^{〔1〕}

范蠡曰:"计然云:'旱则资车,水则资舟,物之理也。'"^{〔2〕}

白圭曰^{〔3〕}:"趣时若猛兽鸷鸟之发。故曰:吾治生犹伊尹、吕尚之谋,孙吴用兵,商鞅行法是也。"^{〔4〕}

【注释】

〔1〕本篇所记,除篇末引《淮南子》外,余均出于《汉书·货殖传》,也见于《史记·货殖列传》。《要术》自序称:"商贾之事,阙而不录",因此有人怀疑本篇不是贾思勰的本文,而是后人掺假的。其实不然。《要术》各卷讲谷物、蔬菜、经济作物和树木栽培以及动物饲养的某些篇中,都讲到农副产品的交易换钱,大面积的经营赚钱,大数量的买良汰劣,以至价格贵贱的预测,有时甚至损人利己,难道诸多记录也不承认是贾氏本文? 贾氏反对的是以"舍本逐末"和"日富岁贫"为特征的"商贾",就是不事生产,专门以经商买卖为业的行"商"坐"贾",他们丢掉农业生产的根基,专搞别人产品的转手买卖,投机倒把,暴富暴贫,才是贾氏极力反对的。而"货殖"所讲的几乎全是农、林、牧、渔和副业生产的事项,没有脱离农副业生产,这和贾氏所经营的农副产品的买卖相一致,是以"自产自销"的方式进行,贾氏认为是农家分内之事,根基是扎扎实实的,有利于农业再生产的发展,完全不是空手倒把的"商贾"行径。所以,他引录了《货殖传》。

〔2〕此条见于《汉书·货殖传》者,作:"昔粤王句践困于会稽之上,迺用范蠡计然。计然曰:'……故旱则资舟,水则资车,物之理也。'"没有"范蠡曰"的引称。另外,《史记》裴骃《集解》引有《范子》,《旧唐书·经籍志下》五行类著录有《范子问计然》十五卷,并注说:"范蠡问,计然答。"(《新

唐书·艺文志三》入农家类，作《范子计然》，注同）是唐开元时征书始出者，《隋书·经籍志》中未见，则此条来源，也可能出自《范子》之类后人托伪之书。"旱则资车，水则资舟"，是常理，恰恰和《汉书·货殖传》的"旱则资舟，水则资车"（《史记·货殖列传》同）相反。颜师古解释："旱极则水，水极则旱，故于旱时预蓄舟，水时预蓄车，以待其贵，收其利也。"《国语·越语上》文种对越王也说："臣闻之贾人……旱则资舟，水则资车，以待乏也。"似乎这才合计然反常悬测的射利策略，则《要术》可能倒错了。

〔3〕白圭：战国时人，善于经商。《孟子·告子下》、《韩非子·喻老》也有一个白圭，善于筑堤治水，据《孟子》赵岐注说就是善于经商的这个白圭。但也有人说是另一人（如清阎若璩等）。

〔4〕这条也见于《汉书·货殖传》，同样没有"白圭曰"的题称。原文是："白圭，周人也。当魏文侯时……乐观时变，故人弃我取，人取我予……与用事僮仆同苦乐，趋时若猛兽挚鸟之发。故曰：吾治生犹伊尹、吕尚之谋，孙吴用兵，商鞅行法是也。"（《史记》同）"挚"通"鸷"。伊尹：佐汤灭夏。吕尚：即姜太公，佐周灭商。孙吴：春秋时孙武和战国时吴起，都善于用兵，后世以"孙吴"并称。商鞅：战国时人，帮助秦孝公变法，厉行新政，秦国因以富强。

【译文】

范蠡说："计然说过：'在陆地要靠车子，在水里要靠船只（？），这是事物的自然道理。'"

白圭说："赶上时间要像猛兽猛禽〔捕捉食物〕一样的迅捷。所以说，我经营生产，正像伊尹、吕尚的计谋，孙武、吴起的用兵，商鞅的行法一样。"

《汉书》曰[1]："秦汉之制，列侯、封君食租，岁率户二百，千户之君则二十万；朝觐、聘享出其中。庶民、农、工、商贾，率亦岁万息二千，百万之家则二十万；而更徭、租赋出其中……

"故曰：陆地，牧马二百蹄，"孟康曰：五十匹也。蹄，古'蹄'字。"[2]牛蹄、角千，"孟康曰：一百六十七头。牛马贵贱，以此为率[3]。" 千足羊；"师古曰：凡言千足者，二百五十头也。" 泽中，千足彘；水居，千石鱼陂[4]；"师古曰：言有大陂养鱼，一岁收千石。鱼以斤两为计[5]。" 山居，千章之楸，"楸任方章者千枚也。师古曰：大材曰章，解在《百官公卿表》。" 安邑千树枣[6]，燕、秦千树栗，蜀、汉、江陵千树橘，淮北荥南、济、河之间千树楸[7]，陈、夏千亩漆[8]，齐、鲁千亩桑、麻，渭川千亩竹；及名国万家之城，带郭千亩亩钟之田，"孟康曰：一钟受六斛四斗。师古曰：一亩收钟者，凡千亩。" 若千亩栀、茜，"孟康曰：茜草、栀子，可用染也。" 千畦姜、韭：此其人，皆与千户侯等。

"谚曰：'以贫求富，农不如工，工不如商，刺绣文不如倚市门。' 此言末业，贫者之资也。"师古曰：言其易以得利也。"

"通邑大都：酤，一岁千酿，"师古曰：千瓮以酿酒。"醯[9]、酱千瓨，"胡双反。师古曰：瓨，长颈罂也，受十升。" 浆千儋；"孟康曰：儋，罂也。师古曰：儋，人儋之也，一儋两罂。儋，音丁滥反。" 屠牛、羊、彘千皮；谷粜千钟；"师古曰：谓常粜取而居之。" 薪藁千车，船长千丈，木千章，"洪桐方章材也。旧将作大匠掌材者曰章曹掾。"[10] 竹竿万个；轺车百乘，"师古曰：轺车，轻小车也。" 牛车千两；木器漆者千枚，铜器千钧，"钧，三十斤也。" 素木、铁器若栀、茜千石；"孟康曰：百二十斤为石。素木，素器也。" 马蹄、噭千，"师古曰：噭，口也。蹄与口共千，则为马二百也。噭，音江钓反。" 牛千足，羊、彘千双；僮手指千；"孟康曰：僮，奴婢也。古者无空手游口，皆有作务；作务须手指，故曰'手指'，以别马牛蹄角也。师古曰：手指，谓有巧伎者。指千则人百。" 筋、角、丹砂千斤；其帛、絮、细布千钧[11]，文、采千匹，"师古曰：文，文缯也。帛之有色者曰采。" 荅布、皮革千石；"孟康曰：荅布，白叠也[12]。师古曰：粗厚之布也。其价贱，故与皮革同其量耳，非白叠也。苔者，重厚之貌。"漆千大斗；"师古曰：大斗者，异于量米粟之斗也。今俗犹有大量。"糵曲、盐、豉千合；"师古曰：曲糵以斤石称之，轻重齐则为合；盐豉则斗斛量之，多少等亦为合。合者，相配耦之言耳[13]。今西楚荆、沔之俗[14]，卖盐豉者，盐、豉各一斗，则各为裹而相随焉，此则合也。说者不晓，遒读为升合之'合'，又改作'台'，竞为解说，失之远矣。"鲐、鮆千斤[15]，"师古曰：鲐，海鱼也。鮆，刀鱼也，饮而不食者。鲐音胎，又音箈。鮆音荠，又音才尔反。而说者妄读鲐为'夷'，非惟失于训物，亦不知音矣。"鲏、鲍千钧；"师古曰：鲏，脯鱼也，即今不着盐而干者也。鲍，今之鰛鱼也。鲏音辄。脯，音普各反。鰛，音于业反。而说者乃读鲍为鮠鱼之'鮠'，音五回反，失义远矣。郑康成以为：'鰛，于煏室干之。'[16]亦非也。煏室干之，即鲏耳，盖今巴、荆人所呼'鳠鱼'者是也[17]，音居偃反。秦始皇载鲍乱臭[18]，则是鰛鱼耳；而煏室干者，本不臭也。煏，音蒲北反。"枣、栗千石者三之；"师古曰：三千石。"狐、貂裘千皮，羔羊裘千石，"师古曰：狐、貂贵，故计其数；羔羊贱，故称其量也。"旃席千具；它果采千种[19]；"师古曰：果采，谓于山野采取果实也。"子贷金钱千贯：节驵侩[20]，"孟康曰：节，节物贵贱也，谓除估侩，其余利比于千乘之家也。师古曰：侩者，合会二家交易者也；驵者，其首率也。驵，音子朗反。侩，音工外反。"贪贾三之，廉贾五之[21]，"孟康曰：贪贾，未当卖而卖，未当买而买，故得利少，而十得其三；廉贾，贵乃卖，贱乃买，故十得五也。"亦比千乘之家。此其大率也。

"卓氏曰……吾闻岷山之下沃壄，下有蹲鸱，至死不饥。"孟康曰：蹲音蹲。水乡多鸱；其山下有沃野灌溉。师古曰：孟说非也。蹲鸱，谓芋也。其根可食以充粮，故无饥年。《华阳国志》曰[22]

'汶山郡都安县有大芋，如蹲鸱'也。"〔23〕谚曰："富何卒？耕水窟；贫何卒？亦耕水窟。"〔24〕言下田能贫能富。

"丙氏……家，自父兄、子弟约：俯有拾，仰有取。"

《淮南子》曰："贾多端则贫，工多伎则穷，心不一也。"〔25〕"高诱曰："贾多端，非一术；工多伎，非一能：故心不一也。"

【注释】

〔1〕以下都是《汉书·货殖传》的引文，也见于《史记·货殖列传》。文内唐人颜师古的注文是后人加进去的。

〔2〕引号内是原有注文。下同。但并非全是颜师古的注，有些是《要术》原有的。即如此处"蹳，古'蹄'字上面，今《汉书》题称"师古曰"，但实际应是孟康注。又如下面注文"楸任方章者千枚也"，"钧，三十斤也"，都没有题名，今本都称"孟康曰"，而"鱼以斤两为计"，"洪桐方章材也"云云，今本颜注根本没有。这些都说明《要术》所用《汉书》的注本有不同，那时颜注本还没出世。启愉按：《汉书》在贾思勰之前已有很多家注本，如东汉荀悦、服虔、应劭，三国魏邓展、苏林、如淳、孟康、吴韦昭，晋晋灼、臣瓒，后魏崔浩等，都对《汉书》作过注解，其注本都是单行。至唐代颜师古乃汇录各家注说，并加以己见对《汉书》作注，这就是现在通行的《汉书》颜注本。《旧唐书·经籍志》、《新唐书·艺文志》都著录有孟康《汉书音义》九卷，从《要术》所引都是孟康注来看，贾氏所用似乎是孟康注本，由于其书单行，为使读者知其为何人所注，故贾氏每注题称"孟康曰"。但由于后人塞进了颜注，原来的孟注被搞乱搞丢，所以才会出现上举的有注无名等现象。

〔3〕以此为率：指按这个比例计算。就是马牛的价格是50头和167头之比，也就是说，马的价格是牛的3.34倍。

〔4〕"陂"，《史记》同，今本《汉书》作"波"，颜师古特作注辨明："波，读曰陂，言有大陂养鱼，一岁收千石鱼也。说者不晓，乃改其波字为'皮'，又读为'披'，皆失之矣。"不但《汉书》原文不同，颜注也不同。

〔5〕"鱼以斤两为计"，今本颜注无此句。《史记》裴骃《集解》引徐广语，有此解释。

〔6〕安邑：县名，汉置，有今山西安邑镇及夏县地。

〔7〕"淮北荥南、济、河之间"，《史记》作"淮北、常山已南、河、济之间"。荥指荥泽，是古薮泽之一，久已湮塞，故址在今河南荥阳。常山即恒

山,在山西北部;又汉郡名,郡治在今河南元氏西北。《史记》所指地区,比《汉书》要广阔得多,似乎反映山西、河北的木材逐渐被砍伐。

〔8〕陈:今河南淮阳等地。　　　夏:今河南禹州。

〔9〕醯(xī):同"醯",醋。

〔10〕这整条注文,今本颜注没有,但见于《史记》裴骃《集解》引《汉书音义》。可能是孟康注而被后人脱漏题名。金抄作"洪桐",《汉书音义》作"洪洞",是形容木材粗大,而"洪桐"只是大桐树,"桐"疑"洞"之误。但"洪洞方章材也"这句,《汉书音义》作"洪洞方橐材也","橐"应是袭上文"薪藁"而衍,《史记》中华标点本读"洪洞"为地名,标点为"洪洞方橐。章,材也。""方橐"不词。"方"谓正直,"方章"是说平正粗直的大材木,参校《要术》可得正解。曹掾(yuàn),分曹治事的属吏。

〔11〕"其",没有意义,疑衍。

〔12〕白叠:棉花织成的布,古名白叠,也写作"白緤"。

〔13〕颜师古解释的"合",是数量相等的意思,但怎样合法,解释多有不明。《史记》裴骃《集解》引徐广注,"合"读为"瓵"(yí),是受一斗六升的陶制容器,有确切的数量,比较明白些。

〔14〕唐有沔州,故治在今湖北汉阳。

〔15〕鲐(tái):今指鲭鱼(鲭科的 Pneumatophorus japonicus),分布于我国、朝鲜等地沿海。另一解释认为是鲮鲐,就是河豚。但颜师古斥为妄读为"夷"者,从台字多可读夷音,如怡、贻、饴、眙等,则"夷"是"鮧"的通假,所指为鲇鱼,而河豚有毒,鲇鱼又名"鲇鲐",则"妄读"者似亦不无可取。

〔16〕郑康成即郑玄,语见《周礼·天官·笾人》郑玄注"鲍鱼"。"鲍",郑注承正文亦作"鲍"。此系《周礼》传本有异。煏(bì)室,火房。

〔17〕巴:巴州,唐时州治在今四川巴中。

〔18〕鲍乱臭:秦始皇暑天死于沙丘(在今河北平乡),尸体运回长安,路上已发臭,乃用鲍鱼放在运棺材的凉车中,以乱其臭。鲍鱼,即腌鱼,有臭气的。

〔19〕它果采千种:采得山野果实多到一千种,很难理解,《史记》作"佗果、菜千钟","种"作"钟",似乎合理些。

〔20〕驵(zǎng)侩:大牙商,大经纪人。下文"千乘之家"指封地百里的诸侯。

〔21〕"……三之……五之":这有不同解释,除孟康外,有认为是"三分取一,五分取一",又有认为是提取3%或5%,还有其他解说。由于所记不明,难免分歧。

〔22〕《华阳国志》:东晋常璩撰。记述远古到东晋时期的巴蜀史事,是

研究中国西南少数民族的重要资料。今传本已有残缺。

〔23〕《史记》张守节《正义》也引到，文同。但今本《华阳国志》无之，是佚文。汶（mín）山郡，郡名，汉置，郡治在汶江（今四川茂汶北）。汶（mín）山，即岷山，在四川北部，绵亘川、甘两省边境。都安县，三国蜀置，故治在今四川灌县东。

〔24〕"谚曰"云云是贾思勰插注，非《汉书》注文。卒（cù），通"猝"，突然。

〔25〕见《淮南子·诠言训》。下文高诱注，今传高诱注本无此注。

【译文】

《汉书·货殖传》说："秦和汉两代的制度，有爵位的列侯和封有食邑的封君，都向封地内的人民征收租税，标准是每年每户二百文，封地达到一千户的，每年就有二十万租税的收入；他们朝见天子和诸侯相互间报聘的费用，都由这租税开支。一般平民、农民、工匠、商人，他们的赢利，一万本钱，一般是每年可赢利二千，有百万家财的，每年也有二十万赢利的收入；他们出钱由别人代服劳役以及交纳政府的赋税，都在这赢利中开支〔，生活可美好了〕。

"比如说，在陆地，马，牧养有二百只蹏；"孟康说：就是五十匹马。蹏是'蹄'字的古写。"牛，〔一头四只蹄，两只角，〕蹄角合计共有一千只；"孟康说：就是一百六十七头牛。牛马贵贱，按这比例计算。"羊，有一千只脚。"师古说：凡说一千只脚，就是二百五十头羊。"在沼泽地方，有猪一千只脚。在水乡，陂塘中出产一千石（dàn）鱼。"师古说：这是说有大陂养鱼，一年可以收到一千石的鱼。鱼是按斤两计算的。"在山乡，有大楸树一千章，"楸树可以解成方直大木料的有一千株。师古说：大木材叫作'章'，解说见《百官公卿表》。"安邑有一千株枣树，燕地秦地有一千株栗树，蜀地、汉水、江陵有一千株橘树，淮北荥南、济水、黄河之间有一千株楸树，陈、夏地方有一千亩漆树，齐、鲁地区有一千亩桑园和麻地，渭河地区有一千亩竹林。此外，著名国都有着万户人家的大城市，它郊区有人有一千亩田，每亩能收到一钟，"孟康说：一钟的容量是六斛四斗。师古说：这是说，一亩能收一钟的田有一千亩。"或者有一千亩的栀子、茜草，"孟康说：茜草和栀子，都可用作染料。"有一千畦的生姜、韭菜：这些人，〔他们的富有〕都和封有千户的列侯相等。

"谚语说：'穷人想发财，种田不如作手艺，手艺不如作买卖，呆在家里作刺绣，不如靠着店门装笑脸招徕。’这就是说，做买卖的末业，却是穷人靠它来赚钱的。"师古说：这是说做买卖容易得到利益。"

"在通都大邑：卖酒的，一年酿造一千瓮，"师古说：用一千只瓮来酿酒。"卖醋卖酱的，酿造一千瓨（hóng），"师古说：瓨是长颈的罂，容量是十升。"卖饮浆的，酿造一千担；"孟康说：担是罂。师古说：担是人挑的，一担挑两个罂。"宰杀牛、羊、猪的皮有一千张；籴进的谷有一千钟；"师古说：这是说经常籴进来囤积着。"柴薪有一千车，船的长共有一千丈，大木材有一千章，"这是指正直粗大的大木材。旧时〔中央主管土木建筑的〕‘将作大匠’下面管理木材的属官叫‘章曹掾’。"竹竿有一万根；轺（yáo）车有一百乘，"师古说：轺车是轻便小车。"牛车有一千辆；漆过的木器有一千件，铜器有一千钧，"一钧是三十斤。"素木器皿或铁器，或者栀子、茜草有一千石；"孟康说：一石是一百二十斤。素木是〔没有漆过的〕白木器皿。"马的蹄和嗷（qiào）共有一千，"师古说：嗷，就是嘴。蹄和嘴共有一千，则是二百匹马。"牛有一千只脚，羊或猪有两千头；僮的手指有一千；"孟康说：僮，就是奴婢。古时没有空手游荡的人，都有工作做，做工作需用手指，所以人用‘手指’来计算，和马牛用蹄角来计算不同。师古说：手指，指有精巧技术的人。一千手指就是一百个人。"〔畜兽的〕筋、角或者丹砂有一千斤；素绸、丝绵、细布有一千钧，文、彩有一千匹，"师古说：文是织有花纹的绸。染有颜色的绸叫彩。"荅（dá）布、皮革有一千石；"孟康说：荅布，就是白叠布。师古说：荅布是粗厚的布。它的价钱贱，所以与皮革以同等的量来计算，不是白叠布。荅是厚重的意思。"漆有一千大斗；"师古说：大斗，是和一般量米谷不同的斗。现在习俗上还有大容量的斗。"蘖曲、盐、豉一千合；"师古说：曲蘖是论斤论担称的，重量相等成为‘合’；盐豉是论斗论斛量的，容量相等也成为‘合’。合是配合相等的意思。现在西楚荆州、泃州的习俗，卖盐豉的人，如果有人买盐和豉各一斗，便分别包裹起来，相伴着一起交给买主，这就是‘合’。解说的人不了解，却读为升合的‘合’，或者又改为‘台’字，争着解说，实在是错得远了。"鲐、鮆（jì）有一千斤，"师古说：鲐是海鱼。鮆是刀鱼，只饮水不吃固体食物的。鲐音胎，而解说的人有妄读鲐为‘夷’的，不但所指名物不对，读音也错了。"鮿（zhé）、鲍有一千钧；"师古说：鮿是膊鱼，就是现在不加盐而烘干的鱼。鲍是现在的鰛（yè）鱼。解说的人却将鲍读为鲍（wéi）鱼的‘鲍’，意义相差远了。郑玄解释：‘鲍是在火房里烘干的鱼。’也不对。火房里烘干的，就是鮿鱼，也就是现在巴州、荆州人所称的‘鳒（jiǎn）鱼’。秦始皇死后载着鲍鱼来混乱尸体臭气，这鲍鱼就是鰛鱼，是臭的，而火房里烘干的鮿鱼本来就不臭的。"枣子、栗子有一千石的三倍；"师古说：就是三千石。"狐皮、貂皮有一千张，羔羊皮有一千石，"师古说：狐皮、貂皮贵，所以论张计数；羔羊皮贱，所以论担计数。"毡毯有一千条；其他的果采一千种；"师古说：果采，是说在山野中采得的果实。"有用一千贯钱放债收利息的：〔所有这些经营〕经过'驵侩'的调节说合，"孟康说：节是调节物价的贵贱。这是说，除去驵侩的佣钱，余下的利润可以和千乘之家相比。师古说：侩是给买卖双方说合的人；驵是他们之中为首的。"贪多的，得到的赢利是三；不贪多的，得到的赢利是五，"孟康说：贪多的，不该卖却卖，不该买却买，所以所得到的利润少，十分之中只得到三分；不贪多的，贵了才卖，贱了才买，所以十分之中能得到五分。"收入也都比得上千乘之家。上面说的是大致的情况。

"卓氏说……我听说岷山之下，土地肥沃，地下有踆（cūn）鸱，人们到死不会受饥饿。"孟康说：踆音蹲。水乡多鸱；那边山下肥沃土地，可以灌溉。师古说：孟康的解说不对。踆鸱是指芋，芋块可以吃，当作粮食，所以没有饥荒的年岁。《华阳国志》说：'汶山郡都安县有大芋，样子像蹲着的鸱。'〔所指就是这个。〕"俗话说："怎么富得这样快？因为他耕种水地；怎么穷得这样快？也因为他耕种水地。"这就是说，低田可以使人暴贫，也可以使人暴富。

"〔鲁国〕丙氏……一家，从父兄到子弟，都有家规约定：低头有东西要拾，抬头有东西要摘。"

《淮南子》说："商人经营的项目多，会穷；手艺人技术管得宽，也会穷，因为心思不专一。""高诱注解说："商人项目多，不止一条渠道；手艺人技术多，不止一种技能，所以心思就不能专一。"

涂瓮第六十三

凡瓮,七月坯为上,八月次之,余月为下。

凡瓮,无问大小,皆须涂治;瓮津则造百物皆恶,悉不成。所以特宜留意。新出窑,及热脂涂者,大良。若市买者,先宜涂治,勿便盛水。未涂遇雨,亦恶。

涂法:掘地为小圆坑,旁开两道,以引风火。生炭火于坑中,合瓮口于坑上而熏之。火盛喜破,微则难热,务令调适乃佳。数数以手摸之,热灼人手,便下。泻热脂于瓮中,回转浊流,极令周匝;脂不复渗所荫切乃止。牛羊脂为第一好,猪脂亦得。俗人用麻子脂者,误人耳。若脂不浊流,直一遍拭之,亦不免津。俗人釜上蒸瓮者,水气,亦不佳。以热汤数斗着瓮中,涤荡疏洗之[1],泻却;满盛冷水。数日,便中用。用时更洗净,日曝令干。

【注释】

〔1〕"疏",有人说应作"漱",卷三《杂说》有"漱生衣绢";又有人说当作"梳",卷八《蒸缹法》有"梳洗令净",卷九《作膟奥糟苞》有"用暖水梳洗之"。前说牵强,后说似可采。不过,"疏"有清除、洗涤义,《国语·楚语上》"以疏其秽",《文选·游天台山赋》"过灵溪而一濯,疏烦想于心胸",都是清洗的意思。又,"梳"本字作"疏",见清俞樾《俞楼杂纂》卷四四《疏字考》。故仍其旧。

【译文】

　　凡是瓦瓮，以七月的坯烧成的为最好，八月的坯次之，其余各月的坯都不好。

　　所有瓦瓮，不管大小，都必须先经过涂治的处理〔，涂塞瓦器间孔隙，使不渗漏〕；如果瓮器渗漏，酿造任何东西都不好，不能成功。所以应该特别留意。刚出窑的瓮，趁热用油脂涂治过，最好。如果在市上买来的新瓮，也应该先涂治过，不要马上盛水。没有涂过，遇上雨被淋了，也不好。

　　涂治的方法：在地上掘个小圆坑，坑两边开两道通风道，让它通风助燃。坑里面烧着炭火，瓮口朝下，倒扣在坑口上，让炭火熏烤着。火猛了瓮容易破，微弱了又难以烤热，务必掌握到合适的程度才好。常常用手摸摸瓮子，热到烫手了，就拿下来。随即将熬热的油脂倒进瓮里，回转着瓮子，让混有杂质的油脂缓缓流动，让它完全流遍全瓮，到油脂不再渗进瓮壁，才停手。用牛脂羊脂最好，猪油也可以用。俗人用大麻子油，那会误事的。如果不是倒进油脂缓缓流遍，只是用油脂揩拭一遍，仍然免不了渗漏。俗人又有把瓮子放在锅上蒸的，有水气，也不好。然后拿几斗热水倒进瓮里，回荡着刷洗干净，倒掉，再满满地盛着冷水。过几天，便可以用了。用时再一次洗净，在太阳底下晒干。

造神曲并酒第六十四 女曲在卷九藏瓜中[1]

作三斛麦曲法：蒸、炒、生，各一斛。炒麦：黄，莫令焦。生麦：择治甚令精好。种各别磨。磨欲细。磨讫，合和之。

七月取中寅日，使童子着青衣，日未出时，面向杀地，汲水二十斛。勿令人泼水，水长亦可泻却[2]，莫令人用。

其和曲之时，面向杀地和之，令使绝强。团曲之人，皆是童子小儿，亦面向杀地；有污秽者不使。不得令人室近[3]。团曲，当日使讫，不得隔宿[4]。屋用草屋，勿使瓦屋。地须净扫，不得秽恶；勿令湿。画地为阡陌，周成四巷。作"曲人"，各置巷中——假置"曲王"，王者五人。曲饼随阡陌比肩相布[5]。

布讫，使主人家一人为主，莫令奴客为主。与"王"酒脯之法：湿"曲王"手中为碗，碗中盛酒、脯、汤饼。主人三遍读文，各再拜。

其房欲得板户，密泥涂之，勿令风入。至七日开，当处翻之[6]，还令泥户。至二七日，聚曲，还令涂户，莫使风入。至三七日，出之，盛着瓮中，涂头。至四七日，穿孔，绳贯，日中曝，欲得使干，然后内之。其曲饼，手团二寸半，厚九分。

祝曲文：

东方青帝土公、青帝威神，南方赤帝土公、赤帝威神，西方白帝土公、白帝威神，北方黑帝土公、黑帝威神，中央黄帝土公、黄帝威神，某年、月，某日、辰，朝日[7]，敬启五方五土之神：

主人某甲，谨以七月上辰，造作麦曲数千百饼，阡陌纵横，以辨疆界，须建立五王，各布封境。酒脯之荐，以相祈请，愿垂神力，勤鉴所领[8]：使虫类绝踪，穴虫潜影。衣色锦布，或蔚或炳；杀热火燌[9]，以烈以猛；芳越薰椒，味超和鼎。饮利君子，既醉既逞；惠彼小人，亦恭亦静。敬告再三，格言斯整。神之听之，福应自冥。人愿无违，希从毕永。急急如律令。

祝三遍，各再拜。

造酒法：全饼曲，晒经五日许，日三过以炊帚刷治之，绝令使净。——若遇好日，可三日晒。然后细剉，布杷盛，高屋厨上晒经一日，莫使风土秽污。乃平量曲一斗，臼中捣令碎[10]。若浸曲一斗，与五升水[11]。浸曲三日，如鱼眼汤沸，酘米[12]。其米绝令精细[13]。淘米可二十遍[14]。酒饭，人狗不令噉。淘米及炊釜中水、为酒之具有所洗浣者，悉用河水佳也。

若作秫、黍米酒，一斗曲，杀米二石一斗：第一酘，米三斗；停一宿，酘米五斗；又停再宿，酘米一石；又停三宿，酘米三斗。其酒饭，欲得弱炊，炊如食饭法，舒使极冷，然后纳之。

若作糯米酒，一斗曲，杀米一石八斗。唯三过酘米毕。其炊饭法，直下馈^[15]，不须报蒸。其下馈法：出馈瓮中，取釜下沸汤浇之，仅没饭便止。此元仆射家法^[16]。

【注释】

〔1〕"女曲"，各本误作"安曲"，据卷九《作菹藏生菜法》引《食次》"女曲"改正。

〔2〕长：这里指多意，读作去声。

〔3〕来自空气、器具、衣物和人身上的微生物非常复杂，都可以传播到曲料上，弄得不好会坏曲。不允许闲杂的人近临或闯入团曲间和不使用污秽的孩童，都是为了防止可能引起的某些有害微生物的污染。这些"禁忌"倒不是迷信的。

〔4〕隔宿：不得留着隔夜。当天和好的曲料，不在当天团曲完毕进入密闭的曲室培育菌种，却暴露着放置过夜，天气热，又受了风，被有害微生物侵染，会使曲料变质。

〔5〕比肩相布：一个挨一个地排列着。指两个并排着左右相挨近，横放在地上，不是前后重叠。这样，曲块之间留有一定的空隙，有利于发酵热量的散发和菌类的均匀生长和繁殖。现在布曲方式有分堆作层叠式排列的，如品字形等式，都必须有空隙流通散热和排湿。《要术》中似乎都是采用单层排列法。

〔6〕当处翻之：就原地翻转过来。有利于品温的调节和菌类的两面繁殖。不过《要术》的各种曲在进入曲室中保温培菌阶段的调理过程，大致相同，都是待定七天调节品温一次，不是根据室温与品温升降的具体情况随时掌握，也没有开窗通风、放湿等措施，在很大程度上是听其自然，不知能否保证质量。

〔7〕金抄作"朝日"，各本作"朔日"，都费解。《四时纂要·六月》"造神曲法"采《要术》无此二字，疑衍，或"吉日"之误。

〔8〕"领"，各本均作"愿"，《四时纂要》采《要术》作"领"，指领属，与上下文协韵，并不与上句重复，据改。

〔9〕燔（fén）：同"焚"，烧。

〔10〕此指再捣细碎。第一次斫碎是斫成枣子、板栗那样大的小块，第二次再加细捣。现在山东即墨黄酒用曲也是先碎成二三厘米大的小块，然后再磨成粉末。

〔11〕"五升水",各本同,用水量太少,疑"五斗"之误。

〔12〕酘(tóu):即"投"。

〔13〕绝令精细:指舂得极其精白。米愈精白,可溶性无氮物(以淀粉为主)的含量愈高,为产生酒精及一部分微生物代谢产物的主要来源。米的外皮及胚子中蛋白质和脂肪的含量特多,对酿酒来说,含量过多都有碍酒质,所以要除去,只留着胚乳。

〔14〕淘米可二十遍:米要淘二十来遍。也是为了淘净糠秕杂质,以免影响酒质,并避免酒液重浊不清,糟粕增多。

〔15〕馈(fēn):一蒸饭,就是蒸汽初次上甑就不再蒸的半熟饭。半熟饭不能酿酒,必须再经软化,方法之一是"沃馈",就是灌进蒸底的沸水,使饭胀饱熟透(即下文之法)。沃馈比蒸饭要烂,但糯米有烂而比较不易糊的优点。

〔16〕元仆射(yè):北齐时有元斌,为后魏拓跋氏宗室,历任侍中、尚书左仆射。原袭祖爵封高阳王,北齐初降爵为高阳县公。天保二年(551)卒。见《北齐书·元斌传》。其年代、官职和封邑高阳都和《要术》所记及贾氏曾任高阳太守相符,也许就是此人。

【译文】

作三斛麦曲的方法:用蒸的、炒的和生的小麦各一斛。炒的,只要炒到黄,不要炒焦。生的,要拣择簸扬得极其精细洁净。三种分开来磨。要磨得细。磨好后,再三种混合在一起。

在七月里第二个逢寅的日子,叫几个男孩穿着青衣,在太阳未出来之前,面对着"杀地"的方位,汲回来二十斛水。不要让人泼水,水多了也可以倒掉一些,可不能让人用。

和曲的时候,也要面对着"杀地"的方位溲和,要和得极干硬。团捏曲饼的人,都用小男孩,也都面对"杀地"的方位团曲;不要用有污秽的男孩。不允许有闲杂的人靠近制曲间。团曲,当天就要完毕,不得留着隔夜到第二天再团。房子要用草房,不要用瓦屋。地面必须扫干净,不允许有污秽;也不能潮湿。就地划出布曲的纵横行列,四周留着四条巷道。作几个"曲人",四条巷道中各放一个——这是假设作为"曲王"的,共放五个曲王〔四巷中四个,正中一个〕。曲饼作成了,在纵横行列中一个挨一个地排列着。

排列好了,由家主叫家中一人作主祭人,不要让管家人来作主祭人。向曲王供上祭品的方法：把曲王手中的曲弄湿，当作碗，就在这碗里搁点酒、腊肉和面条。主人读祷祝文三遍，每遍都拜两拜。

曲室的门户要用木板门〔，放进曲饼后〕，用泥把门涂封严密，不要让风进去。到第七天，开门，把曲饼就原地翻转过来，仍然把门泥封严密。满十四天，把曲饼堆聚起来，还是把门泥封，不让风进去。满二十一天，拿出来，盛在瓮里，用泥涂封瓮口。到第二十八天，〔从瓮中取出来，〕穿个孔，用绳子贯穿起来，在太阳底下晒，要晒干，然后再盛在瓮里。曲饼的大小用手团捏成二寸半大，九分厚。

祷祝曲神的文章：

东方青帝土公、青帝威神，南方赤帝土公、赤帝威神，西方白帝土公、白帝威神，北方黑帝土公、黑帝威神，中央黄帝土公、黄帝威神，某年某月，某日吉辰，敬向五方五土的神灵祷告：

主人某甲，谨择七月的某个吉日，作成了几千百个小麦曲饼，划出了纵横的行列，各自的疆界分明；设置了五个曲王，每个都有它们的封境。供上了酒和腊肉，向诸位神灵祈请，愿求惠赐你们的神力，殷勤地鉴察所属鬼神的行径：要使虫类绝迹不来，蛇鼠也躲开无踪无影。曲饼长着锦一样的菌衣，绿的黄的繁殖旺盛；它们的酵解力透彻，热力也像火一样有劲；成酒的香味超过香草、花椒，味道也比鱼肉烹调的鼎食还胜。君子们喝了，醉得很过瘾；小人们喝了，既恭敬又安静。我祷告了三遍，这些话也该领受严整。神灵呀，你们听从了，冥冥之中应该会有效应。人的愿望没有落空，一定能够永久安稳。急急如律令。

祷告了三遍，每遍各拜两拜。

〔用"三斛麦曲"〕造酒的方法：拿整块的饼曲，晒上五天左右，每天三次用筅帚刷过，务必要刷得极干净。——如果遇上大晴天，晒三天就可以了。然后将曲饼斫碎，用大布帊兜裹着，搁在高屋橱架上又晒一天，不要让尘土污染了。再平平地量出一斗碎曲，在臼中再把它捣细碎。如果浸一斗曲，放进五升水（？）。曲浸了三天，发酵产生像鱼眼大小的气泡时，就投饭落缸。炊饭的米要舂得极其精白。米要淘二十来遍。酿酒的饭，人和狗都不让吃。淘米的水，炊饭的水，以及酿酒用具洗涤的水，都用河水为好。

如果用这种曲酿制秫米或黍米酒，一斗曲消化原料米的指标是二石一斗。投饭法是：第一投，三斗米的饭；过一夜，投五斗米的饭；过两夜，投一石米的饭；过三夜，投三斗米的饭。这酿酒的饭，要炊得充分软化，炊法像平常吃的饭一样。炊好了，摊开，等到极冷时，然后落缸下酿。

如果用这种曲酿造糯米酒，一斗曲的消化指标是一石八斗米。米饭只分三次就下完毕。炊饭的方法，是直接下"馈"，不需要再蒸。下馈的方法：起出馈饭，装入瓮中，舀出蒸锅中的沸水浇下去，只要把饭淹没就可以了。这是元仆射家的酿酒方法。

又造神曲法：其麦蒸、炒、生三种齐等，与前同；但无复阡陌、酒脯、汤饼、祭曲王及童子手团之事矣。

预前事麦三种，合和细磨之。七月上寅日作曲。溲欲刚，捣欲精细，作熟。饼用圆铁范，令径五寸，厚一寸五分，于平板上，令壮士熟踏之。以杖刺作孔。

净扫东向开户屋，布曲饼于地；闭塞窗户，密泥缝隙，勿令通风。满七日翻之，二七日聚之，皆还密泥。三七日出外，日中曝令燥，曲成矣。任意举、阁，亦不用瓮盛。瓮盛者则曲乌肠——乌肠者，绕孔黑烂[1]。若欲多作者，任人耳，但须三麦齐等，不以三石为限。

此曲一斗，杀米三石；笨曲一斗[2]，杀米六斗：省费悬绝如此。用七月七日焦麦曲及春酒曲，皆笨曲法。

造神曲黍米酒方：细剉曲，燥曝之。曲一斗，水九斗，米三石。须多作者，率以此加之。其瓮大小任人耳。桑欲落时作，可得周年停。初下用米一石，次酘五斗，又四斗，又三斗，以渐待米消即酘[3]，无令势不相及[4]。味足沸定为熟。气味虽正，沸未息者，曲势未尽，宜更酘之；不酘则酒味苦、薄矣。得所者，酒味轻香，实胜凡曲。初酿此酒者，率多伤薄，何者？犹以凡曲之意忖度之，盖用米既少，曲势未尽故也，所以伤薄耳。不得令鸡狗见。所以专取桑落时作者，黍必令极冷也。[5]

【注释】

〔1〕乌肠：曲经晒干之后，再盛入瓮中，容易吸收潮湿，在中心部分由于穿了孔，周围暴露面积较大，潮气更容易凝聚，而被黑色杂菌侵殖，呈现黑褐色，曲就"乌肠"坏了。

〔2〕笨曲：一种曲型特大而酒化力很低的曲。七月七日作的焦麦曲，实际就是《笨曲并酒》篇的"颐曲"。它和春酒曲都是炒小麦曲，都属于笨曲类。小麦不要炒得过焦，稍微有点焦也可以，所以又叫"焦麦曲"。

〔3〕此曲一斗，杀米三石，但此酒只投米二石二斗，曲米不符。"以渐待米消即酦"应是指以后投米时间的掌握，如果包括少投的八斗在内，语意不周，疑有脱文。

〔4〕势不相及：曲势不相应。投饭过早或过迟，都可使曲饭二者不相应，影响酒质。过早，先投的饭尚未完全酒化，再投饭，糖分积累过高，对酵母菌的活动不利，酒化力减弱。过迟，主发酵阶段过去，曲力已弱，饭多不能完全酒化，酒精含量不足。在这两种情况下，都给酸败菌侵殖的机会，使酒变质酸败。

〔5〕酿酒在手工业操作的条件下，气温过高时，容易酸败，所以受季节性的限制很大，许多名酒，在夏季都停酿。桑落时在秋末冬初，酒饭容易摊得极冷，下酿时不致因饭温而增高酒醪的温度，引起酒的变质。桑落时开始冷凉，但不太冷，历来认为是酿酒的最好时令，历史上很早就有"桑落酒"的名称。但这只是以饭温调节下缸品温的一项措施，并非一成不变，仍须看气温而定，如在严冬季节，则须投温饭。现在这样，《要术》亦然。

【译文】

又一种作神曲的方法：小麦蒸的、炒的和生的三种相等，跟上面所记的方法一样；不过划出布曲行列，供上酒、腊肉和面条，祭曲王，以及男孩团曲这些事情，一概摒弃不再用了。

预先将三种麦整治好，合和在一起，磨细。在七月的第一个寅日作曲。曲料要溲和得干硬，必须捣得精熟，熟到很透彻均匀。用圆形的铁圈作踏曲饼的模子。模子直径五寸,高一寸五分,搁在平板上,叫青壮年在上面用脚踏透踏紧实〔,然后脱模,取下曲饼〕。用小木棒在饼的中央穿个孔。

将一间向东面开门的房子打扫干净,把曲饼排列在地面上,把窗子和门都闭塞好,用泥紧密地涂封缝隙,使它不漏风。满七天,将曲饼就地翻个身,满十四天,聚拢来,都照样把门泥封严密。到第二十一天,拿出来,在太阳底下晒干,曲便作成了。随便挂起来,或者搁在橱架上,都可以,但不要盛在瓮子里。盛在瓮子里,曲饼会出现"乌肠"——乌肠就是在穿孔的周围变成黑色烂坏了。如果想多作一些,也随人的意愿,只要三种麦的分量相等就行,不必限定在三石。

这种神曲,一斗能消化三石米;笨曲一斗,只能消化六斗米:用曲量的一省一费,相差竟如此悬殊。七月七日作的焦麦曲和春酒曲,都是笨曲类。

用这种神曲酿造黍米酒的方法:把曲饼斫细,晒干。〔酿造的比例是:〕一斗曲,九斗水,三石米。要多作的,照这个比例增加。酒瓮的大小,任随人的意愿。桑叶将落的时候酿造的,可以陈放一周年。第一投,一石米的饭,次投五斗米饭,又投四斗米饭,三斗米饭,总要掌握到饭渐渐消化了就接着投饭,不要让曲势不相应。酒味足了,发酵的"吱吱"响声停了,酒就成熟了。如果酒味虽然纯正,但响声还没有停息,那是曲势还没有消尽,该再投些饭;如果不再投,酒味就又苦又薄。掌握恰到好处的,酒味轻隽清香,比一般曲作的酒实在要好。初次酿造这种酒的人,大多伤于味薄,什么道理呢?因为他们估量着还是把这种曲当作普通的曲看待,因而用米就少,曲势还没有发挥完尽,所以酒就薄了。在酿造过程中不许让鸡狗撞见。之所以专门选在桑树落叶的时候酿造,因为黍饭必须要让它冷透。

又神曲法:以七月上寅日造。不得令鸡狗见及食。看麦多少,分为三分:蒸、炒二分正等,其生者一分,一石上加一斗半。各细磨,和之。溲时微令刚,足手熟揉为佳。使童男小儿饼之,广三寸,厚二寸。须西厢东向开户屋中,净扫地，地上布曲：十字立巷，令通人行；四角各造"曲奴"一枚。讫，泥户勿令泄气。七日开户翻曲，还塞户。二七日聚，又塞之。三七日出之。作酒时，治曲如常法，细剉为佳。

造酒法：用黍米二斛，神曲一斗[1]，水八斗。初下米五斗；米必令五六十遍淘之。第二酘七斗米。三酘八斗米。满二石米以外，任意斟裁。然要须米微多，米少酒则不佳。冷暖之法，悉如常酿，要在精细也。

神曲粳米醪法[2]：春月酿之。燥曲一斗，用水七斗，粳米两石四斗。浸曲发如鱼眼汤。净淘米八斗，炊作饭，舒令极冷。以毛袋漉去曲滓，又以绢滤曲汁于瓮中，即酘饭。候米消，又酘八斗。消尽，又酘八斗。凡三酘，毕。若犹苦者[3]，更以二斗酘之。此酒合醅饮之可也。[4]

【注释】

〔1〕"黍米二斛，神曲一斗"，各本原作"黍米一斛，神曲二斗"。按：此酒三投共下米二石，"一斛"显系"二斛"之误。下文用此曲酿"粳米醪"，一斗曲杀米二石四斗有时还怕苦，现在一斛米如何能用二斗曲？"二斗"又显系"一斗"搞错。原文倒错，今改正。

〔2〕醪（láo）：是带糟的酒，连糟吃喝的。一般是糯米作的。粳米性质较硬，其糖化较糯米难，淀粉利用率较低，因而出酒率较低，而出糟率较高；多搅拌容易生毛发糊，增加操作上的困难，而且酒液较糯米要浑浊，压榨不易。《要术》这种粳米醪，所用曲液要经过较粗疏的毛袋和较细密的绢两道过滤，目的也是为了使曲液尽可能纯净些，免得使酒液增加浑浊度。但除此之外，并无其他特殊措施，未知质量如何，可能不管怎样，就这样连糟吃喝算了。

〔3〕酒还有苦味，这是曲力未尽的缘故。酒苦由于饭少糖化酒化不足，所以酒味也淡薄；酒薄则酒精醇度不够，不能抑制酸败菌的侵殖，因而容易酸败。西汉刘向《新序》卷四《杂事》说的"酒薄则亟（快）酸"，古人早就

注意到了。前文酿造黍米酒说的酒味又苦又薄，同样要再投饭，情况跟这里相同。

〔4〕醅（pēi）：未过滤的酒。

【译文】

第三种作神曲的方法：在七月第一个寅日作曲。不许让鸡狗见到或者吃食。看小麦的多少，分为三份：蒸的、炒的两份分量相等，生的一份在一石中再加上一斗五升。各别磨细，然后和匀。溲和时要和得稍微干硬，并用力揉和匀熟为好。叫小男孩团曲饼，每饼大三寸、厚二寸。须要用西边厢房向东面开门的房子。把房子地面扫干净，曲饼就排在地上。〔排曲的方法是：〕中间留下十字形的巷道，让人可以通行；作四个"曲奴"放在排曲外周的四角。排完了，将门缝用泥涂封严密，不让房子漏气。七天，开门把曲饼翻个身，仍然把门泥封严密。十四天，堆聚起来，照样封门。二十一天，起出来。酿酒时，整治曲饼跟平常的方法一样，要斫得细碎为好。

用这种神曲酿酒的方法：配比是：黍米二斛，神曲一斗，水八斗。初次投下五斗米的饭；米必须淘过五六十遍使极清净。第二次投七斗米的饭。第三次投八斗米的饭。投足了二石米饭以后，可以随意斟酌是否再投饭。不过，还是须要饭稍微多些为好，饭少了，酒就不好。发酵醪品温高低的调节，跟通常的酿造法一样，总之须要精细地掌握好。

用这种神曲酿造粳米醪的方法：在春季酿造。配比是：燥曲一斗，用水七斗，粳米两石四斗。加水浸曲到发生鱼眼大小的气泡时就行。拿八斗米淘汰清净，炊作饭，摊到极冷。用〔黑羊毛编制的〕毛袋滤去曲渣，再用绢过滤一道，直接将曲汁过滤到瓮子中，就投这八斗米的饭下瓮。察看到饭消化尽了，又投八斗米的饭；消化尽了，第三次又投八斗米的饭。共投三次，投完毕。假如酒还有苦味，再投下二斗米的饭。这粳米醪酒是连糟吃的。

又作神曲方：以七月中旬以前作曲为上时，亦不必要须寅日；二十日以后作者，曲渐弱。凡屋皆得作，亦不必要须东向开户草屋也。大率小麦生、炒、蒸三种等分,曝蒸者令干,三种合和,碓㕮[1]。净簸择,细磨。罗取麸,更重磨,唯细为良[2],粗则不好。剉胡叶[3],煮三沸汤。待冷,接取清者,溲曲。以相着为限,大都欲小刚,勿令太泽。捣令可团便止,亦不必满千杵。以手团之,大小厚薄如蒸饼剂,令下微浥浥[4]。刺作孔。丈夫妇人皆团之,不必须童男。

其屋,预前数日着猫,塞鼠窟,泥壁,令净扫地。布曲饼于地上,作行伍,勿令相逼,当中十字通阡陌,使容人行。作"曲王"五人,置之于四方及中央:中央者面南,四方者面皆向内。酒脯祭与不祭,亦相似,今从省。

布曲讫,闭户密泥之,勿使漏气。一七日,开户翻曲,还着本处,泥闭如初。二七日,聚之:若止三石麦曲者,但作一聚;多则分为两三聚。泥闭如初。三七日,以麻绳穿之,五十饼为一贯,悬着户内,开户,勿令见日。五日后,出着外许悬之。昼日晒,夜受露霜,不须覆盖。久停亦尔,但不用被雨。此曲得三年停,陈者弥好。

神曲酒方:净扫刷曲令净[5],有土处,刀削去,必使极净。反斧背椎破,令大小如枣、栗;斧刃则杀小。用故纸糊席,曝之。夜乃勿收,令受霜露。风、阴则收之,恐土污及雨润故也。若急须者,曲干则得;从容者,经二十日许受霜露,弥令酒香。曲必须干,润湿则酒恶。

春秋二时酿者,皆得过夏;然桑落时作者,乃胜于春。桑落时稍冷,初浸曲,与春同;及下酿,则茹瓮——止取微暖,勿太厚,太厚则伤热。春则不须,置瓮于砖上。

秋以九月九日或十九日收水，春以正月十五日或以晦日，及二月二日收水，当日即浸曲。此四日为上时[6]，余日非不得作，恐不耐久。收水法：河水第一好；远河者取极甘井水，小咸则不佳[7]。

渍曲法[8]：春十日或十五日，秋十五或二十日。所以尔者，寒暖有早晚故也。但候曲香沫起，便下酿。过久曲生衣[9]，则为失候；失候则酒重钝，不复轻香。

米必细晰，净淘三十许遍；若淘米不净，则酒色重浊。大率曲一斗，春用水八斗，秋用水七斗；秋杀米三石，春杀米四石。初下酿，用黍米四斗，再馏弱炊，必令均熟，勿使坚刚、生、减也。于席上摊黍饭令极冷，贮出曲汁，于盆中调和，以手搦破之，无块，然后内瓮中。春以两重布覆；秋于布上加毡，若值天寒，亦可加草。一宿，再宿，候米消，更酘六斗。第三酘用米或七八斗。第四、第五、第六酘，用米多少，皆候曲势强弱加减之，亦无定法。或再宿一酘，三宿一酘，无定准，惟须消化乃酘之。每酘皆挹取瓮中汁调和之，仅得和黍破块而已，不尽贮出。每酘即以酒耙遍搅令均调，然后盖瓮。

虽言春秋二时杀米三石、四石，然要须善候曲势：曲势未穷，米犹消化者，便加米，唯多为良。世人云："米过酒甜。"此乃不解法候。酒冷沸止，米有不消者，便是曲势尽。

酒若熟矣，押出，清澄[10]。竟夏直以单布覆瓮口，斩席盖布上，慎勿瓮泥；瓮泥封交即酢坏[11]。

冬亦得酿，但不及春秋耳。冬酿者，必须厚茹瓮、覆盖。初下酿，则黍小暖下之。一发之后，重酘时，还摊黍使冷——酒发极暖，重酿暖黍，亦酢矣。

其大瓮多酿者，依法倍加之。其糠、瀋杂用，一切无忌。

【注释】

〔1〕䬃（fèi）：舂。

〔2〕唯细为良：磨得越细越好。磨成带麸的面粉，这是《要术》中将制曲原料粉碎得最细的曲。曲料过粗过细，各有利弊。现在的小麦曲一般仅将小麦破碎成三五片使淀粉外露而已，不使有过多的面粉。《要术》此曲与北宋朱肱（翼中）《北山酒经》的一种纯用精白面粉作曲相似，均与今法不同。

〔3〕"胡叶"，金抄、明抄同，湖湘本作"胡菜"。吾点始疑是"胡荾"之误，《渐西》本从之，近人校注本亦均改作"胡荾"。惟下篇《白醪曲》"胡叶"三见，恐未必都是"胡荾"之误。但"胡叶"未悉何指，姑仍其旧存疑。

〔4〕令下微浥浥：让下面稍微带点潮。也即稍微成半干半湿状态，但恐怕不会在下面再沾上点水，也许是在曲块下面多击打几下使水分下渗。在《要术》各种曲中，这是和水最多的。一般说来，曲料加水的多少，凭手摸以定干湿标准，群众有"捏得拢，散得开"的经验。达到这样的标准，大约需要曲料含38%上下的水分。用水太少，则有益微生物尚未成熟，而曲块已呈干燥状态，微生物不易繁殖，对曲不利。用水太多，则来火过猛，会变成内部炭化的"受火曲"，或者外干而内溏，又会变成"窝水曲"，对曲尤其不利。《要术》此曲曲料粉碎成面粉，用水又较多，而其酿酒效率高达一斗曲四石米（如果曲力未尽，还不只此数），用曲量只占原料米的2.5%，是九种曲中最高的，就是现代所用的黄酒曲或白酒曲，也没有赶上1：40的酒化指标的，这就不容易理解。

〔5〕"净扫"与"令净"重复，上文"造酒法"有"以炊帚刷治之，绝令使净"，疑应作"净帚"。

〔6〕"四日"，实际应是"五日"。

〔7〕水质对酿酒的关系极大。河水是流动水，味清淡，杂质较少，酿酒比较好。水中氯化物如果含量适当，对微生物是一种养分，对酶无刺激作用，并能促进发酵，但到能使味觉感觉到咸苦味时，已是太多，则对微生物有抑制作用，酶的活性减弱，对酿酒极为不利。黄河流域地下水一般含可溶性

盐类较高，所以井水常带咸苦味，不好用来酿酒。但也有源出清泉的井水，味道淡如河水，俗称"甜水"，可以酿酒。

〔8〕"渍曲法"，各本均误作"清曲法"。据下文经过十日以上的浸渍，"候曲香沫起便下酿"，明显是指"渍曲"，是上面酿"神曲酒"的继续，上文只谈到曲的碎晒处理和取水，本段以下继续说明怎样浸渍和酿造，"神曲酒"的酿造过程才交代完毕，叙述连贯，也有层次。"清曲"既非曲名，亦非酒名（中日校注本改为"清酒法"或"清曲酒法"）。黄麓森最早指出："清是浸、渍音形相近之讹。"是。据改。

〔9〕生衣：长出菌醭，结成一层皮膜如"衣"。这时曲已变质，糖化、发酵力减弱，使成品酒厚重不醇。

〔10〕《要术》没有提到怎样榨酒法，但卷八《作酢法》说到"如压酒法，毛袋压出"，并且能够"压糟极燥"，说明压榨技术已相当进步，至少应有简单的榨床。清澄：酒液榨出后必须经过澄清，否则会影响酒质和增加过夏的困难。按照现在的操作程序，澄清后继续煎酒，目的在杀死酒中杂菌，并使蛋白质混浊物质凝集，以利陈酿。《要术》没有提到煎酒，可能那时还没有这样做。

〔11〕"封交"，近人有疑是"到夏"形似之误。不过，泥瓮之前，须将瓮口用箬叶、芦叶之类交封，然后才能涂泥，原文不误。

【译文】

　　第四种作神曲的方法：在七月中旬以前作曲最好，也不一定要在寅日；七月二十日以后作的，曲力就逐渐减弱了。一般房屋都可以作，也不一定要向东面开门的草屋。大致生的、炒的、蒸的三种小麦分量相等；蒸的要晒干。然后三种混合，在碓中舂〔去外层杂质〕。再簸扬择治洁净，磨细。用细筛筛得〔带粉〕麸皮，再重磨，磨得越细越好，粗了曲就不好。细切胡叶（？），加水煮三沸；等冷了，舀出上面的清汁，用来溲和曲料。只要溲和到能够相黏就行，大都要求稍微硬些，不要太湿。再将它捣熟，只要捣到能够团捏成块便停止，也不必捣满一千杵。然后用手团曲，每团的大小厚薄像馒头的坯型那样，再让下面稍微带点潮。穿一个孔。男人妇女都可以团，不必一定要男孩。

　　曲室中要几天之前放进猫，把老鼠洞塞严，墙壁上涂上泥，把地面打扫干净。曲饼就排在地上，要排成纵横的行列，曲饼之间要留有空隙，不允许相挤压，当中空出十字形的通道，与纵横行列相通，可以让人行走。作五个"曲王"，放在四面和中央：中央的面向南面，四面的都面向中央。不过，供不供上酒脯和祭与不祭，曲的质量都一样，现在已经省掉。

曲饼排完后，关上门，用泥涂封严密，不让漏气。七天，开开门，将曲块翻转，仍旧放在原位，照样密泥门户。十四天，堆聚拢来：如果只有三石麦的曲，只堆作一堆；在三石麦以上，就分作两三堆。依旧密涂门户。二十一天，用麻绳穿起来，五十饼作一串，就挂在曲室内，把门开着，但不能让日光照着。五天之后，拿出来，挂在屋外。白天让太阳晒着，夜间让它承受霜露，用不着覆盖。长期停放，也是这样日晒夜露，可不能让雨打湿。这种曲可以停贮三年，陈的更好。

用这种神曲酿酒的方法：用干净的炊帚将曲块刷洁净，有泥土的地方，用刀削去，务必让它极洁净。用斧背将曲块椎破，破成像枣子、栗子的大小；如果用斧刃斫，容易斫得太小。用旧纸糊好席子，搁在席子上面晒。夜间不要收进来，让它承受霜露。但有风和阴天要收进来，恐怕被尘土污染或者被雨水打湿。如果急着要下酿，曲干了就可以用；如果时间从容，最好是让它晒上二十来天，充分承受霜露，酿成的酒就更香。曲必须晒干燥，润湿的曲，酿成的酒恶劣。

春秋二季酿造的这种酒，都可以过夏；但桑叶落时酿得的，更胜于春酿。桑叶落时天气稍为冷些，开始浸曲时，与春酿相同；到落瓮下酿，就要在瓮外包裹些保温东西——只要稍稍保暖就行，不要裹得太厚，太厚了会伤热坏酒。春酿就不需要包裹，把瓮搁在砖上。

秋酿在九月初九或十九日汲水，春酿在正月十五日，或者正月末日，或者二月初二日汲水，当天就用水浸曲。这〔五〕天汲水是上好的时令，其余日子不是不可以酿造，恐怕不耐久。汲水的方法：河水是第一等好水；离河远的地方，用极甜的井水，稍为有点咸味的，就酿不成好酒。

浸曲的方法：春天浸十天到十五天，秋天浸十五天到二十天。所以要这样，因为天气的寒暖有早晚的不同。只要候到曲发出香气，有气泡出来，便该下酿。浸得过久，曲会"生衣"，那就掌握失候了；失候了，成品酒就重浊不醇，不再轻隽清香。

米必须舂得精白，再淘洗三十来遍，务必使它洁净；如若淘米不洁净，成酒酒色就厚重浑浊。大致说来，这种曲一斗，春酿用水八斗，秋酿用水七斗；秋酿消化三石米，春酿消化四石米。第一次下酿，用四斗黍米的饭，蒸汽初次透出饭面后，添水复蒸，使饭软熟，务必达到生熟均匀，〔糊化透彻，〕没有过硬、生心、过熟发毛等减损的毛病。把饭摊在席子上让它冷透；酌出曲汁，在一个盆子里拌和黍饭，将饭块用手捏破，到没有饭块了，然后下酿落瓮。春天用两重布盖在瓮上；秋天，在布上再加一重毡，如果遇上天气冷，也可以再加草盖上。过一夜，或者两夜，察看饭已经消化了，再投下六斗米的饭。第三投大约可以用七八斗米的饭。第四、第五、第六投，用米多少，都要察候曲力的强弱决定或多或少，没有一定的数量。或者过两夜投一次，或者过三夜投一次，也没有定准，总之必须饭消化了再投下去。每次投饭，都要酌出瓮中的发酵醪汁来调和黍饭，只要足够拌饭捏破饭块就行了，不需要全部都酌出来。每次投下饭，随即用酒耙在瓮中统统地搅拌一次，把它搅匀，然后再用覆盖物盖在瓮上。

虽然说一斗曲春秋二季可以消化三石米，或者四石米，但还是须要好好地察候曲的力量：曲力还没有完，饭还在消化的，便该继续投饭，要多些为好。俗人说："米多酒甜。"这是不懂得掌握恰好的时机。酒醪冷了，"吱吱"的发酵响声没有了，还剩有点不消化的饭，才是曲力尽了。

酒如果熟了，压榨出清酒，盛入瓮中澄清着。过夏时，整个夏天只要用一层单布盖在瓮口上，再斩一片席子盖在布上，千万不要泥封瓮口；泥叶交封瓮口，酒就会酸败。

冬天也可以酿造，但不及春秋二季好。冬天酿造的，必须用保温东西将瓮厚厚地包裹起来，再厚厚地盖着。初次下酿，投下稍微温暖的黍饭。酒醪一发热之后，再投饭时，仍然要把饭摊冷了投下——酒醪发酵温度极高，如果再投暖饭，酒便伤热酸败了。

用大瓮酿造得多的，可以按上面的曲米比例成倍地增加。酿这种酒，所有米糠、淘米泔、饭汤等，都可以供杂用，一切没有禁忌。

河东神曲方[1]：七月初治麦，七日作曲。七日未得作者，七月二十日前亦得。麦一石者，六斗炒，三斗蒸，一斗生；细磨之。桑叶五分，苍耳一分，艾一分，茱萸一分[2]——若无茱萸，野蓼亦得用——合煮取汁，令如酒色。漉去滓，待冷，以和曲，勿令太泽。捣千杵。饼如凡饼，方范作之。

卧曲法：先以麦䴭布地[3]，然后着曲；讫，又以麦䴭覆之。多作者，可用箔、槌，如养蚕法。覆讫，闭户。七日，翻曲，还以麦䴭覆之。二七日，聚曲，亦还覆之。三七日，瓮盛。后经七日，然后出曝之。

造酒法：用黍米。曲一斗，杀米一石[4]。秫米令酒薄，不任事。治曲必使表里、四畔、孔内[5]，悉皆净削，然后细剉，令如枣、栗。曝使极干。一斗曲，用水二斗五升[6]。

十月桑落初冻则收水酿者为上时。春酒正月晦日收水为中时。春酒，河南地暖，二月作；河北地寒，三月作，大率用清明节前后耳。初冻后，尽年暮，水脉既定[7]，收取则用；其春酒及余月，皆须煮水为五沸汤，待冷浸曲，不然则动。十月初冻尚暖，未须茹瓮[8]；十一月、十二月，须黍穰茹之。

浸曲，冬十日，春七日，候曲发，气香沫起，便酿。隆冬寒厉，虽日茹瓮，曲汁犹冻，临下酿时，宜漉出冻凌，于釜中融之——取液而已，不得令热。凌液尽，还泻着瓮中，然后下黍；不尔则伤冷。

假令瓮受五石米者，初下酿，止用米一石。淘米须极净，水清乃止。炊为馈，下着空瓮中，以釜中炊汤，及热沃之，令馈上水深一寸余便止。以盆合头。良久水尽，馈极熟软，便于席上摊之使冷。贮汁于盆中，搦黍令破，泻着瓮中，复以酒耙搅之。每酘皆然。唯十一月、十二月天寒水冻，黍须人体暖下之；桑落、春酒，悉皆冷下。初冷下者，酘亦冷；初暖下者，酘亦暖；不得回易冷热相杂。次酘八斗，次酘七斗，皆须候曲蘖强弱增减耳，亦无定数。

　　大率中分米：半前作沃馈，半后作再馏黍。纯作沃馈，酒便钝；再馏黍，酒便轻香[9]：是以须中半耳。

　　冬酿六七酘，春作八九酘。冬欲温暖，春欲清凉。酘米太多则伤热，不能久。春以单布覆瓮，冬用荐盖之。冬，初下酿时，以炭火掷着瓮中，拔刀横于瓮上。酒熟乃去之。冬酿十五日熟，春酿十日熟。

　　至五月中，瓮别碗盛，于日中炙之，好者不动，恶者色变。色变者宜先饮，好者留过夏。但合醅停须臾便押出，还得与桑落时相接。

　　地窖着酒，令酒土气，唯连簷草屋中居之为佳。瓦屋亦热。

　　作曲、浸曲、炊酿，一切悉用河水。无手力之家，乃用甘井水耳。

　　《淮南万毕术》曰："酒薄复厚，渍以莞蒲[10]。""断蒲渍酒中，有顷出之，酒则厚矣。"

　　凡冬月酿酒，中冷不发者，以瓦瓶盛热汤，坚塞口，又于釜汤中煮瓶，令极热，引出，着酒瓮中，须臾即发。

【注释】

　　〔1〕河东：郡名，有今山西西南隅地区。后魏时郡治在今山西永济东南。河东神曲方是从外地传进来的酿酒法。

　　〔2〕此"药曲"用桑叶五分，苍耳等三种各一分，但不知"分"是拿什么

作基准,又同什么作比较。如果是先拿桑叶分为五份,苍耳、艾和茱萸各是它的一份,可以计算。不过,药草对糖化或发酵菌类的繁殖可能有益,也可能有阻碍,所以酒曲用"药"都有分量,可这里缺少分量,"一分"究竟是多少,仍无可捉摸。贾氏思虑周密,行文细致,可能此法从河东传来,就照原法抄录罢了。

〔3〕麦䴘(juān):麦秸。

〔4〕"一石",各本相同,但曲米不符,应误。按:"神曲"的酿酒效率极高,下文明说初酿"用米一石","次酘八斗,次酘七斗",而次数是"冬酿六七酘,春作八九酘",酿造指标超出一斗曲用一石米甚远,杀米至少在三石以上,"一石"明显是错字(其所用瓮,明说能做五石米)。

〔5〕"孔内",上文没有提到刺孔,有脱文。

〔6〕金抄作"二斗五升",用水量太少(明抄等作"一斗五升",更少)。拿这个浸曲后极少的曲汁来和一石米的黍饭,如何能捏破饭块使解散("搦黍令破")?曲饭落瓮后又怎能用酒杷搅拌得过来?疑"二斗"有误。

〔7〕水脉既定:水质已经比较清洁稳定。所谓"脉",指水的流动状态和所含物质;所谓"定",指涨水期已过,大小河流不再泛滥带来大量不洁物质,水流平缓稳定。按:水是一种极好的溶媒,对酿酒的糖化迟速,发酵良否,酒味优劣,关系极大。这是由于水中含有和溶解有多种多样的有机和无机物质,并混杂有不溶解的多种悬浮物质等,感应灵敏的微生物一与接触就起反应,或好或坏,情况非常复杂。冬季水中浮游生物和其他有机杂质含量较少,可以直接用生水投入生产,而且气候较冷,易于管理,不易发生酒质酸败等弊病。开春后天气转暖,入夏更热,同时涨水泛滥,水中杂质增多,所以酿造用水必须加以煮沸灭菌处理,否则酒会变质败坏。

〔8〕瓮:此指浸曲的瓮。必须注意,《要术》浸曲的瓮就是酿酒的瓮。曲、水、米三者有一定的配比,一定量的曲,浸以一定量的水,分次投入一定量的米饭,都在同一瓮中。除浸曲水之外,以后不再加水,所以"液比"非常低,出酒率也低,而酒质醇酽。初投投在曲液中,二投以下投在发酵醪中,发酵醪对后投的饭起着酒母的作用。或者直接投入瓮内曲液中,或者舀出曲液和饭再投入瓮中,总之都用曲液酿造,很少用曲末直接拌和在饭中酿造的,都和现在的一般酿造法不同。

〔9〕"沃馈"泡得很烂,多次搅拌后容易发糊,不利于菌类的繁殖,并且有碍压榨,使酒质重浊,糟粕多。再蒸饭糊化透彻而不过烂,搅拌后不易发毛,而且糖化、酒化完全,酒质也比较清香醇爽,出酒率也较高。

〔10〕莞蒲:香蒲科的香蒲(Typha latifolia),也单称"蒲",俗名"蒲草"。

【译文】

河东神曲的作法：七月初整治小麦，初七日作曲。初七日来不及作时，七月二十日以前的任何一日也可以作。假如一石小麦，配比是六斗炒的，三斗蒸的，一斗生的；都磨细。用桑叶五分，葈耳一分，艾一分，茱萸一分——如果没有茱萸，用野蓼也可以——合在一起煮出液汁，让液汁的颜色像酒色。漉去渣滓，等冷了，用来溲曲，不要溲得太湿。捣一千杵。团曲饼的方法同平常一样，不过它是用方形模子压出来的。

罨曲保温培菌的方法：先用麦秸铺在地上，然后把曲饼排在麦秸上，上面再用麦秸覆盖着。作得多的，也可以排在蚕架的椽箔上，像养蚕法那样。麦秸盖好后，关上门。七天，把曲块翻个身，还是用麦秸盖好。十四天，将曲块堆聚拢来，仍旧盖上麦秸。二十一天，起出来盛在瓮里。再过七天，然后拿出去晒。

用这种神曲酿酒的方法：要用黍米。一斗曲，消化一石米（？）。秫粟米使酒淡薄，不顶用。整治曲块必须使上下两面、四边和刺孔里面都削干净，然后再斫碎，斫成像枣子、栗子的大小。晒到极干燥。一斗曲，浸曲水用二斗五升（？）。

十月桑叶已落开始结冰时，汲水酿造是上好的时令。酿春酒，正月末日汲水酿造是中等时令。春酒，黄河以南气候暖些，二月酿造；黄河以北天气冷些，三月酿造，大致在清明节前后。从开始结冰一直到年底，水质已经比较清洁稳定，水汲来就可以用；春酒和其他月份酿造的酒，都必须将水煮沸五次，等水冷了再浸曲，不然的话，酒会变质酸坏。十月刚结冰时，天气尚暖，浸曲的瓮不必包裹保温；十一月、十二月，须要用黍穰包裹起来保暖。

浸曲的时间，冬天十天，春天七天，看到发酵旺盛发出曲香，并涌出气泡，便投饭下酿。隆冬天气严寒，就是天天包裹着曲瓮，曲汁还是冻着的，临下酿时，该捞出冰块，在锅中将它融化掉——融成液汁就行，不允许烧热。冰块融化尽了，仍旧倒进瓮里，然后投饭落瓮；不融化的话，投饭就会伤冷。

假如酒瓮是可以容受五石米的，第一次下酿，只用一石米的饭。淘米必须极洁净，水清了才停手。炊作半熟的馈饭，起出盛入另外的空瓮中，用蒸锅里的沸汤，趁热灌进瓮里，让馈饭面上留有一寸多的水就停灌。用盆子盖住瓮口。过了很久，水被吸收尽了，馈饭极软熟了，就拿出来摊在席子上，让它冷却。舀出瓮中曲汁放在盆子里，倒入黍饭，将饭块捏破，然后一起倒回瓮中下酿，再用酒耙搅拌均匀。每次投饭，都是这样。只有十一月、十二月天寒地冻时，黍饭须要温温像人体的温度时投下；桑落时和春酒，都用冷饭投下。第一次投的是冷饭，以后各次同样投冷饭，第一次投的是温饭，以后各次同样投温饭；不允许随便变换，冷的热的混杂投下。第二次投八斗，再次投七斗，都必须察候曲势的强弱或增多或减少，没有一定的数量。

大致要将酿造指标的米分成两半：前半作成沸水泡熟的"沃馈"投下，后半炊成再蒸的熟饭投下。清一色地投下沃馈，酒会变得重浊不醇；投下再蒸饭，酒便轻爽清香：因此须要中半配合。

冬酿酒共投六七次，春酒共投八九次。冬酿要温暖，春酿要清凉。一次投饭太多，〔酒醅发酵过盛，〕伤热，〔容易酸坏，〕不能久放。春天用单布盖在瓮上，冬天用草苫盖着。冬天初次下酿时，拿燃烧着的炭火扔进瓮中，拔刀横搁在瓮口上。酒成熟后，才拿开。冬酿十五天成熟，春酿十天成熟。

到五月中，从每瓮中滗出一碗酒来，在太阳底下晒着，好酒不变质，坏酒就变颜色。变颜色的该尽先喝掉，把好的留着过夏。好的只能连糟搁一会儿，就压榨出清酒，还是可以陈着和桑落酒相接。

酒藏在地窖中，会有泥土气味，只有停放在草齐檐口的草屋中才好。瓦屋也嫌热。

溲曲、浸曲、炊饭下酿的水，一切都要用河水。人力不足的人家，才只好用甜井水。

《淮南万毕术》说："要想薄酒变厚，用莞蒲浸在酒里。" ^{"断取蒲草浸在酒中，过一阵拿出来，酒就变厚了。"}

冬天酿酒，伤了冷，发不起来，用瓦瓶子盛着热汤，把瓶口塞紧，〔再用绳子缚牢〕放入热汤中，将瓶子煮到很热，然后牵出来，放进酒瓮中，过一会就会发酵。

白醪曲第六十五皇甫吏部家法[1]

作白醪曲法：取小麦三石，一石熬之，一石蒸之，一石生。三等合和，细磨作屑。煮胡叶汤，经宿使冷，和麦屑，捣令熟。踏作饼：圆铁作范，径五寸，厚一寸余。床上置箔，箔上安蓬蕛[2]，蓬蕛上置桑薪灰，厚二寸。作胡叶汤令沸，笼子中盛曲五六饼许，着汤中，少时出，卧置灰中，用生胡叶覆上[3]——以经宿，勿令露湿[4]——特覆曲薄遍而已。七日翻，二七日聚，三七日收，曝令干。

作曲屋，密泥户，勿令风入。若以床小，不得多着曲者，可四角头竖槌，重置椽箔如养蚕法。七月作之。

酿白醪法[5]：取糯米一石，冷水净淘，漉出着瓮中，作鱼眼沸汤浸之。经一宿，米欲绝酢，炊作一馏饭[6]，摊令绝冷。取鱼眼汤沃浸米泔二斗，煎取六升，着瓮中[7]，以竹扫冲之，如茗渤[8]。复取水六斗，细罗曲末一斗，合饭一时内瓮中，和搅令饭散。以毡物裹瓮，并口覆之。经宿米消，取生疏布漉出糟。别炊好糯米一斗作饭，热着酒中为汛[9]，以单布覆瓮。经一宿，汛米消散，酒味备矣。若天冷，停三五日弥善。

一酿一斛米，一斗曲末，六斗水，六升浸米浆。若欲多酿，依法别瓮中作，不得并在一瓮中。四月、五月、六月、七月皆得作之。其曲预三日以水洗令净，曝干用之。

【注释】

〔1〕皇甫吏部：也许是皇甫玚（yáng），南齐人，随叔父入后魏，任吏部郎，是后魏王族高阳王的女婿。太昌元年（532）卒。

〔2〕蘧（qú）蒢（chú）：粗席。多用芦苇或竹子编成。

〔3〕本篇三处"胡叶"，金抄等均同，《渐西》本等改作"胡菜"，但恐未必是，今仍其旧存疑。

〔4〕"以经宿，勿令露湿"，指用早一天采来已经过一夜不带露湿的胡叶，不是让曲饼露在室外过夜。实际这是注文，因是单行小字而被误作正文。"以经宿"不能如中日校注本的连上句读成"用生胡叶覆上以经宿，勿令露湿"。启愉按：下文有"密泥户，勿令风入"，说明这仍是"罨曲"，此时曲饼已排列在灰上，而灰撒在粗席上，粗席铺在蚕箔上，蚕箔放在床上，床搁在密闭的曲室中，怎能又搬到室外去过夜？而且曲饼已在保温育菌的开始阶段，更不可能让它再受风露，致有受冷不上火变成"光面曲"或"死曲"的危险。再者，此曲是经过过汤的，外层受湿，下面所以要垫灰，使其吸湿并保温，哪会再让它受露湿？罨曲用植物枝叶覆盖，枝叶或干或湿，全看曲的干湿程度和品温升降如何而定，现在群众作曲，对叶的干湿和覆盖的厚薄很有讲究。由于此曲的外层过汤受湿，所以才用干鲜叶覆盖，避免带露湿的叶。否则，在室外过夜，只薄薄地盖上一层叶，又怎能防止不受露湿？何况，下篇《笨曲并酒》有"预前数日刈艾……曝之令萎，勿使有水露气"，卷八《黄衣黄蒸及糵》有"预前一日刈薍叶……无令有水露气"，均其明证。所以，"以经宿"连上句读是完全违背罨曲保温育菌的原理的。

〔5〕白醪：白醪酒。醪，一般是糯米作的酒，成熟快，两三天就可以吃，酒色白，所以叫"白醪"。酒味淡薄而甜，是连糟吃的，是一种速酿的连糟甜米酒，但不等于现在的"甜酒酿"。本篇这种白醪酒，从浸米到酒熟不过三昼夜（从落缸算起只有两昼夜），正是速酿酒。但不同的是用酸浆作为重要配料，只有少量的糟（滤去大糟后只剩一斗汛饭的糟），有一定的酒味，和一般的甜米醪不同。

〔6〕一馏饭：一蒸饭，蒸汽透出饭面就不再添水而停蒸的饭。这饭是半熟的，就是馈饭，一般要用沸水浸泡使之熟透，即所谓"沃馈"。但这米已经事先用鱼眼沸汤浸泡过一夜，已经胀透，所以只要一蒸就已经软熟，糊化透彻，用不着再馏。

〔7〕"取鱼眼汤……着瓮中"：这是用酸浆作配料来酿酒的"特技"。

"取鱼眼汤沃浸米泔二斗"，这是一句，不能分割，是指取原先用鱼眼沸汤浸泡过一夜的原米泔水二斗，就是原浸米的酸浆水二斗，也就是下文明白交代的配料比例"六升浸米浆"（经浓缩后），这正是此酒用酸浆作配料的紧要关键。日译本连上句读为"炊作一馏饭，摊令绝冷，取鱼眼汤沃"，意谓再用鱼眼沸汤来泡浸冷饭，但这糯米是先烫一宿后再蒸的，已经充分糊化，并且饭已摊得很冷，正准备下酿，怎能倒回去再来"沃馈"？《今释》读成"取鱼眼汤，沃浸米泔二斗"，语译为"用鱼眼汤，泡出两斗米泔水来"，这只能是取米另泡，用米多少，其米泡后作何用，其泔酸与不酸，遗留不少问题。这都是忽视了此酒用酸浆酿造的"特技"。酸浆酿造法应来自南方。杭州地区的北宋《北山酒经》所酿的酒，现在绍兴酒的"摊饭酒"、无锡的"老廒黄酒"，都用浸米酸浆作为配料投入生产。酸浆的作用，据绍兴酒的研究，可以调节发酵醪的酸度，有利于酵母菌的繁殖，并提供酵母菌良好的营养料，使酒精浓度迅速增长，对杂菌起着抑制作用。酿酒一般避过高温季节，可皇甫家法此酒选在高温季节酿造，而且酿造过程中还要裹瓮盖瓮加温，非常"反常"。它所以不怕过热酸败，应归功于酸浆的"以酸制酸"的特殊效果，并且还产生一定的酒味，不同于一般甜醪。

〔8〕"以竹扫冲之，如茗渤"：用竹刷不停地冲击，冲击出像茶沫一样的泡沫来。《北山酒经》指出酸浆有死活之分，必须泡沫白色明快，浆质稠而黏涎，才是有利于酿酒的"活浆"。皇甫家法的酸浆经过煎煮浓缩，浆质十分稠涎，再加冲击处理，气泡中跑进大量空气，泡沫白色明快，明显是极好的"活浆"，对酸度控制和加快酒化极为有利。

〔9〕"汛"，各本均作"汛"，是形似之误。"汛"是汛候，涵义同"信"。这里投一斗米饭在浊酒液中，是作为一种测候酒味是否合格的汛候剂，故称"汛米"。

【译文】

作白醪曲的方法：用三石小麦，一石炒的，一石蒸的，一石生的。三种混合起来，细磨成麦屑。拿胡叶（？）煮出液汁，过一夜让它冷透，用来溲和麦屑。和好后把它捣熟，然后踏成曲饼。饼用圆铁圈作模子，直径五寸，高一寸多。在床上铺着苇箔，苇箔上铺上粗篾席，篾席上撒上一层桑柴灰，二寸厚。另外拿胡叶煮出液汁，要煮沸，用小竹篮盛着五六个曲饼，放进沸汤中，过一会拿出来，排列在桑柴灰上罨着让它发酵，又拿胡叶盖在曲饼上面——这胡叶要早一天采来经过一夜不带露湿的——只是薄薄地盖上,把曲饼遮遍就可以了。七天,翻曲;十四天,聚曲;二十一天,收曲,晒干。

曲室要用泥把门户涂封严密,不让风进去。假如床的面积小,排不下多作的曲饼,可以在床的四角竖立直柱,多层次的设置横椽木和箔席,像养蚕的方法那样。这曲七月里作。

酿造白醪酒的方法:取一石糯米,用冷水淘净,把水沥干净,盛在瓮子中,烧出像鱼眼大小水泡的沸汤灌进去,让它泡着。过一夜,米会很酸很酸,就拿来蒸作一蒸饭,摊开来让它冷透。舀出原先用鱼眼沸汤浸米的酸泔水二斗,煎煮浓缩成六升,倒进酒瓮里,用竹刷把不停地冲击,冲击出像茶沫一样的泡沫来。另外取来六斗水,又取细罗筛得的曲末一斗,连同一石米的冷饭,一起投落瓮中下酿,随即搅拌均匀,并让饭块散开。用毡毯之类包裹着瓮,连瓮口一并盖上。过一夜,饭消化了,用生粗布滤去酒糟。另外拿一斗好糯米炊成饭,趁热投入酒中作为汛饭,用单层布盖在瓮上。过一夜,汛饭消化了,酒味就够可以了。如果天气凉爽,再过三五天,更好。

〔酿造的配比是:〕每酿一作,一斛糯米,一斗曲末,六斗水,六升浸米的浓缩酸浆。假如要多酿,按这个比例在别的瓮中酿造,不得混并在同一瓮中。四月、五月、六月、七月都可以酿作。所用的曲,三日以前用水洗干净,晒干了用。

笨^{符本切}曲并酒第六十六^{〔1〕}

作秦州春酒曲法^{〔2〕}：七月作之，节气早者，望前作；节气晚者，望后作。用小麦不虫者，于大镬釜中炒之。炒法：钉大橛，以绳缓缚长柄匕匙着橛上，缓火微炒。其匕匙如挽棹法，连疾搅之，不得暂停，停则生熟不均。候麦香黄便出，不用过焦。然后簸择，治令净。磨不求细；细者酒不断麤^{〔3〕}，刚强难押。

预前数日刈艾，择去杂草，曝之令萎，勿使有水露气。溲曲欲刚，洒水欲均。初溲时，手搦不相着者佳。溲讫，聚置经宿，来晨熟捣。作木范之：令饼方一尺，厚二寸。使壮士熟踏之。饼成，刺作孔。竖槌，布艾椽上^{〔4〕}，卧曲饼艾上，以艾覆之。大率下艾欲厚，上艾稍薄。密闭窗、户。三七日曲成。打破，看饼内干燥，五色衣成，便出曝之；如饼中未燥，五色衣未成，更停三五日，然后出。反覆日晒，令极干，然后高厨上积之。此曲一斗，杀米七斗。

作春酒法：治曲欲净，剉曲欲细，曝曲欲干。以正月晦日，多收河水；井水若咸，不堪淘米，下馈亦不得。

大率一斗曲，杀米七斗，用水四斗，率以此加减之。十七石瓮，惟得酿十石米，多则溢出。作瓮随大小，依法加减。浸曲七八日，始发，便下酿。假令瓮受十石米者，初下以炊米两石为再馏黍，黍熟，以净席薄摊令冷，块大者擘破，然后下之。没水而已，勿更挠劳。待至明旦，以酒耙搅之，自然解散也。初下即搦者，酒喜厚浊。下黍讫，以席盖之。

以后，间一日辄更酘，皆如初下法。第二酘用米一石七斗，第三酘用米一石四斗，第四酘用米一石一斗，第五酘用米一石，第六酘、第七酘各用米九斗：计满九石，作三五日停。尝看之，气味足者乃罢。若犹少味者，更酘三四斗。数日复尝，仍未足者，更酘三二斗。数日复尝，曲势壮，酒仍苦者，亦可过十石米，但取味足而已，不必要止十石。然必须看候，勿使米过，过则酒甜。其七酘以前，每欲酘时，酒薄霍霍者，是曲势盛也，酘时宜加米，与次前酘等——虽势极盛，亦不得过次前一酘斛斗也。势弱酒厚者，须减米三斗。势盛不加，便为失候；势弱不减，刚强不消。加减之间，必须存意。

若多作五瓮以上者，每炊熟，即须均分熟黍，令诸瓮遍得；若偏酘一瓮令足，则余瓮比候黍熟，已失酘矣。

酘，常令寒食前得再酘乃佳〔5〕，过此便稍晚。若邂逅不得早酿者，春水虽臭，仍自中用。

淘米必须极净。常洗手剔甲，勿令手有咸气；则令酒动，不得过夏。

【注释】

〔1〕笨曲：是对神曲而言，指其酿酒效率远为逊弱，此外曲型特大，配料单纯，都有笨劣、粗笨之意。此篇以"笨曲"名篇，但只有笨曲的名称，没

有作法,实际这是一类曲的大名,篇中的秦州春酒曲和颐曲都是笨曲类。

〔2〕秦州:三国魏置,有今甘肃天水、陇西等地。后魏时州治在上封,在今天水南。

〔3〕"细者酒不断麤",各本同。按:此指粉碎曲料过细,使酒化过早过快,后劲不足,则消化不透,酒醪厚重,不利压榨。"麤",或谓重浊,属下句,但有些勉强,怀疑原是"糟"字,残烂后错成"粗",后又改为"麤"。"断",即指糟粕与酒液的分离。"刚强"谓厚重不消化,非谓坚硬。

〔4〕"布艾椽上",各本同。但艾没法铺在椽上,只能铺在箔上,应作"布艾椽箔上",脱"箔"字。

〔5〕按寒食节前投第二投推算,此酒最迟当在清明节前十二三天开始酿造,这时浸曲,七八天后曲发初投,第三天再投第二投,已迫近寒食节了。

【译文】

作秦州春酒曲的方法:七月里作,节气早的,十五日以前作;节气晚的,十五日以后作。用不生虫的小麦,在大锅里炒。炒的方法:钉实一个大木桩在地上,在长柄锅铲的上端,用绳子松松地活套在木桩上,用缓火微微地炒。锅铲的炒动,像摇船桨那样,要连续迅速地炒动,不得暂时停留一下;停一下就会生熟不均匀。炒到麦子发黄有香气了便出锅,不要炒得过焦。然后簸扬择治,搞干净。磨麦不要太细;太细了〔消化不透彻,酒醪厚重〕,酒液与〔糟粕〕不易分离,压榨困难。

要在几天以前,割来艾草,把杂草拣去,晒到发蔫,不让它有丝毫露水气。曲料要溲和得干硬,洒水要均匀。初次溲和时,手捏着不相粘为合适。溲好后,作一堆放着,过一夜,第二天早晨,再把它捣熟。作曲的模子用木料制成,每个曲饼一尺见方,二寸厚。叫青壮年在上面用脚踏透踏紧实。曲饼踏成后,在中央穿个孔。竖立起直柱,〔直柱上安设椽箔,〕拿艾铺在〔箔〕上,曲饼排在艾上,进行罨曲培菌,上面又用艾盖着。一般下面垫的艾要厚些,上面盖的艾稍微薄些。紧密地封闭门窗。到第二十一天,曲作成了。破开来检验,看到饼里面已经干燥,长着几种颜色的曲菌,〔便成功了,〕可以拿出去晒;如果里面还没有干燥,几种颜色的曲菌还没有长成,就在曲室内再培养三五天,然后拿出去晒。多次地正面晒又翻过来晒,要晒得极干燥,然后搁在高橱上累积着。这种曲一斗,可以消化七斗米。

酿造春酒的方法:曲要整治得洁净,要破碎得细,要晒得干。在正月最末一日，多汲取河水备用；井水如果是咸的，不能用来淘米，炊饭沃馈也不能用。

〔酿造配比〕大致是：一斗曲，消化七斗米，用水四斗，多酿少酿按这个比例增加或减少。容量十七石的大瓮，只能酿十石米，过多会溢出来。酒瓮大小随便，只要按比例增加或减少分量就行。曲浸了七八天，开始发酵，便落瓮下酿。假如是能酿十石米的十七石大瓮，第一投用两石米炊作再馏饭，饭熟，用洁净席子把饭薄薄地摊开，让它冷却，结成大块的，擘破它，然后下酿。让水液淹盖饭面罢了，不要去搅动它。到明天早晨，用酒耙搅拌一下，饭自然散开来了。如果刚下酿就用手捏散饭块，〔把饭捏糊了，〕酒就容易厚重浑浊。饭下好了，用席子盖在瓮上。

从这以后，隔一天就投一次饭，都同第一次的投法。第二投投一石七斗米的饭，第三投投一石四斗米的饭，第四投投一石一斗米的饭，第五投投一石米的饭，第六投、第七投各投九斗米的饭：一共投满九石米的饭，就歇上三五天再看。要尝尝看，如果香气和酒味都醇足了，就停止不再投饭。如果气味还是不够，再投下三四斗。过几天，再尝尝看，如果还是不够，再投下两三斗。又过几天再尝尝，如果曲力壮盛，酒还有苦味，再投，总数也可以超过十石米，总要酒味醇足才停止，不必限定在十石。不过须要随时留心察候，不要投饭过量，过量了酒就甜了。到第七投以前，每次投饭前，看到酒液稀薄闪闪反光的样子，那是曲势旺盛的现象，应该加饭投下，最多加到和前面一次相等的量——曲势虽然很旺盛，也不能加到超过前面一次的斗斛。如果曲势减弱，酒液比较浓厚，须要少投三斗米饭。曲势旺盛时不加饭，〔曲力就接不上饭，而过后曲势减弱，〕这叫作"失候"；曲势减弱时不减饭，饭太多了消化不了。所以加减之间，必须细心掌握。

如果酿造得多，在五瓮以上的，每次炊成的熟饭，必须把饭平均分开，同时分别投入各瓮中；假如专投在一瓮中让它满足，那么，其余的瓮要等到第二锅的饭熟，就已经失投了。

投饭，一般要在寒食节前投下第二投为好，过这个时候便稍微晚了些。如果碰巧有什么事情不能早些酿造的，正月末日汲来的春水虽然有了臭气，也还是可以用。

淘米必须淘得极洁净。淘米该常常把手洗干净，把指甲中污垢剔净，不让手有一点点咸气；有咸气酒就会变质，不能过夏。

作颐曲法[1]：断理麦、艾、布置法，悉与春酒曲同；然以九月中作之。大凡作曲，七月最良；然七月多忙，无暇及此，且颐曲，然此曲九月作[2]，亦自无嫌。若不营春酒曲者，自可七月中作之。俗人多以七月七日作之[3]。崔寔亦曰："六月六日，七月七日，可作曲。"[4]

其杀米多少，与春酒曲同。但不中为春酒：喜动。以春酒曲作颐酒，弥佳也。

作颐酒法：八月、九月中作者，水未定[5]，难调适，宜煎汤三四沸，待冷然后浸曲，酒无不佳。大率用水多少，酘米之节，略准春酒，而须以意消息之。十月桑落时者，酒气味颇类春酒。

河东颐白酒法：六月、七月作。用笨曲，陈者弥佳，划治，细剉。曲一斗，熟水三斗，黍米七斗。曲杀多少，各随门法。常于瓮中酿[6]。无好瓮者，用先酿酒大瓮，净洗曝干，侧瓮着地作之。

旦起，煮甘水，至日午，令汤色白乃止。量取三斗，着盆中。日西，淘米四斗，使净，即浸。夜半炊作再馏饭，令四更中熟，下黍饭席上，薄摊，令极冷。于黍饭初熟时浸曲。向晓昧旦日未出时，下酿，以手搦破块，仰置勿盖。日西更淘三斗米，浸；炊还令四更中稍熟[7]，摊极冷，日未出前酘之，亦搦块破。明日便熟。押出之。酒气香美，乃胜桑落时作者。

六月中，唯得作一石米。酒停得三五日。七月半后，稍稍多作。于北向户大屋中作之第一。如无北向户屋,于清凉处亦得。然要须日未出前清凉时下黍;日出以后热,即不成。一石米者,前炊五斗半,后炊四斗半。

【注释】

〔1〕本篇内各"颐"字,各本均同。仅金抄均作"颣"。按:卷八《作酢法》有"颐酒糟",明抄、湖湘本仍作"颐",院刻亦正作"颐"(院刻仅存五、八两卷),证明这字应是"颐"字。《集韵·平声·七之》"颐"又作"�917",金抄是"�917"的异写或写错。

〔2〕"且颐曲,然",各本同,费解,当有脱讹。《今释》"且"下加"作","然"改"盖",作"且作颐曲,盖……"则文从字顺。《古今图书集成》采《要术》干脆删去"且颐曲"三字,虽痛快,不足取。

〔3〕颐曲所以和春酒曲不同,因为颐曲要推迟到九月才作,所以曲的性能也不同。但颐曲也可以在七月里作,那就有使人不明白的疑问。因为颐曲在七月里作,不管节气或早或晚,不出七月十五日前或十五日后,那就有很多的作曲日期与春酒曲相同,那么颐曲也就是春酒曲了。又,习俗上大多在七月初七日作,如果那年是属于节气早的,这初七日作的颐曲也等于春酒曲。这样,这些七月作的颐曲,就不可能再有如九月颐曲的不同性能,还算不算颐曲?而实际已是春酒曲,为什么要分一为二?这些疑问,不得其解。

〔4〕《玉烛宝典》引崔寔《四民月令·六月》:"是月廿日,可捣择小麦硙之。至廿八日溲,寝卧之。至七月七日,当以作曲。"《七月》:"七月四日,命治曲室。……七日遂作曲。"没有"六月六日"可作曲的话。

〔5〕"水未定",指水质尚不稳定,含有较多的无机和有机物质,并杂有较多的悬浮物和浮游生物,不能直接用生水投入生产,所以必须作"煎汤三四沸"的热化和灭菌处理,《造神曲并酒》篇有明确要求,但各本均作"水定",脱"未"字,违背用水规律,"未"字应补。

〔6〕"瓮"上疑脱"小"字。

〔7〕"稍",《广韵》:"均也。"在这里正该"均熟"。惟《要术》用字通俗,可直接用"均"字,不致如此用僻,"稍"字怀疑是看错下文的"稍稍"多写在这里。

【译文】

作颐曲的方法:整治小麦、处理艾草和一切布置等方法,都和春酒曲相同，不过这是九月中作的。一般作曲，七月最好；但七月总是忙碌，没有工夫作曲，只好〔迟点作〕颐曲，〔因为〕颐曲在九月里作也没有关系。如果不作春酒曲的，颐曲自然可以在七月中作，习俗上大多在七月初七日作。崔寔也说："六月初六，七月初七，可以作曲。"

颐曲消化米的多少，与春酒曲相同。不过不能用来酿造春酒，因为容易变质。相反，用春酒曲酿造颐酒，倒是很好的。

酿造颐酒的方法：八月、九月中酿造的，水质还没有稳定，〔用生水〕调理困难，应该把水烧开三四遍，等冷了，然后浸曲，酒就没有作不好的。用水多少，投饭或多或少的调节，大致比照春酒的办法，不过必须细心地掌握增加或减少的量。十月桑落时酿造的，酒的气味，很像春酒。

酿造河东颐白酒的方法：六月、七月里酿造。用笨曲，陈的更好，削治干净，斫细。一般是一斗曲，三斗熟水，七斗黍米。不过曲的消米多少，也看各人的技法。常是用〔小〕瓮酿造。如果没有好的小瓮，可以用原先酿过酒的大瓮，洗干净，晒干，把瓮斜侧着稳定在地上酿造。

清早起来，煮着〔没有咸味的〕甜水，煮到中午，让水色发白才停止。量出三斗来，盛在盆子里。太阳偏西时，淘四斗米，使洁净，另外用水浸着。到半夜，将米炊作再蒸饭，让四更中炊熟，下甑，薄薄地摊在席子上，让它冷透。在饭刚熟时，〔将盆中的三斗熟水倒入瓮中〕浸曲。天快亮，太阳还没有出来时，投饭落瓮，用手捏破饭块，敞开瓮口，不要盖。到太阳转西时再淘三斗米，浸着；依旧在四更中炊作再馏熟饭，摊到冷透了，在太阳没有出来前投下，同样把饭块捏破。到明天，酒便熟了。压榨出清酒。酒香，味道美，胜过桑落时酿造的。

六月中，只可以酿制一石米。酒可以停放三五天。七月半以后，可以稍稍多酿些。在朝北开门的大房子里酿造第一好。假如没有朝北开门的房子，在清凉的地方酿造也可以。不过必须在太阳没有出来以前清凉的时候下酿；太阳出来，热了，便酿不好。一石米的酿造量，第一投炊五斗半米，第二投炊四斗半米。

笨曲桑落酒法：预前净划曲，细剉，曝干。作酿池[1]，以稿茹瓮，不茹瓮则酒甜；用穰则太热。黍米淘须极净。

以九月九日日未出前，收水九斗，浸曲九斗。当日即炊米九斗为馈。下馈着空瓮中，以釜内炊汤及热沃之，令馈上游水深一寸余便止。以盆合头。良久水尽，馈熟极软，泻着席上，摊之令冷。挹取曲汁，于瓮中搦黍令破，泻瓮中，复以酒耙搅之。每酘皆然。两重布盖瓮口。七日一酘，每酘皆用米九斗。随瓮大小，以满为限。假令六酘，半前三酘，皆用沃馈；半后三酘，作再馏黍。其七酘者，四炊沃馈，三炊黍饭。瓮满好熟，然后押出。香美势力，倍胜常酒。

笨曲白醪酒法：净削治曲，曝令燥。渍曲必须累饼置水中，以水没饼为候。七日许，搦令破，漉去滓。炊糯米为黍，摊令极冷，以意酘之。且饮且酘，乃至尽。秔米亦得作[2]。作时必须寒食前令得一酘之也。

蜀人作酴酒法：酴音涂十二月朝，取流水五斗，渍小麦曲二斤，密泥封。至正月、二月冻释，发，漉去滓，但取汁三斗，杀米三斗。炊作饭，调强软。合和，复密封。数十日便熟。合滓餐之，甘、辛、滑如甜酒味，不能醉人。多啖，温温小暖而面热也。

粱米酒法：凡粱米皆得用；赤粱、白粱者佳。春秋冬夏，四时皆得作。净治曲如上法。笨曲一斗，杀米六斗；神曲弥胜。用神曲，量杀多少，以意消息。春、秋、桑叶落时，曲皆细剉；冬则捣末，下绢筛。大率一石米，用水三斗。春、秋、桑落三时，冷水浸曲，曲发，漉去滓。冬则蒸瓮使热，穰茹之；以所量水，煮少许粱米薄粥，摊待温温以浸曲；一宿曲发，便炊，下酿，不去滓。

看酿多少，皆平分米作三分，一分一炊。净淘，弱炊为再馏,摊令温温暖于人体,便下,以杷搅之。盆合,泥封。夏一宿,春秋再宿,冬三宿,看米好消,更炊酘之,还泥封。第三酘,亦如之。三酘毕,后十日,便好熟。押出。酒色漂漂与银光一体,姜辛、桂辣、蜜甜、胆苦,悉在其中,芬芳酷烈,轻俊遒爽,超然独异,非黍、秫之俦也。

稗米酎法[3]:酎音宙净治曲如上法。笨曲一斗,杀米六斗;神曲弥胜。用神曲者,随曲杀多少,以意消息。曲,捣作末,下绢筛。计六斗米,用水一斗。从酿多少,率以此加之。

米必须师,净淘,水清乃止,即经宿浸置。明旦,碓捣作粉,稍稍箕簸,取细者如馓粉法。粉讫,以所量水,煮少许稗粉作薄粥。自余粉悉于甑中干蒸,令气好馏,下之,摊令冷,以曲末和之,极令调均。粥温温如人体时[4],于瓮中和粉,痛抨使均柔,令相着;亦可椎打,如椎曲法。擘破块,内着瓮中。盆合,泥封。裂则更泥,勿令漏气。

正月作,至五月大雨后,夜暂开看,有清中饮,还泥封。至七月,好熟。接饮,不押。三年停之,亦不动。

一石米,不过一斗糟,悉着瓮底。酒尽出时,冰硬糟脆[5],欲似石灰。酒色似麻油,甚酽。先能饮好酒一斗者,唯禁得升半。饮三升,大醉。三升不浇,必死。

凡人大醉,酩酊无知,身体壮热如火者,作热汤,以冷水解——名曰“生熟汤”,汤令均均小热,得通人手——以浇醉人。汤淋处即冷,不过数斛汤,回转翻覆,通头面痛淋,须臾起坐。与人此酒,先问饮多少,裁量与之。若不语其法,口美不能自节,无不死矣。一斗酒,醉二十人。得者无不传饷亲知以为乐。

黍米酎法：亦以正月作，七月熟。净治曲，捣末，绢筛，如上法。笨曲一斗，杀米六斗；用神曲弥佳，亦随曲杀多少，以意消息。米细𥺬，净淘，弱炊再馏黍，摊冷。以曲末于瓮中和之，接令调均。擘破块，着瓮中。盆合，泥封。五月暂开，悉同稬酎法。芬香美酽，皆亦相似。

酿此二醞，常宜谨慎：多，喜杀人；以饮少，不言醉死，正疑药杀。尤须节量，勿轻饮之。

粟米酒法：唯正月得作，余月悉不成。用笨曲，不用神曲。粟米皆得作酒，然青谷米最佳。治曲，淘米，必须细、净。

以正月一日日未出前取水。日出，即晒曲。至正月十五日，捣曲作末，即浸之。大率曲末一斗——堆量之——水八斗，杀米一石。米，平量之。随瓮大小，率以此加，以向满为度。随米多少，皆平分为四分，从初至熟，四炊而已。

预前经宿浸米令液，以正月晦日向暮炊酿，正作馈耳〔6〕，不为再馏。饭欲熟时，预前作泥置瓮边，馈熟即举甑，就瓮下之，速以酒耙就瓮中搅作三两遍，即以盆合瓮口，泥密封，勿令漏气。看有裂处，更泥封。七日一酘，皆如初法。四酘毕，四七二十八日，酒熟。

此酒要须用夜，不得白日。四度酘者，及初押酒时，皆回身映火，勿使烛明及瓮。酒熟，便堪饮。未急待，且封置，至四五月押之，弥佳。押讫，还泥封，须便择取荫屋贮置，亦得度夏。气味香美，不减黍米酒。食薄之家，所宜用之,黍米贵而难得故也。

又造粟米酒法:预前细剉曲,曝令干,末之。正月晦日日未出时,收水浸曲。一斗曲,用水七斗。曲发便下酿;不限日数,米足便休为异耳。自余法用,一与前同。

作粟米炉酒法[7]:五月、六月、七月中作之倍美。受二石以下瓮子,以石子二三升蔽瓮底。夜炊粟米饭,即摊之令冷,夜得露气,鸡鸣乃和之。大率米一石,杀,曲末一斗,春酒糟末一斗,粟米饭五斗[8]。曲杀若少,计须减饭。和法:痛接令相杂,填满瓮为限。以纸盖口,砖押上,勿泥之,泥则伤热。五六日后,以手内瓮中,看冷无热气,便熟矣。酒停亦得二十许日。以冷水浇[9]。筒饮之。醋出者[10],歇而不美。

【注释】

〔1〕酿池:低于地面放酒瓮的发酵坑,今称"缸室"。唐山高粱酒的缸室是挖成半地下室的,以地下水位的高低,决定挖地的深浅,多至低下四尺,少则低下二尺。低下愈深,温度愈良,冬暖夏凉,有利发酵。

〔2〕"秔"即"粳"字,但各本均作"粢",据《集韵·平声·十一唐》,"秔"同"糠"。这里借作"秔"字,是后人改的。

〔3〕酎(zhòu):酎酒,一种"重酿酒",指酿造期长而酒质醹醇的酒。也解释为以酒代水酿成的酒,非《要术》所指。

〔4〕这在时间上有矛盾。煮稀粥在蒸穄粉以前,等穄粉蒸熟了,又摊冷,又拌和曲末,时间经过很长,这时稀粥早就冷了,怎能温温如人体? 操作程序未知是否颠倒错了。又,温粥倒进瓮里和穄粉相和,又擘破黏块投入瓮里,这两只瓮不能是同一只瓮,前者是另一只空瓮,而后者是酿酒的瓮。在瓮中拌和,当然可以(此外尚有笨曲桑落酒和黍米酎酒二例),但这是可以用椎捶打的,在瓮中很难捶打,只能椎捣,这也有些不协调。在这种场合,前者通常用盆,才不致二瓮重叠混淆,而操作也方便。

〔5〕"糟",各本同,无法解释。泰州市叶爱国同志提供:《广韵·平声·六豪》:"膌,膌脆。"《集韵》同韵:"膌,脆也。"疑是"膌"字之误。

〔6〕这馈饭没有用沸汤泡成"沃馈",因为其米已经浸泡过一昼夜。但这是粟米,没有黍米、糯米那么容易糊化,所以仍将馈饭趁热投入曲瓮中下酿。

〔7〕炉酒:炉通"卢",是小瓮,酒作在小瓮中,因名"卢酒"。明胡侍《真珠船》卷五有"芦酒",用芦管吸酒,故名芦酒,而《要术》作"炉酒",当是笔误。但《要术》只是小瓮酒,未必一定是芦酒。

〔8〕"大率米一石,杀,曲末一斗,春酒糟末一斗,粟米饭五斗",不易理解,疑有错乱。通例是曲杀米,现在是倒装句法,米被曲所"杀",问题不大。北宋朱肱(翼中)《北山酒经》酿酒用发酵旺盛的酒醅阴干为酵,称为"干酵",或者就用湿醅直接和饭,称为"传醅";山东即墨黄酒原亦有用湿醅和饭,俗称"引子"。《要术》的"春酒糟末"或者也是一种作为接种酒母醪使用的"干酵"。本来笨曲一斗,只杀米六七斗,现在再配合"春酒糟末一斗"同起作用,其杀米指标可达一石。这样,勉强可以解释。但剩下"粟米饭五斗",无论如何切合不上,而且下酿要填满瓮,五斗饭也填不满,未知是否衍误,存疑。

〔9〕以冷水浇:冷水浇在瓮外,还是浇在酒中,不明。酒发酵已终止,没有热气,为什么还要在瓮外浇冷水?这酒从瓮孔中泻出来就会泄气,不好吃,岂能在酒中冲冷水?《真珠船》说芦酒用热汤浇饮,但也不能浇进冷水。

〔10〕《津逮》本、《学津》本作"酯"(juān),《玉篇》:"以孔下酒也。"即在瓮肩或瓮下边开的嘴孔。卷八《作酢法》、卷九《饧餔》都有"酯瓮",并有"酯孔子下之",即从酯孔中泻出。但金抄、明抄等均作"酯",《礼记》、《仪礼》多有此字,是"以酒漱口",误。

【译文】

酿造笨曲桑落酒的方法:预先把曲饼削治干净,斫细,晒干。作成"酿池",用去掉叶的净稭秆包裹在瓮外面;不包裹,〔温度不够,酒化力弱,醇度低,〕酒会甜;用连叶的黍穰包裹,嫌太热〔,酒会变酸〕。淘黍米必须极洁净。九月初九日太阳没有出来以前,汲取九斗水,浸渍九斗曲。当天就拿九斗米炊为馈饭,把馈饭盛在空瓮中,用蒸锅中的沸汤趁热灌进瓮中泡着,让饭面上有一寸多深的浮水就停灌。用盆子盖住瓮口。过了很久,水被吸尽了,馈饭也极软熟了,倒出来摊在席子上,让它冷却。舀出曲汁,在另外的瓮中和饭,把饭块捏破,然后下入酒瓮中,再用酒耙搅拌均匀。每次投饭,都是这样。用两层布盖在瓮口上。七天投一次饭,每次都投九斗米的饭。看瓮的大小，以满瓮为限。假如是六投，前三投都用沸汤泡软的沃馈饭，后三投都用再馏熟饭。如果是七投，前四投用沃馈，后三投用再馏饭。瓮满了，酒也熟到合适了，然后压榨出清酒。这酒饭的香气、美味和酒力，都比普通的酒加倍的好。

酿造笨曲白醪酒的方法：把曲饼削治干净，晒燥。浸曲必须把整块的曲饼叠着浸在水中，让水淹没曲饼为合适。浸七天左右，捏破曲块，滤去渣滓。将糯米炊成饭，摊到冷透了，随自己的意愿炊多少投下，一面喝，一面投，到投完喝尽。粳米也可以酿造。酿造时必须在寒食节以前投下第一次。

蜀人酿造酴（tú）酒的方法：十二月初一日的早晨，汲取五斗流水，浸渍二斤小麦曲，用泥密封瓮口。到正月或二月解冻了，开封，滤去曲渣，只取三斗清曲汁，消化三斗米。将米炊成饭，让软硬合适，投饭在曲瓮中。拌和均匀，依旧密封好。过几十天，酒便熟。连糟一起吃，酒味甜、辣、润滑，像甜酒的味道，不会醉人。多吃些，也不过温温有点暖意，脸上发热而已。

酿造粱米酒的方法：所有粱米都可以酿造，不过赤粱、白粱要好些。春夏秋冬四季都可以酿造。将曲饼削治洁净如同上面的方法。笨曲一斗，可以消化六斗米；用神曲更好。用神曲的话，估量它能够消化多少米，用心掌握分量。春季、秋季和桑树落叶这三个时令，曲都只要研细；冬季就要捣成粉末，用绢筛筛过。一般是一石米，用三斗水。春季、秋季和桑树落叶这三个时令，都用冷水浸曲，曲发酵后，滤去曲渣。冬天就要把瓮蒸热，用黍穰包裹着；将所量的三斗水，加少量的原料粱米，煮成稀粥，摊到温温时，用来浸曲；过一夜，曲发酵了，便炊饭，下酿，曲渣不必滤掉。

准备酿造多少米，都把米平分为三份，一次投一份。把米淘洁净，炊成再馏软饭，摊开，让它温温比人体稍微暖些的时候，便下酿，用酒耙搅匀。拿盆子盖在瓮口上，用泥涂封住。夏天过一夜，春天秋天过两夜，冬天过三夜，看饭消化尽了，再炊饭投下，仍然用泥涂封好。第三投也是这样。三投完毕，再过十天，酒便成熟合适了。然后压榨出清酒。酒色闪闪发亮像银光的色泽，酒味有生姜的辛味，肉桂的辣味，蜂蜜的甜味，胆汁的苦味，都包含在里面，芳香醇浓，强劲有力，又轻俊爽口，超过一般，很独特，不是黍酒、秫酒所能比拟的。

酿造秫米酎酒的方法：如同上面的方法把曲饼削治干净。一斗笨曲，消化六斗米；用神曲更好。如果用神曲，按照它消化米的多少，细心掌握分量。曲块要捣成粉末，用绢筛筛过。标准是六斗米，用一斗水。随你酿造多少，都按照这个比例增加。

米必须要舂白，淘净，水清了才停止，就在水里浸着过夜。明天早晨，拿米在碓里捣作粉，用簸箕稍稍簸扬，取得细粉像作糕的粉那样。取得粉后，将所量的原料水，加入少量的秫粉，煮成稀粥。余下的秫粉，全放入甑中干蒸，让蒸汽馏透了，下下来，摊开让它冷了，然后用曲末拌和熟粉，要拌得极均匀。稀粥温温像人体的温暖时，倒进瓮里跟秫粉拌和，要尽力抨捣，让它均匀柔软，全都黏结着；也可以用椎捶打，像椎曲的方法。再擘破黏块，放进酒瓮里。盆子盖着瓮口，用泥封固。泥土有裂缝时，再泥封好，不让它漏气。

正月酿造，到五月大雨天之后，夜间暂时开封看看，上层有清酒泛着，喝着味道可以，仍然用泥封好。到七月，才真正成熟。只是舀出来喝，不压榨。这酒陈贮三年，也不会变质。

一石原料米，酿成酒后不过一斗糟，而且全都沉在瓮底。酒都舀喝尽了，剩着的糟像冰一样又硬又脆，简直像石灰。酒色像麻子油一样，很酽烈。平常能喝一斗好酒的人，这种酒只能禁受得一升半。喝三升，会大醉。喝上三升，不用水浇淋，一定会死。

凡是喝酒大醉的人，昏昏沉沉，失去知觉，身体像火一样的炽热。这时该烧得沸汤，用冷水冲调——叫作"生熟汤"，冲到温温稍微偏热，手下去不烫——用来浇淋醉人。温汤淋过的地方就会转冷，不过几斛温汤，将醉人翻来覆去，连头面都大量痛快地淋过，不久就醒过来，坐了起来。把这种酒给人家，要先问他平常能喝多少，然后裁减些给他。如果不告诉他这酒的喝法，他只觉得味道很美，不能自己节制，没有不醉死的。一斗酒，能醉二十个人。得到这种酒的人，无不赠送给亲戚好友们尝尝，觉得很快乐。

酿造黍米酎酒的方法：也是正月酿造，七月成熟。削净曲饼，捣成粉末，用绢筛筛过，都同上面的方法。一斗笨曲，消化六斗米；用神曲更好，也是按照神曲的消化力量，细心掌握用量。把米舂精白，淘净，炊成再蒸软饭，摊开让它冷却。在瓮中用曲末拌和黍饭，用手揉捏让它调和均匀。然后擘破饭块，投入酒瓮中下酿。盆子盖住瓮口，用泥封固。五月暂时开封看看尝尝，都跟作穄米酎酒一样。这酒芳香味美酽烈，也都相似。

酿制这两种酎酒，应该谨慎：多喝一点容易醉死人；但是由于喝得少，不相信是醉死的，只疑心是酒里放了毒药药死的。所以尤其应该节制饮量，千万不可多喝。

酿制粟米酒的方法：只有正月可以酿造，其余月份都不行。只用笨曲，不用神曲。各种粟米都可以酿造，但是用青谷米最好。削曲必须干净，淘米必须洁净。

在正月初一太阳没有出来以前收水。太阳出来，就晒曲。到正月十五日，把曲捣成粉末，就用水浸在瓮中。一般的配比是：一斗堆尖量的曲末，用八斗水，消化平斗量的米一石。依照瓮的大小，按这个比例增加，到快满瓮为限。随便酿造多少米，都把米平分为四份，从初酿到酒熟，只投四份而已。

〔炊饭的〕前一天把米浸过夜，让它涨透。正月最末一日天快黑时炊饭，只炊作馈饭，不需要再蒸。饭快熟的时候，预先和好泥，放在酒瓮边，馈饭熟了，随即抬出甑子，倒饭在浸曲的酒瓮中下酿，赶快用酒耙在瓮中搅拌两三遍，就用盆子盖住瓮口，用泥涂封严密，不让它漏气。看到泥土有裂缝时，再泥封好。七天投一次，都是这样投法。四投完毕，四七二十八天，酒便熟了。

酿造这酒须要在夜间，不能在白天。四次投饭和酒醪开始盛袋上榨时，都要用身体遮住火光，不让"烛"光照到瓮上。酒熟了，便可以喝。如果不是急着等用，暂且原瓮封着放着，到四五月里压榨出来更好。压榨完了，还是用泥封好，不过须要选在荫凉的房子里陈贮着，也可以过夏。这粟米酒，气香味美，不比黍米酒差。贫穷的人家，宜于作这种粟米酒，因为黍米既贵又难得。

又一种酿制粟米酒的方法：预先将曲饼斫细，晒干，捣成粉末。正月最末一天太阳没有出来以前，汲水浸曲。一斗曲，用水七斗。曲发酵了，便投饭下酿；以后投饭没有呆定的日期，饭投足了便停止。〔这曲发便下酿和没有呆定日期两点〕是不同的，其余一切办法都和上面的粟米酒相同。

酿造粟米炉酒的方法：五月、六月、七月里酿造加倍的好。用一个容量在二石以下的瓮子，在瓮底装上两三升石子。夜间将粟米炊成饭，把它摊冷，让它受到夜间的露水气，到鸡鸣时拌和上曲末。大致一石米，用一斗曲末消化它，一斗春酒糟末，五斗粟米饭（？）。如果曲的消化力不够，该把饭减少。和曲末的方法：用力揉搓，使完全和匀；将饭填满瓮为止。用纸盖在瓮口上，纸上用砖压着；不要用泥涂封，涂封就会伤热变坏。五六天之后，用手探入瓮中试试看，如果是冷的，没有热气，酒便熟了。这酒可以停放二十天左右。用冷水浇。用管子吸饮。如果从酌孔中泻出来，酒便泄了气，味道就不好了。

魏武帝上九酝法，奏曰：“臣县故令九酝春酒法：用曲三十斤，流水五石，腊月二日渍曲。正月冻解，用好稻米，漉去曲滓便酿。法引曰：‘譬诸虫，虽久多完。’三日一酿，满九石米止。臣得法，酿之常善。其上清，滓亦可饮。若以九酝苦，难饮，增为十酿，易饮不病。”〔1〕

九酝用米九斛，十酝用米十斛，俱用曲三十斤，但米有多少耳。治曲淘米，一如春酒法。

浸药酒法：——以此酒浸五茄木皮，及一切药，皆有益，神效——用春酒曲及笨曲，不用神曲。糠、潘埋藏之，勿使六畜食。治曲法：须斫去四缘、四角、上下两面，皆三分去一，孔中亦剜去。然后细剉，燥曝，末之。大率曲末一斗，用水一斗半。多作依此加之。酿用黍，必须细碗，淘欲极净，水清乃止。用米亦无定方，准量曲势强弱。然其米要须均分为七分，一日一酘，莫令空阙，阙即折曲势力。七酘毕，便止。熟即押出之。春秋冬夏皆得作。茹瓮厚薄之宜，一与春酒同，但黍饭摊使极冷，冬即须物覆瓮。其斫去之曲，犹有力，不废余用耳。

《博物志》胡椒酒法〔2〕：“以好春酒五升；干姜一两，

胡椒七十枚,皆捣末;好美安石榴五枚,押取汁。皆以姜、椒末[3],及安石榴汁,悉内着酒中,火暖取温。亦可冷饮,亦可热饮之。温中下气。若病酒,苦觉体中不调,饮之,能者四五升,不能者可二三升从意。若欲增姜、椒亦可;若嫌多,欲减亦可。欲多作者,当以此为率。若饮不尽,可停数日。此胡人所谓荜拨酒也[4]。"

《食经》作白醪酒法:"生秫米一石。方曲二斤,细剉,以泉水渍曲,密盖。再宿,曲浮,起。炊米三斗酘之[5],使和调,盖。满五日,乃好。酒甘如乳。九月半后不作也[6]。"

作白醪酒法[7]:用方曲五斤,细剉,以流水三斗五升,渍之再宿。炊米四斗,冷,酘之。令得七斗汁。凡三酘。济令清。又炊一斗米酘酒中,搅令和解,封。四五日,黍浮,缥色上,便可饮矣。

冬米明酒法[8]:九月,渍精稻米一斗,捣令碎末,沸汤一石浇之。曲一斤,末,搅和。三日极酢,合三斗酿米炊之[9],气刺人鼻,便为大发[10],搅成。用方曲十五斤酘之,米三斗,水四斗,合和酿之也。

夏米明酒法:秫米一石。曲三斤,水三斗渍之。炊三斗米酘之,凡三。济出,炊一斗,酘酒中。再宿,黍浮,便可饮之。

朗陵何公夏封清酒法[11]:细剉曲如雀头,先布瓮底。以黍一斗,次第间水五升浇之。泥着日中,七日熟。

愈疟酒法:四月八日作。用米一石[12],曲一斤,捣作末,俱酘水中。须酢[13],煎一石,取七斗。以曲四斤,须浆

冷，酘曲。一宿，上生白沫，起。炊秫一石，冷，酘中。三日
酒成。

作酃卢丁反酒法[14]：以九月中，取秫米一石六斗，炊
作饭。以水一石，宿渍曲七斤。炊饭令冷，酘曲汁中。覆
瓮多用荷、箬，令酒香。燥复易之。

作和酒法：酒一斗；胡椒六十枚，干姜一分，鸡舌
香一分，荜拨六枚，下筛，绢囊盛，内酒中。一宿，蜜一升
和之。

作夏鸡鸣酒法：秫米二斗，煮作糜[15]；曲二斤，捣，
合米和，令调。以水五斗渍之，封头。今日作，明旦鸡鸣
便熟。

作𣜜酒法[16]：四月取𣜜叶，合花采之，还，即急抑着
瓮中。六七日，悉使乌熟，曝之，煮三四沸，去滓，内瓮中，
下曲。炊五斗米，日中可燥[17]，手一两抑之。一宿，复炊
五斗米酘之。便熟。

柯柂良知反酒法[18]：二月二日取水，三月三日煎之。
先搅曲中水[19]。一宿，乃炊秫米饭。日中曝之，酒成也。

【注释】

〔1〕隋虞世南《北堂书钞》卷一四八及《文选》卷四张衡《南都赋》：
"酒则九酝甘醴。"唐李善注都引到魏武帝（曹操）此九酝酒法，《北堂书钞》
所引，在"臣县故令"下有"南阳郭芝有"五字，在"增为十酿"下有"差甘"
二字，又"易饮不病"下有"谨上献"句，则曹操奏文，到此结束。以下是贾
氏的话。但"譬诸虫，虽久多完"，无法解释，这里酿造法的引说（"法引"），
似应说到"一酝一石米，共九酝完毕"，原文应有讹误。

〔2〕今传《博物志》不见此条。《类聚》卷八九"椒"引有此条，无下半
段，"石榴五枚"下作"管收计"，是"筜取汁"形似之误。

〔3〕"皆"与下文"悉"重沓，疑袭上文"皆捣末"而衍。

〔4〕荜拨：胡椒科，学名 Piper longum，主产于印尼、越南等地。此酒与下文引《食经》的混和酒都是配制酒，不是酿制酒。但此酒在配料中并未用到荜拨，则荜拨与同属的胡椒（Piper nigrum），在当时当地似有 Piper 的共名。

〔5〕"炊米三斗酘之"，一石原料米只下了三斗，其余七斗，未有交代，又"二斤"用曲量似太少，疑各有脱误。

〔6〕金抄、明抄作"不作"，湖湘本等作"可作"，恰恰相反。按：《要术》的白醪酒无论是本土的还是外来的，都是春秋和夏季酿造，利用其气温较高而快速酿成，为防止酸败，有时加入酸浆制酸，因此不能久放，须要随酿随喝，乃至连糟吃，这是白醪酒的特点。白醪酒不是冬酿酒，金抄作"不作"是对的。

〔7〕自此以下各条，仍是《食经》文。各条中称"方曲"，不称"笨曲"；曲的计量用斤，不用升斗；有不少特用术语，如出糟叫"济"，曲发叫"起"，下曲也叫"酘"等；除醶酒外，其余全是速酿酒，《要术》则大多是久酿酒；文字过简而晦涩，句法不同，操作过程也没有《要术》叙述得详晰，和他处所引《食经》文完全是一个类型。这些都说明它不是《要术》本文，而是《食经》文。

〔8〕"冬米明酒"和下条"夏米明酒"：明酒，大概是一种洁净酒，但未必是祭祀用的，为什么叫明酒，未详。所谓冬米或夏米，是否指冬天的米或是夏天的米，亦不明，姑存其原文阙疑。

〔9〕按：《食经》此酒与《北山酒经》的酿酒法基本相同，属南方酒系类型。在《北山酒经》，这一工序是"蒸醋糜"，即蒸酸饭。《酒经》是蒸，但《食经》这里只能是煮，即今所称"煮糜"，因为一斗米是用一石沸汤泡着的，成为酸米浆，没法蒸。

〔10〕"大发"是指汤泡一斗碎米的酸浆发得极酸，比照《北山酒经》的"渐渐发起泡沫，如鱼眼、虾跳之类，大约三日后必醋矣"，则"气刺人鼻，便为大发"似宜在"三日极酢"之下比较合适。又，下文用曲十五斤，太多，其他各条无此配比，疑有误。

〔11〕朗陵：县名，故城在今河南确山西南。此酒与下文鸡鸣酒都是一种坛酿酒，即用一定量的曲、饭、水封酿在酒坛中，酿法简单，成熟快，但不易贮存。

〔12〕"用米一石"，原作"用水一石"，不通，下文"炊秫一石"，就是这一石米。《本草纲目》卷二五"愈疟酒"转引《要术》这条正作"米一石"，字应作"米"。

〔13〕"须酢"，各本均作"酒酢"，不通，是形似讹字。"须"作"待"解释，必须注意，这仍是制酸浆酿酒，这浆就是下文"须浆冷"的浆，必须是

"须"字。日译本改作"须",《本草纲目》转引《要术》改作"待",都正确；《今释》仍"酒酢"之旧,失察。

〔14〕酃(líng)酒：以用酃湖水酿酒得名,是一种酿造期长而酒质醇浓的"重酿酒",明冯化时《酒史》卷上载西晋张载《酃酒赋》称："造酿在秋,告成在春。"酃湖在今湖南衡阳东。《食经》采录此酒的酿造法,极简略,没有成熟期,而覆瓮用竹箬,而且燥了要换鲜箬,这在《要术》是办不到的,明显属于南方酒系。

〔15〕煮作糜：煮熟的酒饭,俗称"糜",因亦称煮饭为"煮糜",今山东即墨等地还是这样称呼。它和蒸饭的不同点是经过不断的搅拌甚至击拍使成糊饭。它可以是粥状的,上文冬米明酒的糜,就是粥状的,也可以是糊饭,甚或焦化的烂饭。总之是烂糊粥饭,不是干饭。

〔16〕檖(shěn)：未详是何种植物。今《要术》注释本各有推测,恐未必是。待考。

〔17〕"日中可燥",有窜乱,应接在"曝之"下面,作"曝之日中,可燥",指曝晒檖木花叶。"可燥"犹言"好燥",卷四《种栗》"藏生栗法"有"晒细沙可燥",亦《食经》文,用法相同。

〔18〕柯柂(lí)：酿造过程中没有提到,究竟是植物名还是操作工具,都无从悬测,阙疑。

〔19〕"中水",疑"水中"倒错。

【译文】

曹操给皇帝献上九醖酒的酿造法,启奏说："臣县从前的县令有酿造九醖春酒的方法：用三十斤曲,五石流水,十二月初二日浸曲。正月解冻之后,用好稻米〔炊熟〕,滤去曲渣便下酿。酿造法的引言说：'譬诸虫,虽久多完(？)。'三天下酿一次,下满了九石米停止。臣得到这个方法,依法酿造,常常是好的。上面是清酒,连糟也可以喝。如果九醖嫌苦,难喝,也可以加到十酿,〔比较甜些,〕就好喝,不会害病。"

九醖用九斛米,十醖用十斛米,都用三十斤曲,只是米有多少罢了。治曲淘米,全同酿春酒的方法。

酿制浸药用酒的方法：——用这种酒浸五加皮,及一切药,都有益,有神效——用春酒曲〔或颐曲〕,不用神曲。米糠和淘米泔水都埋在地下,不让牲畜吃到。整治曲饼的方法：必须将曲饼的四边、四角和上下两面,都斫去三分之一,饼孔里面也挖去一部分。然后斫细,晒燥,捣成粉末。大致一斗曲末,用一斗半水。多作的按这个比例增加。用黍米酿造,必须舂得精白,淘米要极洁净,水清了才停止。用米量也没有一定,估量曲势强弱来决定。不过米一定要平分为七份,一天投一份,不要有一天空阙,空阙了曲力就消耗减弱了。七投完毕,便停止。等熟了就压榨出清酒。春夏秋冬都可以酿造。瓮上面盖什么东西,都和酿春酒一样,不过黍饭要摊到极冷,冬天须要用厚些的东西盖在瓮上。斫下来的碎曲,还有力量,可以用它作其余的用途。

《博物志》配制胡椒酒的方法:"用五升好春酒;一两干姜,七十颗胡椒,都捣成碎末;好石榴五个,榨取汁。拿干姜、胡椒末,以及石榴汁,一起都加到酒里面,用火烫到温暖。可以冷饮,也可以热饮。喝了温中下气。如果酒喝多了犯了酒病,身体觉得很不舒服,就喝这种酒,能喝酒的喝上四五升,不能喝的喝二三升随意。如果想增加干姜、胡椒的分量,也可以;如果嫌多,想减少些也可以。想多配制些,可以按这个比例增加。如果一次喝不完,可以停留几天。这是胡人所谓的'荜拨酒'。"

《食经》酿制白醪酒的方法:"用生秫米一石。方曲二斤,斫细,用泉水浸渍,密盖着。过两夜,曲发酵浮起来,炊三斗米的饭投下去,搅和均匀,盖好。满五天,熟了。酒像奶一样甜。九月半以后不作。"

又酿制白醪酒的方法:用方曲五斤,斫细,浸在三斗五升的流水里,过两夜。炊四斗米的饭,摊冷,投下去。让它酿出七斗酒液。一共投三次。滤出清酒。又炊一斗米的饭投入清酒中,搅拌均匀散开,封好。过四五天,饭渣浮上缸面,酒泛上来带淡青色,便可以喝了。

酿造冬米明酒的方法:九月,浸渍精白稻米一斗,捣成碎末,灌进一石沸汤泡着。用一斤曲,捣成末,搅和进汤泡米中。过三天,米浆极酸了,再同三斗酿酒的米混和在一起,炊成饭,发出刺鼻的酸气,便是大发,随即搅拌成糜。再投进十五斤曲(?),同第二投的三斗米饭,四斗水,一起混合着酿作。

酿造夏米明酒的方法:用秫米一石。拿三斤曲,用三斗水浸泡着。炊三斗米的饭投下去,一共投三次。滤出清酒,再炊一斗米饭投入清酒中。过两夜,饭渣浮上来,便可以喝了。

朗陵何公夏天封瓮酿造清酒的方法:将曲斫细像麻雀头的大小,放在瓮底上。用一斗饭投下,依次间隔着共浇进五升水。用泥封好,搁在太阳底下晒,七天便成熟。

酿制治愈疟疾酒的方法:四月八日酿作。用一石米,一斤捣成末的曲,都投入水中浸着。等到发酸了,煎煮一石酸浆浓缩成七斗。又用四斤曲,等酸浆冷了投下去浸着。过一夜,上面发生白泡沫,曲已经发了。〔然后把那浸过的〕一石秫米炊成饭,等冷了投入曲液中。三天酒便成熟了。

酿造酃酒的方法:九月中取一石六斗秫米炊成饭。预先用一石水浸着七斤曲。等饭冷了,投入曲汁中。要多用些荷叶或箬叶覆盖瓮口,能使酒有香气。叶子干了换上新叶。

配制混合酒的方法:一斗酒,用胡椒六十颗,干姜一分,鸡舌香一分,荜拨六颗,〔都捣成粉末,〕用筛筛过,绢袋盛着,放入酒里面。过一夜,加一升蜜调和。

酿制夏天鸡鸣酒的方法:用二斗秫米,煮成糜;二斤曲,捣成粉末,和到糜里面,调和均匀。拿五斗水浸进去,封闭瓮口。今天作,明天凌晨鸡叫的时候便熟了。

酿制檫酒的方法:四月间采得檫叶,连花一并采回来,赶快按到瓮里去。六七天之后,全都发黑软熟了,拿出来在太阳底下晒,〔晒到干燥,〕加水煮上三四沸,滤去渣滓,倒进酒瓮里,和进曲。炊五斗米的饭〔投下去〕,用手在饭面上压抑几下〔使稍稍压实〕。过一夜,又炊五斗米饭投下。〔很快〕便熟了。

酿制柯柂酒的方法:二月初二日取水,三月初三日将水煮沸。先把曲搅和到水中。过一夜,炊秫米饭〔投下去〕。在太阳底下晒着,酒便会成熟。

法酒第六十七酿法酒，皆用春酒曲。
其米、糠、瀋、汁、馈、饭，皆不用人及狗鼠食之。

黍米法酒[1]：预剉曲，曝之令极燥。三月三日，秤曲三斤三两，取水三斗三升浸曲。经七日，曲发，细泡起，然后取黍米三斗三升，净淘——凡酒米，皆欲极净，水清乃止；法酒尤宜存意，淘米不得净，则酒黑——炊作再馏饭。摊使冷，着曲汁中，搦黍令散。两重布盖瓮口。候米消尽，更炊四斗半米酘之。每酘皆搦令散。第三酘，炊米六斗。自此以后，每酘以渐加米。瓮无大小，以满为限。酒味醇美，宜合醅饮之。饮半，更炊米重酘如初，不着水、曲，唯以渐加米，还得满瓮。竟夏饮之，不能穷尽，所谓神异矣。

作当梁法酒：当梁下置瓮，故曰"当梁"。以三月三日日未出时，取水三斗三升，干曲末三斗三升，炊黍米三斗三升为再馏黍，摊使极冷：水、曲、黍俱时下之。三月六日，炊米六斗酘之。三月九日，炊米九斗酘之。自此以后，米之多少，无复斗数，任意酘之，满瓮便止。若欲取者，但言"偷酒"，勿云取酒。假令出一石，还炊一石米酘之，瓮还复满，亦为神异。其糠、瀋悉泻坑中，勿令狗鼠食之。

秫米法酒：糯米大佳。三月三日，取井花水三斗三升[2]，绢筛曲末三斗三升，秫米三斗三升——稻米佳，无者，旱稻米亦得充事——再馏弱炊，摊令小冷。先下水、曲，然后酘饭。七日更酘，用米六斗六升。二七日更酘，用米一石三斗二升。三七日更酘，用米二石六斗四升，乃止——量酒备足，便止。合醅饮者，不复封泥。令清者，以盆盖，密泥封之。经七日，便极清澄。接取清者，然后押之。

《食经》七月七日作法酒方："一石曲作'燠饼'：编竹瓮下，罗饼竹上，密泥瓮头。二七日出饼，曝令燥，还内瓮中。一石米，合得三石酒也。"

又法酒方[3]：焦麦曲末一石，曝令干，煎汤一石，黍一石，合揉，令甚熟。以二月二日收水，即预煎汤，停之令冷。初酘之时，十日一酘，不得使狗鼠近之。于后无若[4]，或八日、六日一酘，会以偶日酘之，不得只日。二月中即酘令足。常预煎汤停之；酘毕，以五升洗手，荡瓮。其米多少，依焦曲杀之。

三九酒法[5]：以三月三日，收水九斗，米九斗，焦曲末九斗——先曝干之：一时和之，揉和令极熟。九日一酘，后五日一酘，后三日一酘。勿令狗鼠近之。会以只日酘，不得以偶日也。使三月中即令酘足。常预作汤，瓮中停之；酘毕，辄取五升洗手，荡瓮，倾于酒瓮中也。

治酒酢法：若十石米酒，炒三升小麦，令甚黑，以绛帛再重为袋，用盛之，周筑令硬如石，安在瓮底。经二七日后，饮之，即回。

【注释】

〔1〕法酒：按一定的"术法"酿造的酒。据《要术》所记，与一般酒的不同点是：(1) 初酿时水、曲、米三者的数量（或数字）相等；(2) 以后投饭按比

例增加,跟其他酒大都是逐渐减少不同;(3) 无论数量和月日都采用三、六、九等数,或双数、单数。就(2) 而言,它突破春酒曲的原有杀米标准很多,即突破一斗曲消化七斗米的指标很远,如粳米法酒竟高达一石五斗米之多,而其酿法除三、六、九等"术数"外,并没有什么特别的地方,这是一个疑问。

〔2〕井花水:清早最先汲得的井水,是当天没有被人们扰动使用过的最早的水,比较纯净清洁,水温也有不同,对酿酒有利。这井水叫作井花水。

〔3〕此"又"字表明此条仍出自《食经》。下条"三九酒法"亦同。《食经》上下共三条,叙述简缺,文句倒装,交代欠清楚,《要术》本文没有这样含糊的。

〔4〕金抄、明抄作"无苦",他本作"无若"。"苦",费解。"若"有"择"义,见《说文》"若"字段玉裁注。"无若"即不必择定要十日,以后可以八日或六日。

〔5〕"酒法",各本同,应是"法酒"倒错。

【译文】

　　黍米法酒的酿造法:预先将曲斫碎,晒到极燥。在三月初三日,秤出这燥曲三斤三两,用三斗三升水浸渍着。过了七天,曲发酵了,起了细泡。这时,取三斗三升黍米,淘洗洁净——凡是酿酒的米,都要淘得极洁净,水清了才停止;酿法酒尤其该留意,淘米不洁净,酒会发黑的——炊成再馏熟饭。把饭摊冷,投入曲汁中,把饭块捏散。拿两层布盖在瓮口上。伺候着到饭消化尽了,再炊四斗五升米的饭投下去。每次投饭都要捏散饭块。第三投,炊六斗米的饭投下。从这次以后,每次投下的米饭,分量要逐渐增加。不管瓮的大小,到投满瓮为止。这酒味道醇美,宜于连糟一起喝。喝了一半,再炊饭像初酿时一样地投下去,不必加水和曲,只要逐渐地加饭投下,还是可以满瓮的。整个夏天喝着,不会完尽,所以称为神异。

　　当梁法酒的酿造法:正对着屋梁下面放酒瓮,所以称为"当梁"。在三月初三日太阳没有出来以前,取三斗三升水,三斗三升干曲末,同时炊三斗三升黍米为再馏熟饭,摊到极冷,将这水、曲和黍饭一起下到瓮中。三月初六日,炊六斗米的饭投下。三月初九日,炊九斗米的饭投下。从这以后,每次投下多少米饭,没有一定的斗数,可以随意投酿,到满瓮便停止。如果要取酒的话,只能说是"偷酒",不能说"取酒"。假如取出一石米饭的酒,仍然炊一石米的饭投下去,酒瓮还是会满的。这也是神异的事情。所有糠和米泔水，都倒到坑里，不让狗和老鼠吃到。

粳米法酒的酿造法：用糯米更好。三月初三日汲取三斗三升井花水，用绢筛筛过的曲末三斗三升，粳米三斗三升——用水稻粳米为好，没有的话，旱稻粳米也可以用——炊成再馏软饭，摊到稍微冷些。先将水和曲下到瓮里，然后投饭落瓮。满七天，再投一次，用六斗六升米的饭。满十四天，再投，用一石三斗二升米的饭。满二十一天，再投，用二石六斗四升米的饭，就停止——估量酒已经足够，便停止。如果是连糟喝的，不必用泥封瓮。如果要清酒的，就用盆子盖着瓮口，用泥涂封严密。七天之后，便澄得极清。舀出上面的清酒，然后压榨。

《食经》七月七日酿造法酒的方法："先将一石曲作'燠饼'：就是在瓮底用竹子编成支架，把曲饼排列在支架上，用泥密封瓮口〔让它燠着〕。满十四天，取出曲饼，晒燥，仍旧放回瓮中。一石米饭，可以酿得三石酒。"

又酿造法酒的方法：一石焦麦曲末，晒干，烧一石开水，〔等冷了，〕同一石黍米饭，一起揉和到很匀熟。用二月初二日收的水，预先烧开，让它冷了〔再和曲、饭〕。初投之后，隔十天投第二次，不能让狗和老鼠接近。在这以后，不必待定隔十天，可以隔八天或者六天投一次，总之要在逢双的日子投下，不能用单数的日子。米饭要在二月份内全数投足。每次都要预先烧好开水，放着让它冷了；饭投完了，用五升冷开水洗手，荡瓮。用多少米，依照焦麦曲的消化力决定。

三九（法酒）的酿造法：在三月初三日，收得九斗水，九斗米炊成饭，焦麦曲末九斗——先晒干：一起调和，揉和到极匀熟。隔九天，投第二次。以后隔五天投第三次，又隔三天投第四次。不要让狗和老鼠接近。总要在逢单的日子投下，不能用逢双的日子。在三月份之内全数投足。每次都要预先烧好开水，放在瓮中让它冷了；投完饭，就取五升冷开水洗手，荡瓮，再倒进酒瓮里。

治好酒发酸的方法：如果是十石米的酒，炒三升小麦，炒到很焦黑，用两重红绸缝成个口袋，装进炒麦，整个筑紧让它像石头一样坚硬，放在瓮底上。过十四天之后，再喝时，味道就回转好了。

大州白堕曲方饼法[1]：谷三石：蒸两石，生一石，别

砧之令细,然后合和之也。桑叶、胡枲叶、艾,各二尺围,长二尺许,合煮之使烂。去滓取汁,以冷水和之,如酒色,和曲。燥湿以意酌之。日中捣三千六百杵,讫,饼之。安置暖屋床上:先布麦秸厚二寸,然后置曲,上亦与秸二寸覆之。闭户,勿使露见风日。一七日,冷水湿手拭之令遍,即翻之。至二七日,一例侧之。三七日,笼之。四七日,出置日中,曝令干。

作酒之法,净削刮去垢,打碎,末,令干燥。十斤曲,杀米一石五斗。

作桑落酒法:曲末一斗,熟米二斗。其米令精细,净淘,水清为度。用熟水一斗^{〔2〕}。限三酘便止。渍曲,候曲向发便酘,不得失时。勿令小儿人狗食黍。

作春酒,以冷水渍曲,余各同冬酒。

【注释】

〔1〕大州:其地未详。后魏孝文帝迁都洛阳,以洛阳为司州,或者以首都所在,称司州为"大州"。　　白堕:人名,即刘白堕,河东(后魏时郡治在今山西永济)人,以酿"白堕酒"著名。后魏杨衒之《洛阳伽蓝记》记载着洛阳有两个"里"的居民以仿制白堕酒为业。白堕酒酿于桑落时,名"桑落酒",香美异常,喝了沉醉不醒,并可远运千里不坏。亦可春酿,称"白堕春醪"。《要术》记载仿制酒法,也有桑落酒和春酒两种,而所称"冬酒",应即桑落酒。但白堕曲没有制曲时间,方饼也没有尺寸,也许是原来流传的方子上就没有。

〔2〕"用熟水一斗"下面似有错简,就是这句应连贯下文"渍曲,候曲向发便酘,不得失时",然后将"限三酘便止"下移在"不得失时"之后,才顺理成章好解释。

【译文】

大州白堕方饼曲的作法:用三石谷子,两石蒸熟,一石生的,分别磨成细末,然后混和均匀。拿桑叶、葈耳叶、艾叶,每样都是周围两尺、长两尺左右的一捆,合在一起煮到烂。去掉渣滓,取得液汁,加冷水调和,让颜色像酒色一样,用来溲和谷末作曲。溲和的干湿程度,要留意斟酌。在太阳底下捣三千六百杵,捣好了,作成饼。将曲饼罨置在暖屋中床上,方法是:床上先铺上一层二寸厚的麦秸,然后放上曲饼,曲饼上也盖上二寸厚的麦秸。关上门,不让漏风和见到阳光。七天,用手蘸些冷水在曲饼上都抹一遍,就翻过来。到十四天,每个饼都侧转来竖着。到二十一天,聚拢来。二十八天,拿出来在太阳下面晒干。

酿酒时,将曲饼的污垢削刮干净,打碎,捣成粉末,让它干燥。十斤曲,可以消化一石五斗米。

酿造桑落酒的方法:曲末一斗,初酿用二斗米的饭。米要舂得精白,淘洗洁净,水清才停止。用一斗熟水浸曲。伺候着看曲快要发起时,随即下酿,不得错过时机。(投饭三次便停止。)酒饭不能让大人小孩或狗吃到。

酿制春酒,用冷水浸曲,其余都和酿冬酒相同。

齐民要术卷第八

黄衣、黄蒸及糵第六十八 黄衣一名麦䴷

作黄衣法[1]：六月中，取小麦，净淘讫，于瓮中以水浸之，令醋。漉出，熟蒸之。槌箔上敷席，置麦于上，摊令厚二寸许，预前一日刈薍叶薄覆。无薍叶者，刈胡枲，择去杂草，无令有水露气；候麦冷，以胡枲覆之。七日，看黄衣色足，便出曝之，令干。去胡枲而已，慎勿飏簸。齐人喜当风飏去黄衣，此大谬：凡有所造作用麦䴷者，皆仰其衣为势，今反飏去之，作物必不善矣[2]。

作黄蒸法：六、七月中，䬫生小麦，细磨之。以水溲而蒸之，气馏好熟，便下之，摊令冷。布置，覆盖，成就，一如麦䴷法。亦勿飏之，虑其所损。

作糵法：八月中作。盆中浸小麦，即倾去水，日曝之。一日一度着水，即去之。脚生，布麦于席上，厚二寸许。一日一度，以水浇之，芽生便止。即散收，令干，勿使饼；饼成则不复任用。此煮白饧糵[3]。

若煮黑饧[4]，即待芽生青，成饼，然后以刀㓶取，干之。

欲令饧如琥珀色者，以大麦为其糵。[5]

《孟子》曰："虽有天下易生之物，一日曝之，十日寒

之,未有能生者也。"〔6〕

【注释】

〔1〕黄衣:"衣"指大量繁殖着的菌类群体,颜色一般以黄衣为好,因亦称其成品为"黄衣"。黄衣又名"麦䴰",也叫"䴰子"、"麦䴰"。䴰是完整,䴰是囫囵不破,所以这是整粒小麦䴰成的酱曲。下条"黄蒸"则是磨成带麸皮的面粉䴰制成的酱曲。

〔2〕作酱主要借助于霉菌的营糖化和水解蛋白质作用,现在反而把菌衣簸去,则酵解作用大减,成品质量必然差。

〔3〕白饧:浅白色的饴糖。饧,唐以前读 táng,即今"糖"字。

〔4〕黑饧:由于用的是青麦芽,饴糖成为暗褐色。

〔5〕用结成饼的大麦芽制成的饴糖,在未经加工挽打使硬化变白以前,颜色褐黄,颇像琥珀色。

〔6〕见《孟子·告子上》,"物"下有"也"字。贾氏引此以证说麦䴰的催芽不能一曝十寒。颜之推《颜氏家训·书证》说:"'也'是语已及助句之辞,文籍备之矣。河北经传,悉略此字。"但有不能省而省去的,就闹笑话。另一方面,"又有俗学闻经传中时须'也'字,辄以意加之,每不得所,益成可笑"。颜氏与贾氏同时而稍后,《要术》多处引《孟子》都少"也"字,引他书也有相同情况,反映贾氏所用《孟子》等书正是北方本子。相反,如引《尔雅》等书,又有不少多"也"字,大概也是"俗学"所加。

【译文】

作黄衣的方法:六月中,将小麦淘洗洁净后,在瓮中用水浸着,让它发酸。捞出来,蒸熟。在蚕架的箔上铺上席子,拿熟麦铺在上面,摊开来大约二寸厚,用早一天割来的荻叶薄薄地盖在熟麦上。没有荻叶,可以割来菜耳叶,拣去杂草,要把露水弄干;等麦冷了,用菜耳叶盖在上面。过七天,看到黄色的"衣"上足了,便拿出来晒干。只是把菜耳叶揭去罢了,千万不可簸扬。齐人喜欢当风把黄色的衣簸去,这是大错的。因为所有要用麦䴰(huàn)来酿造的物品,全靠着黄色衣的力量,现在反而簸去,酿造的东西一定不会好了。

作黄蒸的方法:六、七月里,舂治生小麦,磨细,用水溲和,上甑中蒸,蒸汽上来后够熟了,便下下来,摊开让它冷却。所有席上布置,用叶子覆盖,一直到成熟,都和麦䴰的作法一样。也不可以簸扬,恐怕减损它的酿造力。

作麦芽糵的方法：八月中作。将小麦在盆子里浸过，随即把水倒掉，在太阳底下晒。每天用水泡一次，随即又把水倒掉。等到小麦最先冒出幼根来，就把麦子铺在席子上，摊开来大约二寸厚。每天用水浇一次，等到芽长出来，便停止浇水。就这样散着收起来，让它干燥，不要让它纠结成饼；结成饼就不好用了。这是煎熬白饧用的小麦芽糵。

假如要煎熬黑饧，就等着让麦芽转成青色，〔根芽相互纠结〕成饼，然后用刀割开来，让它干燥了再用。

如果要让饧成为琥珀色的，另外作成大麦芽糵来制作。

《孟子》说："虽然天下有容易生长的生物，如果一天晒着，十天冻着，再也没有能生长的东西了。"

常满盐、花盐第六十九

造常满盐法：以不津瓮受十石者一口，置庭中石上，以白盐满之，以甘水沃之，令上恒有游水。须用时，挹取，煎，即成盐。还以甘水添之：取一升，添一升。日曝之，热盛，还即成盐，永不穷尽[1]。风尘阴雨则盖，天晴净，还仰。若用黄盐、咸水者，盐汁则苦，是以必须白盐、甘水。

造花盐、印盐法：五六月中旱时，取水二斗，以盐一斗投水中，令消尽；又以盐投之，水咸极，则盐不复消融。易器淘治沙汰之，澄去垢土，泻清汁于净器中。盐滓甚白，不废常用。又一石还得八斗汁[2]，亦无多损。

好日无风尘时，日中曝令成盐，浮即接取，便是花盐，厚薄光泽似钟乳[3]。久不接取，即成印盐，大如豆，正四方，千百相似。成印辄沉，漉取之。花、印二盐，白如珂雪，其味又美。

【注释】

〔1〕永不穷尽：这和黍米法酒的所谓"不能穷尽"，都是夸张说法。

〔2〕"汁"，一石盐只得到八斗盐汁，不能说损失不多，应是"滓"字的残文错成，所指即是上文的"盐滓"。

〔3〕钟乳：即钟乳石。一种碳酸钙结晶，属六方晶系，击碎成薄片，有

光泽,白色。

【译文】

　　造常满盐的方法:用一口可以盛十石东西的不渗漏的瓮,放在院子中的石块上,瓮中装满白盐,灌进清淡的"甜水",让盐上面常常浮着一层浅水。要用的时候,舀出上面的清盐汁,用火煎,便结成盐。仍然在瓮中添进甜水,舀出一升,就添进一升。太阳晒着,温度高,依旧会成为盐,永远不会完尽。有风吹尘土和阴雨天,用东西盖住瓮口,天气晴朗,仍然敞开瓮口。如果用含卤重的黄盐和咸井水来作,盐汁就会苦,所以必须用白盐和甜水。

　　造花盐、印盐的方法:五六月里天气晴热时,取来二斗水,水里面加进一斗盐,让它溶化掉之后,又拿盐投进去,水咸到极咸时,盐就不再溶解了。这时换个容器来淘洗,淘汰去上浮的杂质,让它澄清,使垢污泥土沉淀在器底,然后将清盐汁倒在另外的洁净容器里。这样,水底下沉着的盐滓很白净,可以供作寻常食用。一石盐,还是可以得到八斗的〔盐滓〕,损失也不太多。

　　好天气没有风刮尘土的日子,将这样的盐溶液晒着,让它结成盐,这盐浮在液面上就撇出来,便是"花盐",它的厚薄和光泽像钟乳石的结晶体。如果留着长久不撇出来,就会成为"印盐",它的大小像豆子,成正四方形,千百颗都相似。成了印盐就沉下去,可以捞出来用。花盐、印盐的色泽都和白玉或雪一样的洁白而光莹,味道又美。

作酱等法第七十

十二月、正月为上时，二月为中时，三月为下时。用不津瓮，瓮津则坏酱。尝为菹、酢者，亦不中用之。置日中高处石上。夏雨，无令水浸瓮底。以一铁鍬（一本作"生缩"）铁钉子[1]，背"岁杀"钉着瓮底石下，后虽有妊娠妇人食之，酱亦不坏烂也。

用春种乌豆，春豆粒小而均，晚豆粒大而杂。于大甑中燥蒸之。气馏半日许，复贮出更装之，回在上者居下，不尔，则生熟不多调匀也[2]。气馏周遍，以灰覆之[3]，经宿无令火绝。取干牛屎，圆累，令中央空，燃之不烟，势类好炭。若能多收，常用作食，既无灰尘，又不失火，胜于草远矣。啮看：豆黄色黑极熟[4]，乃下，日曝取干。夜则聚、覆，无令润湿。临欲春去皮，更装入甑中蒸，令气馏则下，一日曝之。明旦起，净簸择，满臼春之而不碎。若不重馏，碎而难净。簸拣去碎者。作热汤，于大盆中浸豆黄。良久，淘汰，接去黑皮，汤少则添，慎勿易汤；易汤则走失豆味，令酱不美也。漉而蒸之。淘豆汤汁，即煮碎豆作酱，以供旋食。大酱则不用汁。一炊顷，下置净席上，摊令极冷。

预前，日曝白盐、黄蒸、草蒿居郵反、麦曲[5]，令极干燥。盐色黄者发酱苦，盐若润湿令酱坏。黄蒸令酱赤美。草蒿令酱芬芳；蒿，接，簸去草土。曲及黄蒸，各别捣末细筛——马尾罗弥好[6]。大率豆黄三斗，曲末一斗，黄蒸末一斗[7]，白盐五升，蘦子三指一撮。盐少令酱酢；后虽加盐，无复美味。其用神曲者，一升当笨曲四升，杀多故也。豆黄堆量不概，盐、曲轻量平概[8]。三种量讫，于盆中面向"太岁"和之，向"太岁"，则无蛆虫也。搅令均调，以手痛挼，皆令润彻。亦面向"太岁"内着瓮中，手挼令坚[9]，以满为限；半则难熟。盆盖，密泥，无令漏气。

熟便开之，腊月五七日，正月、二月四七日，三月三七日。当纵横裂，周回离瓮，彻底生衣[10]。悉贮出，搦破块，两瓮分为三瓮。日未出前汲井花水，于盆中以燥盐和之，率一石水，用盐三斗，澄取清汁。又取黄蒸于小盆内减盐汁浸之，挼取黄潘，漉去滓。合盐汁泻着瓮中。率十石酱，用黄蒸三斗；盐水多少，亦无定方，酱如薄粥便止：豆干饮水故也。

仰瓮口曝之。谚曰："荚蕤葵[11]，日干酱。"言其美矣。十日内，每日数度以杷彻底搅之。十日后，每日辄一搅，三十日止[12]。雨即盖瓮，无令水入。水入则生虫。每经雨后，辄须一搅。解后二十日堪食；然要百日始熟耳。

《术》曰："若为妊娠妇人坏酱者，取白叶棘子着瓮中[13]，则还好。俗人用孝杖搅酱，及炙瓮，酱虽回而胎损。乞人酱时，以新汲水一盏，和而与之，令酱不坏。"

【注释】

〔1〕"铛"（shēng），明抄如字，院刻、金抄误作"铧"，湖湘本误作"铥"。按：玄应《一切经音义》卷一六："《埤苍》：'铛，镀也。'谓铁衣也。""镀"（shòu）即"锈"字，"铛镀"意即"生锈"。"铧"是锅子，讲不通。有人将"铛镀"二字分开，在"以一铧"作逗，解释为用锈铁钉子钉锅子，实因误字而误释。"一本作'生缩'"，这是院刻的别本校语，其实这别本倒是正确的。北宋沈括《补笔谈》卷一"乐律"："铁性易缩，时加磨莹，铁愈薄。""缩"即指

铁锈,通"镏"。《集韵·去声·四十九宥》:"镏,铁生衣也。"漱是水润,缩是消减,㵼、镏二字即取义于此。

〔2〕"不多",疑"多不"倒错,或者"多"是衍文。

〔3〕"之",《今释》疑"火"字烂成。这里是指用灰盖火,不是用灰盖蒸豆,作"火"合适。

〔4〕豆黄:《要术》指蒸过的大豆。以后农书通常指罨过长着黄色菌丛的豆为"豆黄"。

〔5〕草蒿(jú):不能肯定是何种植物。或谓即马芹子,但下文《八和齑》草橘子和马芹子并举,则在《要术》并非一物。所谓三指一小撮,则是用它的子实。

〔6〕马尾罗:用马鬃毛织成"纱"做成的筛罗。

〔7〕豆黄三斗,曲末一斗,黄蒸末一斗:豆和曲的配比是三比二小些,即豆多麦小(后二者都是曲,都是小麦罨制的),这比较合理。好处是淀粉较少,糖分不致积累过多,不致影响蛋白质分解速度。今人旧法制酱,豆麦常是对半配合,有糖分过多延缓蛋白质分解之弊。

〔8〕曲:这里包括黄蒸。

〔9〕"挼",虽然《要术》中有作"按"字用的,这里仍疑应作"按"。不过《要术》这样的用例很少,也可能是"按"字袭上文"痛挼"写错。

〔10〕从篇首蒸豆、和曲,到这里罨黄全都长满了衣,全是调制作酱材料的过程,此后加盐水才是作酱。这个作酱材料,酿造学上称干酱醅,俗称"酱黄"。把它密封在瓮中二三十日,实际是一种罨黄法。作酱原料豆麦中的淀粉,由淀粉酶分解成糖,再由酒化酶把糖分解成酒精;酒精一部分发散在空气中,一部分与酸类化合起酯化反应,产生香气,少部分存留在酱醪中;重要的是蛋白酶将豆麦中的蛋白质徐徐分解,转化为氨基酸类而产生鲜味。糖化、酒化、蛋白质分解以及酸化、酯化等变化,其中最缓慢的变化是蛋白质分解变成氨基酸,所以作酱的时间特别长。《要术》的豆酱在冷天酿制,要一百二三十天才成熟,就是因为最后一道"工序"——蛋白酶的工作拖拉。现在群众作酱,伏天晒四五天就可以尝新,泥封也要晒一个月以上才能真正成熟。《要术》讲的是在冷天作酱,所以时间很长。但上文用碎豆作酱,碎豆未经罨黄,未知怎样作法。

〔11〕萎蕤(ruí)葵:萎蔫了的葵,指适当萎蔫的葵菜腌制成的葵菹。腌菜须要晒到适当干萎后才能爽脆有鲜味,不然,烧熟后又软又糊,比鲜菜还差。这是说萎葵腌制的葵菹和日中晒成的豆酱都是美好的菜。

〔12〕酱醅加水下酿后,开始时发酵旺盛,须要每天彻底搅拌几次,十日后进入后发酵阶段,每天只要搅拌一次就够了,三十日后发酵终了,停止搅

拌,这是合理的。搅拌的作用,由于酵母菌和细菌在酱醪中不停地营呼吸作用,搅拌为了供给充分的空气,释出二氧化碳,有利于菌类的繁殖,顺利进行糖化、酒精发酵和蛋白质分解作用,最后酿成有鲜味和香气的甜美豆酱。

　　〔13〕白叶棘子:指白叶酸枣的枝条。《唐本草》注说:"棘(即酸枣)有赤白二种。""白棘,茎白如粉,子叶与赤棘同,棘中时复有之,亦为难得也。"酱被怀孕妇人冲坏,这不一定是迷信。因为微生物很复杂,又很敏感,酱在恒定的小环境中,没有外来干扰时,可以保持稳定,一旦有外来人带进存在于身上或衣物上的有害微生物时,立刻会侵袭到酱中,使其发生变质。不但怀孕妇人,一切外来人都可引起;也不但是酱,凡利用微生物酿造的酒、醋、豉等都有可能。古代酿造工艺过程,多有禁忌,不一定全是迷信。

【译文】

　　作酱,十二月、正月是上好的时令,二月是中等时令,三月是最差的时令。用不渗漏的瓮器,瓮器渗漏就会坏酱。曾经腌过菹菜和作过醋的瓮也不能用。放在高处的石头上太阳能晒到的地方。夏天下雨时,不要让雨水浸着瓮底。用一个生锈(另一个本子作"生缩")的铁钉子,背着"岁杀"的方向钉在瓮底下的石头下面,以后就是有怀孕的妇人吃这酱,也不会烂坏。

　　用春天种的黑大豆,春大豆颗粒小而均匀,晚大豆粒子大而大小混杂。装在大甑中干蒸。蒸汽上来后一直蒸着半天左右,起甑倒出来,把原来在上面的倒在下面,装上去再蒸。不这样倒过,生熟会不均匀。等蒸汽全面上遍了,就用灰盖住〔煻火〕,让煻灰火整夜不熄地烧着。用干牛粪堆成圆堆,中央开个孔,烧起来没有烟,火力像好炭一样。如果能够多多收积干粪,常常用来烧煮食物,既没有灰尘,又不会过猛伤火,远远比烧草好。咬开来看看,如果豆黄颜色发黑熟透了,就取下来,在太阳底下晒干。夜间要聚拢来,盖好,不让它受潮湿。准备要舂去皮的时候,再装到甑里去蒸,蒸汽上遍了就下下来,晒上一天。明天早起,簸扬拣择干净,然后满白地舂捣,不会碎。如果不经过再蒸,直接干舂,就会碎,而且不容易舂净。舂过,再簸,拣去碎的。烧得热汤,拿豆黄放在大盆里浸着。过了很久,搓去黑皮,淘汰洁净,热汤不够,可以添些,千万不要倒掉换汤;换汤会走失豆味,酱也就不好了。再捞出来蒸过。淘豆的汤汁,用来煮碎豆作成酱,供给随时吃。酿大酱用不着汤汁。大约蒸一次熟饭的时间,取下来,放在洁净的席子上,摊开,让它冷透。

　　事前,先拿白盐、黄蒸、草蒿、笨曲在太阳下面晒,晒到极干燥。黄色的盐使酱发苦。盐如果潮湿,使酱变坏。用黄蒸可以使酱发红味道美。草蒿可以使酱芳香；用时搓过，簸去杂草泥土。笨曲和黄蒸，分别捣成粉末，用细筛筛过——用马尾罗过筛更好。酿造比例一般是：三斗豆黄，一斗曲末，一斗黄蒸末，五升白盐，三指一小撮的草蒿子。盐少了酱会发酸，以后就是加盐，味道也好不了。如果用神曲，一升神曲可以当四升笨曲用，因为神曲的消化力强。豆黄堆高量，不括平，盐和曲轻轻地量，括平。三种量好了，都放进盆里，面对着"太岁"的方位拌和，面对着"太岁"，使酱不生蛆虫。要搅拌均匀，用手使劲揉搓，让蒸豆黄的水分都润透曲末。然后也面向"太岁"的方位装进瓮中，用手按捺紧实，到满瓮为止；如果只有半瓮，就难得罨熟。用盆子盖住瓮口，拿泥涂封严密，不让它漏气。

熟时便开封，熟的时间，腊月五个七天，正月、二月四个七天，三月三个七天。酱料当会纵横开裂，周围也离开瓮边，全都长满了衣。全部取出来，捏破块，把两瓮的酱料分作三瓮。在太阳没有出来以前汲取井花水，倒在盆中和进燥盐，比例是一石水和进三斗盐，澄清后用它的清汁。又拿一个小盆舀出少量的清盐汁来浸黄蒸，把黄蒸揉碎，取得它的黄汁，滤去渣滓。然后连同澄清着的盐汁一并倒进瓮中作酱。比例是十石酱料用三斗黄蒸；至于用多少盐汁，没有一定分量，总之是调和酱料像稀粥一样便停止。和得这样稀，因为干豆料是会吸水的。

敞开瓮口在太阳下面晒着。谚语说："莙荙了的葵，太阳晒的酱。"都是说它的味道好。十天之内，每天用耙子彻底地搅拌几次。十天以后，每天搅拌一次，三十天后，停止搅拌。下雨天，盖好瓮口，不让水进去。水进去就会生虫。每下过一次雨之后，就须要搅拌一次。酱料加盐汁调稀后的酱，晒过二十天，可以尝新；但真正成熟总要过一百天。

《术》说："酱如果被怀孕妇人冲坏了，拿白叶棘子放进酱瓮里，可以恢复好味。习俗上用孝杖在瓮中搅拌，或者拿来烧酱瓮，酱虽然可以恢复好，但损害了那妇人的胎儿。拿酱给人家的时候，用一盏新汲来的水调和进去给他，酱就不会坏。"

肉酱法：牛、羊、獐、鹿、兔肉皆得作。取良杀新肉，去脂，细剉。陈肉干者不任用。合脂令酱腻。晒曲令燥，熟捣，绢筛。大率肉一斗，曲末五升，白盐两升半，黄蒸一升，曝干，熟捣，绢筛。盘上和令均调，内瓮子中。有骨者，和讫先捣，然后

盛之。骨多髓，既肥腻，酱亦然也。泥封，日曝。寒月作之。宜埋
之于黍穰积中。二七日开看，酱出，无曲气，便熟矣。买
新杀雉煮之，令极烂，肉销尽，去骨取汁，待冷解酱。鸡汁亦
得。勿用陈肉，令酱苦腻。无鸡、雉，好酒解之。还着日中。

　　作卒成肉酱法[1]：牛、羊、獐、鹿、兔、生鱼，皆得作。
细剉肉一斗，好酒一斗，曲末五升，黄蒸末一升，白盐一升，
曲及黄蒸，并曝干绢筛。唯一月三十日停，是以不须咸，咸则不美。盘
上调和令均，捣使熟，还擘破如枣大。作浪中坑，火烧令
赤，去灰，水浇，以草厚蔽之，令坩中才容酱瓶[2]。大釜中
汤煮空瓶，令极热，出，干。掬肉内瓶中，令去瓶口三寸许，
满则近口者焦。碗盖瓶口，熟泥密封。内草中，下土厚七八
寸。土薄火炽，则令酱焦[3]；熟迟气味美好。是以宁冷不焦；焦[4]，食
虽便，不复中食也。于上燃干牛粪火，通夜勿绝。明日周时，
酱出，便熟。若酱未熟者，还覆置，更燃如初。临食，细切葱白，着
麻油炒葱令熟，以和肉酱，甜美异常也。

　　作鱼酱法：鲤鱼、鲭鱼第一好；鳢鱼亦中。鲚鱼、鲐鱼即全作[5]，
不用切。去鳞，净洗，拭令干，如脍法[6]，披破，缕切之，去骨。
大率成鱼一斗，用黄衣三升，一升全用，二升作末。白盐二升，黄
盐则苦。干姜一升，末之。橘皮一合，缕切之。和令调均，内瓮
子中，泥密封，日曝。勿令漏气。熟，以好酒解之。

　　凡作鱼酱、肉酱，皆以十二月作之，则经夏无虫。余月
亦得作，但喜生虫，不得度夏耳。

　　干鲚鱼酱法：一名刀鱼。六月、七月，取干鲚鱼，盆中
水浸，置屋里，一日三度易水。三日好净，漉，洗，去鳞，全
作勿切。率鱼一斗，曲末四升，黄蒸末一升——无蒸，用麦

蘖末亦得——白盐二升半，于盘中和令均调，布置瓮子，泥封，勿令漏气。二七日便熟。味香美，与生者无殊异。

【注释】

〔1〕卒（cù），通"猝"，突然。

〔2〕"坩"是陶制的容器。现在称耐高热的熔炼容器为"坩埚"。这里似乎是以封闭式的容纳烧瓶的炉膛为"坩"。但本卷《作豉法》的"作家理食豉法"有"内瓮着垆中"，处理方法相同，"垆"即"坎"字，是《食经》用词，《要术》用"坑"或"坎"，这里"坩"，也可能是"浪中坑"的"坑"字之误。

〔3〕"令"，各本均作"合"，《观象庐丛书》本作"令"，应作"令"。

〔4〕此"焦"字原在上文"气味美好"之下，致使全条注文无法解释。注内"焦"字叠见，因而窜乱，现在移后放在这里，文从意顺。

〔5〕鲭（qīng）鱼：即青鱼。　　鳢（lǐ）鱼：即鮦鱼，也叫黑鱼、乌鱼、乌鳢。　　鲚（jì）鱼：即刀鱼。　　鲐（tái）鱼：今鲭科有鲐鱼（Pneumatophorus japonicus），分布于我国以及朝鲜和日本等沿海，贾氏恐不易得。院刻、金抄等均作"鲐鱼"，而明抄作"鲇鱼"，则是鲇科的 Silurus asotus，我国各地淡水中多有分布。鲐、鲇极易误书，未知孰是。

〔6〕脄：细切成条的肉。

【译文】

作肉酱的方法：牛肉、羊肉、獐肉、鹿肉、兔肉都可以作。用活杀的鲜肉，去掉脂肪，斩成细块〔像枣子大小〕。干了的陈肉不合用。连脂肪使酱太腻。将曲晒干，捣细，用绢筛筛过。一般比例是：一斗肉，五升曲末，两升半白盐，一升黄蒸。晒干，捣细，绢筛筛过。一起在盘子里拌和均匀，放进瓮中。有骨头的，和好先去捣过，然后盛进瓮里。骨头里面多骨髓，本身就肥腻，作成酱也肥腻。用泥涂封瓮口，搁在太阳下面晒。在寒冷的月份酿造，宜于将瓮埋在黍穰堆里〔，露出瓮头〕。满十四天，开开来看，酱汁已经出来，没有曲的气味，便成熟了。买现杀的雄鸡，煮到极烂，肉都融碎了，捞去骨头，取得汤汁，等冷了倒进酱瓮里冲稀和调味。鸡汁也可以用。不要用陈肉，用陈肉会使酱味哈喇黏腻。没有鸡或雄鸡，就用好酒调味。依旧在太阳下面晒着。

作速成肉酱的方法：牛肉、羊肉、獐肉、鹿肉、兔肉、鲜鱼肉都可以作。一斗斩细了的肉，一斗好酒，五升曲末，一升黄蒸末，一升白盐，曲和黄蒸，都要晒干捣细用绢筛筛过。只能停放个把月三十天，所以不要太咸，咸了酱就不鲜美。一起在盘子里拌和均匀，捣熟，仍旧擘开像枣子大小的块。挖出一个中部陷下的烧火坑，用火把泥土烧红，去掉灰，用水浇过，在坑里厚厚地铺上草，〔草中央留出一个空坎，〕空坎里面刚好容得下一个酱瓶。在大锅中烧着开水煮空酱瓶，煮到极热，拿出来，弄干。把肉装进瓶里，让肉离开瓶口三寸左右就停装，装满了，近瓶口的肉就会烧焦。用碗盖住瓶口，拿和熟的泥涂封严密。放入草坎中，盖上七八寸厚的泥土。土薄了火力太盛，会把酱烧焦；〔土厚了虽然火力缓些，〕熟得慢些，但酱的味道很好。所以宁可缓些不让它烧焦。〔火猛了虽然熟得快，〕吃起来方便，但已经焦了不好吃了。土上面拿干牛粪烧着，一整夜不让火熄灭。到明天烧够整整一昼夜时，酱汁出来，便熟了。如果还没有熟，依旧盖好放着，像上次一样再烧过。临要吃时，将葱白切细，加大麻油炒熟，和到这肉酱里，吃起来非常甜美。

作鱼酱的方法：鲤鱼、鲭鱼最好；鳢鱼也可以用。如果用鲚鱼、鲌鱼，就整条作，不要切。去掉鳞，洗净，揩干，像鱼脍的切法，先破开，披成片，再切成条，去掉刺。大致比例是：切成的鱼一斗，用三升黄衣，一升整粒的，二升捣成碎末。二升白盐，用黄盐味道苦。一升干姜，捣成末。一合橘皮。切成丝。一起拌和均匀，装进瓮子里，用泥密封，在太阳下面晒。不让它漏气。熟了，用好酒冲稀调味。

凡作鱼酱、肉酱，都要在十二月里作，才可以过夏不生虫。其余月份也可以作，但是容易生虫，不能过夏。

用干鲚鱼作酱的方法：鲚鱼一名刀鱼。六月、七月里，拿干鲚鱼在盆子里用水浸着，放在屋内，一天换三次水。三天之后，很洁净了，捞出来，洗过，去掉鳞，整条的作，不切。比例是：一斗鱼，四升曲末，一升黄蒸末——没有黄蒸，用麦芽末也可以——二升半白盐，一起在盘子里拌和均匀，装进瓮子里，用泥密封，不让它漏气。十四天便成熟。味道香美，跟新鲜的没有两样。

《食经》作麦酱法："小麦一石，渍一宿，炊，卧之，令生黄衣。以水一石六斗,盐三升[1],煮作卤,澄取八斗,着瓮中。炊小麦投之[2],搅令调均。覆着日中,十日可食。"

作榆子酱法[3]:治榆子人一升,捣末,筛之。清酒一升,酱五升,合和。一月可食之。

又鱼酱法:成脃鱼一斗,以曲五升,清酒二升,盐三升,橘皮二叶,合和,于瓶内封。一日可食[4]。甚美。

作虾酱法:虾一斗,饭三升为糁[5],盐二升,水五升,和调。日中曝之。经春夏不败。

作燥脠丑延反法[6]:羊肉二斤,猪肉一斤,合煮令熟,细切之。生姜五合[7],橘皮两叶,鸡子十五枚,生羊肉一斤,豆酱清五合[8]。先取熟肉着甑上蒸令热,和生肉;酱清、姜、橘皮和之。[9]

生脠法[10]:羊肉一斤,猪肉白四两,豆酱清渍之;缕切。生姜,鸡子,春、秋用苏、蓼,着之。

崔寔曰[11]:"正月,可作诸酱,肉酱、清酱。四月,立夏后,鲖鱼作酱。五月,可为酱。上旬䴘楚狡切豆,中庚煮之。以碎豆作'末都'[12],至六月、七月之交,分以藏瓜。可作鱼酱。"

【注释】

〔1〕"盐三升",麦多水多,盐特少,他条无此用盐比例,疑有误字。

〔2〕"炊小麦投之",实际就是上文罨黄了的一石小麦,"炊"上应脱"以"字。

〔3〕"作榆子酱法"以下至"生脠法"五条,仍应是《食经》文。

〔4〕"一日",曲加酒润湿后才开始营酵解作用,怎能就吃,疑是"一月"之误。

〔5〕糁(sǎn):把米饭加入腌制的鱼肉中,使淀粉糖化后,经乳酸菌作

用产生乳酸，有一种酸香味，并有防腐作用，这米饭叫作糁。下文作鱼鲊、羹臛各篇多用之。

〔6〕腒（shān）：一种肉酱，用生肉作成，即所谓"生腒"。但"燥腒"，则生熟肉合和作成。

〔7〕北宋本作"五合"，明抄等作"五片"。

〔8〕豆酱清：从豆酱中取出的清汁，像酱油，但不等于现在的酱油。《要术》中用豆酱清的例子不多，最多的是用豉汁。豉汁差不多代替着酱油作为重要的调味品。

〔9〕本条到此完毕，但鸡蛋是生的还是熟的，怎样下法，没有提到，《食经》文常是这样简阙不明，与《要术》迥别。又，本条料多液少，"液比"极低，故名"燥腒"，"燥"非"糁"字之误。

〔10〕《北堂书钞》卷一四五"生腒"引《食经》有"糁腒法"，是："羊肉二斤，合煮令熟，缕切。生姜，鸡子，春蓼、秋苏，着其上。"与"生腒法"相似，但记述不全，疑有脱漏。"缕切"指肉，《书钞》所记和上条"细切之"可证，《食经》文句倒装而已，非指缕切生姜、鸡子。鸡子不能"缕切"，其生熟不明，一如上条。

〔11〕引崔寔《四民月令》与《玉烛宝典》所引有分歧。《宝典》是按月分引，各月分清不相混，《要术》是综合引录，后人容易倒乱，这里显得枝枝节节缺少头绪。比照《宝典》所引，《要术》文可作如下的调整："正月可作诸酱。上旬䴵（按即"炒"字）豆，中庚煮之。以碎豆作'末都'。至六月、七月之交，分以藏瓜。可作鱼酱、肉酱、清酱。四月立夏后，鲖鱼作酱。五月可为酱。"

〔12〕末都：利用作大酱过程中簸拣得的碎豆作成的酱，叫作"末都"。

【译文】

《食经》作麦酱的方法："用一石小麦，水浸一夜，炊熟，进行罨黄，让长出黄衣。用一石六斗水，放进三升盐（？），煮成盐汁，澄清，取得八斗清汁，倒进瓮中。再将罨黄了的小麦投落瓮中，搅拌均匀。盖好，在太阳底下晒，十天便可以吃了。"

作榆荚仁酱的方法：整治出榆荚仁一升，捣成碎末，筛过。加进一升清酒，五升酱，拌和均匀。一个月可以吃。

又作鱼酱的方法：切成脍的鱼一斗，用五升曲，二升清酒，三升盐，两片橘皮，一并拌和均匀，封在瓶子里。一个〔月〕可以吃，很鲜美。

作虾酱的方法：一斗虾，用三升饭为糁，加二升盐，五升水，一起拌和均匀。在太阳下面晒着。可以经过春夏不会变坏。

作燥脡的方法：二斤羊肉，一斤猪肉，合在一起煮熟，切细。另外用五合生姜，两片橘皮，十五个鸡蛋，一斤生羊肉，五合豆酱清。先将熟肉上甑中蒸热，再和上生羊肉，然后和进豆酱清、生姜、橘皮等作料。

作生脡的方法：一斤羊肉，四两白猪肉，用豆酱清浸过，切成条。加上生姜、鸡蛋，春天、秋天再加紫苏或蓼作香料。

崔寔说："正月，可以作各种酱，肉酱，清酱。四月，立夏节后，可以作鲖鱼酱。五月，可以作酱。上旬炒豆，中旬庚日煮豆。把碎豆作成'末都'。到六月底，七月初，可以分些末都出来腌酱瓜。可以作鱼酱。"

作鱁鮧法[1]：昔汉武帝逐夷至于海滨，闻有香气而不见物。令人推求，乃是渔父造鱼肠于坑中，以至土覆之[2]，香气上达。取而食之，以为滋味。逐夷得此物，因名之，盖鱼肠酱也。取石首鱼、鲻鱼、鲻鱼三种肠、肚、胞[3]，齐净洗，空着白盐，令小倚咸，内器中，密封，置日中。夏二十日，春秋五十日，冬百日，乃好熟。食时下姜、酢等。

藏蟹法：九月内，取母蟹，母蟹脐大圆，竟腹下；公蟹狭而长。得则着水中，勿令伤损及死者。一宿则腹中净。久则吐黄，吐黄则不好。先煮薄饧，饧，薄饧。着活蟹于冷饧瓮中一宿。煮蓼汤，和白盐，特须极咸。待冷，瓮盛半汁，取饧中蟹内着盐蓼汁中，便死，蓼宜少着，蓼多则烂。泥封。二十日，出之，举蟹脐，着姜末，还复脐如初。内着坩瓮中，百个各一器，以前盐蓼汁浇之，令没。密封，勿令漏气，便成矣。特忌风里，风则坏而不美也。

又法：直煮盐蓼汤，瓮盛，诣河所，得蟹则内盐汁里，满便泥封。虽不及前味，亦好。慎风如前法。食时下姜末调黄，盏盛姜酢。

【注释】

〔1〕鲝（zhú）鮧（yí）：鱼内脏腌制成的食品。除腌制外，也有蜜渍的。北宋沈括《梦溪笔谈》卷二四记载南朝宋明帝爱吃蜜渍鲝鮧，一吃几升。但沈括还是不了解怎样吃法，他说："鲝鮧乃今之乌贼肠也，如何以蜜渍食之？"

〔2〕"至土"，各本同，无法解释。吾点校记："至，疑坚。"《渐西》本即据以改为"坚土"；《今释》疑"湿土"之误，日译本疑"草土"之误。或者"以至"是"至以"倒错，是说寻找人到时，用土盖上。恐亦未必是，存疑。

〔3〕石首鱼：即黄鱼，由于头盖骨内有豆大的骨两颗，坚硬如石，故有"石首"之名。　　鲨鱼：大概指鲨鱼，即鲛，"鱼翅"就是它的鳍，但不知如何得到鲜内脏。　　鲻（zī）鱼：鲻科的Mugil cephalus，大的长可二尺，栖于海口半咸水中，胃具有强壮的筋肉，状如算盘珠子。

【译文】

作鲝鮧的方法：从前汉武帝追逐夷人到了海滨，闻到一股香气，但见不到香的东西，就叫人去寻找，原来是渔翁在坑中作鱼肠，〔寻找人到时，〕用土盖着，香气是从坑里发出来的。拿来吃时觉得很有滋味。因为逐夷得到这样东西，所以就叫它"鲝鮧"，其实是鱼肠酱。取石首鱼、鲨鱼、鲻鱼三种鱼的肠、肚（dǔ）、鳔，都洗净，只放白盐一样，稍为偏咸些，盛在容器里，紧密封好，搁在太阳下面晒。夏天过二十天，春秋过五十天，冬天过一百天，就完全熟了。吃时加姜、醋等调味。

渍藏螃蟹的方法：九月里取得母蟹，母蟹脐大而圆，占着整个腹部；公蟹的脐却狭而长。得到就养入水里，不要让它受损伤或者死掉。过一夜，腹里面就洁净了。放久了会吐黄，吐黄就不好了。先煮好稀饧水，饧，就是稀饴糖。〔等冷了盛到瓮中，〕拿活蟹移到这冷饧水的瓮里，过上一夜。煮得蓼汤，和进白盐，须要和得极咸。等冷了，舀出盐蓼汁盛在另外的瓮里，盛上半瓮，又拿饧水中的蟹移到这盐蓼汁的瓮里，蟹便死了。蓼要少搁些，搁多了蟹就会烂坏。瓮口用泥封好。过二十天，取出来，揭开腹部甲壳——脐，放些姜末进去，依旧把甲壳盖好。随即盛入小坩瓮里，一百只装一瓮，用前面的盐蓼汁浇下去，让汁淹没蟹面。然后泥封严密,不让漏气,便作成了。特别留心不要让风吹,风吹着便容易坏,味道就不鲜美了。

又一个方法:径直煮成盐蓼汤,瓮里盛着,直接到河边去,捉得河蟹就放进盐蓼汁里,满瓮了便泥封好。虽然不及上一方法的味道好,但是也还可以。跟上面的方法一样要当心避风。吃时加些姜末调和蟹黄,再用盏子盛着姜醋蘸着吃。

作酢法第七十一

凡醋瓮下，皆须安砖石，以离湿润。为妊娠妇人所坏者，车辙中干土末一掬着瓮中，即还好。

作大酢法：七月七日取水作之。大率麦䴷一斗，勿扬簸；水三斗；粟米熟饭三斗，摊令冷。任瓮大小，依法加之，以满为限。先下麦䴷，次下水，次下饭，直置勿搅之。以绵幕瓮口，拔刀横瓮上。一七日，旦，着井花水一碗。三七日旦，又着一碗，便熟。常置一瓠瓢于瓮，以挹酢；若用湿器、咸器内瓮中，则坏酢味也。

又法[1]：亦以七月七日取水。大率麦䴷一斗，水三斗，粟米熟饭三斗。随瓮大小，以向满为度。水及黄衣，当日顿下之。其饭分为三分：七日初作时下一分，当夜即沸；又三七日，更炊一分投之；又三日[2]，复投一分。但绵幕瓮口，无横刀、益水之事。溢即加甊。

又法：亦七月七日作。大率麦䴷一升，水九升，粟饭九升，一时顿下，亦向满为限。绵幕瓮口。三七日熟。

前件三种酢[3]，例清少淀多。至十月中，如压酒法，毛袋压出，则贮之。其糟，别瓮水澄，压取先食也。

秫米神酢法：七月七日作。置瓮于屋下。大率麦䴬一斗，水一石，秫米三斗——无秫者，黏黍米亦中用。随瓮大小，以向满为限。先量水，浸麦䴬讫；然后净淘米，炊为重馏，摊令冷，细擘饭破[4]，勿令有块子，一顿下酿，更不重投。又以手就瓮里搦破小块，痛搅令和，如粥乃止，以绵幕口。一七日，一搅；二七日，一搅；三七日，亦一搅。一月日，极熟。十石瓮，不过五斗淀。得数年停，久为验。其淘米泔即泻去，勿令狗鼠得食。馈黍亦不得人噉之。

粟米、曲作酢法：七月、三月向末为上时，八月、四月亦得作。大率笨曲末一斗，井花水一石，粟米饭一石。明旦作酢，今夜炊饭，薄摊使冷。日未出前，汲井花水，斗量着瓮中。量饭着盆中，或栲栳中，然后泻饭着瓮中。泻时直倾下，勿以手拨饭。尖量曲末，泻着饭上，慎勿挠搅，亦勿移动。绵幕瓮口。三七日熟。美酽少淀，久停弥好。凡酢未熟、已熟而移瓮者，率多坏矣；熟即无忌。接取清，别瓮着之。

秫米酢法：五月五日作，七月七日熟。入五月则多收粟米饭醋浆[5]，以拟和酿，不用水也。浆以极醋为佳。末干曲，下绢筛。经用粳秫米为第一，黍米亦佳。米一石，用曲末一斗；曲多则醋不美。米唯再馏。淘不用多遍。初淘潘汁泻却。其第二淘泔，即留以浸馈，令饮泔汁尽，重装作再馏饭。下，掸去热气，令如人体，于盆中和之，擘破饭块，以曲拌之，必令均调。下醋浆，更搦破，令如薄粥。粥稠则酢剋[6]，稀则味薄。内着瓮中，随瓮大小，以满为限。七日间，一日一度搅之；七日之外，十日一搅，三十日止。初置瓮于北荫中风凉之处，勿令见日。时时汲冷水遍浇瓮外,引去热气,但勿令生水入瓮中。取十石瓮,不过五六斗糟耳。接取清,别瓮贮之,得停数年也。

【注释】

〔1〕此"又法"连下文"又法"及"前件三种酢"三段,原均列在下文"秫米神酢法"条之后,变成了"秫米神酢"的又法,倒错了。启愉按:这两种"又法"都是粟米醋,不能作为秫米醋的又法,而且"又法"明说"无横刀、益水之事",正是针对"大酢法"有这种作法而言,说明这和"大酢"同类,只是不采取"横刀"等法而已。更重要的是酿造"液比"(用水量对原料米的百分比)不同:三种粟米醋的液化都是100∶100,醋醅稠厚,所以三种都是"清少淀多";可是秫米神酢的液比是100∶33.3,大相悬殊,醋醅极稀薄,所以成品"十石瓮,不过五斗淀",正与下记的"秫米酢法"同类。这是区分三种粟米醋和两种秫米酢不同的关键,也是该各归其类的重要准绳。所以,启愉采用"理校"把"又法"等三段移前,归于"大酢法"之下,纠正其窜乱。

〔2〕"又三七日……又三日",显然错误,应作"又七日……又三七日"。

〔3〕北宋本是"三种",明抄等改为"二种",这是由于二种"又法"原列在"秫米神酢法"之下造成的,因为"大酢法"被隔开,剩下的只能有"又法"二种是"清少淀多"的,所以改"三"为"二"。但这是不明醋的酿造法和液比作用于成品醋的指标,乃被错简所误而错改。古人无可厚非,近人有认为"清少淀多"是"清多淀少"之误,就欠细察了。

〔4〕"细擘饭破",原作"细擘曲破",误。按:此醋根本没有用曲,曲也不易擘成小块,如果是指麦䴷,麦䴷更毋庸擘。此醋与下文"秫米酢"同类,液比和醋多淀少相同,醋醅调如薄粥相同,该醋的操作正是"擘破饭块……"。这里不必拘泥"校规",径改为"饭"以祛惑。

〔5〕粟米饭醋浆:粟米饭酸浆水,淀粉质的酸化浆液,作为接种剂。山西陈醋用一种特制的醋浆(用粟米、高粱和醋曲混合制成)作为醋母投入生产。其酿造工艺调和醋醅专用醋浆不用水一点与《要术》相同。

〔6〕酢剉:醋量会减少。由于醋醅过稠,"液比"低,醋液自然减少。并且容易发黏,导致产醭,好醋更少,甚至发酵温度过高,会引起"烧醅",就完全报废了。

【译文】

凡醋瓮的下面,都必须垫上砖头石块,把地面的水湿隔开。醋被怀孕妇人冲坏了的，可以在道路上的车轮印下捧一捧干土末放进醋瓮里，醋便恢复好了。

酿制大醋的方法：在七月初七日取水酿造。一般配比是：一斗麦𪋲，不要簸扬；三斗水；三斗粟米熟饭，要摊冷了。随着瓮的大小，按这个比例增加，以满瓮为限。先下麦𪋲，次后下水，次后下饭，就这样下着，不要搅拌。用丝绵蒙住瓮口，拿一把出鞘的刀横搁在瓮上。满七天，清早，倒进一碗新汲的井花水。满二十一天，清早，又倒进一碗井花水，便熟了。常常放一个葫芦瓢在瓮里，用来㪺醋；如果用湿的或者咸的器皿来㪺醋，醋的味道就会变坏。

又一个方法：也是七月初七日取水。一般配比是：一斗麦𪋲，三斗水，三斗粟米熟饭。依着瓮的大小，以快满瓮为限。水和麦𪋲，当天一次投下。饭要分为三份：初七日开始酿造时投下一份，当夜就发酵冒气泡；到二十一天（？），再炊一份投下；又过三天（？），再投下一份。只要用丝绵蒙住瓮口，没有横刀和添井花水的麻烦。如果醋醅满出来，可以加甑圈防止。

又一种作法：也是七月初七日酿造。一般比例是：一升麦𪋲，九升水，九升粟米饭。同时一次投下，也是以快满瓮为限。用丝绵蒙住瓮口。二十一天便成熟。

上面三种醋，同样都是清液少，糟粕多。到十月里，像压酒一样，用毛袋盛着压榨出醋液，贮藏着〔慢慢食用〕。榨过的糟粕，和上水，盛在另外的瓮里澄清着〔继续微微酸化〕，再压榨出来，先吃它。

秫米神醋的酿造法：七月初七日酿造。将瓮子放在屋里。一般配比是：一斗麦𪋲，一石水，三斗秫米——没有秫米，黏黍米也可以用。随着瓮的大小，以快满瓮为限。先量好一石水，把麦𪋲浸着；然后把米淘净，炊为再馏熟饭，摊冷，细细擘破饭团，擘成小块，一次下酿落瓮，不再投第二次。又用手在瓮中把小块的饭捏散，使劲地搅拌均匀，搅成像粥一样才停手，再用丝绵蒙住瓮口。满七天，搅拌一次；十四天，又搅拌一次；二十一天，重又搅拌一次。再过一个月的日子，就完全熟了。十石瓮的醋醪，不过五斗糟。这醋可以陈酿几年，越陈越好。原先的淘米泔水随时就倒掉，不让狗和老鼠吃到。再馏饭也不能让人吃。

粟米加曲酿醋的方法：七月、三月快尽的几天是最好的时令，八月、四月也可以作。一般比例是：一斗笨曲末，一石井花水，一石粟米饭。明天清早酿醋，要在今天夜里炊饭，薄薄地摊开让它冷了。在太阳没有出来以前汲取井花水，用斗量水到瓮里。饭，先量到盆子里，或者柳条编的笆斗里，然后倒进瓮里。倒时径直倒下，不要用手拨饭。曲末要堆尖量，随即倒在饭上面，千万不要搅动，也不要移动瓮子。再用丝绵盖住瓮口。二十一天便成熟。成醋味道美，酸度高，糟也少，而且越陈越好。凡酿醋在未熟或快熟的时候移动瓮子，大率都会坏醋；已经熟了就没有关系。舀出上面的清醋，盛入另外的瓮里贮存着。

酿造秫米醋的方法：五月初五日酿造，七月初七日成熟。进入五月就多收积粟米饭酸浆水，准备调和酿醋，这醋是不用水的。酸浆以极酸为好。把干曲捣成粉末，用绢筛筛过。曾经酿造过，用粳性的秫米最好，黍米也还好。一石米，用一斗曲末；曲多了醋不鲜美。米只要炊到再馏，也用不着多遍淘洗。初次的淘米泔水倒掉。第二次的淘米泔水就留下来浸馈饭，到泔水给馈饭吸尽了，重新装上甑蒸成再馏熟饭。下下来，摊开，接连地翻动，让热气散去，饭温要像人体的温度，再在盆子里拌和着〔使温度均匀〕，把饭块擘破，拿曲末拌进饭里，务必要拌和均匀。然后倒进酸浆水，再把饭捏散，像薄粥的样子。粥太稠了醋量会减少，太稀了醋味就淡薄了。随即将粥料倒进瓮中酿醋，依着瓮的大小，以满瓮为限。最初七天，每天搅拌一次；七天之后，十天搅拌一次，到三十天停止。开始酿造的时候，就把瓮放在北屋中风凉的地方，不让它见到太阳。常常汲取冷水在瓮外遍瓮体地浇淋，让热气引出散去，但是不能让生水进到瓮里去。十石瓮的醋醪，不过五六斗糟罢了。舀出上面的清醋，盛在另外的瓮里，可以陈上几年。

大麦酢法：七月七日作。若七日不得作者，必须收藏取七日水，十五日作。除此两日则不成。于屋里近户里边置瓮。大率小麦麹一石，水三石，大麦细造一石[1]——不用作米则利严，是以用造。簸讫，净淘，炊作再馏饭。�白令小暖如人体，下酿，以耙搅之，绵幕瓮口。三日便发。发时数搅，不搅则生白醭；生白醭则不好。以棘子彻底搅之：恐有人发落中，则坏醋。凡醋悉尔；亦去发则还好。六七日，净淘粟米五升——米亦不用过细——炊作再馏饭，亦掸如人体投之，耙搅，绵幕。三四日，看米消，搅而尝之，味甜美则罢；若苦者，更炊二三升粟米投之，以意斟量。二七日可食，三七日好熟。香美淳严，一盏醋，和水一碗，乃可食之。八月中，接取清，别瓮贮之，盆合，泥头，得停数年。未熟时，二日三日，须以冷水浇瓮外，引去热气，勿令生水入瓮中。若用黍、秫米投弥佳，白、苍粟米亦得。

烧饼作酢法：亦七月七日作。大率麦䴷一斗，水三斗，亦随瓮大小，任人增加。水、䴷亦当日顿下。初作日，软溲数升面，作烧饼，待冷下之。经宿，看饼渐消尽，更作烧饼投。凡四五投，当味美沸定便止。有薄饼缘诸面饼，但是烧煿者[2]，皆得投之。

回酒酢法[3]：凡酿酒失所味醋者，或初好后动未压者，皆宜回作醋。大率五石米酒醅，更着曲末一斗，麦䴷一斗，井花水一石；粟米饭两石，掸令冷如人体，投之，耙搅，绵幕瓮口。每日再度搅之。春夏七日熟，秋冬稍迟，皆美香。清澄后一月，接取，别器贮之。

动酒酢法：春酒压讫而动不中饮者，皆可作醋。大率酒一斗，用水三斗，合瓮盛，置日中曝之。雨则盆盖之，勿令水入；晴还去盆。七日后当臭，衣生，勿得怪也，但停置，勿移动、挠搅之。数十日，醋成衣沉，反更香美。日久弥佳。

又方：大率酒两石，麦麲一斗，粟米饭六斗，小暖投之，耙搅，绵幕瓮口。二七日熟，美酽殊常矣。

【注释】

〔1〕造：一种粗糙舂法的俗语。《四时纂要·七月》"麦醋"条称将大麦舂成一半成米一半带皮为"一糙"。清许旦复《农事幼闻》称米舂得白净为"双糙"，更精白为"三糙"、"四糙"。《广雅·释言》"造"与"草"同义，则"造"就是"草"、"糙"，是说草草、粗糙，不求精纯。《要术》以不舂成米为"细造"，则比"一糙"还要粗些，就是大多带着外皮，很少舂成米。舂的程度不同，现在群众也有各种不同的口语，如浙东称稍舂为"滑"，半舂为"皽"（俗读 chuàn）。《玉篇》："皽，半舂也。"皽，音 còu。造、糙、皽、皽，实际都是半舂或不到半舂的群众特用口语。

〔2〕煿（bó）：同"爆"，油炸煎炒菜肴。

〔3〕这是在变酸了的发酵醪或成熟醪中重新加入曲、饭使转变成醋的办法。下面两条是将经压榨后的成品酒变酸后改酿成醋的方法。按：低醇度的淡酒敞口放着，不久就会天然氧化变酸，这是因为醋酸菌到处存在于自然界中，淡酒醇度低，不能抑制空气中落入的醋酸菌，因而旺盛繁殖产生醋酸。这种现象，从人类开始有酒时就会被发现的。《要术》正是利用这一原理，索性把酸酒因势利导转酿成醋。既不浪费粮食，又得新产品。

【译文】

大麦醋的酿造法：七月初七日酿造。如果初七日来不及酿造，必须在初七日把水汲来准备着，到七月十五日酿作。除了这两天，其余的日子都作不成。在屋里近门的里边放着醋瓮。一般配比是：一石小麦麲子，三石水，一石细造的大麦——不舂成米酿成的醋比较醇酽，所以要用造。簸扬之后，淘洗洁净，炊成再馏饭。取下摊开，翻动，散去热气，让饭温温像人体的温度。投饭下酿，用耙子搅拌过，瓮口用丝绵蒙着。三天便酵解发动了。发的期间，要多次搅拌，不搅拌上面会长出白色的菌醭；长出菌醭就不好了。用酸枣枝条在醋瓮中彻底地搅动，因为恐怕有人的头发落在里面，那就会坏醋。所有的醋，都是这样；也是搅动缠去头发之后都会恢复好的。六七天后，再拿五升粟米淘洗洁净——米也不需要太精白——炊作再馏饭，也是摊开翻动散去热气，像人体的温度时投下醋瓮，照样用耙子搅拌，用丝绵盖住瓮口。过三四天，看看饭已经消化了，搅和了尝尝看，如果味道甜美就可以了；如果还有苦味，〔曲力未尽，〕再炊二三升的粟米饭投下去，要看情况掌握。这之后满十四天，可以吃，满二十一天，就完全熟了。这醋气味香美，而且很酽烈，一盏醋要兑上一碗水才能吃。八月里，舀出上层的清醋，盛在另外的瓮里陈酿着，用盆子盖着瓮口，用泥涂封，可以陈上几年。在没有成熟以前，隔两天三天，需要在瓮外面浇冷水，让热气引出散去，但是不能让生水进到瓮里去。第二投如果用黍米、秫米炊饭投下去，更好；白粟米、苍粟米也可以。

用烧饼酿醋的方法：也是七月初七日酿作。一般比例是：一斗麦䴷，三斗水，也是依着瓮的大小，随人按比例增加分量。水和麦䴷，也是当天一次投下。开始酿制的这一天，拿几升面粉和成软面团，作成烧饼，等冷了投入瓮中。过一夜，看看饼已经渐渐消化尽了，再作些烧饼投下。一共投四五次，正该味道美好，发酵也停止了，便不再投。凡是边缘薄的各种面饼，只要是烧烤的，都可以投酿。

将酸酒醪转变成醋的方法：凡是酿酒由于不得法而使发酵醪变酸的，或者起初还好后来变酸了的未经压榨的成熟醪，都该索性转变成醋。转酿的一般比例是：原来五石米的酒醅，再加进一斗曲末，一斗麦䴷，一石井花水，又两石粟米饭，摊开翻动冷到像人体的温度，一并投入瓮中。用耙子搅拌均匀，拿丝绵蒙住瓮口。以后每天搅拌两次。春天夏天七天成熟，秋天冬天稍为迟些，都转变成了香美的醋。澄清之后一个月，舀出来，盛在另外的瓮里贮存着。

将酸酒转变成醋的方法：春酒压榨出来后变酸了，不能喝的，都可以转酿成醋。转酿的一般比例是：一斗清酒，用三斗水兑进去，一并盛在瓮里，搁在太阳下面晒着。雨天用盆子盖住瓮口，不让生水进去；天晴了去掉盆子。七天之后会发臭，上面生成一层菌衣，不要觉得奇怪，尽管在原地放着，不要移动，也不要去搅动。几十天之后，醋变成了，衣也沉下去了，味道反而更加香美。日子久了更好。

又一个变酸酒为醋的方法：一般比例是：两石清酒，用一斗麦䴷，六斗温温的粟米饭，一齐投下去。用耙子搅拌均匀，拿丝绵蒙住瓮口。十四天成熟，酸味美而浓酽，不同于平常的醋。

神酢法[1]：要用七月七日合和。瓮须好。蒸干黄蒸一斛，熟蒸䅺三斛：凡二物，温温暖，便和之。水多少，要使相淹渍；水多则酢薄不好。瓮中卧经再宿，三日便压之，如压酒法。压讫，澄清，内大瓮中。经二三日，瓮热，必须以冷水浇；不尔，酢坏[2]。其上有白醭浮，接去之。满一月，酢成可食。初熟，忌浇热食，犯之必坏酢。若无黄蒸及䅺者，用麦䴬一石，粟米饭三斛合和之。方与黄蒸同。盛置如前法。瓮常以绵幕之，不得盖。

作糟糠酢法：置瓮于屋内。春秋冬夏，皆以穰茹瓮下，不茹则臭。大率酒糟、粟糠中半。粗糠不任用，细则泥，唯中间收者佳。和糟糠，必令均调，勿令有块。先内荆、竹簟于瓮中[3]，然后下糠糟于簟外，均平以手按之，去瓮口一尺许便止。汲冷水，绕簟外均浇之，候簟中水深浅半糟便止。以盖覆瓮口。每日四五度，以碗挹取簟中汁，浇四畔糠糟上。三日后，糟熟，发香气。夏七日，冬二七日，尝酢极甜美，无糟糠气，便熟矣。犹小苦者，是未熟，更浇如初。候好熟，乃挹取簟中淳浓者，别器盛。更汲冷水浇淋，味薄乃止。淋法，令当日即了。糟任饲猪。其初挹淳浓者，夏得二十日，冬得六十日；后淋浇者，止得三五日供食也。

酒糟酢法：春酒糟则酽。颐酒糟亦中用。然欲作酢者，糟常湿下；压糟极燥者，酢味薄[4]。作法：用石硙子辣谷令破[5]，以水拌而蒸之。熟便下，掸去热气，与糟相拌[6]，必令其均调；大率糟常居多。和讫，卧于醋瓮中[7]，以向满为限，以绵幕瓮口。七日后，酢香熟，便下水，令相淹渍。经宿，酹孔子下之。夏日作者，宜冷水淋；春秋作者，宜温卧，以穰茹瓮，汤淋之。以意消息之。

作糟酢法：用春糟[8]，以水和，搦破块，使厚薄如未压酒。经三日，压取清汁两石许，着熟粟米饭四斗投之[9]，盆覆，密泥。三七日酢熟[10]，美酽，得经夏停之。瓮置屋下阴地。

【注释】

〔1〕《要术》本文在此条以上都直接用粮食酿醋，自此条以下四条均用粮食加工的副产品麦麸（秄）和粟糠以及酒糟酿醋。

〔2〕酢坏：按：压榨出来的清液，仍在发酵旺盛前期，释放出大量的热，如果温度过高，醋酸菌本身就活不了，乙醇氧化为乙酸（醋酸）的最后一道"工序"停止，醋就坏了。凡在未成醋前因温度过高而坏醋者，现在叫"烧醋"。

〔3〕篘（chōu）：篾编的长筒形隔糟抽酒的用具，俗称"酒篘"。但作为酒篘字始见于《集韵·平声·十八尤》，《玉篇》、《广韵》均作"箈"，而"篘"是另一字，《四时纂要·七月》"麦醋"亦作"箈"。《要术》此字是后人改的。

〔4〕酢味薄：醋味就淡薄。按：此醋不加任何曲料，完全用酒糟酿成。酒糟是唯一的醋母，即接种剂，利用酒糟中的酒精残余由醋酸菌营氧化作用而酿成醋。酒糟榨得极干燥，酒精残余量极有限，"本钱"不够，醋酸菌无可施其技，即使投入谷子作配料，但谷子中的淀粉必须由曲中所含的淀粉酶作用才能糖化，糖又必须由曲中的酵母菌作用才能产生酒精，可现在没有曲，全靠糟中的残余酒力，而残余的酒力很小，谷子的糖化、酒化也一定很不得力，这样，不但醋味淡薄，可能谷子也起不了作用，而成为糟粕残留在醋醪中。

〔5〕石硙（wèi）：石磨。 辢：借作"捊"字（同音），一种磨法的俗语。凡磨谷物，在磨眼中一次所添谷物的多少不同，其粉碎程度也不同。添得越多，磨得越粗。再添许多，就仅仅脱壳，稍稍轧破而已。"辢"（捊），就是这种磨法。《四时纂要·七月》作麦醋法正作"磨中捊破"。

〔6〕明清刻本作"相拌"，两宋本作"相半"。

〔7〕本条两"酹"字，两宋本均作"酳"，明清刻本作"酢"，或作"醋"、"醑"，均讹。"酳"是"以酒漱口"，"酹"是"以孔下酒"，正字应作"酹"。参

看卷七《笨曲并酒》注释。醋瓮,有醋孔的瓮。醋孔是用以放出瓮中液体的嘴孔,开在瓮近底部的瓮壁上。按:《要术》二三种醋中(包括引《食经》),唯此醋为固体状态发酵,所以醋醅成熟后要加水淋醋,淋取醋液,醋孔即为淋水出醋而设,即上面淋水之后,下面由醋孔中流出醋。固态发酵的醋,通常都采取此法,惟孔子内外的装置法有不同。液态发酵的,多采用压榨法。

〔8〕"春糟",疑应作"春酒糟"。

〔9〕"熟",明抄如此,北宋本作"热"。

〔10〕北宋本作"三七日",明抄等作"二七日"。

【译文】

　　麦麸神醋的酿造法:要在七月初七日拌料酿造。瓮一定要好。一斛蒸过的干黄蒸,三斛蒸熟了的麦麸,两样材料还温温暖暖的时候便一起拌和下酿。加多少水,总要使材料淹没着为度;水过多了醋就淡薄不好。就在瓮中罨酿着。过两夜,第三天便像压酒一样压榨出来。压出来后,澄清了,盛到大瓮里。经过两三天,醋瓮发热了,必须拿冷水浇到瓮外面;不然的话,醋便坏了。上面有白色的菌醭浮上来,就撇掉。满一个月,醋成熟了,便可以吃。开始成熟的时候,禁忌拿来浇热菜吃,如果犯了这个禁忌,瓮里的醋一定会坏掉。假如没有黄蒸和麦麸,可以用一斛麦䴵和三斛粟米饭一起拌和下酿。方法同用黄蒸的酿法一样。压榨装盛等方法也和上面一样。醋瓮上常常用丝绵蒙着,不能实盖。

　　糟糠醋的酿造法:将酿瓮放在屋内。无论春夏秋冬都要用黍穰包裹在瓮下边,不包裹的话,醋会变臭。一般比例是酒糟和粟糠各占一半。糠,粗的不好用,细的又会糊,只有〔簸扬时〕收得不粗不细的中等糠才合用。拌和糟糠必须要均匀,不让它有块子。先在瓮里放一个荆条或竹篾编的酒篘,然后投下糟糠的混合物在酒篘的外围,用手按匀按平,距瓮口一尺左右便停投。汲取冷水,绕着篘外面均匀地浇下去,让水渗进篘里面,看候着,水渗到有外面糟糠的一半深便停浇。用盖把瓮口盖着。拿碗舀出篘中的液汁浇在四周的糟糠上,每天浇四五次。三天之后,糟糠酵解快熟时,发出香气。夏天七天,冬天十四天,尝尝看,醋味很甜美,没有糟糠的气味,便熟了。如果还有小小的苦味,是没有熟,再照样舀出来继续浇。等到完全成熟了,把篁里面醇浓的醋汁舀出来，盛在另外的容器里。再汲取冷水来浇淋，到味道淡了为止。浇淋的工作当天就要做完。糟渣可以喂猪。初次舀出的醇浓汁，夏天可以放二十天，冬天可以放六十天。后一次淋得的，只在三五天之内可以吃。

酒糟醋的酿造法：春酒酒糟酿得的醋，味道酽浓。颐酒的糟也可以用。不过想用酒糟酿醋，总要用湿些的糟下酿；糟压榨得极燥，醋味就淡薄。酿作的方法：用石磨子将谷子辣破，拌上水，上甑中蒸。蒸熟了便倒出来，摊开，翻动散去热气后，同酒糟相拌和，必须和得均匀；一般的比例，糟比谷子总要多些。和好后，投在有酽孔的瓮中罨着，多少以快要满瓮为止，用丝绵蒙着瓮口。七天之后，醋发出香气熟了，便浇进水去，让水淹没着糟面。过一夜，〔拔去酽孔塞子，〕让醋液从酽孔中流出来。〔浇水的方法，〕夏天酿制的，该用冷水浇淋；春秋酿制的，该用黍穰包裹在瓮外面保温罨着，要用热汤浇淋。这些要用心掌握。

用春酒糟酿醋的方法：春酒糟用水调和，捏破团块，厚薄像没有压榨前的酒醪那样。过了三天，压榨出两石左右的清汁来，用四斗熟粟米饭投下去，盆子盖住瓮口，用泥密封。满二十一天醋熟了，味道好，酸味酽浓，可以停放过夏。醋瓮要放在屋中阴暗的地方。

《食经》作大豆千岁苦酒法[1]："用大豆一斗，熟汰之，渍令泽。炊，曝极燥。以酒醅灌之。任性多少，以此为率[2]。"

作小豆千岁苦酒法[3]：用生小豆五斗，水汰，着瓮中。黍米作馈，覆豆上。酒三石灌之，绵幕瓮口。二十日，苦酢成。

作小麦苦酒法：小麦三斗，炊令熟，着堈中[4]，以布密封其口。七日开之，以二石薄酒沃之，可久长不败也。

水苦酒法：女曲、粗米各二斗[5]，清水一石，渍之一宿，沛取汁[6]。炊米曲饭令熟，及热酘瓮中。以渍米汁随瓮边稍稍沃之，勿使曲发饭起。土泥边，开中央，板盖其上。夏月，十三日便醋。

卒成苦酒法：取黍米一斗，水五斗，煮作粥。曲一斤，烧令黄，捶破，着瓮底。以熟好泥[7]。二日便醋。

已尝经试[8]，直醋亦不美。以粟米饭一斗投之，二七日后，清澄美酽，与大醋不殊也。

乌梅苦酒法[9]：乌梅去核一升许肉，以五升苦酒渍数日，曝干，捣作屑。欲食，辄投水中，即成醋尔。

蜜苦酒法：水一石，蜜一斗，搅使调和，密盖瓮口，着日中。二十日可熟也。

外国苦酒法：蜜一升，水三合，封着器中；与少胡荾子着中[10]，以辟，得不生虫。正月旦作，九月九日熟。以一铜匕水添之，可三十人食。

崔寔曰："四月四日可作酢。五月五日亦可作酢。"

【注释】

〔1〕苦酒：醋的别名。《食经》、《食次》的名称。

〔2〕既没有交代酒醅的用量，那就没有说对大豆一斗的比例（"率"），也没有提到灌醅的稀稠程度，怎样"任性多少，以此为率"？《食经》文纵使疏简，也不应简缺到如此程度，怀疑"酒醅"下有若干斗的数量被脱漏。

〔3〕自此条以下至"外国苦酒法"条，仍是《食经》文。不但称醋为"苦酒"，所用有"女曲"，行文用语如"堈"、"沭取汁"等多有不同，"卒成苦酒法"并有贾氏"已尝经试"，尤为明证。

〔4〕堈（gāng）：瓮。

〔5〕女曲：指糯米作成的饼曲，也指"麦黄衣"，即麦麲。这都是《食经》、《食次》地区的名称。

〔6〕明抄作"沭"（jǐ），院刻作"沭"，字同，他本误作"练"或"沸"。按："沭"，古文"济"字，此指滤出曲汁。卷七《笨曲并酒》引《食经》有二处用"济"字，都是《食经》的特用词。

〔7〕"以熟好泥"，当有脱误。"熟好泥"意同"熟泥"，疑"泥"下脱"密

封”一类字。又本条没有交代粥怎样入瓮，黄麓森校记认为“以熟”是“入粥”的音近之讹，即粥倒在瓮底的曲上。不过《食经》文往往简阙不明，不止此处，兹仍其旧。

〔8〕“已尝经试”是贾思勰曾经就《食经》的“卒成苦酒法”进行过试验，结果醋也并不好。要再加粟米饭一斗，经过十四天后才变好，已经不是速成醋了。

〔9〕乌梅：酸青梅在烟突上熏干成黑色的。见卷四《种梅杏》。《要术》说明乌梅只供药用，不能调和食品，但《食经》没有这样的限制。

〔10〕胡荽（suī）子：荽同“葰”，即胡荽的子实。

【译文】

《食经》酿制大豆千岁苦酒的方法：“用一斗大豆，淘洗得极洁净，浸到发胀。炊熟，晒到极燥。然后用酒醅〔若干斗〕灌下去。不管多少，都按这个比例。”

酿制小豆千岁苦酒的方法：用五斗生小豆，淘汰洁净后，装入瓮中。将黍米炊成馈饭，倒进瓮中盖在豆上面。再用三石酒灌进去，丝绵蒙住瓮口。二十天后，醋便成了。

小麦苦酒的酿造法：三斗小麦，炊熟，盛在缸中，用布密封缸口。满七天，打开，用两石淡酒浇在里面，可以保持长久不坏。

水苦酒的酿造法：女曲两斗，粗米两斗，用一石清水浸一夜后，滤出液汁。将浸过的女曲和米的混合物炊熟，趁热投落瓮中。用浸米〔曲〕的液汁沿着瓮边稍稍地浇下去，不让曲发酵了饭浮上来。用土泥在瓮口四边，中央开个孔，用板盖在上面。夏季，十三天便成醋了。

速成苦酒的酿造法：取一斗黍米，加进五斗水，煮成粥。拿一斤曲，在火上烧到发黄，捶破，放在瓮底。〔将粥倒在曲上，〕用熟泥〔密封瓮口〕。两天便酸了。

〔思勰〕曾经〔按《食经》的方法〕作过试验，醋并不美。要再用一斗粟米饭投下去，十四天之后，醋既清澈，味道也酽美，跟大醋没有差别。

乌梅苦酒的作法：乌梅去掉核，取得一升左右的肉，在五升苦酒里浸几天后，晒干，捣成屑。要吃时，就拿些搁在水里面，便成了醋。

蜜苦酒的作法：一石水，加上一斗蜜，搅和均匀，把瓮口盖严，搁在太阳下面晒。过二十天可以成熟了。

外国蜜苦酒的作法：一升蜜，和上三合水，封闭在容器中；搁进少许的胡荽子，可以避免生虫。正月初一作，到九月初九成熟。用一铜匙的水添进这醋里，可以供三十个人吃。

崔寔说："四月初四可以作醋。五月初五也可以作醋。"

作豉法第七十二

作豉法：先作暖荫屋，坎地深三二尺。屋必以草盖，瓦则不佳。密泥塞屋牖[1]，无令风及虫鼠入也。开小户，仅得容人出入。厚作藁篱以闭户。

四月、五月为上时，七月二十日后八月为中时；余月亦皆得作，然冬夏大寒大热，极难调适。大都每四时交会之际，节气未定，亦难得所。常以四孟月十日后作者，易成而好。大率常欲令温如人腋下为佳。若等不调，宁伤冷，不伤热：冷则穰覆还暖，热则臭败矣。

三间屋，得作百石豆。二十石为一聚。常作者，番次相续，恒有热气，春秋冬夏，皆不须穰覆。作少者，唯须冬月乃穰覆豆耳。极少者，犹须十石为一聚；若三五石，不自暖，难得所，故须以十石为率。

用陈豆弥好；新豆尚湿，生熟难均故也。净扬簸，大釜煮之，申舒如饲牛豆，掐软便止；伤熟则豉烂。漉着净地掸之，冬宜小暖，夏须极冷，乃内荫屋中聚置。一日再入，以手刺豆堆中候看：如人腋下暖，便须翻之。翻法：以杷枚略取堆里冷豆为新堆之心，以次更略，乃至于尽。冷者自然在内，暖者自然居外。还作尖堆，勿令婆陀。一日再候，中暖更翻，还如前法作尖堆。若热汤人手者，即为失节伤热矣。凡四五度翻，内外均暖，微着白衣，于新翻讫时，便小拨峰头令平，团团如车轮，豆轮厚二尺许乃止[2]。复以手候，暖则还翻。翻讫，以耙平豆，令渐薄，厚一尺五寸许。第三翻，一尺。第四翻，厚六寸。豆便内外均暖，悉着白衣，豉为粗定。从此以后，乃生黄衣。复掸豆令厚三寸，便闭户三日。——自此以前，一日再入。

三日开户，复以杴东西作垄耩豆，如谷垄形，令稀穊均调[3]。杴划法，必令至地——豆若着地，即便烂矣。耩遍，以耙耩豆，常令厚三寸。间日耩之。后豆着黄衣，色均足，出豆于屋外，净扬簸去衣。布豆尺寸之数，盖是大率中平之言矣。冷即须微厚，热则须微薄，尤须以意斟量之。

扬簸讫，以大瓮盛半瓮水，内豆着瓮中，以耙急抨之使净。若初煮豆伤熟者，急手抨净即漉出；若初煮豆微生，则抨净宜小停之。使豆小软则难熟[4]，太软则豉烂。水多则难净[5]，是以正须半瓮尔。漉出，着筐中，令半筐许，一人捉筐，一人更汲水于瓮上就筐中淋之，急斗擞筐，令极净，水清乃止。淘不净，令豉苦。漉水尽，委着席上[6]。

先多收谷𧂐，于此时内谷𧂐于荫屋窖中，掊谷𧂐作窖底，厚二三尺许，以蘧蒢蔽窖。内豆于窖中，使一人在窖中以脚蹋豆，令坚实。内豆尽，掩席覆之，以谷𧂐埋席上，厚二三尺许，复蹋令坚实。夏停十日，春秋十二三日，冬十五日，便熟。过此以往则伤苦；日数少者，豉白而用费；唯合熟，自然香美矣。若自食欲久留不能数作者，豉熟则出曝之，令干，亦得周年。

豉法难好易坏，必须细意人，常一日再看之。失节伤热，臭烂如泥，猪狗亦不食；其伤冷者，虽还复暖，豉味亦恶：是以又须留意，冷暖宜适，难于调酒[7]。

如冬月初作者，须先以谷蘥烧地令暖，勿焦，乃净扫。内豆于荫屋中，则用汤浇黍穄穰令暖润，以覆豆堆。每翻竟，还以初用黍穰周匝覆盖。若冬作豉少屋冷，穰覆亦不得暖者，乃须于荫屋之中，内微燃烟火，令早暖，不尔则伤寒矣。春秋量其寒暖，冷亦宜覆之。每人出，皆还谨密闭户，勿令泄其暖热之气也。

【注释】

〔1〕牖（yǒu）：窗户。

〔2〕"豆轮"，各本同。拨平峰尖后的豆堆虽说其形圆如"车轮"，但径称之为"豆轮"，终究有些牵强。黄麓森校记："豆乃至之讹。"

〔3〕"穄"（jì），院刻、金抄作"穄"，是"穄"的省写。《永乐大典》卷一四三八四"冀"字，隶书碑文写作"冀"，古书也多有如此省写者。"穄"是"穊"的或写体，稠密的意思，与"稀"相对为文。明抄等作"穄"，误。

〔4〕"使豆小软则难熟"，"小"可作"不足"解释，则此句可不必拆句。惟《要术》"小"通常作"少"（稍）字用，如上文"小停"例，则应连上句读为"抨净宜小（稍）停之，使豆小（稍）软"。如果这样，剩下的"则难熟"不成句，那上面应补脱字，如补作"〔不软〕则难熟"。

〔5〕难净：不容易洁净。这是因为水少时容易在冲搅时摩擦去外层污物，而水多则浮荡不相冲击，污物不易冲去，反而使豆豉冲淡了。

〔6〕委着席上：(把豆)倒在席子上。这里有疑问。因为豆子至少也得十石，十石的豆子不是一次在筐中淋洗得完的，必须多次地筐盛，浇淋，沥干，倒在席子上，以至全部处理完。但文中没有这样的交代，似乎叙述欠周。

〔7〕难于调酒：比酿酒更难调节。启愉按：《要术》酿制豆豉不加任何曲类作接种剂（现代加米曲霉菌种接种），单纯用大豆酿制，而且大豆是整粒未经粉碎的，煮到不十分熟就进入密闭的罨室中罨黄，比酿制麦曲要困难得多，因为麦曲的麦粒经过粉碎，与曲菌的接触面大，曲菌容易繁殖，而大豆颗粒大，又未经粉碎，其接触面只在豆麦，搞得不好温度过低发不起来，温度过

高,菌类不是死亡就是活性迟钝,豆豉就会臭烂,就完全报废了。所以掌握好温度是关键,必须时时察候,及时倒翻豆堆,使里外受热均匀,酵解正常,长满黄衣,自外透里,发酵彻底均熟,才算初步成功。然后把罨黄了的半成品豆豉搬出罨室,簸去黄衣杂质,盛入瓮中,加水用耙子冲荡干净,再捞出来用清水淋洗极净,目的在使微生物分解作用停止,然后紧实埋入罨坑内使营后熟作用,氧化产生黑色,才能制成柔软香美的豆豉(淡豉)。其间变化复杂,怎样掌握好蛋白质分解的最适温度,最为关键,比酿酒要难得多。

【译文】

酿制豆豉的方法:先准备好温暖密闭的罨室,在地上掘个二三尺深的罨坑。房屋必须是草盖的,瓦屋〔不如草屋温暖,〕不好。用泥密塞窗户,不让风和虫类、老鼠进去。开个小门,只容得一个人进出。用厚厚的秸稿编成的门苫密闭小门。

四月、五月酿制是最好的时令,七月二十日以后到八月是中等时令;其余的月份也都可以作,不过冬天太冷,夏天太热,豆豉温度很难调节合适。大都四季交替的时候,节气没有稳定,也难以调节合宜。通常在四季的头一个月初十以后作的,容易成功,质量好。一般说来,品温常常要像人的胳肢窝那样温温的为好。如果不能掌握这样的温度,宁可失冷,不可失热,因为失冷还可以用黍穰覆盖着回暖,失热就臭烂不堪了。

三间房屋,可以酿制一百石豆子的豆豉。二十石豆子作为一堆。经常酿制的,一次接着一次,屋里常常保持有热气,无论春夏秋冬都不需要用黍穰盖豆子。酿作得少的,只有冬天才须要用黍穰盖豆。作得极少的,也须要有十石豆子作为一堆;如果只有三五石豆子,本身酵解的温度不够,就难得合适,所以必须以十石为标准。

用陈豆更好;新豆还带着湿,生熟就难以煮得均匀。簸扬干净,放在大锅里煮,煮到涨开像喂牛的豆那样,手掐是软的,就行了;如果太熟,酿成的豆豉就会软烂。捞出来搁在洁净的地上,摊开,翻动着散去热气,冬天宜于小小温暖,夏天必须冷透,然后搬进罨室中堆成尖堆。每天进去看两次,用手探入豆堆中试试看,如果豆温像人胳肢窝的温暖时,便须要翻转。翻的方法:用耙和枚,先用耙扒开豆堆外层的一些冷豆,再用枚铲聚冷豆成为新堆的中心,依次再耙再枚,一直到耙尽枚完。这样，外层的冷豆自然在新堆的中心，内层的热豆自然在新堆的外面。仍然堆成尖堆，不要让堆的坡度平缓。每天看候两次，堆里面暖了就再翻，依旧同上面的方法一样翻后堆成尖堆。如果热到烫手，便是调节失候伤热了。翻过四五次，里外都温暖均匀，豆上微微长着白色的菌衣，在末次新翻完的时候，便把堆尖稍稍拨平下来，团团地像车轮的样子，拨到大约二尺左右厚停止。还要用手探候，暖了，又翻。翻完，用耙子把豆堆耙平，让堆渐渐地薄下去，薄到一尺五寸左右厚。第三次翻，耙到一尺厚。第四次翻，耙到六寸厚。这时，豆的温暖便里外均匀，而且都长满了白色菌衣，豉便粗粗地作成〔半成品〕了。从这以后，开始长黄色菌衣。再把豆层摊开，只摊到三寸厚，就把门关上三天不进去。——在这以前，都是每天进去看两次。

三天后，把门打开，再用枚把豆层东西方向地铲离〔原地〕作成垅，像谷垅的形状，垅要稀密均匀。用枚铲豆的方法，必须铲及地面，如果有铲不到的豆子留在地面上，它就烂掉了。铲遍了，用耙子把豆耙平，常常保持三寸厚。隔一天铲耙一次。后来豆子都长了黄衣，颜色均匀充足，就起出到屋子外面，簸扬洁净，簸去黄衣。上面说的摊开豆层的厚薄尺寸，只是大概适中的说法。冷了必须摊得厚些，热了必须稍微薄些，尤其须要细心掌握。

簸扬完了，用大瓮盛着半瓮的水，把豆放下去，用搅耙快速地冲搅，把它冲搅洁净。如果当初煮豆煮得过熟了，快速冲搅洁净后，立即捞出来；如果当初煮得稍微生些的，冲洗洁净后还要稍为停一停，让豆浸得软些。〔不软〕豆豉就难得熟，太软了豉又会烂。水太多，冲洗不容易洁净，所以只需要半瓮的水。冲净后把豆捞出来，放在筐子里，放上半筐光景就可以了，由一人执着筐子放在瓮口上，另一人舀水向筐子里面浇淋，赶快抖动筐子，使豆淋洗洁净，到水清极净为止。如果淋洗不净，豆豉会发苦。筐子里的水沥尽了，把豆倒在席子上。

预先多收积谷壳及断茎残叶之类，这时拿来垫在罨室中的罨坑里，扒开铺平作为坑底，铺上两三尺左右厚，再拿粗席蔽覆在上面。将豆子放进坑里面，叫一个人在坑中用脚把豆子踩坚实。豆下完了，把原先垫在豆下面的粗席卷覆过来，盖在豆上面，再用谷壳茎叶掩盖在粗席上面，也要盖上两三尺左右厚，然后又用脚踏坚实。夏天放着十天，春秋二季放着十二三天，冬天放着十五天，便成熟了。超过这些日数，豆豉就会失候伤苦；日子不足，豆豉颜色发白，用起来就费得多；只有成熟恰好合适，味道才自然香美。如果是自家吃，但又不能多次酿作，想多保存些时间，那么，可以在豆豉成熟时就拿出去晒干，也可以陈放一周年。

酿制豆豉，难得作好而容易坏，必须是小心仔细的人，总要一天察看两次。失于调节而伤热，臭烂得像烂泥，猪狗都不要吃；失节伤冷的，尽管还可以想法回暖，味道仍恶劣。所以必须小心谨慎，酿造中掌握好合宜的温度，比酿酒更难调节。

如果是冬天开始酿制的，必须先用谷壳茎叶之类把地面烧暖，不要烧焦，再扫干净。将豆放进窨室的时候，就用热汤浇黍穄穰，让它温暖而潮润，然后盖在豆堆上面。每次翻好之后，还是用原先盖过的黍穰在豆堆周围都盖好。如果冬天酿作时，由于豆少窨室还是冷的，即使黍穰盖着豆堆还是暖不起来，就该在窨室里面，搬进微微烧着的烟火，让它早些暖起来，不然的话，就伤冷了。春秋二季，酌量它的寒暖，冷时也该用黍穰盖上。每次进入窨室出来的时候，都该依旧谨慎地把门关严，不要让热气散泄出去。

《食经》作豉法："常夏五月至八月，是时月也。率一石豆，熟澡之，渍一宿。明日，出，蒸之，手捻其皮破则可，便敷于地——地恶者，亦可席上敷之——令厚二寸许。豆须通冷，以青茅覆之，亦厚二寸许。三日视之，要须通得黄为可。去茅，又薄摊之，以手指画之，作耕垄。一日再三如此。凡三日作此，可止。更煮豆，取浓汁，并秫米女曲五升，盐五升，合此豉中。以豆汁洒溲之，令调，以手抟，令汁出指间，以此为度。毕，纳瓶中，若不满瓶，以矫桑叶满之[1]，勿抑。乃密泥之中庭。二十七日，出，排曝令燥。更蒸之时，煮矫桑叶汁洒溲之，乃蒸如炊熟久，可复排之。此三蒸曝则成[2]。"

作家理食豉法〔3〕：随作多少。精择豆，浸一宿，旦炊之，与炊米同。若作一石豉，炊一石豆。熟，取生茅卧之，如作女曲形〔4〕。二七日，豆生黄衣，簸去之，更曝令燥。后以水浸令湿，手抟之，使汁出——从指歧间出——为佳，以着瓮器中。掘地作埳〔5〕，令足容瓮器。烧埳中令热，内瓮着埳中。以桑叶盖豉上，厚三寸许，以物盖瓮头令密，涂之。十许日成，出，曝之，令浥浥然。又蒸熟，又曝。如此三遍，成矣。

作麦豉法：七月、八月中作之，余月则不佳。师治小麦〔6〕，细磨为面，以水拌而蒸之。气馏好熟，乃下，掸之令冷，手按令碎。布置覆盖，一如麦䴷、黄蒸法。七日衣足，亦勿簸扬，以盐汤周遍洒润之。更蒸，气馏极熟，乃下，掸去热气，及暖内瓮中，盆盖，于襄粪中燠之。二七日，色黑，气香，味美，便熟。抟作小饼，如神曲形，绳穿为贯，屋里悬之。纸袋盛笼，以防青蝇、尘垢之污。用时，全饼着汤中煮之，色足漉出。削去皮粗，还举。一饼得数遍煮用。热、香、美〔7〕，乃胜豆豉。打破，汤浸，研用亦得；然汁浊，不如全煮汁清也。

【注释】
〔1〕矫桑：不知道是什么桑。或疑为高大的野生桑树。
〔2〕"此三蒸曝"，"此"上疑脱"如"字。下条有"如此三遍"，可证。
〔3〕"作家理食豉法"这条是淡豉，上条是咸豉，这条仍是《食经》文，从"如作女曲形"等可证。但下条"作麦豉法"是用小麦作的麦豉，是另一项目，仍是《要术》文，从"一如麦䴷、黄蒸法"等可证。
〔4〕如作女曲形：像作女曲的方法。卷九《作菹藏生菜法》引《食次》罨制女曲的方法是：先在床上垫上青蒿，铺上女曲，再在女曲上用青蒿盖着。

〔5〕堪(kǎn)：同"坎"。

〔6〕"師"，各本均错成各样形似字，他处多有此字，据以改正。

〔7〕《今释》疑"热"字多余，或者该在上文"汤中"上面。不过有"热"字也讲得通。

【译文】

《食经》酿制豆豉的方法："常常在夏季五月到秋季八月里作，是合时的月份。标准是一石豆子，多遍地淘净，浸着过一夜。明天，捞出来，上甑中蒸，蒸到用手一捻皮就会破时，就可以了，便倒出来铺在地上——地不干净的，也可以铺在席子上——铺成二寸左右厚。等到豆子统统冷了，拿青茅盖在上面，也要盖二寸左右厚。过三天，看看，须要全都上黄衣才合适。去掉茅草，再摊薄些，用手指划出条条，像耕垄的形状。一天再三地这样〔聚拢摊薄，又划出条条〕。这样做三天，可以停止。再煮些豆子，取得浓汁，加入糯米女曲五升，盐五升，和进这豆豉里面。再用豆汁洒在上面，溲和均匀，用手一捏，如果有汁从指缝里挤出来，便合适了。溲和完毕，装入瓶子里，如果装不满瓶，拿矫桑叶塞满它，但不要按紧。用泥密封好，搁在院子里。满二十七天，拿出来，摊开来晒燥。燥后还要再蒸，蒸的时候先煮些矫桑叶汁洒上去溲和过，然后上甑，蒸到像炊熟的时间一样久。拿下来再摊开来晒燥。〔像这样〕蒸三次晒三次，就作成了。"

酿制"家理食豉"的方法：作多少可以随便。精细地拣择豆子，浸一夜，明天一早炊豆，像炊米饭一样。如果作一石豆豉，就炊一石豆子。熟了，用新鲜茅草〔衬盖起来〕在罨室中罨黄，像作女曲的方法。过十四天，豆上长出黄衣，簸去黄衣，晒干。干后又用水浸湿，湿的标准，用手捏着有汁从指缝里挤出来为好，随即盛入瓮器里。在地上掘个坎，让它足够容纳瓮器。在坎里烧火，把坎烧热，将瓮子放进坎中。拿桑叶盖在豉上面，盖三寸左右厚，瓮头上用东西盖严密，再用泥密封。过十来天，初步作成了，倒出来晒，晒到半干。又蒸熟，又晒。这样蒸晒三次，才成熟了。

酿制小麦豉的方法：七月、八月里酿作，其余的月份作的不好。春净小麦，磨细成面，拌进水，上甑中蒸。蒸汽馏上来够熟了，下下来，摊开，翻动着让它冷了，用手揉碎面块。所有在罨室中布置、覆盖等手续,都和作麦䴛、黄蒸的方法一样。过七天,菌衣长足了,也不要簸扬,用热盐汤普遍均匀地洒上,让它湿润。再蒸,蒸到汽馏极熟了,倒出来,摊开翻动散去大热气,趁温暖时投落瓮中,用盆子盖好,放进穰秸糠壳堆里煨着保温。过十四天,颜色变黑了,气也香,味道也鲜美了,便成熟了。拿来捏成小饼,像酿酒的神曲饼那样,再用绳穿成串子,挂在屋里风干。串子外面用纸袋套着,免得被苍蝇、灰尘弄脏。用的时候,整个饼放进〔菜〕汤里煮,煮到汤的颜色够浓了,便拿出来。削去外层的粗皮渣子,依旧挂起来。一个饼可以煮用几次。热烘烘的,又香又美,比豆豉还强。把饼打破,热汤泡开来研碎了用,也可以,但是汤汁浑浊,不如全饼煮得的汤汁清。

八和齑_{初稽反}第七十三

蒜一，姜二，橘三，白梅四，熟栗黄五，粳米饭六，盐七，酢八。

齑臼欲重，不则倾动起尘，蒜复跳出也。底欲平宽而圆。底尖捣不着，则蒜有粗成。以檀木为齑杵臼。檀木硬而不染汗[1]。杵头大小，令与臼底相安可，杵头着处广者，省手力，而齑易熟，蒜复不跳也。杵长四尺。入臼七八寸圆之；以上，八棱作。平立，急舂之。舂缓则荤臭。久则易人。舂齑宜久熟，不可仓卒。久坐疲倦，动则尘起；又辛气荤灼，挥汗或能洒污，是以须立舂之。

蒜：净剥，掐去强根；不去则苦。尝经渡水者，蒜味甜美，剥即用；未尝渡水者，宜以鱼眼汤涾银浴反半许半生用[2]。朝歌大蒜，辛辣异常，宜分破去心[3]——全心[4]——用之，不然辣则失其食味也。

生姜：削去皮，细切，以冷水和之，生布绞去苦汁。苦汁可以香鱼羹。无生姜，用干姜。五升齑，用生姜一两，干姜则减半两耳。

橘皮：新者直用，陈者以汤洗去陈垢。无橘皮，可用草橘子；马芹子亦得用。五升齑，用一两。草橘、马芹，准此为度。姜、橘取其香气，不须多，多则味苦。

白梅：作白梅法，在《梅杏》篇。用时合核用。五升齑，用八枚足矣。

熟栗黄：谚曰"金齑玉脍"，橘皮多则不美，故加栗黄，取其金色，又益味甜。五升齑，用十枚栗。用黄软者；硬黑者，即不中使用也。

秔米饭：脍齑必须浓，故谚曰："倍着齑。"蒜多则辣，故加饭，取其甜美耳。五升齑，用饭如鸡子许大。

先捣白梅、姜、橘皮为末，贮出之。次捣栗、饭使熟；以渐下生蒜，蒜顿难熟，故宜以渐。生蒜难捣，故须先下。舂令熟；次下酢蒜。齑熟，下盐复舂，令沫起。然后下白梅、姜、橘末复舂，令相得。下醋解之。白梅、姜、橘，不先捣则不熟；不贮出，则为蒜所杀，无复香气，是以临熟乃下之。醋必须好，恶则齑苦。大醋经年酽者，先以水调和，令得所，然后下之。慎勿着生水于中，令齑辣而苦。纯着大醋，不与水调，醋，复不得美也。

右件法，止为脍齑耳。余即薄作，不求浓。

脍鱼肉，里长一尺者第一好；大则皮厚骨硬[5]，不任食，止可作鲊鱼耳。切脍人，虽讫亦不得洗手，洗手则脍湿[6]；要待食罢，然后洗也。洗手则脍湿，物有自然相厌，盖亦"烧穰杀瓠"之流，其理难彰矣。

【注释】

〔1〕"檀木"，各本误作"粳米"或"粳米"，仅《渐西》本作"檀木"，是。《渐西》本是根据湖湘本的眉上原刻校语"粳米作檀木"改正的。又，"不染汙"，院刻等同，金抄等作"不染汗"，其实都费解，疑应作"不染汁"，指不易沁入齑汁。

〔2〕渫（zhá）：将食物放在沸水里煮下，捞出。

〔3〕去心：去掉心。蒜瓣有什么心，不明。如果指瓣里面的芽叶，鲜瓣

是分破不出来的,只有到瓣芽萌发时才能明显分辨出来。但作齑不可能都在这个时候作,究竟指什么,不明。

〔4〕"全心",各本同。现在加破折号,可以理解,但古无破折例,应有脱文,黄麓森校勘认为"全"上脱"勿"字。

〔5〕骨:北宋本如此,明抄等作"肉"。下篇鲤鱼鲊是:"肉长尺半以上,皮骨坚硬,不任为脍者,皆堪为鲊也。"正指此类,故从北宋本。

〔6〕胲湿:胲变湿。湿指什么,也不明。是指鱼条在煮时受湿软化而断碎,还是味道变涩? 如指后者,字应作"涩"。

【译文】

〔八和是:〕第一样大蒜,第二样生姜,第三样橘皮,第四样白梅,第五样熟栗子黄肉,第六样粳米饭,第七样盐,第八样醋。

春齑(jī)的臼要重,不重,臼会晃动惹起粉尘,而且春不稳大蒜也容易跳出来。臼底要宽平而圆。底尖了捣不着,大蒜就会有粗块。要用檀木作捣齑的杵和臼。檀木坚硬,不容易沁入〔齑汁〕。杵头的大小,要和臼底相贴合,杵头捣着的面宽的,省手力,而且齑容易熟,大蒜也不会跳出来。杵的长是四尺。捣进臼中七八寸长的这一段,作成圆形;这段以上作成八棱形。直立着急速地春。春慢了会串出荤臭气。春久了要换人。春齑宜于春得久而熟,不能图快草率从事。如果坐着春,坐久了会疲倦,疲倦了就会动脚,会让尘土飞扬起来;加上辛气熏灼会冒汗,挥汗时可能洒脏了齑,所以必须站着春。

大蒜:剥干净,掐掉底上的老根瘢;不掐去味道会苦。如果是经过泡腌的,蒜味甜美,剥去皮直接就用;没有泡腌过的,须要在鱼眼沸汤里焯一下,焯半生半熟拿来用。朝歌大蒜,非常辛辣,该破开来去掉心——整个的心——后再用,不然的话,太辣,齑就失去美味了。

生姜:削去皮,切细,用冷水调和,拿〔未经煮洗的〕生布包着,绞去苦汁。苦汁可以留着调和鱼羹作香料。没有生姜,可以用干姜。五升齑,用一两生姜;用干姜的话,半两就够了。

橘皮:新鲜的直接用,陈的用热水洗去积陈的污垢。没有橘皮,可以用草橘子;马芹子也可以用。五升齑,用一两橘皮。草橘子、马芹子,比照这个分量不要超过。生姜和橘皮是用它的香气,不需要多,多了味道苦。

白梅：作白梅的方法在卷四《种梅杏》篇中。用时连核用。五升齑，用八个就够了。

熟栗子黄肉：谚语说："金色的齑，玉色的脍。"橘皮〔固然是黄色的〕，但多了味道不好，所以要加上栗子黄肉，是取它的金黄色，同时又增添了甜味。五升齑，用十颗栗子。要用黄色柔软的，硬而黑色的〔已经坏了〕，不合用。

粳米饭：脍中用的齑必须浓而多，所以谚语说："加倍地搁齑。"大蒜多了味道太辣，所以要加些饭进去，这样齑就甜美。五升齑，加进大约像鸡蛋大的一团饭。

先把白梅、生姜、橘皮捣成碎末，拿出来盛在另外的容器里。次后将栗子肉和饭捣熟；再渐渐地分次放下生蒜，生蒜不是一下子可以捣熟的，所以该分几次渐渐放下。生蒜不容易捣熟，所以该先放下先捣。将它捣熟；再次放入焯过的半熟大蒜再捣。齑捣熟了，下盐再舂，舂到起泡沫。然后又下白梅、生姜、橘皮碎末再舂，舂到调和均匀。再放进醋调味。白梅、生姜、橘皮假如不先捣，就不会熟；如果不另外盛着而混在一起捣，原味会被大蒜克杀掉，再也没有香气，所以该在齑快熟的时候放下去。醋必须用好醋，用坏醋齑会发苦。几年陈酿着的大醋很醹酸的，要先用水调稀到合适，然后放下去。千万不要在齑里搁进生水，那齑就会变辣而且苦。纯粹放进大醋，不用水调稀，太酸，齑同样是不美的。

上面的方法，只是食脍用的齑的作法。其余食品的齑，可以作薄些，不要求浓厚。

作脍的鱼，去掉头尾后，鱼肉有一尺长的第一好；太大的皮厚骨硬，不好吃，只可以作鲊鱼。切脍的人，尽管切完了，也不许洗手，洗手会使脍变湿；要等脍吃完之后，才能洗手。洗手会使脍变湿，各种事物有自然相克的现象，这也和"在家里烧黍穰会使地里的瓠死去"的情况相似，道理是难以说明的。

《食经》曰："冬日橘蒜齑，夏日白梅蒜齑。肉脍不用梅。"

作芥子酱法[1]：先曝芥子令干；湿则用不密也[2]。净淘沙，研令极熟。多作者，可碓捣，下绢筛，然后水和，更研之也。令悉着盆〔3〕，合着扫帚上少时〔4〕，杀其苦气——多停则令无复辛味矣，不停则太辛苦。抟作丸，大如李，或饼子，任在人意也。复曝干。然后盛以绢囊，沉之于美酱中，须则取食。

其为齑者，初杀讫，即下美酢解之。

《食经》作芥酱法："熟捣芥子，细筛取屑，着瓯里，蟹眼汤洗之。澄去上清，后洗之〔5〕。如此三过，而去其苦。微火上搅之，少熇〔6〕，覆瓯瓦上，以灰围瓯边。一宿即成。以薄酢解，厚薄任意。"

崔寔曰："八月，收韭菁，作捣齑。"

【注释】

〔1〕"芥子酱法"是另一项目，虽在《食经》文后，仍是《要术》本文。

〔2〕"用不密"，不可解，当有脱误。或谓是"研不熟"之误，但下文有水淘后研及加水研，恐未必。或者是"用不佳"之误？存疑，待进一步查证。

〔3〕盆：指研盆。按：研磨工具的承研底件有钵形的，盆形的，盘形的，以及平板形的。这里的芥子糊并未倒在另外的盆子里，故此"盆"即指研盆。

〔4〕"扫帚"，此指炊事上用的刷洗用具，卷七《造神曲并酒》有"炊帚"，疑此应作"炊帚"。

〔5〕"后"，繁体字作"後"，应是"復"（复）字形似之误。

〔6〕熇（kǎo）：同"烤"，用火烘干。

【译文】

《食经》说："冬天用橘皮、大蒜作成的齑，夏天用白梅、大蒜作成的齑。肉脍的齑不加白梅。"

作芥子酱的方法：先将芥子晒干；湿的用起来不好（？）。淘洗沙汰干净后，研到极细熟。作得多的，可以用碓捣，拿绢筛筛过，然后和水再研熟。让芥子末全贴在研盆底上，再倒覆在〔炊〕帚上，搁着过一会儿，让辛苦气味散发去一部分——搁得久了，辛味会完全丧失，如果不搁着过一会，又会太辣太苦。用手团成丸子，像李子的大小，或者作成小饼子，任随人的意愿。再拿来晒干。然后盛在绢袋子里，沉没在好酱里面。需要时，就拿出来吃。

如果要作成齑的，当刚刚散去一部分辛气之后，便加好醋调味。

《食经》作芥子酱的方法："把芥子捣熟，用细筛子筛得粉末，放在小盂里，用快开的蟹眼汤洗一遍。澄清后，倒掉上面的清汁，〔再〕洗过。这样洗三遍，把苦味洗掉。再搁在缓火上搅着烧一烧，等到稍稍干燥的时候，把小盂连同芥子糊一并倒覆在瓦器上，小盂外周用灰围着〔，让它吸去渗出的水液〕。这样过一夜，就作成了。用淡醋调味，厚些稀些，随人喜欢。"

崔寔说："八月，收韭菜薹，作捣齑。"

作鱼鲊第七十四

凡作鲊[1]，春秋为时，冬夏不佳。寒时难熟。热则非咸不成，咸复无味，兼生蛆；宜作裹鲊也[2]。

取新鲤鱼，鱼唯大为佳。瘦鱼弥胜，肥者虽美而不耐久。肉长尺半以上，皮骨坚硬，不任为脍者，皆堪为鲊也。去鳞讫，则脔[3]。脔形长二寸，广一寸，厚五分，皆使脔别有皮。脔大者，外以过熟伤醋，不成任食[4]；中始可噉；近骨上，生腥不堪食：常三分收一耳。脔小则均熟。寸数者，大率言耳，亦不可要。然脊骨宜方斩，其肉厚处薄收皮；肉薄处，小复厚取皮。脔别斩过，皆使有皮，不宜令有无皮脔也。手掷着盆水中，浸洗去血[5]。脔讫，漉出，更于清水中净洗。漉着盘中，以白盐散之。盛着笼中，平板石上迮去水[6]。世名"逐水"。盐水不尽，令鲊脔烂。经宿迮之，亦无嫌也。水尽，炙一片，尝咸淡。淡则更以盐和糁[7]；咸则空下糁，不复以盐按之[8]。

炊秔米饭为糁，饭欲刚，不宜弱；弱则烂鲊。并茱萸、橘皮、好酒，于盆中合和之。搅令糁着鱼乃佳。茱萸全用，橘皮细切：并取香气，不求多也。无橘皮，草橘子亦得用。酒，辟诸邪恶，令鲊美而速熟。率一斗鲊，用酒半升；恶酒不用。

布鱼于瓮子中，一行鱼，一行糁，以满为限。腹腴居上。肥则不能久，熟须先食故也。<u>鱼上多与糁</u>。以竹箬交横帖上〔9〕，八重乃止。无箬，菰、芦叶并可用。春冬无叶时，可破苇代之〔10〕。削竹插瓮子口内，交横络之。无竹者，用荆也。着屋中。着日中、火边者，患臭而不美。寒月穰厚茹，勿令冻也。赤浆出，倾却。白浆出，味酸，便熟。食时手擘，刀切则腥。

作裹鲊法：脔鱼，洗讫，则盐和糁。十脔为裹，以荷叶裹之，唯厚为佳，穿破则虫入。不复须水浸、镇迮之事。只三二日便熟，名曰"暴鲊"〔11〕。荷叶别有一种香，奇相发起香气，又胜凡鲊〔12〕。有茱萸、橘皮则用，无亦无嫌也。

【注释】

〔1〕鲊：一种用米饭加盐腌制的块鱼。用相同的方法腌制肉类，也可以叫"鲝"。特点是利用淀粉糖化之后，最后经乳酸菌作用产生乳酸，有一种酸香味，并有防腐作用。酿制中单纯用米饭和盐，不加曲类发酵剂，有时加酒调味并促使早熟。乳酸菌须要有淀粉类物质才能生长好，只靠鱼肉本身的淀粉是远远不够的，所以须加入大量的米饭，补给其糖化剂的不足。

〔2〕"裛"，院刻等同。黄麓森校记："乃'裹'之讹。"日译本改为"裹"字。按：《要术》中并无裛鲊法，下面就是"作裹鲊法"，此字可能是"裹"字之误。不过考虑到下篇有"作浥鱼法"，注明可以"作鲊"，"浥"同"裛"，则亦不排斥其称浥鱼作的鲊为"裛鲊"，故仍其旧。

〔3〕脔（luán）：切成小块的肉。

〔4〕"不成任食"，"成"，疑衍。湖湘本"任"作"佳"，亦欠妥。

〔5〕"洗"，明抄等同，院刻、金抄作"法"。从"法"推测，疑"洗"亦误。按：这时正在切脔，随切随即掷入盆中，只是浸着自然汰去腥血，没有功夫洗，等切完脔块后才"净洗"。而"法"又写作"泫"，跟"汰"字极像，容易致误，怀疑"洗"是"汰"字的辗转之误。

〔6〕迮（zé）：借作"笮"，即压榨。

〔7〕糁（sǎn）：凡掺和在鱼肉、菜肴中的米饭都叫"糁"。本篇是用来腌制鱼和肉，下文羹臛、蒸焦、煎消、菹绿等篇，则用以烹调各种羹肴，都叫糁。

〔8〕"不复"，湖湘本如文；两宋本作"下复"，意谓下糁后再加盐。但这样使咸鲊更咸，失其以淡糁矫味的作用。《今释》、日译本均采用"下复"。后者无释，前者的解释是，糁本身可能霉坏，再加一层盐可以防霉。启愉按：鲊和菹同类相似，都是利用乳酸细菌营营乳酸发酵作用而产生酸香味，并有抑制腐败微生物干扰的防腐作用。乳酸菌须要有碳水化合物才能生长良好，但只靠鱼肉本身的碳水化合物是不够的，所以须要加入米饭（糁）以补其不足。米饭必须先经淀粉酶使淀粉糖化，才能被乳酸菌利用，最终产生乳酸。这里的糁是先用茱萸和好酒拌和着的，茱萸和酒在糁中都有抑菌作用，即所谓"辟诸邪恶"，而且还将糁搅拌使粘附在鲊块上，而鲊块本身是沁入盐分的。这样，糁本身就含有盐、酒、辛辣果油，不必再下盐防霉，自破其矫咸使淡的要求。再者，最后鲊块入瓮，"一行鱼，一行糁"，用糁很多，但纯用淡糁，根本不下盐，这个糁加酒后还有加速酵解成熟的作用，并不怕霉坏。所以应以"不复"为正字，不必迷信宋本。

〔9〕"箬"，各本均误作"蒻"（注同）。《食经》、《食次》文作"箸"，字同。这里明显是"箬"字之误，径改。

〔10〕苇：就是芦。但分开来，古时称孕穗前为芦，成熟后为苇。《要术》称新鲜的为"芦叶"，称老死的为"苇"和"干苇叶"（下文），还保留着这样的古名。

〔11〕暴：速成，快熟。

〔12〕"奇相"，别扭，疑"奇"字应与上句末"香"字倒易，这三句应作："荷叶别有一种奇香相发起，香气又胜凡鲊。"

【译文】

凡是作鲊，以春秋二季为合时，冬夏二季作不好。冬天冷，难熟。夏天热，非加盐不可，但咸了就没有味，而且又容易生蛆虫；夏天只宜用〔腌过的〕浥鱼作鲊。

用新鲜鲤鱼，鱼只有大鱼为好。瘦鱼更好；肥鱼虽好，但不耐久。鱼肉长到一尺半以上，皮骨坚硬，不能作脍的，都可以作鲊。去鳞之后，就披成脔块。脔的大小，二寸长，一寸宽，五分厚，每块都要带着皮。脔块过大的，外层熟过头了，太酸，不好吃；只有中间这层才可以吃；靠近骨头的，还没有熟，有腥气，更不好吃，所以三分之中常是只有一分好吃的。只有脔块小了，才熟得均匀。所说寸数，只是大致的说法，不是固定不变的。不过脊骨那里宜于直着斩下去，肉厚的地方皮要狭些，肉薄的地方皮要稍微宽些。一块块披切下来的脔，都得有皮，不宜有不带皮的脔。随手扔在盛着水的盆子里，浸着让它〔自然汰〕去腥血。披完之后，捞出来，再在清水里洗净。又捞出来放在盘子里，用白盐撒在上面。然后盛在笼子里，放在平正的石板上榨去水。世人叫作"逐水"。盐水不榨尽，鲊肉会烂。榨一夜也没有关系。水榨尽了，炙一片尝尝咸淡。淡了可以在糁里和进些盐；咸的话，只单纯用淡糁，不再加盐。

将粳米炊成饭，用来作糁，饭要炊得干硬，不宜太软，软了会烂鲊。连同食茱萸、橘皮、好酒一并在盆子中混和均匀。搅和到能让糁粘附在鲊块上才好。食茱萸整颗用，橘皮切细，都只是取其香气而已，不要多搁。没有橘皮，草橘子也可以用。酒可以辟除各种恶味，而且使鲊鲜美，成熟得快。标准是一斗鲊，用半升酒；劣酒不能用。

把鱼布放在瓮子里，一层鱼，一层糁，以放满为限。腹下的肥肉放在最上层。因为肥的不能耐久，熟了须要先吃掉。最上层的鱼上面多搁些糁。用竹〔箬〕交叉着平铺在瓮口上，铺八层才够。没有〔箬〕叶时，茭白叶和芦叶都可以用。春天冬天没有新鲜芦叶，可以劈破苇茎拿苇皮来代替。再削些竹签穿过叶子再穿上来，这样交叉地编牢着。没有竹签，可以用荆条。瓮子要放在屋里面。放在太阳下面或者火旁边，会有臭气，味道不美。冷天要用黍穰厚厚地包裹，不让它受冻。血浆出来，倒掉。白浆出来，带酸味，便成熟了。吃时要用手撕，用刀切会有腥气。

作裹鲊的方法：把鱼切成脔块，洗净之后，就用盐和过的糁饭放上去。十脔作成一裹，用荷叶包裹起来，总要裹得厚厚的为好，因为破了穿了孔，就会有虫进去。不再需要水浸和压榨的手续。只要三两天便成熟了，称为"暴鲊"。荷叶有一种特别的香气，同鲊香相串着散发出来，所以这种鲊的香气又胜过一般的鲊。有茱萸和橘皮就用，没有也不妨事。

《食经》作蒲鲊法[1]："取鲤鱼二尺以上，削，净治之。用米三合，盐二合，腌一宿。厚与糁。"[2]

作鱼鲊法[3]：刓鱼毕，便盐腌。一食顷，漉汁令尽，更净洗鱼，与饭裹，不用盐也。

作长沙蒲鲊法：治大鱼，洗令净，厚盐，令鱼不见。四五宿，洗去盐，炊白饭，渍清水中[4]，盐饭酿。多饭无苦。

作夏月鱼鲊法：荷一斗，盐一升八合，精米三升，炊作饭，酒二合，橘皮、姜半合，茱萸二十颗，抑着器中。多少以此为率。

作干鱼鲊法：尤宜春夏。取好干鱼——若烂者不中，截去头尾，暖汤净疏洗，去鳞，讫，复以冷水浸。一宿一易水。数日肉起，漉出，方四寸斩。炊粳米饭为糁，尝咸淡得所；取生茱萸叶布瓮子底；少取生茱萸子和饭——取香而已，不必多，多则苦。一重鱼，一重饭，饭倍多早熟。手按令坚实。荷叶闭口，无荷叶，取芦叶；无芦叶，干苇叶亦得。泥封，勿令漏气，置日中。春秋一月，夏二十日便熟，久而弥好。酒、食俱入。酥涂火炙特精；胚之尤美也[5]。

作猪肉鲊法：用猪肥狱肉[6]。净燖治讫，剔去骨，作条，广五寸。三易水煮之，令熟为佳，勿令太烂。熟，出，待干，切如鲊荷：片之皆令带皮。炊粳米饭为糁，以茱萸子、白盐调和。布置一如鱼鲊法。糁欲倍多，令早熟。泥封，置日中，一月熟。蒜、齑、姜、酢，任意所便。胚之尤美，炙之珍好。

【注释】

〔1〕蒲：指香蒲科的香蒲（Typha orientalis），其由叶鞘抱合而成的假茎叫作蒲菜，供食用。

〔2〕本条《食经》文有不少疑窦。"削"如果指削鳞，则未提到切成块，难道是整条作？《今释》疑应作"剉"（下条有"剉鱼毕"），日译本仍旧。用米和盐腌一宿后，是否弃去米盐，不然，生米怎能吃？盐的主要成分是氯化钠，钠会破坏生物体内的正常代谢而出现外渗现象，使体内的水分大量渗透出来。古文献有用盐擦树身使其果实自落的方法，就是受盐的渗透压作用而失水，果柄的离层进一步分化，因而落果。生鱼生肉用盐腌有同样的拔水作用（腌菜也一样），《要术》称之为"逐水"。本条"腌一宿"后，已是大量出

水,但没有如下条的"漉汁令尽",难道留着血腥水一起吃? 又,两条"蒲鲊法"都没有提到怎样用蒲。卷九《作菹藏生菜法》"蒲菹"条引《诗义疏》说吴人以"蒲蒻"(即蒲笋,通称蒲菜)为菹,又可以作鲊,《本草图经》也说香蒲"可以为鲊"。《食经》所谓"蒲鲊"也应是在鱼肉中杂以香蒲嫩蒻为鲊,则应有脱文。

〔3〕这条以下的三条,明显都是《食经》文。"作干鱼鲊法"及下条,换了项目,仍是《要术》本文。

〔4〕"渍清水中",应在"洗去盐"之下,指将鱼块渍入清水中,其文应作:"洗去盐,渍清水中。炊白饭,盐饭酿。"日译本同此译读。

〔5〕脀(zhēng):煎煮鱼肉。

〔6〕豵(zōng):一岁的猪。

【译文】

《食经》作蒲鲊的方法:"用二尺以上长的鲤鱼,削去鳞,整治干净。用三合米,二合盐,和进去,腌一夜。厚厚地搁上糁。"

作鱼鲊的方法:将鱼切成块之后,便用盐腌。一顿饭的时间,把渗出的血腥水沥干尽,再将鱼洗干净。只用饭裹着,不搁盐。

作长沙蒲鲊的方法:整治大鱼,洗干净,厚厚地抹上盐,盖到看不见鱼。过四五夜,把盐洗掉(,浸在清水里)。炊白饭为糁,加盐和进饭里腌酿。饭多些没有妨碍。

作夏月鱼鲊的方法:一斗切成脔块的鱼,一升八合盐,精米三升炊成的饭,二合酒,半合橘皮,半合生姜,二十颗茱萸子,〔一起拌和好,〕按到容器里。作多少按这个比例加减。

干鱼作鲊的方法:尤其宜于在春夏二季作。用好干鱼——如果烂的不合用,斩去头尾,用温水洗净,去掉鳞后,再用冷水浸着。过一夜换一次水。几天之后,肉发涨了,捞出来,斩成四寸见方的块。炊粳米饭作为糁,〔和进盐,〕尝下咸淡是否合适;拿新鲜的食茱萸叶铺在瓮底;再拿点新鲜的食茱萸子和在饭里——发发香气而已,不必多用,多了味道苦。瓮中放一层鱼,一层饭,饭加倍多的熟得早。用手按紧实。拿荷叶闭住瓮口,没有荷叶,用芦叶;芦叶也没有,用干苇叶也可以。再用泥封密,不让漏气。移瓮搁在太阳下面。春季秋季过一个月,夏季过二十天,便熟了,日子长了更好。下酒下饭都好吃。用酥油涂过在火上烤熟,特别精美;〔加肉烩〕作"脀",尤其好。

作猪肉鲊的方法：用一岁以内的肥猪的肉。煺毛整治干净之后，剔去骨头，把肉切成五寸宽的条。下锅煮，要换三次水，熟了就可以，不要太烂。熟了，取出来，等干了，切成像鱼鲊一样的脔，每片都要带着皮。炊粳米饭作糁，用食茱萸子、白盐调和饭。布置等方法都和作鱼鲊一样。糁要加倍的多，让它熟得早。用泥密封瓮口，放在太阳下面，一个月就成熟了。用蒜、齑、生姜或醋来调味，随人喜欢。〔加鱼鲊烩〕作脏吃，尤其美；在火上烤香了，也是一种珍肴。

脯腊第七十五

作五味脯法[1]：正月、二月、九月、十月为佳。用牛、羊、麇、鹿、野猪、家猪肉。或作条，或作片罢[2]。凡破肉，皆须顺理，不用斜断。各自别捶牛羊骨令碎，熟煮取汁，掠去浮沫，停之使清。取香美豉，别以冷水淘去尘秽。用骨汁煮豉，色足味调，漉去滓。待冷，下：盐；适口而已，勿使过咸。细切葱白，捣令熟；椒、姜、橘皮，皆末之；量多少。以浸脯，手揉令彻。片脯三宿则出，条脯须尝看味彻乃出。皆细绳穿，于屋北檐下阴干。条脯渑渑时，数以手搦令坚实。脯成，置虚静库中，着烟气则味苦。纸袋笼而悬之。置于瓮则郁浥；若不笼，则青蝇、尘污。腊月中作条者，名曰"瘃脯"[3]，堪度夏。每取时，先取其肥者。肥者腻，不耐久。

作度夏白脯法：腊月作最佳。正月、二月、三月，亦得作之。用牛、羊、麇、鹿肉之精者。杂腻则不耐久。破作片罢，冷水浸，搦去血，水清乃止。以冷水淘白盐，停取清，下椒末，浸。再宿出，阴干。渑渑时，以木棒轻打，令坚实[4]。仅使坚实而已，慎勿令碎肉出。瘦死牛羊及羔犊弥精。小羔子，全浸之。先用暖汤净洗，无复腥气，乃浸之。

作甜脆脯法[5]：腊月取麇、鹿肉，片，厚薄如手掌。直阴干，不着盐。脆如凌雪也。

作鳢鱼脯法：一名鲖鱼也。十一月初至十二月末作之。不鳞不破，直以杖刺口中，令到尾。杖尖头作樗蒲之形。作咸汤，令极咸，多下姜、椒末，灌鱼口，以满为度。竹杖穿眼，十个一贯，口向上，于屋北檐下悬之。经冬令瘃。至二月三月，鱼成。生刳取五脏[6]，酸醋浸食之，俊美乃胜"逐夷"。其鱼，草裹泥封，煻灰中爊乌刀切之[7]。去泥草，以皮、布裹而捶之。白如珂雪[8]，味又绝伦，过饭下酒，极是珍美也。

五味腊法[9]：腊月初作。用鹅、雁、鸡、鸭、鸧、鸮、凫、雉、兔、鸧鹑、生鱼[10]，皆得作。乃净治，去腥窍及翠上"脂瓶"。留脂瓶则臊也。全浸，勿四破。别煮牛羊骨肉取汁，牛羊科得一种[11]，不须并用。浸豉，调和，一同五味脯法。浸四五日，尝味彻，便出，置箔上阴干。火炙，熟捶。亦名"瘃腊"，亦名"瘃鱼"，亦名"鱼腊"。鸡、雉、鹑三物，直去腥脏，勿开臆。

作脆腊法：腊月初作。任为五味腊者，皆中作，唯鱼不中耳。白汤熟煮，接去浮沫；欲出釜时，尤须急火，急火则易燥。置箔上阴干之。甜脆殊常。

作浥鱼法：四时皆得作之。凡生鱼悉中用，唯除鲇、鳠上，奴嫌反；下，胡化反耳[12]。去直鳃[13]，破腹作鲅，净疏洗，不须鳞。夏月特须多着盐；春秋及冬，调适而已，亦须倚咸；两两相合。冬直积置，以席覆之；夏须瓮盛泥封，勿令蝇蛆。瓮须钻底数孔，拔引去腥汁，汁尽还塞。肉红赤色便熟。食时洗却盐，煮、蒸、炮任意，美于常鱼。作鲊[14]、酱、爊、煎悉得。

【注释】

〔1〕五味脯：即五香腊肉。五味即指葱白、花椒、生姜、橘皮和豉汁。下文五味腊同此用料。关于脯和腊，混称时都是干肉，分指则有别。大动物牛猪等肉析成条片的叫作脯，小动物鸡鸭等全作的叫作腊，加姜桂等香料并轻捶使干实的叫作"锻脩"（脩也是干肉）。这三种的作法均见本篇。

〔2〕作片罢（bì）：劈成片。按：罢，剖析的意思，即切成片。十八九世纪间日本学者猪饲敬所（彦博）《要术》校本即释"片罢"为"片劈"，日译本从之。"罢"不逗作作完了讲，是合适的。

〔3〕肉受冻叫"瘃"（zhú），如冻疮也叫"冻瘃"。所谓"瘃脯"，实际就是经腊月风冻而成风干腊肉。

〔4〕这就是古时所谓"锻脩"。

〔5〕甜：北方语，实际就是保持原味不加盐的淡。下文"甜脆"同。

〔6〕刳（kū）：剖开，挖空。

〔7〕煻（táng）灰：带火的灰。　燷（āo）：把食物埋在火灰里煨熟。

〔8〕珂（kē）雪：像玉和雪一样白。

〔9〕"腊"及下条"脆腊"的"腊"，各本均作"脯"，误。黄麓森校记举出四点理由：（1）下条注文"任为五味腊者"，即指此"五味腊"，否则所指落空。（2）文内有又名"瘃腊"，又名"鱼腊"，此明是"五味腊"。（3）本条说"一同五味脯法"，正说明本条不叫"五味脯"。（4）《周礼·天官·腊人》郑玄注，大物薄析叫作"脯"，小物全干叫作"腊"，篇首"五味脯"是用牛羊等大物作成条片，本条是用鹅鸭等小物全作，明是腊法。所说极有理，而且本篇以脯腊为题，不能没有腊法，前文是脯法，以下二条正接写腊法，应作"腊"为是。下条"脆腊"同。

〔10〕鸧（cāng）：亦名鸧鸹、鸧鸡，似雁而黑。　鸨（bǎo）：鸨，似雁而大，善奔驰。　鹌：阮刻如此，今通作"鹌"。鹌（ān）鹑（chún），即鹌鹑；金抄、明抄作"鸽"，则指鸽和鹑。本书从阮刻。

〔11〕科：北宋本如此，湖湘本作"料"（脱"一种"二字），无论作"科选"还是"料简"解释，都讲不通。按："则"有"仅"、"只"义，《荀子·劝学》："口、耳之间则四寸耳，曷足以美七尺之躯哉？"词曲中尤多用之。这里是说或牛或羊，"只得一种，不须并用"，应是"则"字之误。

〔12〕鳠（hù）：鳠鱼。也叫鮰鱼、鮠鱼（Leiocassis longirostris，鮠科），也是一种无鳞而多黏液的鱼，和鲇鱼一样，都不用它。《本草纲目》："北人呼鳠，南人呼鮠。"

〔13〕"去直鳃"，不好解释，《今释》疑"直去鳃"倒错，是。

〔14〕作鲊：再作成鲊鱼。《作鱼鲊》篇有"裛鲊"，"裛"同"浥"，可能

就是用这种"浥鱼"再作成鲊的,故称"裹鲊"。

【译文】

五味脯的作法:在正月、二月、九月、十月作为好。用牛、羊、獐、鹿、野猪、家猪的肉。或者切成条,或者劈成片。凡是切肉,都必须顺着肌肉的纹理切,不可斜割。分别将牛羊骨捶碎,煮透取得骨汁,撇去上面的浮沫,停放着澄清。取得香鲜的豆豉,先用冷水淘去尘土污垢。用清骨头汤煮豆豉,到豉汁颜色够了,味道也合适了,捞去渣滓。等冷了,放下作料:盐,口味合适就够了,不要太咸。切细捣熟的葱白,捣成碎末的花椒、生姜和橘皮,用多少自己斟酌。拿作脯的肉料浸在〔这五味的〕骨豉汁里,用手透彻地揉捏肉块。劈成片的脯浸三夜就拿出来,切成条的脯须要尝过,味道够透了才拿出来。都用细绳穿着,挂在北面屋子的檐下,让它阴干。条脯在半干半湿时,多次用手把它捏紧实。脯作成后,移到闲空没有人进出的储藏间里,被烟熏着味道会苦。用纸袋套着挂起来。盛在瓮里会窝坏;如果不套着,会被苍蝇尘土弄脏。腊月里作的条脯,叫作"瘃脯",可以过夏。每次拿来吃时,先拿肥的。肥的油腻,不耐久。

作过夏白脯的方法:腊月里作最好。正月、二月、三月也可以作。用牛、羊、獐、鹿的瘦肉。有肥的杂在里面就不耐久。披切成片,用冷水浸,捏去血水,到水清为止。用冷水淘洗白盐,澄清后取得清盐汁,加些花椒末,用来浸肉。过两夜,取出来,阴干。半干半湿时,用木棒轻轻捶打,让肉紧实。只是打紧实而已,当心不要打出碎肉来。瘦死的牛羊以及羔子犊子的肉,瘦的更多。小羔子,整只地浸。先用温汤洗洁净,到没有腥气时才浸。

作甜脆脯的方法:腊月里取獐、鹿的肉,披切成片,像手掌的厚薄。直接阴干,不加盐。肉像冰雪一样的脆。

作鳢鱼脯的方法:鳢鱼又名鮦(tóng)鱼。十一月初到十二月底作。不去鳞,不破开,只是用一条小木棒从口中刺进,一直刺到尾。小棒上端削成尖锐形。拿热水作咸汤,要极咸,多放些生姜、花椒末,从鱼口中灌进去,到灌满为止。用小竹竿从鱼眼中穿过去,十条鱼穿成一串,口朝上,挂在北面屋子的檐下。经过一冬,让它风冻着。到二月三月,鱼脯作成了。剖开鱼腹,掏出里面的生五脏,用酸醋浸着吃,比"鲢鳒"还要鲜美。鱼肉则用草包裹,再用泥涂封,搁在糖灰里面煨熟。然后去掉泥草,用皮或布裹着,将它捶松。鱼肉像玉和雪一样的白,味道又无比的鲜美,过饭下酒,都是极珍美的菜肴。

五味腊的作法:腊月初作。用鹅、雁、鸡、鸭、鸽、鸹、野鸭、野鸡、兔子、鹌鹑、活鱼,都可以作。煺治洁净,去掉肛孔和尾上的脂腺。留着脂腺就有臊气。整只地浸渍,不要破开。另外用牛羊带肉的骨头煮得液汁,牛或羊〔只要〕用一样,不须要同时并用。用来浸豆豉,〔下盐、葱白等香料〕调和,一同五味脯的作法。浸过四五天,尝尝味道够透了,就拿出来,放在席箔上阴干。然后用火烤熟,再不断地捶透。这种腊也叫"瘃腊",也叫"瘃鱼",也叫"鱼腊"。鸡、野鸡、鹌鹑三样,只掏去血腥内脏,不要开膛。

作脆腊的方法:腊月初作。凡是可以作五味腊的那些东西,都可以作,只有鱼不合用。用清水煮熟,撇去上面的浮沫;快出锅时,尤其须要急火,急火容易干燥。取出来放在席箔上阴干。异常的甜脆。

作浥鱼的方法:一年四季都可以作。所有新鲜的鱼都可以用,只有鲇鱼和鳠鱼除外。只去掉鳃,破开腹,斩成两半片,洗干净,不须要去鳞。夏季特别须要多放盐;春秋冬三季口味合适就可以了,不过也要稍微偏咸些。盐好了,两片鱼依旧合拢成一条。冬季只要叠起放着,用席子盖在上面;夏季须要盛在瓮子里,用泥封口,不让苍蝇在里面产蛆。瓮底边上须要钻几个孔,拔掉塞子将腥汁流去,汁流尽了依旧塞上。肉变成红色时,便熟了。吃时把盐洗掉,煮吃,蒸吃,或者包着烤熟了吃,随人意愿,味道比一般的烧鱼还美。再作成鲊鱼、酱鱼、糖灰煨鱼、油炸鱼,也都可以。

羹臛法第七十六〔1〕

《食经》作芋子酸臛法〔2〕：“猪羊肉各一斤，水一斗，煮令熟。成治芋子一升——别蒸之——葱白一升，着肉中合煮，使熟。粳米三合，盐一合，豉汁一升，苦酒五合，口调其味，生姜十两。得臛一斗。”

作鸭臛法〔3〕：用小鸭六头，羊肉二斤，大鸭五头。葱三升，芋二十株，橘皮三叶，木兰五寸〔4〕，生姜十两，豉汁五合，米一升，口调其味。得臛一斗。先以八升酒煮鸭也。

作鳖臛法：鳖且完全煮，去甲脏。羊肉一斤，葱三升，豉五合，粳米半合〔5〕，姜五两，木兰一寸，酒二升，煮鳖。盐、苦酒，口调其味也。

作猪蹄酸羹一斛法〔6〕：猪蹄三具〔7〕，煮令烂，擘去大骨。乃下葱、豉汁、苦酒、盐，口调其味。旧法用饧六斤，今除也。

作羊蹄臛法：羊蹄七具，羊肉十五斤。葱三升，豉汁五升，米一升，口调其味，生姜十两，橘皮三叶也。

作兔臛法：兔一头，断，大如枣。水三升，酒一升，木兰五分，葱三升，米一合，盐、豉、苦酒，口调其味也。

作酸羹法〔8〕：用羊肠二具，饧六斤，瓠叶六斤。葱头二升,小蒜三升,面三升,豉汁、生姜、橘皮,口调之。

作胡羹法:用羊肋六斤,又肉四斤,水四升,煮;出胁,切之。葱头一斤,胡荽一两,安石榴汁数合,口调其味。

作胡麻羹法:用胡麻一斗,捣,煮令熟,研取汁三升。葱头二升,米二合,着火上。葱头、米熟,得二升半在。

作瓠叶羹法:用瓠叶五斤,羊肉三斤。葱二升,盐蚁五合[9],口调其味。

作鸡羹法:鸡一头,解骨肉相离,切肉,琢骨,煮使熟。漉去骨,以葱头二升,枣三十枚合煮。羹一斗五升。

作笋䈡鸭羹法[10]:肥鸭一只,净治如缲羹法[11],䐗亦如此。䈡四升,洗令极净;盐净,别水煮数沸,出之,更洗。小蒜白及葱白、豉汁等下之,令沸便熟也。

肺𦞤苏本切法[12]:羊肺一具,煮令熟,细切。别作羊肉臛,以粳米二合,生姜煮之。

作羊盘肠雌解法[13]:取羊血五升,去中脉麻迹,裂之。细切羊胳肪二升[14],切生姜一斤[15],橘皮三叶,椒末一合,豆酱清一升,豉汁五合,面一升五合和米一升作糁,都合和,更以水三升浇之。解大肠,淘汰,复以白酒一过洗肠中,屈申以和灌肠。屈长五寸[16],煮之,视血不出,便熟。寸切,以苦酒、酱食之也。

羊节解法[17]:羊䏶一枚[18],以水杂生米三升,葱一虎口[19],煮之,令半熟。取肥鸭肉一斤,羊肉一斤,猪肉半斤,合剉,作臛,下蜜令甜。以向熟羊䏶投臛里,更煮,得两沸便熟。

治羊,合皮如猪豚法,善矣。

羌煮法[20]：好鹿头，纯煮令熟。着水中洗，治作臄，如两指大。猪肉，琢，作臛。下葱白，长二寸一虎口，细琢姜及橘皮各半合，椒少许；下苦酒、盐、豉适口。一鹿头，用二斤猪肉作臛。

【注释】

　　[1] 自本篇以下至卷九《饧哺》共十三篇（《醴酪》除外），引用大量《食经》文，《食次》文也不少，文字简阙多疑问，句法迥异，名物、用语有凸出的差异，尤其是"奠"的种种限制，都是《食经》、《食次》文的特色和成规。此外"又云"、"一本"在各篇中错见杂出，其非《要术》本文，更为明显。即以本篇论，只有篇中部的"食脍鱼莼羹"和篇末的"治羹臛伤咸法"二条是《要术》本文，其余全是《食经》文。羹臛（huò），一般说，羹是荤中多菜的，多汁的，带酸的，也有全素；臛全是荤腥作的，无菜或少菜的，浓重少汁的，带酸的。本篇的羹臛，大致也如此。《食经》是南方人写的，羹臛中也有甜的，臛有煮的，炒的，块肉的，细切或琢碎的。

　　[2]《御览》卷八六一"臛"引《食经》："有芋子酢臛法"，只此一句，无下文。本条2斤肉10两生姜，1斤16两，其比为32：10，生姜占31%，芋子臛变成生姜臛，除非生姜羊肉当暖胃药吃（民间有大量生姜炖猪肚治胃寒），常馔恐太多，"十"，疑误。

　　[3] 本条所下材料很多，不可能只得一斗臛。魏晋南朝1斗约合今2升（2 000毫升），怎能容得下许多鸭和许多作料？疑应作"一斛"。又"八升酒"也不够煮许多鸭，即使用耐热容器放在干锅上"干焖"也太少。又没放盐，不知调什么味。这些都是《食经》文简阙不明或有错漏的地方。下文"作羊蹄臛法"等条，有类似情况。又"大鸭五头"，《今释》疑是注文，即用大鸭的话，五头就够了。

　　[4] 木兰：木兰科的木兰（Magnolia liliflora），落叶小乔木或灌木，古时用其树皮作香味料，如用桂皮。

　　[5] "粳米半合"，约合今10毫升，太少，《今释》疑"五合"或"半升"之误。

　　[6] "一斛"，是否用所记的材料作成一斛酸羹，故有此称，不明，可又没有提到用水量。日本学者猪饲敬所校改为"一名臛"，是"羹"字下注文，也讲得通。不过《御览》卷八六一"羹"引《食经》有"猪蹄酸羹法"，无"一斛"二字。存疑。

〔7〕具：即"副"，大概以四蹄为一副。

〔8〕本条没有用"酸"料，虽然《菹绿》有"猪、鸡名曰酸"，但这用的是羊肠，仍疑有脱误。

〔9〕"盐蚁"，未详。《今释》疑"盐豉"之误，日译本径改为"盐豉"。存疑。

〔10〕笋箬（gě）：笋干。

〔11〕"糁羹法"，应是一种羹法的名称。《御览》卷八六一"羹"引《食经》有"猪蹄酸羹法、胡羹法、鸡羹法、笋㗁鸭羹法"，说明这些羹法都引自《食经》，同时也可能《食经》另有"糁羹法"，《要术》未引。

〔12〕朘（sǔn）：一种回锅肉，但不是炒，而是放在肉臛中加米糁再煮的。

〔13〕"雌解"，从金抄，但也只有"解"字对，"雌"应是"㟁"（kān）字之误。《说文》："峪（按同㟁），羊凝血也。"《释名·释饮食》："血胉（按是峪之误，《御览》卷八五九引《释名》作衉，即"峪"），以血作之，增其酢、豉之味使苦，苦以消酒也。"唐段公路《北户录》卷二"食目"："广之人食品中有……峪。"唐崔龟图注："按《证俗音》云：'南人谓凝牛羊鹿血为峪，以齑噉之消酒也。'"陶弘景《本草经集注》"藕实"："宋帝时太官作血峪。"所记均与本条以凝固羊血加豉、苦酒的作法相符，也和以血为馅的"峪"相合。它是"南人"食品，疑《食经》出南人手笔。"解"是析解，即切割。因此所谓"羊盘肠㟁解"，实际就是羊肠灌血并切成短段的一种食馔。"解"，院刻、明抄等作斛，或谓是"臛"的音近之误，但这是清煮灌血羊肠，不是臛。

〔14〕"胳肪"，"胳"是"腋下"，即肋骨两侧，但羊脂不在腋下，而在腰部。《一切经音义》卷三"肪册"引《通俗文》："在腰曰肪，在胃曰册。"在腰部的，在猪就是"板脂"，在羊也叫"腰油"。"册"即"膊"字，卷九《炙法》贾氏本文"肝炙"条有"羊络肚膊脂"，说得很具体，即《通俗文》所谓"在胃曰册"，就是"花油"，也叫"网油"。羊脂不得称"胳肪"，这里指"络肚膊"，应是"络肪"之误。但这是《食经》文，《炙法》引《食次》还有所谓"羊猪胳肚膊"，仍以"胳"当"络"。《食经》、《食次》多有借用讹字的特色，恐未必是后人抄错，均仍其旧。

〔15〕"生姜一斤"，似太多，未知是否"一升"之误。

〔16〕屈：一筒。启愉按：屈是物品个数的名称，犹言"一卷"、"一筒"。唐段公路《北户录》卷二记载广州有一种米饼说："按梁刘孝威谢官赐交州米饼四百屈。详其言屈，岂今之数乎。"所谓"四百屈"，其实就是四百卷。这里"屈长五寸"，就是切成五寸长的一筒。《食经》和刘孝威的"屈"，都是南方的方言，《食经》当是南人写的书。

〔17〕节解：有分割剖解的意思，是指宰割羊体取出百叶，还是百叶煮熟后切了吃？如指后者，应有脱文（不能整个由一个人啃）。

〔18〕肶（pí）：同"膍"，牛羊等的胃，通称百叶。

〔19〕一虎口：拇指和食指相连的一握。

〔20〕羌煮：羌是古代西北的少数民族。这大概和上文"胡羹"一样，都是少数民族传进来的食馔。《北堂书钞》卷一四五、《御览》卷八五九都有"羌煮"条引《搜神记》说，自汉武帝太始（前96—前93）时传进"羌煮、貊炙"，内地颇为时兴。

【译文】

《食经》作芋子酸臛的方法："猪肉羊肉各一斤，用一斗水，煮熟。整治好另外蒸过的芋子一升，葱白一升，放进肉中一起煮熟。又加三合粳米，一合盐，一升豉汁，五合苦酒〔再煮〕，尝尝味道调和到合适时，再下十两生姜（？）。总共得到一斗臛。"

作鸭臛的方法：用六只小鸭，二斤羊肉，五只大鸭（？），加上三升葱，二十个芋头，三片橘皮，五寸木兰皮，十两生姜，五合豉汁，一升米，〔一齐煮，〕尝尝调好口味。可以得到一斗（？）臛。先用八升酒（？）将鸭煮过。

作鳖臛的方法：先将整只鳖煮一下，去掉甲壳和内脏。加入一斤羊肉，三升葱，五合豉，半合（？）粳米，五两生姜，一寸木兰皮，二升酒，煮鳖。放下盐和苦酒，尝尝调好味道。

作猪蹄酸羹一斛（？）的方法：用三具猪蹄，煮到烂，擘去大骨头。放下葱、豉汁、苦酒、盐，尝过，调好味道。旧法还要加六斤饴糖，现在不用了。

作羊蹄臛的方法：用七具羊蹄，十五斤羊肉，加三升葱，五升豉汁，一升米〔一齐煮〕。尝过，调好口味。再下十两生姜，三片橘皮。

作兔臛的方法：用一只兔，斩成枣子大小的块，加三升水，一升酒，五分长的木兰皮，三升葱，一合米〔，一起煮〕。下盐、豆豉、苦酒，尝尝调好口味。

作酸羹的方法：用两副羊肠，六斤饴糖，六斤瓠叶，外加二升葱头，三升小蒜，三升面粉〔，一齐煮〕。下豉汁、生姜、橘皮，尝过，调到合口味。

作胡羹的方法：用六斤羊排骨肉，又四斤肉，加四升水煮熟后，剔去排骨，切好。下一斤葱头，一两胡荽子，几合安石榴汁，尝过，调到合口味。

作芝麻羹的方法：用一斗芝麻，捣烂，煮熟，研出三升芝麻汁来。加进二升葱头，二合米，在火上再煮。煮到葱头和米熟了，存留着二升半的羹。

作瓠叶羹的方法：用五斤瓠叶，三斤羊肉，〔煮熟，〕加二升葱，五合盐蚁（？），尝尝调好口味。

作鸡羹的方法：一只鸡，将骨头和肉剔离开来，切好肉，斩碎骨头，煮熟。漉去碎骨头，加二升葱头，三十个枣子，一起再煮。煮成一斗五升羹。

作笋干鸭羹的方法：肥鸭一只，煜治洁净，切成脔块，都同作糁羹的方法一样〔，煮熟〕。四升笋干，洗去盐使极洁净；盐洗净后，另外用清水煮过几沸，取出来，再洗过。加小蒜白、葱白和豉汁等，〔连同笋鸭一起再煮，〕煮开就熟了。

作肺䑑的方法：一副羊肺，煮熟，切细。另外作成羊肉臛，加上二合粳米，生姜，〔和同羊肺一并〕再煮。

羊盘肠〔雌〕解的作法：取五升〔凝结了的〕羊血，去掉中间的血纤维丝，破开来。拿二升羊花油切细，切一斤生姜，又三片橘皮，一合花椒末，一升豆酱清，五合豉汁，再加一升五合面粉和同一升米作的糁，都一起混和好，再和进三升水〔，然后和入羊血作成灌肠馅儿〕。解开羊大肠，汰洗洁净，再用白酒灌进肠里洗一遍。随后一屈一伸地拿混和好的血馅儿灌进肠里。切成五寸长一筒，锅里煮。看看没有血出来，便熟了。再切成寸把长的段，用苦酒和酱蘸着吃。

作羊节解的方法：用一个羊百叶，和上三升生米，加水，下一虎口的葱，煮到半熟。取一斤肥鸭肉，一斤羊肉，半斤猪肉，混合斫碎，煮成臛，加蜜让它甜。将半熟的羊百叶下到肉臛里，再煮，煮到两沸便熟了。

宰杀整治羊只，要连皮不剥，像煜治大小猪那样为好。

羌煮的作法：好的鹿头，单独煮熟后，在水中洗净，整治后切成脔，像两个手指大的块。另将猪肉斩碎，煮成臛。下二寸长的葱白一虎口，斫细的生姜和橘皮各半合，少量的花椒〔，连臛带鹿肉一起再煮〕。再下苦酒、盐、豆豉，调味到适口。一只鹿头，用二斤猪肉作臛。

食脍鱼莼羹[1]：芼羹之菜[2]，莼为第一。四月莼生，茎而未叶，名作"雉尾莼"[3]，第一肥美。叶舒长足，名曰"丝莼"。五月、六月用丝莼。入七月，尽九月十月内，不中食，莼有蜗虫着故也[4]。虫甚微细，与莼一体，不可识别，食之损人。十月，水冻虫死，莼还可食。从十月尽至三月，皆食"瑰莼"。瑰莼者，根上头、丝莼下茇也。丝莼既死，上有根茇，形似珊瑚，一寸许肥滑处任用；深取即苦涩。

凡丝莼，陂池种者，色黄肥好，直净洗则用；野取，色青，须别铛中热汤暂煠之[5]，然后用，不煠则苦涩。丝莼、瑰莼，悉长用不切。

鱼、莼等并冷水下。若无莼者，春中可用芜菁英，秋夏可畦种芮菘、芜菁叶[6]，冬用荠叶[7]，以芼之。芜菁等宜待沸，接去上沫，然后下之。皆少着，不用多，多则失羹味。干芜菁无味，不中用。豉汁于别铛中汤煮一沸，漉出滓，澄而用之。勿以杓抌[8]，抌则羹浊——过不清。煮豉但作新琥珀色而已，勿令过黑，黑则盬苦[9]。唯莼芼而不得着葱、薤及米糁、菹、醋等。莼尤不宜咸。羹熟即下清冷水，大率羹一斗，用水一升，多则加之，益羹清隽甜美。下菜、豉、盐，悉不得搅，搅则鱼莼碎，令羹浊而不能好。

《食经》曰："莼羹：鱼长二寸；唯莼不切。鳢鱼，冷水入莼；白鱼[10]，冷水入莼，沸入鱼。与咸豉。"又云："鱼长三寸，广二寸半。"又云："莼细择，以汤沙之。中破鳢鱼，斜截令薄，准广二寸，横尽也，鱼半体[11]。煮三沸，浑下莼。与豉汁、渍盐。"

【注释】

〔1〕"鱼莼羹"这条记述周详,辨物明晰,反复交代,表现出贾氏本文的特色,读此立见明顺畅达。惟"茆羹之菜"这首二段,怀疑原是注文。标目"食"字有些别扭,疑应作"作"。或谓《食经》脱"食"字,不但与下条《食经》重沓,文体水火不容,岂有此理。

〔2〕茆(máo)羹:用菜和肉做的羹。

〔3〕莼菜在春夏间,其嫩茎上叶尚未开展时采摘者,品质最好,称为"稚莼"。其后叶稍舒长,品质次之,今亦名"丝莼"。至秋季植株衰老,叶小而味苦,不堪蔬食,只可作为饲料,叫作"猪莼"。

〔4〕蜗虫:据称是一种很细小的虫,大概颜色也跟莼菜相同,无可分辨,但未详是何种虫。

〔5〕煠(zhá):即"煠"。把食物放在热油里煮熟。

〔6〕"芮"(ruì),字书解释为"小貌",虽可解释为菜秧或小菘菜,但名称很特别,存疑。日译本作"小菘"解释,《今释》改为"芥"字。又,上文"等",指芜菁等,但芜菁等待沸乃下,"等"字疑衍。

〔7〕北宋本作"荠叶",明抄等作"荠菜"。《名医别录》"荠",陶弘景云:"叶作菹羹亦佳。"陆游《食荠》诗:"挑根择叶无虚日。"荠菜要择去污泥败叶和挑根带出来的秽草才能吃,作"叶"自可。

〔8〕扼(ní):研磨。

〔9〕䱉(gàn):(味)咸。

〔10〕白鱼:即鲌(bó)鱼,鲤科。栖息于淡水中上层的中型鱼,大者可达六七公斤。

〔11〕"横尽也",《今释》认为"也"应下移作"横尽鱼半体也",或是衍文,应是。按:"半体"指中破后的半片鱼身,"横尽"就是就半片鱼身横披出头。

【译文】

脍鱼莼羹的〔作法〕:挽在羹里面的菜,莼是最好的。四月里,莼从宿根抽出新茎,还没有长叶,这时叫"雉尾莼",第一肥美。叶子舒展开来长足了,叫作"丝莼"。五月、六月用丝莼。进入七月,一直到九月十月里,就不好吃了,因为莼上面长着一种蜗虫。这虫很细小,粘在莼菜上跟莼一样,不能分辨,吃了对人有害。十月,水冻虫死了之后,莼还是可以吃的。从十月底到第二年三月,都吃"瓌(guī)莼"。瓌莼是根上头、丝莼下面的根茬。丝莼死了之后,〔下面〕留着的根茬,形状像珊瑚,上端一寸左右的地方,肥而且滑,可以吃;再摘深些,味道就苦涩了。

凡是丝莼,在陂池里种的,颜色带黄,肥美好吃,只要洗干净了就可以用;采取野生的莼,颜色青的,须要在另外的铛里用沸水焯一下,然后再用,不焯的话,味道就苦涩。丝莼和瓌莼,都是有多长就尽长用,不要切。

鱼和莼菜都要冷水下锅。如果没有莼菜,春天可以用嫩芜菁叶,夏天秋天可以畦种芮菘(?)、芜菁取鲜叶,冬天用荠叶来搅和。芜菁叶等要等〔冷水煮的鱼〕水沸了撇去上层浮沫之后,才下锅。这些叶子都只可少搁些,不可多,多了就失去羹的味道。干芜菁叶没有味,不中用。豉汁要在另外的铛里用水煮开一次,滤去渣滓,澄清后再用。煮的时候不要用杓子研豆豉,研了会使羹浑浊,因为研烂后豉汁过滤不清〔,所以造成羹也浑浊〕。煮豉汁只要煮到像新琥珀〔的浅黄褐〕色就可以了,不要太黑,黑了味就苦涩。只单纯用莼菜搅和,不得加葱、薤及米糁、菹菜、酸醋等。用莼菜尤其不宜咸。羹熟了就加些清净的冷水,一般是一斗羹,用一升水,羹多了按比例加水,使羹增添清爽甜美的口味。下菜、豉汁或盐的时候,都不得搅和,搅和了会把鱼和莼菜搅碎,羹也就浑浊,就作不好了。

《食经》说:"作莼羹,鱼切成二寸长,但莼菜不切。用鳢鱼时,〔鱼同〕莼菜〔一齐〕冷水下锅;用白鱼时,莼菜冷水下锅,鱼到水开了再下。都加入咸豆豉。"又一说:"鱼切成三寸长,二寸半阔。"又一说:"将莼菜仔细择净,在沸汤里焯过。中半破开鳢鱼为两片,斜披成薄片,就半片鱼身横披出头,再切成二寸宽的块。鱼煮三沸后,放下整条的莼菜。加入豉汁和浸渍后澄清的盐汁。"

醋菹鹅鸭羹[1]:方寸准,熬之。与豉汁、米汁[2]。细切醋菹与之,下盐。半奠[3]。不醋,与菹汁。

菰菌鱼羹:"鱼,方寸准。菌,汤沙中出,擘。先煮菌

令沸，下鱼。"又云："先下，与鱼、菌、茉、糁、葱、豉[4]。"又
云："洗，不沙。肥肉亦可用。半奠之。"

笋思尹切箏古可切鱼羹[5]：箏，汤渍令释，细擘。先煮
箏，令煮沸。下鱼、盐、豉。半奠之。

鳢鱼臛：用极大者，一尺以下不合用。汤鳞治，邪截
臛叶，方寸半准。豉汁与鱼，俱下水中。与研米汁。煮熟，
与盐、姜、橘皮、椒末、酒。鳢涩，故须米汁也。

鲤鱼臛：用大者。鳞治，方寸，厚五分。煮，和，如鳢
臛。与全米糁。奠时，去米粒，半奠。若过米奠[6]，不合
法也。

脸臇上，力减切；下，初减切。[7]：用猪肠。经汤出，三寸
断之，决破，细切，熬。与水，沸，下豉清、破米汁[8]，葱、
姜、椒、胡芹、小蒜、芥——并细切锻[9]。下盐、醋。蒜子
细切血，将奠与之[10]——早与血则变，大可增。米奠[11]。

鳢鱼汤：臇，用大鳢，一尺以下不合用[12]。净鳞
治[13]，及霍叶斜截为方寸半，厚三寸[14]。豉汁与鱼，俱下
水中。与白米糁。糁煮熟，与盐、姜、椒、橘皮屑末[15]。半
奠时，勿令有糁。

鲍臛[16]：汤焯徐廉切[17]，去腹中，净洗，中解，五寸断
之。煮沸，令变色。出，方寸分准[18]，熬之。与豉清、研
汁[19]，煮令极熟。葱、姜、橘皮、胡芹、小蒜，并细切锻与
之。下盐、醋。半奠。

椠七艳切淡：用肥鹅鸭肉，浑煮。研为候[20]，长二寸，
广一寸，厚四分许。去大骨。白汤别煮椠，经半日久，漉
出，渐箕中杓迮去令尽[21]。羊肉，下汁中煮，与盐、豉。将

熟,细切锻胡芹、小蒜与之。生熟如烂。不与醋。若无榖,用菰菌——用地菌,黑里不中。榖,大者中破,小者浑用。榖者,树根下生木耳,要复接地生[22],不黑者乃中用。米奠也[23]。

损肾[24]:用牛羊百叶,净治令白,薤叶切,长四寸,下盐、豉中[25],不令大沸——大熟则韧,但令小卷止。与二寸苏,姜末,和肉。漉取汁[26],盘满奠。又用肾,切长二寸,广寸,厚五分,作如上。奠,亦用八[27]。姜、薤,别奠随之也。

烂熟:烂熟肉,谐令胜刀,切长三寸,广半寸,厚三寸半。将用,肉汁中葱、姜、椒、橘皮、胡芹、小蒜并细切锻,并盐、醋与之。别作臛。临用,泻臛中和奠。有沈[28],将用乃下。肉候汁中小久则变,大可增之[29]。

治羹臛伤咸法:取车辙中干土末,绵筛[30],以两重帛作袋子盛之,绳系令坚坚,沉着铛中。须臾则淡,便引出。

【注释】

　〔1〕自此条以下至“烂熟”条,都是《食经》文。供奠上有一定的装法,又有“又云”,多有借用字,叙述疏简,都是《食经》、《食次》文的特色。

　〔2〕米汁:指碎米的汁,就是把米研碎后和进水调成米汁,然后下在锅里,略似现在的勾芡。

　〔3〕半奠:盛半碗供上席。启愉按:“奠”的原义是“置”,碗放在桌上是置,饭菜盛在碗里也是置,今浙东方言犹称盛饭、盛菜为“置饭”、“置菜”。在浙东用奠的本义字“置”,《食经》、《食次》即用“奠”的本字。奠也是装盛食物的容器,因亦称其装盛方法为“奠”。这就是《食经》、《食次》的所谓“奠”。奠字后文用得很多,都是这二书的用词,无非是各种不同的盛供方法而已。古时宴飨和祭祀分不开,二书的奠法可能是由祭奠演变而来,有严格的礼制和规矩。

〔4〕"先下，与鱼、菌……"，"与鱼"二字倒错。"先下"，承上文后下鱼而言，这又法的不同是先下鱼，后下蕈等，应作"先下鱼，与菌……"。"茉"（mù），同"莫"，是蓼科的酸模（Rumex acetosa），颇觉突兀，仍疑是"米"字之讹。

〔5〕箈（gě）：同"籚"，即笋干。

〔6〕若过米莫：如果连着米粒供上。《今释》改"米"为"半"，意谓超过半莫；日译本保存原文，释"过"为"渡"，即带着米粒盛上。启愉按：日译本为长，既不改字，又和去掉米粒不应带进去的告诫吻合。

〔7〕脸：只有唐释玄应《一切经音义》卷一五解释"脸"为"生血也"，与本条用血相合。　　膒（chǎn）：指纤长的肠。二物合用，故名"脸膒"。贵阳等地有一种用肠和血作盖头的面条，肠者长也，血者红旺也，所以称为"长旺面"，和脸膒命意仿佛，不过文绉绉罢了。

〔8〕"破"，应是"研"字之讹。《北户录》卷二"食目"称："南朝食品中，有脸膒。"崔龟图注："脸膒法：用猪肠，经沸汤出，三寸断之，决破，细切，熬之。与水，沸，下豉汁、研米、葱、姜、椒、胡芹、蒜。下盐、醋。蒜子细切血，将莫与之——早与血则变也。"崔注采自《要术》，"破"正作"研"。

〔9〕胡芹：即马芹，参见卷三《种蘘荷芹蒮》注释。

〔10〕"血，将"，原倒作"将血"，一字之倒，上下迷惘。按：这里是说血要在将盛供时才下锅，下早了会变老，所以说"早与血则变"，必须是"血，将"，据注〔8〕崔龟图注倒正。"蒜子细切血"是一句，是说将血切成蒜子大，不是细切蒜子（小蒜已经"并细切锻"）。这一迷惘可因"血"字的倒正迎刃而解。

〔11〕"大可增。米莫"，崔注无之，但从血变老了可以推测"增"是"憎"字的形似之误，"米莫"是"半莫"之误，应读成："早与血则变，大可憎。半莫。"因其"礼制"严格，不允许烹饪失格，故有此告诫。

〔12〕"以下"，原作"以上"，据上文"鳢鱼臛"条改正。

〔13〕"净鳞治"，鳢鱼有黏液，上文是"汤鳞治"，鮀鱼（鮎鱼）黏液更多，下文是"汤焯"，"净"应是"汤"字之误。现在群众"�"多黏液的鱼也常用热汤。下文"及"，疑应作"即"，音近而讹。

〔14〕"三寸"，疑是"半寸"之误。"半"字烂了一竖，容易错成"三"。

〔15〕"屑末"，指橘皮（也可包括花椒），原作"屑米"，与"白米糁"重复，误，径改。

〔16〕鮀（tuó）：鮀鱼。据《玉篇》、《说文》，就是鮎鱼。鮎鱼多黏液，故用热汤�治。而《尔雅》、《诗》毛《传》均释鮀（即鮀）为鲨鱼，非此所指。《要术》称"鮎"，《食经》称"鮀"，名物称谓不同。

〔17〕浔（xún，又qián）：禽畜杀死后用开水去毛。

〔18〕"分"，勉强可作分开讲，或疑"半"之误。日译本改作"半"。

〔19〕"研汁"，应是"研米汁"，脱"米"字。

〔20〕"研为候"，不可解，黄麓森认为是"斫为条"之误，据下文"长二寸"应是。

〔21〕"渐箕中杓迮去令尽"，"箕"原作"其"，误。按：卷九各篇引《食次》文"渐箕"屡见，这里该是就在渐箕中洗过，并用杓底压榨（迮）去腥水。"渐箕"即淘米箕，俗亦称"筲箕"，字应作"箕"，据《食次》改。"迮去"下应有"水"字，但这是《食经》文，它就是这样含糊的。

〔22〕"复"，《今释》疑"须"之误。

〔23〕"米奠"，没有用米，疑"半奠"之误。又，本条"榺淡"，"榺"（qiàn）是写字的板片，但下文说明是木耳，也是《食经》的特用字。"淡"，不搭界，《广雅·释器》："朕……肉也。"《玉篇》："朕，肴也。""淡"应是"朕"的同音借用字。

〔24〕"损"，也是借用字。唐段成式《酉阳杂俎》卷九"酒食"："朘，齑也。""损"又是"朘"（sǔn）的同音借用字。日译本改作"胘"（xián），即牛百叶。按：《食经》文仅见于本篇者，就有准、锻、谐、漉、榺、胳（络）、沙（煠）、菰（菇）、臛叶（藿叶）、淡（朕）、损（朘）等许多特用词和同音音近借用字，简直有点像"变文"，这和贾氏行文是截然异趣，泾渭分流的。

〔25〕"豉中"，疑是"豉汁"烂后错成。

〔26〕"漉取汁"，"漉"，大致相当于现在的"捞"，但汁如何捞法；贾氏偶亦用如"沥"字，则是沥去液汁不要，怎么反而要"取"？这也是《食经》行文遣词的怪特色。但这样却使得涵义不明，究竟是去掉肉汁，还是把肉汁取出浇在肉里面？今人《要术》译文就出现这两种分歧（《今释》译用前者，日译本用后者）。启愉倾向于前者：一、其肉汁腥膻。二、"姜末和肉"，该是干肴上席。

〔27〕"亦用八"，"亦"字无根据，疑衍。

〔28〕沈：指酸浆。"沈"，即"潘"字，是浆汁。这是《食经》文，上文《食经》文有鹅鸭羹用酸菜，并说不够酸时加上酸菜卤，所以这里释为酸浆。

〔29〕"大可增之"，"增"疑"憎"的形似之误。之所以嫌憎，是"肉候汁中小久则变"，变谓变味。这肉臛将上桌时才别煮肉汁下葱姜等辛香作料，葱姜等过煮极易失去鲜品原有香味，产生恶味，所以临用时才倒汁入臛，马上上桌，防止香料久搁泡熟产生异味，也自然沾染，使肉味道受影响，那就"大可憎之"了。"之"，自然指代肉臛，《食经》用法也，姑仍其旧。

〔30〕"绵"，贾氏文"绢筛"屡见，疑"绢"之误。

【译文】

酸菜鹅鸭羹：〔将鹅鸭肉〕切成一寸见方的块，炒过。加豉汁和碎米的汁〔煮〕。将酸菜切细，放下去，再搁盐。盛半碗供上席。如果不够酸，加点酸菜卤。

菰蕈鱼羹："鱼切成一寸见方的块。蕈要先在沸汤中焯过，擘开用。先将蕈煮开，再下鱼块。"又一说："先下鱼块，再下蕈、〔米〕糁、葱、豆豉。"又一说："蕈只洗净，不要焯。肥肉也可以用。盛半碗供上席。"

笋干鱼羹：先将笋干在热水中浸涨，撕成细条。先把笋干煮沸，再下鱼、盐、豆豉。盛半碗供上桌。

鳢鱼臛：鳢鱼要用极大的，一尺以下的不合用。热汤煺去鳞，整治洁净，斜披成薄片，再切成一寸半见方的块。豉汁和鱼一齐下入水中煮。再加研碎的米汁。煮熟后，加盐、生姜、橘皮、花椒末、酒。鳢鱼肉味涩，所以须要加米汁。

鲤鱼臛：用大鲤鱼。煺鳞整治洁净，切成一寸见方五分厚的块。煮和加上作料，如同鳢鱼臛的作法。加入整粒的米作糁。盛上桌时，去掉米粒，盛半碗供上。如果连着米粒供上，是不合规矩的。

脸臇羹：用猪肠。在沸汤中烫过，取出来，切成三寸长的段，再破开，切细，炒过。加水煮沸后，下清豉汁和〔研碎的〕米汁，及葱、生姜、花椒、胡芹、小蒜、芥菜——都要切细斩碎。下盐、醋。再将猪血切细成蒜子的大小，将要上桌时下锅——下早了血会变老，很让人〔憎嫌〕。盛〔半碗〕供上桌。

鳢鱼汤：切成脔块；用大鳢鱼，一尺以下的不合用。去掉鳞，整治洁净，就斜截成片，再切成一寸半见方、〔半〕寸厚的块。豉汁和鱼，一齐下锅。再下白米作糁。糁煮熟了，放进盐、生姜、花椒、橘皮末。盛半碗上桌时，不要让碗里有米糁。

鲍鱼臛：用热汤煺治，去掉内脏，洗洁净，中半破开，斩成五寸宽的块。下水煮沸，变白色后，取出来，分（？）成一寸见方的块，〔加油〕炒过。放进清豉汁和研碎〔米〕汁，煮到极熟。葱、生姜、橘皮、胡芹、小蒜，都切细琢碎放下去。再下盐、醋。盛半碗供上席。

椮〔朕〕（dàn）：用肥鹅、肥鸭的肉。先整只煮熟，再〔斫〕成二寸长、一寸宽、四分左右厚的〔条〕。去掉大骨头。另外用白沸水煮椮，煮过半天，捞出来，放在淘米箕里用杓子把水榨干尽。再拿羊肉放在鹅鸭肉汤里煮，下盐、豆豉。快熟时，放进切细斩碎的胡芹、小蒜末。〔然后将鹅鸭肉和栞一齐下锅再煮，〕煮到烂熟。这菜肴不加醋。如果没有栞，用菇蕈——就是地蕈，但菌盖里面黑色的不合用。栞，大的中间擘破，小的整个用。所谓栞，就是树根下长出的木耳，〔须〕要贴地面生长的，不黑的才合用。盛〔半碗〕供上席。

〔脼〕肾：用牛羊的百叶，整治使白净，切成薤叶那样阔的细条，四寸长，放进和着盐的豉〔汁〕里煮，不要煮到大开——太熟了肉就韧，只要让肉稍微卷曲就可以了。搁下二寸苏叶，一些生姜末，和在肉里面。漉掉汁，盛满一盘供上席。又用腰子，切成二寸长、一寸宽、五分厚的片，像百叶一样的烧法。盛上席，八片腰子盛一盘。另外装一小碟的生姜和薤跟上去。

烂熟：将肉煮到烂熟，恰好到可以受得起刀切，切成三寸长、半寸阔、三寸半厚的块。将要用肉时，先在肉汁里加上切细琢碎的葱、生姜、花椒、橘皮、胡芹、小蒜，调进盐和醋。另外将肉煮成臛。临要供上席时，把调和好的香料汁浇进臛中，和好了一道盛供上去。如果有酸浆，将要上席时放下去。肉在〔香料汁里〕煮久了会变味，这是很使人〔憎嫌的〕。

治羹臛太咸的方法：取得车辙中的干土末，用〔绢筛〕筛过，盛在两层绸作成的口袋里，用绳子缚得紧紧的，沉到锅里去。过不久，味道就淡了，把口袋拉出来。

蒸缹方九切法第七十七

《食经》曰:"蒸熊法:取三升肉熊一头[1],净治,煮令不能半熟,以豉清渍之一宿。生秫米二升,勿近水,净拭,以豉汁浓者二升渍米,令色黄赤,炊作饭。以葱白长三寸一升,细切姜、橘皮各二升,盐三合,合和之。着甑中蒸之,取熟。"

"蒸羊、豚、鹅、鸭,悉如此[2]。"

一本[3]:"用猪膏三升,豉汁一升,合洒之。用橘皮一升。"

蒸豚法[4]:好肥豚一头,净洗垢[5],煮令半熟,以豉汁渍之。生秫米一升,勿令近水,浓豉汁渍米,令黄色,炊作馈,复以豉汁洒之。细切姜、橘皮各一升,葱白三寸四升,橘叶一升,合着甑中,密覆,蒸两三炊久。复以猪膏三升,合豉汁一升洒,便熟也。

蒸熊、羊如豚法。鹅亦如此。

蒸鸡法:肥鸡一头,净治;猪肉一斤,香豉一升,盐五合[6],葱白半虎口,苏叶一寸围,豉汁三升,着盐。安甑中,蒸令极熟。

【注释】

〔1〕"取三升肉熊一头",从日译本读,指三升大小的仔熊一头,同刚生下的仔猪差不多。如果读成"取三升肉,熊一头",则指一头大熊,就和以升

合计的配料极不相称。下文引《食次》的"蒸熊"才是蒸大熊。

〔2〕肫(zhūn)：鸟胃，即鸡肫之肫。这里不能用作"豚"字。但这是《食经》文，却用作"豚"字，指仔猪，也是它的借用字。下同。下文缹法贾氏本文就正规用"豚"字。

〔3〕"一本"是《食经》的不同本子。

〔4〕"蒸肫法"及下条"蒸鸡法"，仍是《食经》文。"豚"仍借用"肫"字。

〔5〕"垢"疑应作"治"。

〔6〕"盐五合"，约合今100毫升，其重超过100克，腌鸡也太多，且与下文"着盐"重复，疑应作"米五合"。

【译文】

《食经》说："蒸熊的方法：取三升大小的仔熊一头，煨治洁净，煮到还不到半熟，用清豉汁浸着，过一夜。又取二升生糯米，不要碰上水，搓拭干净，拿二升浓豉汁来浸着，浸到米的颜色呈现黄而带赤，炊成饭。再拿三寸长的葱白一升，切细的生姜、橘皮各二升，盐三合，〔连肉带饭〕一起混和。放进甑里面蒸，蒸到熟。"

"蒸羊、仔猪、鹅、鸭，都是这样蒸法。"

另一本《食经》是："用三升猪油，一升豉汁，混合着洒在熊肉上面。又用一升橘皮。"

蒸仔猪的方法：肥好的仔猪一只，〔煨治〕洁净，煮到半熟，用豉汁浸着。另外用一升生糯米，不要碰上水，用浓豉汁浸到颜色变黄，蒸作馈饭，再拿豉汁洒下去。切细的生姜和橘皮各一升，三寸长的葱白四升，橘叶一升，〔连同半熟的仔猪〕一并放进甑中，盖严，蒸到两三顿饭熟那么久。再用三升猪油，和上一升豉汁，洒在上面〔再蒸一下〕，便熟了。

蒸仔熊、蒸羊，都同蒸仔猪一样。蒸鹅也是这样。

蒸鸡的方法：一只肥鸡，煨治洁净；一斤猪肉，一升香豆豉，五合盐(?)，半虎口葱白，一寸围的紫苏叶，三升豉汁，加盐，一起装上甑，蒸到极熟。

缹猪肉法[1]：净�757猪讫，更以热汤遍洗之，毛孔中即

有垢出，以草痛揩，如此三遍，梳洗令净。四破，于大釜煮之。以杓接取浮脂，别着瓮中；稍稍添水，数数接脂。脂尽，漉出，破为四方寸脔[2]，易水更煮。下酒二升，以杀腥臊——青、白皆得[3]。若无酒，以酢浆代之。添水接脂，一如上法。脂尽，无复腥气，漉出，板切[4]，于铜铛中煎之：一行肉，一行擘葱、浑豉、白盐、姜、椒；如是次第布讫，下水煎之。肉作琥珀色乃止。恣意饱食，亦不饩乌昌切[5]，乃胜燠肉[6]。欲得着冬瓜、甘瓠者，于铜器中布肉时下之。其盆中脂[7]，练白如珂雪，可以供余用者焉。

煎豚法：肥豚一头十五斤，水三斗，甘酒三升，合煮令熟。漉出，擘之。用稻米四升，炊一装；姜一升，橘皮二叶，葱白三升，豉汁涑馈[8]，作糁，令用酱清调味。蒸之，炊一石米顷，下之也。

煎鹅法：肥鹅，治，解，脔切之，长二寸。率十五斤肉，秫米四升为糁——先装如煎豚法，讫，和以豉汁、橘皮、葱白、酱清、生姜，蒸之。如炊一石米顷，下之。

胡炮普教切肉法[9]：肥白羊肉——生始周年者，杀，则生缕切如细菜[10]，脂亦切。着浑豉、盐、擘葱白、姜、椒、荜拨、胡椒，令调适。净洗羊肚，翻之[11]。以切肉脂内于肚中，以向满为限，缝合。作浪中坑，火烧使赤，却灰火。内肚着坑中，还以灰火覆之，于上更燃火，炊一石米顷，便熟。香美异常，非煮、炙之例。

蒸羊法：缕切羊肉一斤，豉汁和之，葱白一升着上，合蒸。熟，出，可食之。

蒸猪头法：取生猪头，去其骨，煮一沸，刀细切，水中治之。以清酒、盐、肉，蒸，皆口调和[12]。熟，以干姜、椒着上食之。

作悬熟法[13]：猪肉十斤，去皮，切胾。葱白一升，生姜五合，橘皮二叶，秫米三升，豉汁五合，调味。若蒸七斗米顷下。

【注释】

〔1〕自此条以下七条，均《要术》本文，从用语和叙述法上，一看即明。缹（fǒu），少汁温火煮叫作"缹"，像现在的"焖"。段玉裁注《说文》"衷，炮炙也"说，微火温肉就是所谓缹，今俗语也叫焖。据下篇《食经》文，胫、腤也可叫缹。又，缹有炮炙义，"胡炮肉"就是一种炮炙法，故列入本篇。

〔2〕"四方寸"，无论作四个方寸或四方各一寸讲，都不通，本卷《作鱼鲊》"作干鱼鲊法"有"方四寸斩"，应倒为"方四寸"，即四寸见方。然后切成片（"板切"）。

〔3〕白：白酒、颐白酒、白醪酒之类，不是蒸馏白酒，《要术》中没有。

〔4〕板切：指切成稍厚的片，不是放在板上切。板切和"藿叶切"、"蘸叶切"都是指片的宽度，后二者较薄，而板切较厚。

〔5〕餲（yuàn）：饱，厌腻。

〔6〕燠（yù，又 ào）肉：即卷九《作脾奥糟苞》的"奥肉"，是一种油煮油浸极油腻的油焖白肉，但这个缹肉是"走油扣肉"，所以可以恣意餍食，胜过油焖腻肉。

〔7〕上文作"瓮"，此处作"盆"，当有一误。

〔8〕涑，作"漱"解。疑为"溲"的讹字。

〔9〕炮：裹着烧炙。古以泥涂煨熟为炮。今有"叫化鸡"，即以烂泥涂毛鸡煨熟者。这里是裹在羊肚中烧烤，也是一种"裹烧"。大概也是从少数民族传进来的。

〔10〕明抄等作"细菜"，院刻等作"细叶"。"缕切"是切成细条，疑应作"细丝"。

〔11〕"净洗羊肚，翻之"：启愉按：羊肚应指羊百叶，其黏膜面有许多大小不同的叶瓣，必须翻过来才能洗洁净（凡肠、肚皆然）。大概这里所谓洗洁净，是已经这样洗过，因为这是通常必需的操作，所以略去不说。那么，原文翻转来应是第二次翻，就是翻回去使叶瓣一面仍在里面。否则，叶瓣面露在

外面,放在土坑中又盖上灰火烧烤,粘满灰土怎么能吃? 又,羊肚没有放进容器里烤,也是很特别的。

〔12〕"盐、肉",各本同,应是"盐、豉"之误。"皆口调和",应在"蒸"字上。仅调此肉之味,无可"皆",应衍。改后为:"清酒、盐、豉,口调味,蒸。熟……"

〔13〕《北堂书钞》卷一四五引《食经》有"作悬肉"云云,名称与作法与本条显有不同,本条非《食经》文而出贾氏。

【译文】

焦猪肉的方法:将猪燖治干净后,再用热水遍体洗过,毛孔中就有垢污出来,用草尽情地揩拭,像这样洗拭三遍,洗刷到洁净。破开成四块,在大锅里煮。用杓子撇出上面浮着的油脂,另外盛在瓮子里;再稍稍地加点水,多次地撇出浮油。油撇尽了,取出来,破开成四寸见方的脔,换水再煮。搁下二升酒,解去猪肉的腥臊气味——清酒、白酒都可以用。假如没有酒,可以用酸浆水代替。加水,撇油,一如上面的方法进行。油撇尽了,腥气也没有了,捞出来,再切成稍厚的片,放在铜锅里"焦",方法是:一层肉,放上一层擘成条的葱白、整颗的豆豉、白盐、生姜和花椒,这样一层层地依次布放完了,就下水焦焖。肉焖到呈现琥珀色就停止。这焦肉可以恣意吃饱,也不会嫌油腻,胜过煠肉。如果想要放进冬瓜、甜瓠子,可以在铜锅里铺肉的时候放下去。撇在〔瓮子〕里的油脂,白练般像珂雪一样的洁白,可以供作其他用途。

焦小猪的方法:一只十五来斤重的肥小猪,用三斗水,三升甜酒,一起煮到熟。拿出来,擘开肉。拿四升稻米,炊作一馏馈饭,加上一升生姜,两片橘皮,三升葱白,下豉汁一起溲和到馈饭里,作为糁,再下酱清汁调味。〔然后连同小猪肉一起〕蒸,蒸到炊熟一石米那样的时间,取下来。

焦鹅的方法:肥鹅燖治洁净,剖开,切成二寸长的脔。比例是十五斤鹅肉,用四升秫米作糁——先炊一馏为馈饭,像焦小猪的方法;炊好了,和上豉汁、橘皮、葱白、酱清汁、生姜,一起蒸。蒸到像炊熟一石米的时间,取下来。

胡炮肉的作法:用肥白羊——生下满一周岁的,杀死,趁新鲜缕切成细〔条〕，羊脂也这样切。加上整颗的豆豉、盐、擘开的葱白、生姜、花椒、荜拨、胡椒，调和到合适口味。将羊肚洗洁净，翻转来，把切好的羊肉和羊脂装进肚里，到快要装满时为限，再缝好羊肚口。掘出一个中空的烧火坑，用火把坑烧红，拿掉灰和火。拿羊肚放进坑里，依旧盖上灰火，再在上面烧火，烧到炊熟一石米那样的时间，便熟了。吃起来非常香美，不是一般的煮肉或烤肉可比的。

蒸羊肉的方法：切成条的羊肉一斤，用豉汁调和，加上一升葱白，一起蒸。熟了，取下来，可以吃了。

蒸猪头的方法：用新鲜猪头，去掉骨头，煮一沸，用刀切细，在水里整治洁净。加清酒、盐〔、豉〕，调到口味合适，上甑中蒸。蒸熟了，放上干姜和花椒吃。

作"悬熟"的方法：十斤猪肉，去掉皮，切成卨。加进一升葱白，五合生姜，二片橘皮，三升秫米，五合豉汁，调和到合口味〔，上甑蒸〕。蒸到像蒸熟七斗米的时间，取下来。

《食次》曰[1]："熊蒸：大，剥，大烂[2]。小者去头脚。开腹浑覆蒸。熟，擘之，片大如手。——又云：方二寸许。——豉汁煮秫米；薤白寸断，橘皮、胡芹、小蒜并细切，盐，和糁。更蒸：肉一重，间未[3]，尽令烂熟。方六寸，厚一寸。奠，合糁。"

又云："秫米、盐、豉、葱、薤、姜，切锻为屑，内熊腹中，蒸。熟，擘奠，糁在下，肉在上。"

又云："四破，蒸令小熟。糁用馈，葱、盐、豉和之。宜肉下，更蒸。蒸熟，擘[4]，糁在下；干姜、椒、橘皮、糁[5]，在上。"

"豚蒸：如蒸熊。"

"鹅蒸：去头，如豚。"

"裹蒸生鱼：方七寸准。——又云：五寸准。——

豉汁煮秫米如蒸熊。生姜、橘皮、胡芹、小蒜、盐，细切，熬糁。膏油涂箸，十字裹之，糁在上，复以糁屈牖篸祖咸反之[6]。——又云：盐和糁，上下与，细切生姜、橘皮、葱白、胡芹、小蒜置上。篸箸。——蒸之。既奠，开箸，褚边奠上。"

"毛蒸鱼菜[7]：白鱼、鲭音宾鱼最上[8]。净治，不去鳞。一尺以还，浑。盐、豉、胡芹、小蒜，细切，着鱼中，与菜，并蒸。"

又："鱼方寸准——亦云五六寸——下盐、豉汁中。即出，菜上蒸之。奠，亦菜上。"又云："竹篮盛鱼，菜上蒸[9]。"又云："竹蒸并奠[10]。"

"蒸藕法：水和稻穰、糠，揩令净，斫去节，与蜜灌孔里，使满，溲苏面，封下头，蒸。熟，除面，泻去蜜，削去皮，以刀截，奠之。"又云："夏生冬熟。双奠亦得。"

【注释】

〔1〕《食次》：《隋书·经籍志三》医方类有《食馔次第法》一卷，无撰者姓名，书已佚。胡立初说《食次》当是此书的省称，也是北地食馔之书。按：《食次》所记多有南方口味和物料，也有吴越方言，疑是南朝人所写，与《食经》类似。

〔2〕"大，剥，大烂"，意谓大者剥皮，大加焊治（此大指程度深，即极净之意）。"大烂"应是"大燖"之误（下篇有"燖"，明抄、湖湘本即误作"烂"），燖（xún，又 qián）同"焊"，与烂的繁体字"爛"极近似。

〔3〕"末"，应是"米"字之误。

〔4〕"擘"，指擘奠，应脱"奠"字。

〔5〕"糁"，在肉上再加糁，未始不可，但联系姜椒等香料，疑"散"之误，入下句，谓撒在肉上。

〔6〕"复以糁屈牖篸之"，不可解。按："篸"（zān）同"簪"。《广韵·去声·五十三勘》："篸，以针篸物。"这里是一种细竹签，用以穿连竹箸，则"糁"应是"篸"字之误。下一"篸"字是动词，作穿连讲。"牖"指竹箸交连

处空隙，"屈"谓曲折穿过，用竹签来别牢。

〔7〕毛：指不去鳞。日译本从猪饲敬所校改为"芼"，恐未必。

〔8〕鯾鱼：即鲤科的鳊鱼（Parabramis pekinensis）。

〔9〕"竹篮盛鱼，菜上蒸"，意谓竹篮放入甑中，鱼放在菜上蒸。"蒸"，原上窜在"奠，亦菜上"之下，作"奠，亦菜上蒸"，致不可解，今为移正如上文。

〔10〕"竹蒸"，应是"竹篮"之误。

【译文】

《食次》说："蒸熊：大熊，剥皮，〔去掉内脏煺治〕极洁净。小熊，去掉头脚〔内脏〕。都破腹后整只腹部朝下覆着蒸。蒸熟后，擘成手掌大的片。——另一说：切成二寸左右见方的块。——用豉汁煮糯米，加上切成一寸长的薤白，切细的橘皮、胡芹、小蒜，搁盐，拌和成糁。再蒸：一层肉，隔一层〔米糁，层层铺下〕，全都蒸到烂熟。切成六寸见方一寸厚的块。盛供上席时，连同米糁一并供上。"

又一说："糯米、盐、豆豉、葱、薤、生姜，都切细斫成碎末，装进熊肚里蒸。蒸熟了，擘开来盛上桌，糁在下面，肉在上面。"

又一说："破成四大块，蒸到稍微有些熟。糁，炊成馈饭，和上葱、盐、豆豉。宜于肉在下面，〔馈饭在上面，〕再蒸。蒸熟了，撕开来〔盛上席〕，糁在下面；再用干姜、花椒、橘皮〔撒〕在肉上面。"

"蒸小猪：像蒸熊一样。"

"蒸鹅：去掉头，像蒸小猪一样。"

"裹蒸鲜鱼：切成七寸见方的块。——另一说是五寸见方。——用豉汁煮糯米，像蒸熊那样，拿切细的生姜、橘皮、胡芹、小蒜、盐，和进糁里，炒过。用油涂在箬叶上，拿来十字交叉地包裹鱼块，上面放上糁，再用〔竹签子〕一上一下曲折地穿过竹箬交接处的空隙，别牢。——又一说：用盐和进糁里，上下两面都搁上糁，再在上面放下切细的生姜、橘皮、葱白、胡芹、小蒜，然后用竹签别牢箬叶。——上甑中蒸。盛供上席的时候，打开箬叶，把上面的箬片折叠在下面，供上。"

"毛蒸鱼菜：白鱼、鯾鱼最好。整治洁净，但不去鳞。一尺上下的，整条用。盐、豆豉、胡芹、小蒜，切细，放进鱼中，加上菜，一起蒸。"

又说："鱼切成一寸见方的块——也有说五六寸见方的——浸入

盐调和的豆豉汁里。随即拿出来,放在菜上面蒸。盛供上席时,也放在菜上面。"又说:"竹篮盛着鱼〔上甑〕,鱼放在菜上面蒸。"又说:"上席时就竹〔篮〕盛鱼一并供上。"

"蒸藕的方法:水里和着稻秸、稻糠,把藕擦洗洁净,切去藕节,用蜜灌进孔里,灌满了,溲和好苏油面,封住下头,上甑中蒸。蒸熟了,除去封头的面,倒去蜜,削掉皮,用刀切开,盛供上席。"又说:"夏天用生的,冬天用熟的。一碗放进两份也可以。"

胚、腤、煎、消法第七十八[1]

胚鱼鮓法：先下水、盐、浑豉、擘葱，次下猪、羊、牛三种肉，腤两沸，下鮓。打破鸡子四枚，泻中，如瀹鸡子法。鸡子浮，便熟，食之。

《食经》胚鮓法："破生鸡子，豉汁，鮓，俱煮沸，即奠。"又云："浑用豉。奠讫，以鸡子、豉帖。"又云[2]："鮓沸，汤中与豉汁、浑葱白，破鸡子写中。奠二升。用鸡子，众物是停也。"

五侯胚法[3]：用食板零揉[4]，杂鮓、肉，合水煮，如作羹法。

纯胚鱼法："一名'焦鱼'。用鲩鱼。治腹里，去腮不去鳞[5]。以咸豉、葱、姜、橘皮、酢，细切[6]，合煮。沸，乃浑下鱼。葱白浑用。——又云：下鱼中煮[7]。沸，与豉汁、浑葱白。将熟，下酢。又云：切生姜令长。——奠时，葱在上。大，奠一；小，奠二。若大鱼，成治准此。"

腤鸡："一名'焦鸡'，一名'鸡腤'。以浑。盐，豉，葱白中截，干苏微火炙——生苏不炙——与成治浑鸡，俱下水中，熟煮。出鸡及葱，漉出汁中苏、豉，澄令清。擘肉，广寸余，奠之，以暖汁沃之。肉若冷，将奠，蒸令暖。满奠。"

又云："葱、苏、盐、豉汁，与鸡俱煮。既熟，擘奠，与汁，葱、苏在上，莫安下。可增葱白，擘令细也。"

腤白肉[8]："一名'白焦肉'[9]。盐、豉煮，令向熟，薄切：长二寸半，广一寸准，甚薄。下新水中[10]，与浑葱白、小蒜、盐、豉清。"又："薤叶切，长三寸。与葱、姜，不与小蒜，薤亦可[11]。"

腤猪法：一名"焦猪肉"[12]，一名"猪肉盐豉"。一如焦白肉之法。

腤鱼法：用鲫鱼，浑用。软体鱼不用[13]。鳞治。刀细切葱[14]，与豉、葱俱下，葱长四寸。将熟，细切姜、胡芹、小蒜与之。汁色欲黑。无酢者，不用椒。若大鱼，方寸准得用。软体之鱼，大鱼不好也。

蜜纯煎鱼法：用鲫鱼，治腹中，不鳞。苦酒、蜜中半，和盐，渍鱼。一炊久，漉出。膏油熬之，令赤。浑奠焉。

勒鸭消[15]：细研熬如饼臛，熬之令小熟。姜、橘、椒、胡芹、小蒜，并细切，熬黍米糁。盐、豉汁下肉中复熬，令似熟[16]，色黑。平满奠。兔、雉肉，次好。凡肉，赤理皆得用。勒鸭之小者，大如鸠、鸽，色白也。

鸭煎法：用新成子鸭极肥者，其大如雉。去头，燖治，却腥翠、五脏，又净洗，细剉如笼肉。细切葱白，下盐、豉汁，炒令极熟。下椒、姜末食之。

【注释】

〔1〕脏、腤（ān）同类，都是用水液烩煮。脏还有"杂烩"式的。煎、消同类，都是用油籴或炒。

〔2〕"'……怗。'又云"，"怗"（tiē），通"帖"、"贴"，这是《食经》用词，

《要术》本文作"帖"(《作鱼鲊》"以竹篾交横帖上")。"又云",各本均脱"又"字,这是又一作法,有"云"没有"又",不成词,故补。

〔3〕五侯��：�!同"鲭",是肉和鱼同烧的"杂烩"。汉成帝时王氏五侯不和睦,宾客不相往来,有娄护其人巧言善辩,往来五家得其欢心,娄护将五家的菜杂和起来一起再煮,味道很美,名为"五侯鲭"。这里实际也只是杂烩而已,可还遗留着这个名称。

〔4〕"捘"(shé)即"捠"字,《说文》:"阅持也。"这里作检选解释,所谓"零捘",意即"零择",指零择砧板上杂肉作成"杂烩",《津逮》本等因径改为"挤"(拼)字。按：本篇只有篇首和篇末两条是贾氏本文,其余都是《食经》文,从"又云"、奠法等可证。"捘"也是它的特有异写字,不宜改。

〔5〕"腮",各本同,是"颗"的俗写,但此指鱼鳃,正字应作"鳃",这也是《食经》的俗别字,贾文自作"鳃"。

〔6〕"酢"也连着"细切",《食经》文往往这样特别(包括《食次》),大概是贪图叙述方便,未必是错衍。贾氏本文绝无此类病语。

〔7〕"下鱼中煮",不可解,此法与上法不同,应是"下鱼先煮","中"是"先"之误,或者没有也可以。

〔8〕白肉：指白水清煮的肉,下篇"白菹"的"白煮"和"白瀹豚",均此意。但本条并非指此,为何称"白",不明(不会是白肥膘吧)。

〔9〕"白燋肉",据下文应作"燋白肉"。

〔10〕"下新水中",日译本"中"下补"脂"字。《食经》文往往如此节简。

〔11〕"薤亦可",解释为不用小蒜时可用薤代替,或连读"小蒜、薤"都不用。但仍疑袭上文"薤叶切"而衍"薤"字。"又"下疑脱"云"字。

〔12〕"燋猪肉",湖湘本、《津逮》本作"焦猪肉",脂法并非炙烤,显系形似致误。可《辞源》修订本"脂"字下引《要术》亦作"焦猪肉",显系采用明刻《要术》致误。明刻《秘册汇函》——《津逮秘书》本是《要术》最坏之本,《辞源》凡引《要术》处很多袭该本之误,此其一例而已。该辞书修订时院刻、金抄、明抄早已出书,宜用以订正。

〔13〕软体鱼：不明。也许指无鳞多黏液的鱼,如鲇鱼、鲍鱼之类。

〔14〕"刀细切葱",与下文"葱长四寸"不协调,日译本改"葱"为"椒",根据是下文有"不用椒",较妥。

〔15〕勒鸭：一种水禽。《玉篇》:"鴗,鸟似凫而小。"则"勒"应是"鴗"的俗用字。《蜀本草》注:"野鸭与家鸭有相似者,有全别者；其小小者,名刀鸭,味最重,食之补虚。""刀鸭"疑是"力鸭"之误,亦借"力"为"鴗"者,则小小的力鸭该就是勒鸭、鴗鸭。此鸭见于《蜀本草》,应是南方的水禽,《食

经》的内容往往和南方相合。

〔16〕"似熟"，丁国钧校记："上言'小熟'，此当作'极熟'。"按："似"有"过"义，"过熟"犹言"极熟"，原文可以。

【译文】

胚鱼鲊的方法：先下水、盐、整粒的豆豉、撕开的葱，再下猪、羊、牛三种肉，腤煮两沸，放下鲊鱼。打破四个鸡蛋放下去，像煠荷包蛋的方法。鸡蛋浮上来，便熟了，可以吃。

《食经》胚鲊的方法："打破鲜鸡蛋，加上豉汁和鲊，一起煮沸，就盛供上席。"又说："豆豉整颗用。盛好了，拿鸡蛋和豆豉铺在鲊上面。"〔又〕说："鲊煮沸后，再将豉汁、整条的葱白下在沸汤里，打破鸡蛋放下去。盛上二升供上席。用鸡蛋，其他的配料就不用了。"

五侯胚的作法：将砧板上切下来的零碎杂肉，和上鲊、肉，合起来用水煮，像作肉羹一样。

单纯胚鱼的方法："又名'焦鱼'。用鲩鱼。煨净内脏，去掉鳃，但不去鳞。用咸豆豉、葱、生姜、橘皮，都切细，（下醋，）一起煮。煮开后，整条地放下鱼。如果用葱白，也是整条地用。——又一说：放下鱼〔先〕煮。煮开了，搁下豉汁和整条的葱白。快熟时，再下酢。又说：把生姜切成长丝。——盛供上桌时，葱在鱼上面。大鱼盛上一条，小鱼盛上两条。如果是更大的鱼，在整治时就按这个〔大一小二的〕大小来斟酌。"

腤鸡："又名'焦鸡'，又名'鸡臛'。用整只的鸡。拿盐、豆豉、中半切断的葱白、微火上炙过的干苏叶——鲜苏叶就不炙——同整治好的整只的鸡，一并放进水里煮熟。将鸡和葱白取出来，捞出汤里面的苏叶、豆豉，让汤澄清。擘开鸡肉成一寸多宽的块，盛好供上席时，吊汤，就用暖鸡汤吊在肉里。肉如果冷了，在快上席时蒸暖。盛满碗供上席。"又一说："葱、苏叶、盐、豉汁，同鸡一起煮。煮熟之后，擘开来盛供，吊上鸡汤，葱和苏叶放在肉上面，不要放在下面。可以加些葱白，要擘细。"

腤白肉："又名'焦白肉'。用盐、豆豉煮肉，煮到快熟，薄薄地切成二寸半长、一寸宽的片，要切得很薄。另外换水〔腤煮〕，加上整条的葱白、小蒜、盐、清豉汁。"又〔说〕："将肉切成蓠叶那样宽的细条，三寸长。搁上葱、生姜，不搁小蒜，搁薤也可以。"

腊猪肉的方法：又名"焦猪肉"，又名"猪肉盐豉"。作法都跟"焦白肉"的方法一样。

腊鱼的方法：用鲫鱼，整条地用。软体的鱼不用。把鲫鱼去掉鳞，煺治洁净。将〔花椒〕切碎，同鱼、豆豉、葱一齐下锅，葱条四寸长。快熟时，放下切细的生姜、胡芹和小蒜。汤的颜色要浓黑。如果没有放醋，就不用花椒。如果用大鱼，切成一寸见方的块可以用。但软体的鱼，大鱼也是不好的。

单纯用蜜用油煎鱼的方法：用鲫鱼，去掉内脏，不去鳞。一半苦酒一半蜜，加上盐，调和匀，用来浸鱼。浸到炊熟一顿饭的时间，捞出来，用油煎，煎到成红色。整条地盛供上席。

勒鸭消：将肉细细地琢碎像包面食的肉馅子，炒过，让它稍微有些熟。生姜、橘皮、花椒、胡芹、小蒜，都切细，炒进黍米作的糁里。肉里加上盐和豉汁，〔连同米糁〕一并再炒，炒到极熟，颜色变黑。平平地装满一碗供上席。兔肉、野鸡肉也能用，但是次一等的。凡是赤色的肉也都可以用。勒鸭小的，只有斑鸠、鸽子那么大，颜色白。

鸭煎的作法：用才长大的极肥的新鸭，像野鸡那样大的，斩去头，煺治干净，去掉肛孔和尾上的脂腺以及内脏，又洗洁净。将肉细细地琢碎像包包子的肉馅子，加上切细的葱白，搁下盐和豉汁，炒到极熟。吃时放下花椒和生姜末。

菹绿第七十九

《食经》曰："白菹[1]：鹅、鸭、鸡白煮者，鹿骨[2]，斫为准：长三寸，广一寸。下杯中，以成清紫菜三四片加上，盐、醋和肉汁沃之。——又云：亦细切，苏加上。又云：准讫，肉汁中更煮，亦啖[3]。少与米糁。——凡不醋，不紫菜。满奠焉。"

菹肖法[4]：用猪肉、羊、鹿肥者，蘘叶细切，熬之，与盐、豉汁。细切菜菹叶，细如小虫丝，长至五寸，下肉里。多与菹汁令酢。

蝉脯菹法[5]："捶之，火炙令熟。细擘，下酢。"又云："蒸之。细切香菜置上。"又云："下沸汤中，即出，擘，如上香菜蓼法[6]。"

绿肉法[7]：用猪、鸡、鸭肉，方寸准，熬之。与盐、豉汁煮之。葱、姜、橘、胡芹、小蒜，细切与之，下醋。切肉名曰"绿肉"，猪、鸡名曰"酸"。

白瀹瀹，煮也。音药。豚法[8]：用乳下肥豚。作鱼眼汤，下冷水和之，攀豚令净[9]，罢。若有粗毛，镊子拔却，柔毛则剔之。茅蒿叶揩洗[10]，刀刮削令极净。净揩釜，勿令渝，釜渝则豚黑。绢袋盛豚，酢浆水煮之。系小石，勿使浮出。上有浮沫，数接去。两沸，急出之，及热以冷水沃豚。又以茅蒿叶揩令极白净。以少许面，和水为面浆；复绢袋盛豚，系石，于面浆中煮之。接去浮沫，一如上法。好熟，出，着盆中，以冷水和煮豚面浆使暖暖，于盆中浸之。然后擘食。皮如玉色，滑而且美。

酸豚法：用乳下豚。燖治讫，并骨斩脔之，令片别带皮。细切葱白，豉汁炒之，香，微下水，烂煮为佳。下粳米为糁，细擘葱白，并豉汁下之。熟，下椒、醋，大美。

【注释】

〔1〕菹：即菜菹和肉菹。菜菹是腌菜、酸泡菜，肉菹是肉中加酸菜或酸醋的肴馔。本篇的菹，就是这种肉菹。下条“菹消”，即合消法和肉菹而成。

〔2〕“鹿骨”，无法解释，疑应作“揓”，同“批”，谓批擘骨头。

〔3〕“亦啖”，这不合“规矩”，卷九《炙法》引《食经》有“亦得”，疑“亦得”之误。

〔4〕“菹肖”，即“菹消”，合消法和肉菹而成。卷九《作菹藏生菜法》的“作菹消法”与此相似。《御览》卷八五六“菹”引卢谌《祭法》：“秋祠有菹消。”原注：“《食经》有此法也。”说明本条仍是《食经》文。下面二条也是。

〔5〕蝉脯：蝉干。《礼记·内则》的菜肴中有“蜩、范”，郑玄注：“蜩，蝉也；范，蜂也。”《名医别录》说，蝉“五月采，蒸，干之”。《北户录》卷二称：“南朝食品中……奠有蝉羮。”说明古人吃蝉。本条《食经》文，也该是南朝食品，也是“奠”供上席的。

〔6〕“如上香菜蓼法”，怀疑《食经》另有“香菜蓼法”，《要术》未引。

〔7〕绿肉：唯一的解释是《食经》的说明，所谓切肉称为“绿肉”。据其所记，也只是一种切成小块的肉菹，也就是一种先炒后煮的带酸味的“红烧肉”或“红烧鸡块”，其色素不是用酱油或红糖，而是来自豉汁。而最后加上醋，不如说“醋溜红烧肉”更合适些。又说猪、鸡称为“酸”，这道菜似乎也可以称为“绿酸肉”，因所用为切成小块的猪肉、鸡肉也。

〔8〕本条及下条是《要术》本文，一看即明。

〔9〕擘（xún）：同“挦”。扯，拔（毛发）。

〔10〕孟方平硬说《要术》的"蒿"是"稿"字之误,殊不知《要术》中用青蒿等作食物及相关用途者多至十余处,难道都是"稿"字之误?古人以青蒿、白蒿作食物,自《诗经》《大戴礼记》以至《神农本草经》《本草衍义》等等,屡见不鲜,不能以今人的饮食习惯硬套古人。

【译文】

《食经》说:"白菹:鹅、鸭、鸡清水煮熟的,〔擘去〕骨头,斫成三寸长、一寸宽的块。放在汤碗里,加上浸清的紫菜三四片,用盐、醋调和好的肉汤浇在上面。——又一说:也可以将肉切细,上面搁些苏叶。又一说:切成块之后,放进肉汤里再煮过,也〔可以〕,稍微加些米糁。——一般不酸的,就不加紫菜。满碗地供上席。"

菹消的作法:用肥的猪肉、羊肉、鹿肉,切成像薤叶那样宽的细丝,炒过,加盐、豉汁。将酸菜叶切细,细到像小虫样的丝,长要到五寸,放进肉里。多给些酸菜卤,让它酸。

蝉脯菹的作法:"将蝉脯捶过,火上烤熟。擘细,加醋。"又一说:"蒸熟,将香菜切细,放在上面。"又一说:"放进滚汤里焯,随即取出,擘细,像上'香菜蓼'那样供上席。"

绿肉的作法:用猪、鸡、鸭的肉,切成一寸见方的块,炒过。放盐在豉汁中,再煮熟。葱、生姜、橘皮、胡芹、小蒜,都切细放下去,下醋。切肉称为"绿肉",猪、鸡称为"酸"。

白瀹豚的作法:用吃奶的肥仔猪。烧好鱼眼泡的沸汤,掺些冷水和好,将仔猪煺治洁净后,如果有粗毛,用镊子拔掉,绒毛用刀剃掉。再用茅叶蒿叶擦洗,用刀刮削到极洁净。把锅揩拭洁净,使不变色;锅变色,小猪肉也就黑了。用绢袋子盛着小猪,拿酸浆水来煮。袋子下面系着小石块,沉住不让它浮出来。汤上面有浮沫飘出,不断地撇掉。滚两沸,赶快取出来,趁热用冷水浇下去。又用茅叶蒿叶揩拭得极白净〔,荡洗干净〕。拿少量的面粉,和上水调成面浆,再把小猪盛在绢袋里,系上石块,放进面浆里煮。把浮沫撇掉,一如上面的方法。熟到合适了,拿出来放在盆子里,浇下用冷水调和的煮猪的面浆,让它暖暖地在盆子里浸着。然后擘开来吃。皮色像玉一样,滑嫩而且很美。

酸豚的作法:用吃奶的仔猪。煺治洁净后,连骨一起斩成胾,让每片�502都带着皮。把葱白切细,加豉汁〔同肉一起〕炒,炒香了,稍稍下水焖煮,焖到极透为好。再下粳米作为糁,又将擘细的葱白和豉汁放下去〔,继续焖〕。熟了,加上花椒和醋吃,味道极美。

齐民要术卷第九

炙法第八十

炙豚法[1]：用乳下豚极肥者，獶、牸俱得。擘治一如煮法，揩洗，刮削，令极净。小开腹，去五脏，又净洗。以茅茹腹令满，柞，木穿，缓火遥炙，急转勿住。转常使周匝，不匝则偏焦也。清酒数涂以发色。色足便止。取新猪膏极白净者，涂拭勿住。若无新猪膏，净麻油亦得。色同琥珀，又类真金。入口则消，状若凌雪，含浆膏润，特异凡常也。

捧或作棒炙：大牛用臀[2]，小犊用脚肉亦得。逼火偏炙一面，色白便割；割遍又炙一面。含浆滑美。若四面俱熟然后割，则涩恶不中食也。

腩奴感切炙[3]：羊、牛、獐、鹿肉皆得。方寸脔切。葱白研令碎[4]，和盐、豉汁，仅令相淹。少时便炙；若汁多久渍，则韧。拨火开，痛逼火，回转急炙。色白热食，含浆滑美。若举而复下，下而复上，膏尽肉干，不复中食。

肝炙：牛、羊、猪肝皆得。脔长寸半，广五分，亦以葱、盐、豉汁腩之。以羊络肚腺素干反[5]脂裹，横穿炙之。

牛肫炙[6]：老牛肫，厚而脆。划穿[7]，痛蹙令聚，逼火急炙，令上劈裂，然后割之，则脆而甚美。若挽令舒申，微火遥炙，则薄而且韧。

灌肠法：取羊盘肠，净洗治。细剉羊肉，令如笼肉，细切葱白，盐、豉汁、姜、椒末调和，令咸淡适口，以灌肠。两条夹而炙之。割食甚香美。

【注释】

〔1〕炙：从肉在火上，指直接在火上烤，本篇《要术》本文各条，都是这个意思。引《食经》、《食次》各条，有的是隔着火铲烙，有的以油炸为炙。

〔2〕膂(lǚ)：脊骨。

〔3〕脯(nǎn)：将肉类在盐、豉加香料的液汁中作短时间的浸渍叫作"脯"。脯后随即炙之，称为"脯炙"。今粤菜中有脯肉法，虽然作法不同，要点在取其鲜嫩不韧，并急火快成而不失营养成分，则是相同的。

〔4〕细琢为"研"，非"斫"之误。

〔5〕原作"素千反"，吾点校记，《玉篇》"先安切"，《广韵》"苏干切"，"千"乃"干"字之讹。《渐西》本即据以改为"干"字。

〔6〕胘(xián)：《说文》："牛百叶也。"反刍类的重瓣胃，通名为胘。而《食经》称"肶"(膍)，《要术》称"胘"，二者名物称谓不同。

〔7〕划穿：用签子弗贯起来。启愉按：划同"铲"，但不是铲削，《广雅·释器》："签谓之铲。"这里应作签子讲。弗(chǎn)，同"划"，是一种炙肉的签子，这里的"划"实际就是"弗"字。唐释玄应《一切经音义》卷一九"如弗"注："今之炙肉弗也。经文作划削之划，非体也。"说明正是以划为弗。而《要术》作划，《食经》作弗，二者名物称谓又不同。

【译文】

炙仔猪的方法：用吃奶的极肥的仔猪，雄的雌的都可以。煺治一如"白瀹豚"的方法，擦洗，剃刮，要极洁净。小穴剖开腹腔，掏去内脏，再洗洁净。用茅草塞进腹腔里，塞得满满的，用柞木棒穿贯猪身，在缓火上放远些烤，急急不停地回转着。回转要让周围随时都烤到，不这样，就会有的面上偏焦的。拿清酒多次地涂在炙面上，让它发出〔红黄〕色。颜色够浓了便停止。又拿极白净的新鲜熟猪油不停地涂抹。如果没有新鲜猪油，用洁净的大麻油也可以。烤熟的乳猪颜色同琥珀一样，又像真金。吃到口里就消融，像冰雪一样，含着浆汁，油滑滋润，和平常的肉食特别不同。

捧或写作棒炙：大牛用脊肉，小牛用腿肉也可以。直接逼着火专烤一面，颜色变白就立即割下来吃；割尽了再烤另一面。这样就浆汁多，滑嫩味道好。如果等到四面都烤熟了再割，就韧老不好吃了。

腩炙：羊、牛、獐、鹿的肉都可以作。切成一寸见方的商块。将葱白琢碎，和进加盐的豉汁里，〔拿肉浸在这汁里，〕只让汁淹没着肉就够了。过一会儿便取出来炙；如果汁太多，浸得久了，肉就韧了。将火拨旺，尽量地逼着火烤，急速地回转着。肉变白了趁热吃，浆汁多，滑嫩味美。如果烤的时候忽而举起，忽而放下，放下又举起，油烤尽了，肉也干了，便不中吃了。

肝炙：牛肝、羊肝、猪肝都可以。切成一寸半长五分宽的商，也在和着葱、盐的豉汁里腩过。用羊花油裹着，打横穿起来烤。

牛脍炙：老牛的百叶，厚而且脆。用签子弗贯起来，尽力地压迫使皱缩挤拢，逼着火急速地烤，让它面上裂开口子，再割来吃，就脆而且味很美。如果拉平伸展开来，在微火上远隔着烤，就薄而且韧了。

作灌肠炙的方法：取羊肠，洗涤整治洁净。将羊肉斩细碎，像馅子肉一样，和进切细的葱白，及盐、豉汁、生姜、花椒末，让咸淡合口味，拿来灌进肠里。两条肠并排夹起来烤。割来吃，很香很美。

《食经》曰："作跳丸炙法[1]：羊肉十斤，猪肉十斤，缕切之；生姜三升，橘皮五叶，藏瓜二升，葱白五升，合捣，令如弹丸。别以五斤羊肉作臛，乃下丸炙，煮之作丸也[2]。

"膊炙豚法[3]：小形豚一头，膊开，去骨，去厚处，安就薄处，令调。取肥豚肉三斤，肥鸭二斤，合细琢。鱼酱汁三合，琢葱白二升，姜一合，橘皮半合，和二种肉，着豚上，令调平。以竹弗弗之，相去二寸下弗。以竹箸着上，以板覆上，重物迮之。得一宿。明旦，微火炙。以蜜一升合和[4]，时时刷之。黄赤色便熟。先以鸡子黄涂之，今世不复用也。

"捣炙法[5]：取肥子鹅肉二斤，剉之，不须细剉。好醋三合,瓜菹一合,葱白一合,姜、橘皮各半合,椒二十枚作屑,合和之,更剉令调。裹着充竹弗上[6]。破鸡子十枚,别取白,先摩之令调,复以鸡子黄涂之。唯急火急炙之,使焦,汁出便熟。作一挺,用物如上;若多作,倍之。若无鹅,用肥豚亦得也。

"衔炙法:取极肥子鹅一头,净治,煮令半熟,去骨,剉之。和大豆酢五合,瓜菹三合,姜、橘皮各半合,切小蒜一合,鱼酱汁二合,椒数十枚作屑,合和,更剉令调。取好白鱼肉细琢,裹作弗,炙之。

"作饼炙法:取好白鱼,净治,除骨取肉,琢得三升。熟猪肉肥者一升,细琢,酢五合,葱、瓜菹各二合,姜、橘皮各半合,鱼酱汁三合,看咸淡,多少盐之适口。取足作饼[7],如升盏大,厚五分。熟油微火煎之,色赤便熟,可食。一本:"用椒十枚,作屑和之。"

"酿炙白鱼法[8]:白鱼长二尺,净治,勿破腹。洗之竟,破背,以盐之[9]。取肥子鸭一头,洗治,去骨,细剉;酢一升,瓜菹五合,鱼酱汁三合,姜、橘各一合,葱二合,豉汁一合,和,炙之令熟[10]。合取从背入着腹中,弗之,如常炙鱼法,微火炙半熟,复以少苦酒杂鱼酱、豉汁,更刷鱼上,便成。

"脯炙法:肥鸭,净治洗,去骨,作脔。酒五合,鱼酱汁五合,姜、葱、橘皮半合,豉汁五合,合和,渍一炊久,便中炙。子鹅作亦然。

"猪肉鲊法[11]:好肥猪肉作脔,盐令咸淡适口。以饭作糁,如作鲊法。看有酸气,便可食。"

【注释】

〔1〕"跳丸"，仅明抄如文，他本均误。按，跳丸是一种用球形小丸玩杂技的技艺，即耍技者两手快速地接连抛接几个小丸，不落地。也有用短剑抛接的。《文选·西京赋》："跳丸、剑之挥霍。"即指此。现代杂技中还保留着这个"手技"节目，俗名"杂拌子"。这里是说其肉丸圆如弹丸，像跳丸，故有此名。《北堂书钞》卷一四五"丸炙"引《食经》有"交趾丸炙法"，作法是："丸如弹丸，作臛，乃下丸炙，煮之。""交趾"，恐误。

〔2〕"煮之作丸也"，疑有脱文，"丸"似应作"丸臛"，即肉丸汤。但《食经》文往往含糊不明。

〔3〕自本条以下至"猪肉鲊法"条，均《食经》文，不但文词与《要术》不同，叙述简涩，而且"脯炙"重出，又用"大豆酢"（卷八《作酢法》仅《食经》有之），用"蜜"（贾氏烹饪各法用醋，绝不用饧蜜，《食经》大量用之，北酸南甜，至今犹然），"一本"云云，"今世"怎样等等，都很明显。膊（bó），剖胸开腹，掏去内脏。

〔4〕"合和"，指什么？指豉汁、酒？指蜜中调水？都没有交代，《食经》文就是这样。

〔5〕捣炙：连下文衔炙、饼炙，都是将肉类斫碎来炙，不同的只是炙的方法：两条衔炙都是外加鱼肉或花油裹着炙，是一种"裹炙"；两条捣炙都是直接裹在炙具上炙，为防止不相黏，要抹上蛋清或调上面粉；两条饼炙实际是以油炸为炙。

〔6〕"裹"，金抄作"里"，他本作"聚"。下文有"裹作弗"，参照金抄改作"裹"。"充"，解作充满竹弗，勉强。《今释》疑"长"之误。

〔7〕"取足"，无论连上句或连下句读，同样费解，疑"足"应作"之"，谓"取之作饼"。

〔8〕酿：这是烹调法中特别"术语"。《礼记·内则》以肉羹中杂和以切菜叫作"酿"。本条将鸭肉琢细杂和腌瓜等为馅，塞进鱼腹中为"酿"。清吴震方《岭南杂记》："苦瓜……或灌肉其内。"现在宴席上有"冬瓜钟"，家庭常馔有茄子嵌肉馅等，实际都是一种酿菜。

〔9〕"以盐之"，疑应作"以盐入"或"以盐入之"。又，此鱼未去内脏，即使"鲢鲠"也要洗净鱼肠，何况不掏空腹腔，如何"酿"得进那么多的鸭肉和佐料？内脏必然在"破背"时挖去，决不是留着污脏吃的。《食经》文就是这样想当然，恐未必有脱文。贾文绝无此类疏失。

〔10〕"炙之"，《食经》亦以油煎为"炙"，这里应是加油炒，未必是错字。

〔11〕"猪肉鲊法"，与"炙法"毫不相干，应在卷八《作鱼鲊》篇中。这

也许是错简。

【译文】

《食经》说："作跳丸炙的方法：十斤羊肉，十斤猪肉，都切成细丝，加上三升生姜，五片橘皮，二升腌瓜，五升葱白，混合在一起捣烂，作成像弹丸的丸。另外用五斤羊肉作成臛，放下炙过的肉丸，一起煮成肉丸〔臛〕。

"膊炙豚的作法：用一只小形的小猪，剖开胸腹，〔掏去五脏〕，剔去骨头，割下厚些地方的肉，贴放在肉薄的地方，要铺排得厚薄调匀。另外取三斤肥小猪肉，二斤肥鸭子肉，一起琢细，再用三合鱼酱汁，二升琢碎的葱白，一合生姜，半合橘皮，和进这二种肉里，拿来铺在原先的小猪肉上面，要铺得均匀平正。用竹签子弗起来，相隔二寸弗进一根竹签。拿竹箸盖在肉上面，竹箸上面再盖上木板，木板上又用重东西压榨着。过一夜，到第二天早上，在微火上烤。烤时用一升蜜和上〔水（？）〕，不断地刷在上面。烤到黄红色便熟了。过去用鸡蛋黄涂上，现在不再用了。

"捣炙的作法：取二斤肥仔鹅的肉，用刀斫，但不需要斫得细。用三合好醋，一合腌瓜，一合葱白，半合生姜，半合橘皮，二十颗花椒作成细末，一起和进肉里，再斫细斫到调匀。满满地（？）裹在竹弗上烤。打破十个鸡蛋，取出蛋白，先涂抹在碎肉上，要抹得均匀，〔蛋白干了，〕再涂上蛋黄。一定要用猛火急速地烤，烤到焦黄，有汁渗出来，便熟了。只作一长条的，就用上面这些材料；如果要多作的，按这个比例增加。如果没有鹅肉，用肥小猪肉也可以。

"衔炙的作法：取一只极肥的仔鹅，整治洁净，煮到半熟，去掉骨头，用刀斫。用五合大豆醋，三合腌瓜，半合生姜，半合橘皮，一合切过的小蒜，二合鱼酱汁，几十颗花椒作成的细末，一起和进肉里，再斫细斫到均匀。用好白鱼的肉，琢细，裹在鹅肉外面，弗起来烤。

"作饼炙的方法：取好的白鱼，整治洁净，除去骨头，用它的肉，把肉斩碎，取得三升碎肉。用琢细的熟的猪肥肉一升，五合醋，二合葱，二合腌瓜，半合生姜，半合橘皮，三合鱼酱汁，看咸淡放多少盐，总要调和到合口味〔，一起和进鱼肉里〕。拿〔这和好的肉〕作成饼子，像一升盏的盏口大小，五分厚。放入熟油里用缓火煎，颜色发红便熟了,可以吃。另一个本子说:"要用十颗花椒,作成碎末和进去。"

　　"酿炙白鱼的作法:二尺长的白鱼,整治洁净,不破肚皮。洗净之后,从背上破开,〔掏去内脏,〕加些盐〔进去〕。取一只肥仔鸭,煺治洁净,去掉骨头,把肉斩细,拿一升醋,五合腌瓜,三合鱼酱汁,一合生姜,一合橘皮,二合葱,一合豉汁,一起和进鸭肉里,加油炒熟。拿这鸭肉从鱼背上塞进鱼肚里,用签子弗起来,像平常炙鱼的方法,缓火炙到半熟。再用少量的苦酒,和进鱼酱汁和豉汁,刷在鱼上,便作成了。

　　"脯炙的作法:用肥鸭,煺治洁净,去掉骨头,切成脔。用五合酒,五合鱼酱汁,生姜、葱、橘皮,〔每样〕半合,豉汁五合,混合调和,〔用来浸鸭脔,〕浸炊熟一顿饭的时间,便可以炙了。用仔鹅作也是这样。

　　"猪肉鲊的作法:好的肥猪肉,切成脔,搁盐,使咸淡合口味。炊饭作为糁,像作鱼鲊的方法一样。等到产生酸气,便可以吃了。"

　　《食次》曰[1]:"脟炙[2]:用鹅、鸭、羊、犊、獐、鹿、猪肉肥者,赤白半,细研熬之。以酸瓜菹、笋菹、姜、椒、橘皮、葱、胡芹细切、盐、豉汁,合和肉,丸之,手搦汝角切为寸半方,以羊、猪胳肚膜裹之[3]。两歧簇两条簇炙之——簇两脔——令极熟。奠,四脔。牛、鸡肉不中用。

　　"捣炙:一名"筒炙",一名"黄炙"[4]。用鹅、鸭、獐、鹿、猪、羊肉。细研熬和调如"脟炙"。若解离不成,与少面。竹筒六寸围,长三尺,削去青皮,节悉净去。以肉薄之,空下头,令手捉,炙之。欲熟——小干,不着手——竖埚中[5],以鸡鸭子白手灌之[6]。若不均,可再上白。犹不平者,刀削之。更炙,白燥,与鸭子黄;若无,用鸡子黄,加少朱,助赤色。上黄用鸡鸭翅毛刷之。急手数转,缓则坏。既熟,浑脱,去两头,六寸断之。促奠二。若不即用,以芦荻苞之，束两头——布芦间可五分[7]——可经三五日，不尔则坏。与面则味少，酢多则难着矣[8]。

　　"饼炙：用生鱼，白鱼最好，鲇、鳢不中用。下鱼片：离脊肋，仰栖几上[9]，手按大头，以钝刀向尾割取肉，至皮即止。净洗，臼中熟舂之，勿令蒜气。与姜、椒、橘皮、盐、豉和。以竹木作圆范，格四寸面，油涂绢藉之。绢从格上下以装之[10]，按令均平，手捉绢，倒饼膏油中煎之。出铛，及热置桦上，碗子底按之令拗。将奠，翻仰之。若碗子奠，仰与碗子相应[11]。"

　　又云："用白肉、生鱼等分，细研熬和如上，手团作饼，膏油煎，如作鸡子饼[12]。十字解奠之，还令相就如全奠。小者二寸半，奠二。葱、胡芹生物不得用，用则斑，可增[13]。众物若是[14]，先停此；若无，亦可用此物助诸物。"

　　"范炙[15]：用鹅、鸭臆肉。如浑[16]，椎令骨碎。与姜、椒、橘皮、葱、胡芹、小蒜、盐、豉，切，和，涂肉，浑炙之。斫取臆肉，去骨，奠如白煮之者。

　　"炙蚶[17]：铁锅上炙之。汁出，去半壳，以小铜桦奠之。大，奠六；小，奠八。仰奠。别奠酢随之。

　　"炙蛎[18]：似炙蚶。汁出，去半壳，三肉共奠。如蚶，别奠酢随之。

　　"炙车熬[19]：炙如蛎。汁出，去半壳，去屎，三肉一壳。与姜、橘屑，重炙令暖。仰奠四，酢随之。勿太熟——则韧。

　　"炙鱼：用小鲩、白鱼最胜。浑用。鳞治，刀细谨[20]。无小用大，为方寸准，不谨。姜、橘、椒、葱、胡芹、小蒜、苏、榞[21]，细切锻，盐、豉、酢和，以渍鱼。可经宿。炙时以杂香菜汁灌之。燥复与之，熟而止。色赤则好。双奠，不惟用一。"

【注释】

〔1〕《食次》原作《食经》，实是《食次》之误。其证有四：一、上面刚引过《食经》，这里不应隔着多条又重沓引过《食经》，接引《食次》，全书都这样。二、下文"捣炙"、"饼炙"，《食经》中已有，则此明非《食经》文。三、"脂炙"即"衔炙"，一书中不应同物异名并列。四、"饼炙"提到"如作鸡子饼"，《要术》中仅《饼法》篇有"鸡鸭子饼"法，而该法正出《食次》。自本条至篇末，均《食次》文。

〔2〕脂（xiàn）炙：就是《食经》的衔炙。"脂"，金抄作"啗"（dàn），他本作"啖"，均误。"啗"同"啖"、"噉"，菜肴都是"啖"（吃）的，没有烧着玩玩的，"啖炙"不通。启愉按：《释名》有"脂"，其《释饮食》称："脂，衔也；衔炙，细密肉，和以姜、椒、盐、豉，已，乃以肉衔裹其表而炙之也。"按照《释名》通例，此条应作："脂炙，脂，衔也，细密肉……"（清毕沅《释名疏证》亦认为前面脱去"脂炙"二字）《食经》的"衔炙"是将姜椒等调和好的碎鹅肉，外面用细琢的鱼肉裹着炙，《食次》的"脂炙"是用花油裹着炙，都和《释名》的作法完全相符。说明"衔炙"就是"脂炙"，都由"衔裹而炙"得名，而"舀"为陷入义，故肉入肉中为"脂"，岂是入口中为"啗"，一口吃掉？而此字极易形似致误，《北户录》卷二的"南朝食品"中又误为"陷炙"。下条"捣炙"中同误，一并改正。

〔3〕"胳肚臎"，"胳肚"不词，宜作"络肚臎"，即花油。但这是《食经》、《食次》的借用字。

〔4〕肉贴在竹筒上炙，故名"筒炙"；用蛋黄涂黄，故又名"黄炙"。

〔5〕坵（ōu）：瓦器。

〔6〕"子"，原脱，据下文"鸭子黄"等，这里明显是指"鸡鸭子白"，故补。

〔7〕"可五分"，"分"通"份"，《警世通言·赵太祖千里送京娘》："将贼人车辆财帛，打开分作三分。""三分"即三份。这里是指五份束成一包。这也是《食次》用词，不是错字。

〔8〕"酢"，金抄、明抄同，他本作"酸"。按：本条说"和调如脂炙"，可"脂炙"并没有用"酢"，却用了"酸瓜菹、笋菹"，疑是"菹"字音近致误。瓜菹、笋菹都是滑硬的东西，多了不相黏是很自然的。又，上句"与面则味少"

跟"与少面"矛盾，此应指面搁多了味道不好，疑"与面"下脱"多"字。

〔9〕梱（xīn）儿：案板。

〔10〕"装之"，指装进肉馅，不是装绢，"绢从"二字宜倒换位置，即肉馅"从绢格上下以装之"，就是在衬着油绢的"端子"中上下装满。

〔11〕仰与碗子相应：仰过来要跟碗子大小相称。怎么相应，很难捉摸，姑作如上译。

〔12〕如作鸡子饼：像煎鸡蛋饼那样。本卷《饼法》引《食次》有"鸡鸭子饼"法。

〔13〕"可增"，刘寿曾校记"增，似憎"，是说斑杂可憎，《渐西》本即据以改为"憎"字。

〔14〕"若是"，黄麓森校勘疑是"若足"之误。

〔15〕"范炙"，本条并未用"范"，只有上条用竹木作的"圆范"（像今宁扬等地用铁皮制成的"端子"），怀疑这个标目是由上条"饼炙"下原有"一名范炙"的小注误窜入此，而本条的原标目却被夺去。

〔16〕"如浑"，本条是鹅、鸭整只地炙，像现在的烤鹅、烤鸭，根本"范"不起来，标目决不是"范炙"，而原标目被夺失。"如浑"，不当，因臆肉并未单炙，而是从整只炙好后割下来的，"如浑"应作"用浑"。

〔17〕蚶（hān）：蚶科。壳上有自壳顶发出的放射肋，状如瓦楞，故又名"瓦楞子"。我国沿海有产，种类很多，今以泥蚶为最普通。

〔18〕蛎（lì）：即牡蛎，简称"蚝"。我国沿海均产，有多种。我国古代已人工养殖。

〔19〕车熬："熬"，两宋本同，《津逮》本作"蝥"，《学津》本作"螯"，应作"螯"。但这也是《食经》《食次》的习俗借用字。怀疑这些书出自东晋南朝人的手笔，文笔不怎么样，或出富贵大家庖人，绝非后魏写魏史的达官崔浩所写。《本草纲目》卷四六"车螯"："其壳色紫，璀璨如玉，斑点如花。海人以火炙之，则壳开，取肉食之。"

〔20〕"谨"与下文"不谨"，无法依本字解释。细循其义，应是指在浑用的鱼上细划出若干条裂纹，使佐料易于浸入。"方寸准"的已经切成小方块，所以不需要再划（"不谨"）。这样，这应是"劗"字，割划的意思。这又是《食经》《食次》借用同音字的一例。

〔21〕檔（dǎng）：食荼萸。

【译文】

《食次》说："脂炙：用肥壮的鹅、鸭、羊、犊子、獐、鹿、猪的肉，精肉肥肉各一半，细琢成肉末，拿酸腌瓜、酸腌笋、生姜、花椒、橘皮、葱、胡芹，都切细，加盐、豉汁，一起混合到肉末里面，先搓成丸子，再捏成一寸半见方的块，用羊或猪的花油裹起来。拿上端分成两叉的签子签上两条来烤——就是签上两块䏑——烤到极熟。供上席时一碗盛上四块䏑。大牛肉、鸡肉不能用。

"捣炙：又叫"筒炙"，又叫"黄炙"。用鹅、鸭、獐、鹿、猪、羊的肉。细细琢成肉末，和上佐料，像胎炙那样。如果肉料不相黏聚，可以和点面粉进去。取一根六寸围、三尺长的竹筒，把外面的青皮削去，节子也完全削净。将肉敷贴在筒子周围，下面空一段，可用手拿着，在火上烤。烤到快熟时——稍微干了，不黏手——竖着立在小瓯中，拿鸡鸭蛋白用手淋在肉上面。如果不均匀，可以再淋些上去。还不平正，就用刀削平。再烤，蛋白烤干了，刷上鸭蛋黄；如果没有鸭蛋黄，用鸡蛋黄，搁点银朱进去，让增加红色。上蛋黄要用鸡鸭翅膀毛来刷。烤时手要急速不停地转动，转慢了就会坏。烤熟了，整筒地脱下来，切去两头，中间的切成六寸长的段。紧挨着装上两段供上席。如果不是马上用的，可以用芦荻叶子包起来，扎好两头——里面可以包上五份——可以放上三五天，不然的话会坏。面粉搁〔多了〕味道差，〔酸瓜笋〕搁多了不容易黏拢。

"饼炙：用新鲜鱼，白鱼最好，鲇鱼、鳢鱼不中用。切下鱼片的方法：将鱼就脊背对半破开，去掉脊骨，仰着放在案板上，手按住大头，用不很快的刀由头向尾割取鱼片，到皮为止〔，不要皮〕。把肉洗干净，放进臼中舂烂，但不要让肉沾上蒜臭气。加些生姜、花椒、橘皮、盐、豆豉，和匀。用竹木作成的圆形模子，模子的底面是直径四寸，拿用油涂过的绢衬垫在底面上。将肉馅装进这油绢衬着的模子里，上下装满，按平，然后用手提起绢子，把肉饼倒进油铛里煎。〔煎熟，〕出铛，趁热放在盘子上，用一个小碗的碗底按下去，让肉饼凹陷了。快要盛供上席时，把饼翻个身仰过来。如果用小碗盛上，仰过来要跟碗子〔大小〕相称。"

又一说："用白煮肉和新鲜鱼肉，分量相等，细细琢成碎末，和上佐料像上面的方法。手团成饼子，放进油里煎，像煎鸡蛋饼那样。十字切开，盛供上桌时仍然拼成一整个供上。小饼是直径二寸半，盛上两个。葱、胡芹这些生东西不能用，用了就斑杂，让人〔憎嫌〕。如果各种菜肴〔充足〕，先把这煎饼放着不用；如果菜肴不怎样充足，也可以用这个煎饼补充各种菜肴的不足。"

"范炙（？）：〔盛供上席时〕用鹅、鸭的胸脯肉。〔用〕整只的鹅、鸭，把骨头搥碎。拿生姜、花椒、橘皮、葱、胡芹、小蒜、盐、豆豉，都切细，调和好，涂在肉上，整只地烤。〔烤熟了，〕割取胸脯肉，剔去骨头，像盛供白切鹅鸭肉一样地盛供上席。

"炙蚶：放在铁火铲上烤。汁出来了，揭去半边的壳，盛在小铜盘上供上席。大的盛六个，小的盛八个。壳在下面，肉朝上。另外盛碟醋跟上去。

"炙蛎：像炙蚶一样。汁出来了，去掉半边壳，三个蛎肉作一件供上席。像蚶一样，另外盛碟醋跟上去。

"炙车螯：像炙蛎的方法。汁出来了，去掉半边壳，去掉屎，三个肉搁在一个壳里。加点生姜、橘皮屑末，再烤暖。肉朝上，一份盛供上四件，也是醋跟上去。不要烤得太熟，那会太韧的。

"炙鱼：用小的鲦鱼、白鱼最好。整只地用。去鳞，整治洁净，用刀在鱼身上细细地划出若干裂纹。没有小鱼用大鱼，切成一寸见方的块，就用不着划裂纹。生姜、橘皮、花椒、葱、胡芹、小蒜、苏叶、食茱萸，都切细斩碎，放入盐、豆豉、醋，和匀，用来浸鱼。可以浸一夜。烤时随便用哪种香菜汁浇上去。干了再浇上，到烤熟为止。颜色变红就好了。盛着两件供上席，不只是用一件。"

作脿、奥、糟、苞第八十一

作脿肉法[1]：驴、马、猪肉皆得。腊月中作者良，经夏无虫；余月作者，必须覆护，不密则虫生[2]。粗剉肉，有骨者，合骨粗剉。盐、曲、麦䴸合和，多少量意斟裁，然后盐、曲二物等分[3]，麦䴸倍少于曲。和讫，内瓮中，密泥封头，日曝之。二七日便熟。煮供朝夕食，可以当酱。

作奥肉法[4]：先养宿猪令肥，腊月中杀之。擘讫，以火烧之令黄，用暖水梳洗之，削刮令净，剜去五脏。猪肪煼取脂[5]。肉剉方五六寸作，令皮肉相兼，着水令相淹渍，于釜中煼之。肉熟，水气尽，更以向所煼肪膏煮肉。大率脂一升，酒二升，盐三升[6]，令脂没肉，缓火煮半日许乃佳[7]。漉出瓮中，余膏仍泻肉瓮中，令相淹渍。食时，水煮令熟[8]，而调和之如常肉法。尤宜新韭"烂拌"[9]。亦中炙噉。其二岁猪，肉未坚，烂坏不任作也。

作糟肉法：春夏秋冬皆得作。以水和酒糟，搦之如粥，着盐令咸。内捧炙肉于糟中。着屋下阴地。饮酒食饭，皆炙噉之。暑月得十日不臭。

苞肉法[10]：十二月中杀猪，经宿，汁尽泹泹时，割作捧炙形，茅菅中苞之[11]。无菅茅，稻秆亦得。用厚泥封，

勿令裂；裂复上泥。悬着屋外北阴中，得至七八月，如新
杀肉。

【注释】

〔1〕脭(zǐ)肉：一种带骨的肉酱。

〔2〕"不密"，解释为覆护不周密，勉强，疑"不尔"之误。

〔3〕"然后"，各本同，讲不通，应是"然须"之误。

〔4〕奥肉：即燠肉，一种油煮油藏的极油腻的油焖白肉。

〔5〕�(chǎo)：同"炒"。

〔6〕"盐三升"，太多，盐超过饱和量，化不了，有误。唐段公路《北户
录》卷二"食目"有"奥肉法"，唐崔龟图注采《要术》也是"盐三升"，酒则
是"酒三升"，则其误唐时已然。疑盐是"半升"或"三合"之误。

〔7〕"缓火"，原误作"缓水"，据崔龟图注采《要术》作"缓火"改正。

〔8〕"水煮令熟"下崔龟图注尚有"切作大脔子"句。这油焖肉先已
"肉熟"而后再焖煮半日，即使老母猪肉也该熟了，这里"令熟"可疑，或系
"令热"之误。

〔9〕烂拌：《北户录》卷二"食目"有"烂畔"，列在"菜葅"下面，该是
一种葅菜。这里"烂拌"，也许是一种拌和韭菜的齑菜。

〔10〕苞肉：一种用草包泥封的淡风肉。

〔11〕菅：菅草。禾本科的Themeda gigantea var. villosa，多年生草本。
叶片线形，可作包裹物品用。

【译文】

作脭肉的方法：驴肉、马肉、猪肉都可以作。在腊月里作为好，
过夏不会生虫；其余月份作的，必须细心封好保护好，〔不然〕就会生
虫。把肉切成粗大的脔，有骨头的，连骨头一起粗粗地斩过。和进
盐、曲、麦皖，多少用心酌量掌握，不过盐和曲〔需要〕用量相等，麦皖
只要曲的一半。和匀后，装进瓮里，用泥严密封好瓮头，在太阳下面
晒着。过十四天便熟了。煮熟后供作日常食用，可以当肉酱。

作奥肉的方法：先把养几年的猪养肥，腊月里宰杀。煺掉毛之
后，用火烧到皮发黄，用暖水刷洗，再刮削洁净，掏去五脏。将猪脂
熬炼成油。猪肉切成五六寸见方的脔块，让每块都带着皮，加水让

肉淹浸着，在锅里焖煮。肉熟了，水汽尽了，再加入原先炼得的猪油来煮肉。一般的比例是：一升油，用二升酒，三升盐（？），要让油淹没着肉，用缓火焖煮半天左右为好。捞出来，盛在瓮子里，剩下的猪油仍然倒进肉瓮里，让油淹浸着肉。吃的时候，再加水煮熟（？），和上佐料，像平常吃的肉一样。佐料特别宜于用新韭菜作的"烂拌"。也可以烤了吃。二岁的猪，肉没有硬老，焖煮久了会烂坏，不能作奥肉。

作糟肉的方法：春夏秋冬四季都可以作。加水在酒糟中，捏和成粥的样子，下盐让够咸。糟里放进"捧炙"的肉。搁在屋里阴暗的地方。喝酒下饭，都可以烤了吃。夏天可以过十天不会臭。

作苞肉的方法：十二月中杀猪，过一夜，水汁到半干半湿时，割成"捧炙"形状的肉，用茅草或菅草包裹起来。没有茅草、菅草，稻秆也可以用。外面用厚厚的泥封裹着，不要让它开裂；开裂了再封上泥。挂在房子外面朝北的背阴地方，可以保存到七八月里，像新杀的肉一样。

《食经》曰："作犬牒徒摄反法[1]：犬肉三十斤，小麦六升，白酒六升，煮之令三沸。易汤[2]，更以小麦、白酒各三升，煮令肉离骨，乃擘。鸡子三十枚着肉中。便裹肉，甑中蒸，令鸡子得干。以石迮之。一宿出，可食。名曰'犬牒'。"

《食次》曰："苞牒法：用牛、鹿头，肫蹄[3]，白煮。柳叶细切，择去耳、口、鼻、舌，又去恶者，蒸之。别切猪蹄——蒸熟，方寸切——熟鸡鸭卵、姜、椒、橘皮、盐，就甑中和之，仍复蒸之，令极烂熟。一升肉，可与三鸭子，别复蒸令软。以苞之：用散茅为束附之[4]，相连必致令裹。大如靴雍，小如人脚踹肠[5]。大，长二尺；小，长尺半。大木迮之，令平正，唯重为佳。冬则不入水。夏作，小者不迮，用小板挟之：一处与板两重，都有四板，以绳通体缠之，两头与楔楔苏结反之两板之间；楔宜长薄，令中交度，如楔车轴法，强打不容则止。悬井中，去水一尺许。若急待，内水中。用时去上白皮[6]。名曰'水脼'。"

　　又云："用牛、猪肉，煮、切之如上。蒸熟，出置白茅上，以熟煮鸡子白三重间之，即以茅苞，细绳概束，以两小板挟之，急束两头，悬井水中。经一日许方得。"

　　又云："藿叶薄切，蒸。将熟，破生鸡子，并细切姜、橘，就甑中和之。蒸、苞如初。奠如'白脼'——一名'连脼'是也[7]。"

【注释】

　　[1]脼(zhé)：就字面解释只是"薄切肉"或"细切肉"。《食经》、《食次》所记其实也是一种"苞法"，就是将肉撕开或切细，和进佐料蒸熟后，再包起来加以压榨或夹打作冷凝的处理，然后可以切成薄片吃，跟现在的"羊肉冻"、"羊肚榨"、镇江"肴肉"有些相似。

　　[2]易汤：换汤。从换汤看来，肉是加水煮的，否则三十斤狗肉、六升小麦，只用六升酒，怎么煮得过来？三升酒还要煮到肉脱骨，更成问题，就是"焗法"也不行。

　　[3]"肫"，《食次》借为"豚"字，和《食经》一样。

　　[4]"附之"，可以连下读作"附之相连"，指叶片相附着连接，但《粽糭》引《食次》还有"束附"，则"附"似作"缚"字用，故此处读作"束附之"。

　　[5]蹲(shuàn)：同"腨"。小腿肚。

　　[6]"用时"，原作"时用"，刘寿曾校记："当作'用时'。"是，据改。　　白皮：没有指明，不清楚。

　　[7]白脼：即连脼，应该就是上文的水脼。

【译文】

　　《食经》说："作犬脼的方法：三十斤狗肉，六升小麦，六升白酒，一起煮到三沸。换汤,再用三升小麦,三升白酒,将肉煮烂到脱骨,把肉撕开来。〔打破〕三十个鸡蛋放进肉里,便用东西包起来,上甑中蒸,让鸡蛋蒸熟。〔出甑,〕用石头压榨着。过一夜,拿出来,便可以吃了。这就叫‘犬朕’。”

《食次》说:“作苞朕的方法:用牛头、鹿头、猪蹄子,清水煮熟。切成柳叶宽的细条,拣去耳朵、嘴唇、鼻子、舌头,又把不好的拣掉,上甑中蒸。另外将蒸熟的切成一寸见方的猪蹄肉、熟的鸡鸭蛋,以及生姜、花椒、橘皮、盐,就在甑中和进肉里面,继续再蒸,蒸到极烂熟。以一升肉可以再加上三个生鸭蛋〔的比例〕,将鸭蛋另外蒸到软熟。然后一起包裹起来,方法是:用分散的茅草缚成束,必须使叶片相靠连,能够把肉料包裹住不露出。肉包大的像靴筒粗细,小的像小腿肚粗细。大的二尺长,小的一尺半长。用大木压榨起来,要平正,木头越重越好。冬天,肉包不放入井里去。夏天作的,小的包不压榨,是用小木板夹起来,方法是:一边用两层板,两边共用四层板,夹板整个地用绳缠紧,两边都用木楔子楔进两板之间的板缝里;楔子要长而薄,从两头打进去,要让两个楔子在中央交叉通过,像楔车轴的方法;用力打,打到不能再进去为止。然后拿它挂在井里,离水面一尺左右。如果急于要用,就直接浸入水里。用时去掉上面的白皮。这个名叫‘水朕’。”

又一说:“用牛肉、猪肉,煮过,切成条,像上面的方法。蒸熟,取出来,摊在白茅上,一层肉,放上一层煮熟的鸡蛋白,又一层肉,一层鸡蛋白,一共三层鸡蛋白,就用白茅包起来,拿细绳子密密地扎紧,用两块小木板夹起来,捆紧两头,吊在井水里。经过一天左右才算成功。”

又一说:“把肉切成薄片,上甑中蒸。快熟时,打破新鲜鸡蛋,连同切细的生姜、橘皮,一起就甑中拌和进肉里。蒸熟,包裹,都同上面的方法。盛供上席时,同盛供‘白朕’——又叫‘连朕’一样。”

饼法第八十二^[1]

《食经》曰:"作饼酵法^[2]:酸浆一斗,煎取七升;用粳米一升着浆,迟下火,如作粥。六月时,溲一石面,着二升;冬时,着四升作。

"作白饼法:面一石。白米七八升,作粥,以白酒六七升酵中^[3],着火上。酒鱼眼沸,绞去滓,以和面。面起可作。

"作烧饼法:面一斗。羊肉二斤,葱白一合,豉汁及盐,熬令熟。炙之。面当令起。

"髓饼法^[4]:以髓脂、蜜,合和面。厚四五分,广六七寸。便着胡饼炉中^[5],令熟。勿令反覆。饼肥美,可经久。"

《食次》曰:"粲:一名'乱积'。用秫稻米^[6],绢罗之。蜜和水,水蜜中半,以和米屑。厚薄令竹杓中下^[7]——先试,不下,更与水蜜。作竹杓:容一升许,其下节,概作孔。竹杓中下沥五升铛里,膏脂煮之。熟,三分之一铛,中也。"

膏环:一名"粔籹"^[8]。用秫稻米屑,水、蜜溲之,强泽如汤饼面^[9]。手搦团,可长八寸许,屈令两头相就,膏油煮之。

鸡鸭子饼：破泻瓯中，少与盐[10]。锅铛中膏油煎之，令成团饼，厚二分。全奠一。

【注释】

〔1〕《北户录》卷二"食目"记载有"曼头饼"和"浑沌饼"，唐崔龟图注说《齐民要术》中这二饼就是这样写的字。这很重要，它说明唐本《要术》中原有这二饼，但今本《要术》此二饼并无，显然已佚阙。

〔2〕古时凡溲和面粉（米粉）作成的面食都可以叫作"饼"，就是《释名·释饮食》所谓水面"合并"的意思。饼酵，就是发面酵，今俗名"老酵"、"起子"。

〔3〕"酵中"，不可解。按："白酒"指带糟的"白醪酒"，现在南方还有称"甜酒酿（娘）"为"白酒"，常用来发酵，这里也是加入作"酵母"的，应是"酘中"之误。

〔4〕《御览》卷八六〇"饼"记载有："《食经》有髓饼法，以髓脂合和面。"说明本条和上面二条，同样出自《食经》。

〔5〕胡饼：烧饼、麻饼。传说后赵石氏讳"胡"，改名"胡饼"为"麻饼"。

〔6〕"秫稻米"即糯米，据下文"米屑"，"米"下明显脱"屑"字。

〔7〕竹杓：据下文在竹节上钻孔，实际是一个下面开孔的浅竹筒。

〔8〕粔（jù）籹（nǔ）：就是膏环。膏是油炸的，环是两头圈合如环钏形，也可以是两半段相互盘绞，故名"膏环"。环形的是油炸圆镯子，绞形的是油炸"麻花"。

〔9〕汤饼：溲面作成的水煮面食。

〔10〕此处没有提到搅打，但这蛋饼只有"二分"厚，非搅散不能烤成这样薄的饼。故在译文内补"搅打均匀"。这种油烤成一整个的蛋饼，成都叫作"烘蛋"。

【译文】

《食经》说："作饼酵的方法：一斗酸浆，煎浓剩下七升；用一升粳米放进浆里，慢慢煮，不忙下火，像煮稀粥一样。六月里，溲和一石面粉，用二升这样的酵；冬天，用四升酵。

"作白面饼的方法：用一石面粉。先将七八升白米煮成粥，〔投下〕六七升白酒，放在火上煨。酒沸发出鱼眼大小的气泡时，绞去粥渣,拿清液来溲面粉。面发了,就可以作饼。

"作烧饼的方法:用一斗面粉。拿二斤羊肉,和进一合葱白、豉汁和盐,炒熟,〔包在面团里作成饼,〕把它炕熟。面要预先发过。

"作髓饼的方法:用骨髓脂和上蜜,溲和面粉,作成四五分厚、六七寸大的饼。贴在胡饼炉中把它炕熟。不要翻动。饼味道肥美,又可以放得久。"

《食次》说:"粲:又叫'乱积'。用糯米〔粉〕,拿绢筛筛过。蜜里和进水,让水和蜜各半相和,用来调和米粉。调和的厚薄程度,要让它能够从竹杓的孔中流出来——先试试,如果流不出,再加些水和蜜。作竹杓的方法:容量一升左右,在下面竹节上密密地钻出孔。让面糊通过钻孔沥入容量五升的铛锅里,让锅里的油炸熟。熟了,作一次有三分之一锅就合适了。"

膏环:又名"粔籹"。用糯米粉,拿兑水的蜜来溲和,干湿程度像作汤饼的面一样。手捏成圆条,八寸左右长,弯曲过来使两头相接,放进油锅里炸熟。

鸡蛋鸭蛋饼:打破在小瓯里,加点盐,〔搅打均匀,〕下在铛锅里用油煎成圆饼,二分厚。盛上桌时一份一个整饼。

细环饼、截饼:环饼一名"寒具"[1]。截饼一名"蝎子"[2]。皆须以蜜调水溲面[3]。若无蜜,煮枣取汁;牛羊脂膏亦得;用牛羊乳亦好,令饼美脆。截饼纯用乳溲者,入口即碎,脆如凌雪。[4]

馉馅[5]:起面如上法。盘水中浸剂,于漆盘背上水作者[6],省脂。亦得十日软,然久停则坚。干剂于腕上手挽作,勿着勃。入脂浮出,即急翻[7],以杖周正之,但任其起,勿刺令穿。熟乃出之,一面白,一面赤,轮缘亦赤,软而可爱。久停亦不坚。若待熟始翻,杖刺作孔者,泄其润气,坚硬不好。法须瓮盛,湿布盖口,则常有润泽,甚佳。任意所便,滑而且美。

水引、馎饦法^[8]：细绢筛面，以成调肉臛汁，待冷溲之。

水引：挼如箸大，一尺一断，盘中盛水浸，宜以手临铛上^[9]，挼令薄如韭叶，逐沸煮。

馎饦：挼如大指许，二寸一断，着水盆中浸，宜以手向盆旁挼使极薄，皆急火逐沸熟煮。非直光白可爱，亦自滑美殊常。

切面粥、一名"碁子面"。 𪗻卢贷反 𪗣苏贷反粥法^[10]：刚溲面，揉令熟，大作剂，挼饼粗细如小指大。重萦于干面中，更挼如粗箸大。截断，切作方碁。簸去勃，甑里蒸之。气馏，勃尽，下着阴地净席上，薄摊令冷，挼散，勿令相黏。袋盛举置。须即汤煮，别作臛浇，坚而不泥。冬天一作得十日。

𪗻𪗣：以粟饭馈，水浸，即漉着面中，以手向簸箕痛挼，令均如胡豆。拣取均者，熟蒸，曝干。须即汤煮，笊篱漉出，别作臛浇，甚滑美。得一月日停。

粉饼法^[11]：以成调肉臛汁，接沸溲英粉，若用粗粉，脆而不美；不以汤溲，则生不中食。如环饼面，先刚溲，以手痛揉，令极软熟；更以臛汁溲，令极泽铄铄然。割取牛角，似匙面大，钻作六七小孔，仅容粗麻线。若作"水引"形者，更割牛角，开四五孔，仅容韭叶。取新帛细绸两段，各方尺半，依角大小，凿去中央，缀角着绸。以钻钻之，密缀勿令漏粉。用讫，洗，举，得二十年用。裹盛溲粉，敛四角，临沸汤上搦出，熟煮。臛浇。若着酪中及胡麻饮中者，真类玉色，积积着牙^[12]，与好面不殊。一名"搦饼"^[13]。着酪中者，直用白汤溲之，不须肉汁。

豚皮饼法：一名"拨饼"。汤溲粉，令如薄粥。大铛中煮汤；以小杓子枓粉着铜钵内[14]，顿钵着沸汤中，以指急旋钵，令粉悉着钵中四畔。饼既成，仍枓钵倾饼着汤中，煮熟。令漉出[15]，着冷水中。酷似豚皮。臛浇、麻、酪任意，滑而且美。

治面砂墋初饮反法[16]：簸小麦，使无头角，水浸令液。漉出，去水，泻着面中，拌使均调，于布巾中良久挺动之[17]，土末悉着麦，于面无损。一石面，用麦三升。

《杂五行书》曰："十月亥日食饼，令人无病。"

【注释】

〔1〕寒具：《本草纲目》卷二五："寒具，即今馓子也。""寒食禁烟用之，故名'寒具'。"相传介之推避居山中，晋文公逼他出来，他硬是不肯，被烧死，后人悼念他，定烧死这天为寒食节，人们断火吃冷食，李时珍所说即指此（参见本卷《醴酪》及注释）。面粉的，糯米粉的，甜的，咸的，各式各样形状的油炸馓子，都可以叫作"寒具"。本条的"环饼"，实际就是《食次》的"膏环"，都是环形馓子。

〔2〕蝎子：《释名·释饮食》："蝎饼……索饼之属，皆随形而名之也。"说明所谓"蝎子"也不过是一种截成蝎子形的"随形而名之"的油煎馓子。

〔3〕下文"粉饼法"有溲"如环饼面……令极软熟"，而此下没有提到溲和程度，似有脱文。

〔4〕"入口即碎，脆如凌雪"，必须是油炸的。本条没有提到怎样弄熟，而这二种饼都是油炸馓子，疑脱"脂熬"类语句。又，自本条以下至"治面砂墋法"，都是《要术》本文，从用词、名物（如"英粉"，而"酪"亦《食经》、《食次》全不用者）、叙述方式等，细察自明。

〔5〕馉（bù）偷（tǒu）：也写作馉住（《玉篇》："麱麸，同麸。"）。《北户录》卷二引颜之推说："今内国馉住，以油苏煮之。"《要术》所记正是一种油煎圆饼。

〔6〕"水作者"之所以"省脂"，该是不用油炸而是蒸或煮的；干作的才用油炸。此饼在漆盘反面底上浸水作成带水圆饼，如何能入油中炸？则"水作者"似有脱文，疑应作"水作而蒸者"。

〔7〕急翻: 赶快翻转。"翻"只能是翻转过来, 但等到饼浮上来, 底面已略呈黄色, 不会是白的。大概是对比赤色, 以浅黄为白, 犹如淡水对比咸水而称为"甜水"。

〔8〕水引: 即今面条,《要术》所记是扁面条。 馎(bó)饦(tuō): 据所记即今"面皮"。古时各种面食的名称, 大致是这样: 馎饦、索饼、水引饼、碁子面等, 都是"汤饼", 是水煮的实心面食类; 包馅的叫"馄饨"、"酸馅", 荤的, 素的, 是饺子包子类; 火烤的叫烧饼、麻饼、胡饼、髓饼等, 包括有馅的和实心的, 是烧饼类; 蒸的叫蒸饼、炊饼、笼饼等, 是馒头类; 油炸的叫膏环、环饼、蝎子、乱积等, 是馓子类。

〔9〕《要术》的"水引"就是现在的扁面条("薄如韭叶"), 是在沸汤中趁沸下锅的, 而《要术》在铛上临空捺扁面条, 则沸汽蒸腾, 手烫眼糊, 面剂也会变形, 怎样捺法?"馎饦"与此同类, 它是"以手向盆旁……", 则此处"铛上"疑应作"铛旁"。

〔10〕碁(qí)子面: 硬面作的一种块很小的面食, 颇像杭州的名点"猫耳朵", 不过后者是尖圆而薄而已。 猱(luò)粯(suò)粥: 一种作成团粒形的粟饭粥。

〔11〕粉饼: 即米粉饼, 全像北方的面食"河漏"(饸饹)。

〔12〕稹(zhěn): 通"缜", 细密。

〔13〕"搦饼", 仅金抄如文, 他本作"帽饼", 这很有趣, 或因像冒出来的"冒饼"不好听, 改为"帽饼"? 这饼全像北方的面食"河漏"(《王氏农书·百谷谱二·荞麦》有之), 即"饸饹", 是从牛角圆孔或扁孔中捏出的(河漏则用河漏床子, 从下面的漏孔中挤出, 通常用荞麦面或高粱面), 则以作"搦饼"为是。

〔14〕铜钵: 钵子, 形状像盆子而小, 平底, 用来盛饭、菜、茶水等, 现在有些地方仍称盆子为"钵头"。这铜钵必须是平底的, 才能使面糊漫开来作成圆饼。钵不是碗形, 更不是盘形, 可从本条得到说明。

〔15〕"令", 疑衍, 或应与"熟"字倒易, 作"令熟"。

〔16〕埁(chěn): 即碜, 字同, 指食物中杂有沙屑。今称沙屑抵牙为"碜牙", 即《要术》"砂埁"字。

〔17〕挻(shān): 糅和。

【译文】

细环饼、截饼的作法: 环饼又名"寒具"。截饼又名"蝎子"。都要用蜜调水来溲和面粉。如果没有蜜, 可以煮得红枣汁来代替; 牛油羊油也可以用；用牛奶羊奶也好，能使饼的味道脆美。截饼完全用奶溲和，入口就碎，像冰雪一样脆。

馏㈱的作法：发面的方法，像上面所说的一样。把分好的面块浸在盘中水里，拿另外的漆盘倒翻过来，在盘底平面上搁些水，〔把面块在上面捺成圆饼，〕这样水作成的(?)省油脂。可以存放十天保持柔软，但是放久了就会变硬。干面块作的，在手腕上拉开拉圆，不要搁干面粉。下入油锅里炸，浮上来赶快翻转，用小棒拨圆拨正，只让它自然膨胀高起，不要刺穿成孔。熟了就取出来，一面白色，一面赤色，圆边上也是赤色的，柔软可爱，放久了也不会变硬。如果等熟了才翻转，又用小棒刺穿成孔的，泄漏了里面的滋润气，便坚硬不好。保藏的方法需要盛在瓮子里，口上用湿布盖着，就常常保持有润泽，很好。随便什么时候拿出来吃都方便，柔滑而且美好。

水引和博饦的作法：都要用细绢筛筛得的面粉，拿煮好的肉臛汤汁，等冷了用来溲面。

水引的作法：将面拉成像筷子粗细的条，切成一尺长的段，盘子里盛水浸着，该用手在铛〔旁〕临空把它捺扁成像韭菜叶厚薄的扁面条，趁着沸水下锅煮。

博饦的作法：把面捻到像大拇指粗细的条，切成二寸长的段，盆子里放水浸着，该用手在盆子边上把它按捺成极薄的片，一片片都是在旺火沸水中趁沸下锅，煮熟。不仅光润洁白可爱，味道也是非常软滑美好。

切面粥、又叫"棋子面"。䅺䅣粥的作法：面要溲得干硬，揉到很熟，分作大些的块，搓拉成像小指粗细的条，再盘绕在干面粉里，又拉成像粗筷子粗细的条。然后截断，切成方棋子样的小块。簸去小块上附着的干粉，上甑中蒸。蒸气馏上来了，干粉也全粘尽了，下下来，放在背阴地方干净席子上，薄薄地摊开，让它冷却，再搓散开来，别让它们粘连在一起。盛在袋子里收藏好。要吃时在沸水里煮熟，另外作肉臛浇上去，硬韧耐嚼而不泥嘴。冬天，作一次可以保存十天。

䅺䅣粥的作法：用粟米馈饭，在水里浸过，就捞出来，放在干面粉里，〔让粘上干粉后，〕放在簸箕上用手尽力揉授，让饭都团成像胡豆大小的颗粒。把其中均匀的都拣出来，蒸熟，晒干。要吃时在沸水里煮过，用漏杓子捞出来，另外作肉臛浇进去，很滑美可口。可以保存一个月。

作米粉饼的方法：用煮好的肉臛汤汁，趁沸溲和精白英粉，如果用粗粉，饼就粗硬不美；如果不用沸汤溲和，又会不细腻，不好吃。溲成像环饼的面一样，先要溲得硬些，用力揉和，揉到极软熟；再加臛汁溲和，溲到很稀，缓缓的会流动。割取一片牛角，像汤匙匙面的大小，钻出六七个小孔，孔的大小只能让粗麻线通过。如果要作成"水引"样扁形的，另外割一片牛角，钻出四五个长形的孔，大小只容得韭菜叶片通过。取两段新的细绢绸，每段一尺五寸见方，按牛角片的大小，在绸子中心剪去一块，将牛角片缝在绸上〔两段绸子，圆孔的、扁孔的牛角片各缝一个〕。要用钻子在牛角片边上钻出缝绸的孔，把绸子紧密地缝合上，不让漏粉。用完后洗干净，收藏好，可以用上二十年。将调和好的粉糊糊裹盛在牛角兜子里，抓拢绸子四角，就在沸水锅上临空捏挤兜子，让粉糊从细孔中漏出来，〔落在沸水里，〕煮熟。再浇上臛。如果捏落在奶酪里或芝麻浆里，真像玉色一样洁白，嚼着细密黏软，和好面粉作的没有两样。这米粉饼又叫"搦饼"。如果下在奶酪里的，径直用白开水溲面，不需要用肉汤汁。

作豚皮饼的方法：又名"拨饼"。用沸汤调和英粉，和成像稀粥一样。在大铛锅里烧着沸汤；用小杓子将稀粉舀到铜钵里，把铜钵放在沸汤上炖着，用手指拨动钵子很快地旋转，让粉糊都漫满整个钵子。饼既作成了，便取出钵子把饼倒在沸汤中，煮熟。捞出饼子，放进冷水里。饼的颜色厚薄很像小猪皮。用肉臛浇上吃，或者下在芝麻浆里或奶酪里吃，随人意愿，软滑而且美好。

治面粉中砂磣的方法：将小麦簸扬过，把不完整的碎头碎角都簸干净，在水里浸涨。捞出来，把水沥干，倒进面粉里，拌和均匀，再一起包在布包里，长时间不断地揉挼之后，砂土细末都会粘到麦粒上，面粉却不受损失。一石面粉，用三升小麦。

《杂五行书》说："十月逢亥的日子吃饼，使人不害病。"

粽䊚法第八十三

《风土记》注云[1]："俗先以二节一日[2]，用菰叶裹黍米，以淳浓灰汁煮之，令烂熟，于五月五日、夏至啖之。黏黍一名'粽'，一曰'角黍'，盖取阴阳尚相裹未分散之时象也。"[3]

《食经》云："粟黍法[4]：先取稻[5]，渍之使释。计二升米，以成粟一斗，着竹𥴧内[6]，米一行，粟一行，裹，以绳缚。其绳相去寸所一行。须釜中煮，可炊十石米间，黍熟。"

《食次》曰："䊚[7]：用秫稻米末，绢罗，水、蜜溲之，如强汤饼面。手搦之，令长尺余，广二寸余。四破，以枣、栗肉上下着之，遍与油涂，竹箬裹之，烂蒸。奠二，箬不开，破去两头，解去束附。"

【注释】

〔1〕《御览》卷八五一"粽"引到《风土记》此条，无"注"字，作《风土记》正文，非是。启愉按：据唐刘知幾《史通》卷五《补注》说周处《风土记》是作者自作注文，他说："文言美辞，列于章句；委曲叙事，存于细书。"说明其正文辞句优美，小注（"细书"）委曲详尽。现在散见于各书征引的，其正文还保存着不少韵文风格，而本条则是注文。这有隋杜台卿《玉烛宝典》卷五所引可证，其文曰："《风土记》曰：仲夏端午，方伯协极。享用角黍（"享"

下原有 "驚" 字,衍),龟鳞顺德。注云:端,始也,谓五月初五也。四仲为方伯。俗重五月五日,与夏至同。鹍(同鸭)春孚雏,到夏为月,皆任啖也。先此二节一日,又以菰叶裹黏米,杂以粟,以淳浓灰汁煮之令熟,二节日所尚啖也。……裹黏米一名 '粽'(原误 "糢"),一名 '角黍',盖取阴阳尚相苞裹未分散之象也。"《要术》是节引,使 "二节日"、"角黍" 颇觉突如其来,看上引就很清楚。"黏黍" 应作 "裹黏黍",词意始顺。

〔2〕"俗先以二节一日",原无 "一" 字,致时日牴牾。此指端午和夏至两个节日的前一日裹粽,到次日可以应节吃,"一" 字必须有,据《玉烛宝典》引文补。"以" 作 "于" 解释,谓于二节日之前一日。

〔3〕古人以阴阳二气的消长来表述二十四节气的昼夜长短和寒暑的变化。西汉董仲舒《春秋繁露·阴阳出入上下篇》认为,春分和秋分都是"阴阳相半也,故昼夜均而寒暑平"。就是说阴阳分散平均的情况,所以叫"分"。夏至或冬至则是到了阳或阴的极点,所以叫 "至",也就是说包含着没有分散开来。虽然夏至的阳中已经开始酝酿着 "一阴",但还是阳占着绝对优势,阴还是被孕育着没有分散开来。

〔4〕粟黍:此即指 "角黍",即粽子,"黍" 不是实指黍米。

〔5〕"稻" 指稻米,应脱 "米" 字。

〔6〕金抄等作 "筹"(xì),他本作 "筹"。按:筹是竹笋,筹是大竹筒。《玉烛宝典》卷五及《御览》卷八五一引《续齐谐记》都说道:"屈原五月五日自投汨罗而死,楚人哀之,每至此日辄以竹筒贮米,投水而祭。"又说至东汉光武时,长沙区改用楝树叶塞住筒口,并用彩丝缠束之,这样不会被蛟龙窃去。后世就发展为粽。据此,最早的粽有用竹筒盛米的说法,则他本作"筹",亦未始不可解释。但联系下文 "裹,以绳缚",就讲不通。《食经》文多有俗别字,"筹" 也许是 "箬" 的别一写法,或者如《今释》疑 "箬" 或 "箬"之误,也有可能。

〔7〕糯(yè):《广韵·入声·十六屑》释为 "粽属"。就本条所记,则是一种竹箬裹蒸的成条形的果肉糯米粉糕。

【译文】

《风土记》的注解说:"习俗上先在〔端午、夏至〕两个节日的前一天,用茭白叶子包裹黍米,拿纯净浓厚的草木灰汁来煮,煮到熟透,就在五月初五、夏至这两个节日吃。〔包〕黏黍又名 '粽',又名 '角黍'。这样包起来是取法于时令上阴阳二气还包裹着没有分散的情况。"

《食经》说："粟黍的作法：先取稻〔米〕，把它浸涨。每二升稻米，配上整治好的一斗粟米，放在竹笿(?)里，一层稻米，一层粟米，包裹起来，用绳子缚紧。相隔一寸左右缠一道绳。需要放在锅里煮，煮到炊熟十石米的时间，粟黍熟了。"

《食次》说："䅼的作法：用糯米粉，绢筛筛过，用水加蜜溲和，溲到像干硬的汤饼面一样。用手捏成一尺多长、二寸多宽的条，再切成四条，拿枣肉和栗子肉贴在上下两面，整条地涂上油，用竹箬包起来，〔缚好，〕上甑中蒸，蒸到熟透。上席时盛上两件，箬叶不要打开，只破开两头，解掉缚着的绳子。"

煮糗莫片反,米屑也。或作摸。第八十四

煮糗[1]:《食次》曰:"宿客足,作糗粍[2]苏革反。糗末一升[3],以沸汤一升沃之;不用腻器。断箕漉出滓[4],以糗箒舂取勃[5]。勃,别出一器中。折米白煮,取汁为白饮,此饮二升投糗汁中。——又云:合勃下饮讫,出勃。——糗汁复悉写釜中,与白饮合煮,令一沸,与盐。白饮不可过一口[6]。折米弱炊,令相着,盛饭瓯中,半奠,杓抑令偏着一边,以糗汁沃之,与勃。"

又云:"糗末以二升,小器中沸汤渍之。折米煮为饭,沸,取饭中汁升半。折箕漉糗出[7],以饮汁当向糗汁上淋之,以糗箒舂取勃。出别勃置[8],复着折米潘汁为白饮,以糗汁投中。鲑奠如常[9],食之。"

又云:"若作仓卒难造者,得停西口糗最胜[10]。"

又云:"以勃少许投白饮中。勃若散坏,不得和白饮,但单用糗汁焉。"

【注释】

〔1〕本篇的作法和吃法,现在来说是很难理解的,只能作一些推测。《北堂书钞》卷一四四引《食经》有"作粥糒糗法":"取蒸米一升,合捐沸汤里,勿令过熟,过着新笋内。""糒"、"糗"和"糗"、"粍"都是双声字,这大概

跟"糫糗"是同类食品,惟引文过简,无从作比较释疑。

〔2〕糗(miàn, 又 míng):一种米粉作的稀糊糊,像米粉稀羹。　　粍(sè):一种软熟相黏的米饭,而用杓底压实压扁的,有些像"馎饦",而这是米作的。糗粍:二者合成的一种点心,即以粍饭为底食,上面浇上稀糊糊,又盖上从稀糊里冲搅出来的泡沫作"妆点"。"宿客足"这两句应是谚语,指作"消夜"给宿客吃。《食次》是南方人写的,南音足、粍叶韵,粍又该念 tuò。

〔3〕各本作"一斗",仅金抄作"一升",应作"一升"。本篇的"勃",与卷七《白醪曲》的"茗渤"同义,是泡沫,不是粉末。一斗糗末,用一升沸水来浇,根本调不成糗汁,无从舂取泡沫。但经仿效试验,同量的米粉用同量的沸水来浇,也调不成稀浆的糗汁,只能调成稠厚的面糊,该用加倍的水才行,则"沸汤一升"亦误,疑应作"二升"。

〔4〕"断箕",疑是"浙箕"之误。"浙"亦从米写作"粣",很容易残烂成"断"字。浙箕即淘米箕,有箕形的,也有圆筐形的。

〔5〕糗箒:用篾丝扎成的竹刷把。卷七《白醪曲》的"竹扫",唐陆羽《茶经》的"竹筅",都是同一类用具,可以在淀粉浆中(或茶汤中)冲搅出泡沫。

〔6〕"一□",明抄空白二格,他本空等被夺,仅金抄空一格上面还留着这个"一"字,但"一"怀疑也是错的。据上文"以饮二升",这残缺二字应是指白饮的容积,疑应作"二升"。"又云"应止于"……出勃",只是指趁勃下饮的不同,其下仍是本法的继续说明。也经仿效试验,米粉用沸水冲只能冲成半生半熟,不能吃的,必须有加煮的过程,所以下文加煮是本法的继续。

〔7〕"折",各本同,疑"浙"字之误。"糗",据上文"漉出滓",应作"糗滓"。

〔8〕"别勃",应倒位,作"出勃别置"。

〔9〕鲑(guī):鱼名,又南朝吴人总称鱼类菜肴为"鲑"(xié),见《南齐书·庾杲之传》,在这里是风马牛。日译本改为"佳",属上句;《今释》疑"偏"之误,即上文"偏着一边"的奠法。

〔10〕"西□",金抄、明抄空白一格,他本夺空。"西"可能是"粳"字残烂错成,空格可能是"勃"字,但这二字又倒错了,原文可能是:"得停勃。粳糗最胜。""勃"是作为一种点缀,像浇"蛋花"、"奶花",但舂勃要使泡沫厚层团聚不散,很费时,不用这玩意就省事多了,可以快速供食("仓卒难造")。这也是推测而已。

【译文】

　　煮糗:《食次》说:"宿客足,作糗粍。取一升糗末,用一升沸汤浇下去；不要用有油腻的容器。拿〔淅〕箕把渣滓漉掉，用糗帚在糗汁里冲击，让它产生很多泡沫。泡沫盛在另外的容器里。用水清煮精白的米，取得米汤作为'白饮'，拿二升白饮下到糗汁里。——又一说：就在带泡沫的糗汁里先浇下白饮，〔而后又击冲，〕取出泡沫。——糗汁再倒进锅里，连同白饮一齐煮，煮到一沸，下盐。白饮不可超过一口（？）。再将精白米炊到软熟，让它软到可以相黏，盛在饭盂里，只盛半盂，用杓底把饭压到偏在一边，拿糗汁浇下去，再搁上泡沫，供上桌。"

又一说："用二升糗末，在小容器里用沸汤浸着。将精白米煮作饭，水开了就舀出一升半的饭汤来。拿〔淅〕箕把糗渣漉掉，就用饭汤向糗汁上淋下去，用糗帚冲击出泡沫。泡沫撇出来另外盛着，再加入精米饭汤作为白饮，又拿糗汁浇在里面。同上面的方法一样，〔饭盛在半边〕供上桌，就吃。"

又说："如果仓促之间一时难得作成，可以停用〔泡沫（？）〕。〔粳米（？）〕作糗汁最好。"

又说："用少量的泡沫下到白饮里；但泡沫如果散坏了，不许加到白饮里，只可单独放进糗汁。"

醴酪第八十五

煮醴酪[1]：昔介子推怨晋文公赏从亡之劳不及己，乃隐于介休县绵上山中[2]。其门人怜之，悬书于公门。文公寤而求之，不获，乃以火焚山。推遂抱树而死。文公以绵上之地封之，以旌善人。于今介山林木，遥望尽黑，如火烧状，又有抱树之形。世世祠祀，颇有神验。百姓哀之，忌日为之断火，煮醴酪而食之，名曰"寒食"[3]，盖清明节前一日是也。中国流行，遂为常俗。然麦粥自可御暑，不必要在寒食。世有能此粥者，聊复录耳。

治釜令不渝法[4]：常于谙信处买取最初铸者，铁精不渝，轻利易燃。其渝黑难燃者，皆是铁滓钝浊所致。治令不渝法：以绳急束蒿，斩两头令齐。着水釜中，以干牛屎燃釜，汤暖，以蒿三遍净洗。抒却水，干燃使热。买肥猪肉脂合皮大如手者三四段，以脂处处遍揩拭釜，察作声[5]。复着水痛疏洗，视汁黑如墨，抒却。更脂拭，疏洗。如是十遍许，汁清无复黑，乃止；则不复渝。煮杏酪，煮饧，煮地黄染，皆须先治釜，不尔则黑恶。

煮醴法：与煮黑饧同[6]。然须调其色泽，令汁味淳浓，赤色足者良。尤宜缓火，急则焦臭。传曰[7]："小人之交甘若醴。"疑谓此,非醴酒也。

煮杏酪粥法:用宿矿麦,其春种者则不中。预前一月,事麦折令精,细簸拣。作五六等,必使别均调,勿令粗细相杂,其大如胡豆者[8],粗细正得所。曝令极干。如上治釜讫,先煮一釜粗粥,然后净洗用之。打取杏人,以汤脱去黄皮,熟研,以水和之,绢滤取汁。汁唯淳浓便美;水多则味薄。用干牛粪燃火,先煮杏人汁,数沸,上作豚脑皱,然后下矿麦米。唯须缓火,以匕徐徐搅之,勿令住。煮令极熟,刚淖得所,然后出之。预前多买新瓦盆子容受二斗者,抒粥着盆子中,仰头勿盖。粥色白如凝脂,米粒有类青玉。停至四月八日亦不动。渝釜令粥黑,火急则焦苦,旧盆则不渗水,覆盖则解离。其大盆盛者,数捲居万反亦生水也[9]。

【注释】

〔1〕醴:本来是带滓的甜米酒,但这里不是,而是一种液态的带渣的麦芽糖。贾氏还解释古语"小人之交甘若醴"的醴,就是这种醴糖,而不是甜米酒的醴。这一解释,在贾氏前见于东汉末高诱注解《吕氏春秋·重己》:"醴者,以蘖与黍相醴,不以曲也,浊而甜耳。"就是用麦芽糖化黍米饭成为带渣而甜的浑浊的麦芽糖浆,与《要术》相同。　　酪:本来是乳酪,但这里也不是,而是一种像乳酪的杏仁汁凝固的"冻"。醴酪,这是二者的混合物,就是用麦芽糖调和杏仁汁,再加入矿麦米煮成的饴糖杏仁麦粥。隋杜台卿《玉烛宝典》卷二引陆翙《邺中记》"寒食又作醴酪"下作注说:"今世悉作大麦粥,研杏人为酪,别煮饧沃之也。"习俗相沿,至隋唐时犹然。但《要术》杏酪粥中没有提到加醴糖,可下文明说煮好醴酪吃冷的,应加调醴糖,疑有脱文,或省略不说。

〔2〕介子推:即介之推。春秋时晋国重耳逃亡在外十九年,介之推是伴从逃出的一人。后重耳回国为君(即晋文公),没有先赏劳他,他就避开隐居在绵上山中。文公烧山想逼他出来,结果介子推被烧死(公元前636

年)。故事见于《左传·僖公二十四年》、《国语·晋语》、《吕氏春秋·介立》等。　　绵上：古地名，在今山西介休东南。其地有山，名绵山，又为介之推隐遁焚身处，名介山。

〔3〕寒食：寒食节，清明节前一日(也有说前二日)。寒食的时日，东汉时太原等地冷食一个月。由于时日太长，"岁多死者"，周举为并州刺史，予以革除(见《后汉书·周举传》)。以后冷食时日减少。太原、上党、西河、雁门等地广泛流行。也流行于南方，荆楚等地"禁火三日"(见梁宗懔《荆楚岁时记》)。

〔4〕不渝：指铁锅不变黑。所谓变黑，即新铁锅褪出灰黑色杂质，会污染食物。按：生铁铸件总会有"铸件缺陷"，如气孔(铁溶液在液态时吸收了气体而产生)、缩孔(在冷凝收缩时产生)、砂眼、夹渣、杂质等。铁锅中也存在这些缺陷。新锅表层附有灰黑色杂质，手指一抹就会沾上，煮饭烧菜会被污染变黑，还带有铁腥臭。气孔之类也会渗水。《要术》的处理法就是在未用之前油涂擦洗，除去这些杂质，并消除气孔使不渗水。新买的铁锅现在也必须经过这样的处理。

〔5〕"察"是状声词，疑应作"察察"，犹言"嘶嘶"，即生猪肥膘擦拭高热锅时发出的响声。

〔6〕煮黑饧的方法见下文《饧铺》"黑饧法"。

〔7〕"传"，泛指古书。《庄子·山木》："君子之交淡若水，小人之交甘若醴。"

〔8〕矿麦不可能"大如胡豆"，这里应指杏仁。但上下文有大错简，致不可读，疑应作："……事麦折令精，细簸拣。如上治釜讫，先煮一釜粗粥，然后净洗用之。打取杏人，作五六等，必使别均调，勿令粗细相杂，其大如胡豆者，粗细正得所。曝令极干。以汤脱去黄皮，熟研，以水和之，绢滤取汁。……"惟杏仁拣作五六等，既是研细取汁，何必分等，如果只用大小合适如胡豆的，其他各等作何用，仍有不明，当有脱文。

〔9〕"捲"，作"收捲"讲，不贴切；或作"收缩"讲，也不对。这里指多次挹取搅动，使胶状的杏仁冻部分解离而生水。生水不是由于胶冻的收缩，而是瓢杓带进去的微生物和空气对胶冻产生酶作用而部分地分解为水。因此，从"收捲"上找解释都不合适，怀疑"捲"是"挹"的形似之误。

【译文】

煮醴酪〔的故事〕：古时候介之推埋怨晋文公赏赐跟他在外国流亡的人的功劳时，没有赏赐到自己，于是就避开，隐居在介休县绵上的山中。他的门人同情他，写了一个文书〔反映这个情况〕，挂在朝廷门上。文公看见醒悟了，就到山上去找他，找不到，就放火烧山〔想逼他出来〕。介之推始终不出来，就抱着树被烧死了。文公就把绵上的地封给他，以表彰善良的人。现在绵上介山的林木，远远望去尽是黑色的，像火烧过一样，又有像人抱着树的形状。后来世世代代向介之推祠庙祷祭，很有灵验。百姓哀悼他，在他死的这一天都断火不烧饭，〔作为纪念，〕先煮好醴酪吃冷的，所以这一天就称为"寒食节"，就是清明节的前一天。在"中国"流行开来，便成为通常的习俗。不过麦粥本来就可以解暑，不一定只在寒食节吃。现在有人会烧这种粥，所以我也就把它的作法记录下来。

治理铁锅使它不变黑的方法：总要在熟识信得过的处所买最初铸出的锅，铁质比较精纯，不容易变黑，也轻利容易烧热。那种容易变黑又难以烧热的，都是铁汁混着渣滓又粗又浊的缘故。治理使不变黑的方法：用绳子把蒿草扎紧，将两头斩齐。在铁锅里放进水，用干牛粪在下面烧，把水烧暖，拿蒿草把子刷洗三遍使干净。倒掉水，再空锅干烧，要烧得很烫。买肥猪的连皮脿油像手掌大小的三四块，拿来在锅面上到处擦拭，发出嘶嘶的响声。再倒进水，尽力不断地刷洗，看看水液像墨一样黑了，倒掉。再用脿油擦，再加水刷洗。这样反复擦洗十来遍，看水清了，不再变黑才停止。这样，以后就不会褪黑了。煮杏酪粥，煮饧糖，煮染布的地黄汁，都该先治理铁锅使不褪色；不然的话，煮出的东西会污黑不堪。

煮醴的方法：与煮黑饧的方法相同。不过需要调好色泽，让糖汁甜味纯正够浓，颜色够赤为好。尤其宜于用缓火，火猛了就容易焦臭。古书上说的"小人之交甘如醴"，怀疑是指这种醴，不是醴酒。

煮杏酪粥的方法：用越冬矿麦，春种矿麦不合用。早一个月先把矿麦舂治到极精白，仔细簸扬，拣去碎粒。（照上面的方法把铁锅整治好，先煮一锅粗粥，然后把锅洗干净拿来用。打开杏核，取出杏仁，按大小分拣成五六个等级，必须使各个等级都很均匀，不要让粗的细的混杂在一起，像胡豆大小的正合适。晒到极干。）用沸汤泡过，去掉黄皮，研成细泥，再加水和匀，用绢滤取液汁。液汁总要浓厚为好；水多了味道就淡薄。将干牛粪用火点燃，先煮杏仁汁，煮到几沸，上面生出像猪脑般的皱痕时，再将矿麦米放下去煮。一定要用缓火,用小杓子缓缓搅和,不要住手。煮到极熟,稀稠合适,然后舀出来。预先多买新的小瓦盆子,容量二斗大的,把杏仁麦粥舀到盆子里,敞开着不要加盖。粥的颜色像凝固的油脂一样白,米粒像青色的玉。留着〔从寒食节〕到四月八日也不会变坏。如果用褪色的锅,粥会变黑;火太猛,粥烧焦了会有苦味;用旧盆盛着,水渗不出去〔,也不好〕;如果盆子上加盖,杏仁冻就会解离不凝固。用大盆盛着,由于多次地〔舀取搅动〕,也会解离生水。

飧、饭第八十六

作粟飧法[1]：师米欲细而不碎。碎则浊而不美。师讫即炊。经宿则涩[2]。淘必宜净[3]。十遍以上弥佳。香浆和暖水浸馈，少时，以手按，无令有块。复小停，然后壮[4]。凡停馈，冬宜久，夏少时，盖以人意消息之。若不停馈，则饭坚也。投飧时，先调浆令甜酢适口，下热饭于浆中，尖出便止。宜少时住，勿使挠搅，待其自解散。然后捞盛，飧便滑美。若下饭即搅，令饭涩。

折粟米法：取香美好谷脱粟米一石，勿令有碎杂。于木槽内，以汤淘，脚踏；泻去潘，更踏；如此十遍，隐约有七斗米在[5]，便止。漉出，曝干。炊时，又净淘。下馈时，于大盆中多着冷水，必令冷彻米心，以手按馈，良久停之。折米坚实，必须弱炊故也，不停则硬。投饭调浆，一如上法。粒似青玉，滑而且美。又甚坚实，竟日不饥。弱炊作酪粥者，美于粳米。

作寒食浆法：以三月中清明前，夜炊饭，鸡向鸣，下熟热饭于瓮中，以向满为限。数日后便酢，中饮[6]。因家常炊次，三四日辄以新炊饭一碗酸之。每取浆，随多少即新汲冷水添之。讫夏，飧浆并不败而常满，所以为异。以二升，得解水一升，水冷清俊[7]，有殊于凡。

令夏月饭瓮、井口边无虫法：清明节前二日夜，鸡鸣时，炊黍熟，取釜汤遍洗井口、瓮边地，则无马蚿[8]，百虫不近井、瓮矣。甚是神验。

治旱稻、赤米令饭白法：莫问冬夏，常以热汤浸米，一食久，然后以手按之。汤冷，泻去，即以冷水淘汰，按取白乃止。饭色洁白，无异清流之米。

又：师赤稻一臼，米里着蒿叶一把，白盐一把，合师之，即绝白。

【注释】

〔1〕殡（sūn）："水浇饭"，即水泡饭。本篇的殡是酸浆和水，则是酸浆泡饭。酸浆是特制的，即下文的"寒食浆"。

〔2〕涩：发毛。本段末"令饭涩"中"涩"字意为"糊浊"。《要术》本文在各种食品中常用"滑"、"涩"二字表明口味的好坏。滑是好的，常称"滑美"，涩是不好的，所谓"涩恶"。滑，指软滑、腻滑、溜滑、涎滑等，而涩是滑的反面，《说文》所谓"不滑也"，则指浑浊、糊口、粗粝不细腻，乃至硬而不酥、韧而不脆等，不是现在一般所说的涩口（含鞣酸的瓜果蔬菜）。

〔3〕"淘必宜净"及注文，应移前，在"碎则浊而不美"之下。而米碎还嫌浑浊，舂过不淘更糊浊，上文"师讫"应是"淘讫"之误，其所以"经宿则涩"，正是因为淘米放着过夜，煮后容易发毛。

〔4〕"壮"，应作"装"，指装上甑蒸。卷八《作酱等法》有"更装"，《蒸缹》有"炊一装"，皆贾氏用词（他不用"泄"、"炒"）。

〔5〕凡米粗粝使精白，或粉碎，贾氏、《食经》、《食次》都称为"折"，意谓耗折、粉折。这粟米一石只剩下七斗，确实折耗很多，很精白，其胚乳外层的糊粉层殆已折脱罄尽，所以炊成饭很坚实，而又滑溜细腻好吃。不过营养成分却大大减损了。

〔6〕"饮"，原作"饭"，这是饮浆，下文明说"每取浆"，明系"饮"字之误。但上文"以向满为限"下应脱"以冷水沃之"句。

〔7〕"水冷"，疑应作"水泠"。"泠"（líng），清凉轻俊之意。

〔8〕马蚿（xián）：即马陆（Orthomorpha pekuensis），山蛩虫科，躯干两侧有很多对步足，栖息于潮湿地方或石堆下面等阴湿之地。

【译文】

作粟飧的方法：米要舂得白净，但不要舂碎。碎了飧饭就会浑浊不美。（淘米必须洁净。十遍以上更好。）〔淘〕好了就炊作〔馈饭〕。〔淘好的米〕放着过一夜就会发毛。用香酸浆水调和暖水把馈饭浸渍着，过一会儿，用手揉捏，不让饭有黏块。再放着过一会，然后装上甑蒸熟。停放馈饭的时间，冬天该长些，夏天该短些，总要留意掌握。假如不停放一段时间，饭就太硬了。下飧饭时，先将酸浆调和到酸甜合口味，然后把热饭下到酸浆里，让饭在浆面上露出点尖就停止投饭。该短时间地等一下，不要搅拌，让饭自然解散开来。然后捞出来盛在碗里，飧便滑美好吃。如果下了饭就搅拌，饭就变糊浊了。

耗折粟米〔使极精白〕的方法：取一石香美好谷子的脱壳粟米，不要有碎米杂米。放在木槽里，用热水淘洗，又用脚踏；倒掉米泔水，加热水再踏；这样反复洗踏十遍，大约还有七斗米剩着，便停止。捞出来，晒干。炊饭前，再淘洗洁净〔，炊作馈饭〕。把馈饭下在大盆里的时候，盆中要多放冷水，务必要使米心冷透。用手揉搓馈饭，停放着的时间要久些。因为这精米米粒坚实，还必须再蒸软熟，如果不多停留些时间，饭就会太硬。投饭和调浆的方法，都跟上面说的一样。饭粒像青玉的颜色，溜滑而且味道美。又很坚实，吃了整天不会饿。蒸软熟后作成酪粥，比粳米还要好。

作寒食浆的方法：在三月里清明节之前，夜里炊饭，到鸡快叫时，把熟热的饭下到瓮里，到快满瓮为止〔，灌下水〕。过几天便酸了，可以〔喝〕了。家里日常炊饭的时候，每隔三四天就投下一碗新蒸熟的饭。每次舀浆出来，看舀出多少，随即添进多少新汲的冷水。直到夏天，这调和飧饭的酸浆也不会坏，而且常常是满的，所以显得奇异。二升酸浆，可以兑进一升水来稀释，清凉轻俊，和一般的浆大不相同。

使夏天饭瓮和井口旁边没有虫的方法：在清明节前两天的夜里，鸡叫时蒸熟黍饭，拿蒸锅里的热汤把井口和饭瓮旁边的地统统洗一遍，就不会有马蚿，其他各种虫也不到井瓮边上来了。非常灵验。

治旱稻、赤米使炊成白饭的方法：不管冬季还是夏季，总要用热汤来浸渍，浸吃一顿饭的时间，然后用手揉搓。汤冷了，倒掉，就用冷水淘洗，揉搓，一直到白了为止。这样，饭的颜色就洁白，跟清流水稻米一样。

又〔治赤米的方法〕：春赤稻米时，一臼米里放进一把蒿叶，一把白盐，混合着一起春，就春得极白。

《食经》曰："作面饭法：用面五升，先干蒸，搅使冷。用水一升。留一升面，减水三合；以七合水，溲四升面，以手擘解。以饭，一升面粉粉干下。稍切取，大如栗颗。讫，蒸熟。下着筛中，更蒸之[1]。"

作粳米糗糒法[2]：取粳米，汰洒[3]，作饭，曝令燥。捣细，磨，粗细作两种折[4]。

粳米枣糒法：炊饭熟烂，曝令干，细筛[5]。用枣蒸熟，逐取膏，溲糒。率一升糒，用枣一升。

崔寔曰："五月多作糒，以供出入之粮。"

菰米饭法[6]：菰谷盛韦囊中；捣瓷器为屑，勿令作末，内韦囊中令满，板上揉之取米。一作可用升半。炊如稻米。

胡饭法：以酢瓜菹长切，将炙肥肉[7]，生杂菜，内饼中急卷。卷用两卷，三截，还令相就，并六断，长不过二寸。别奠"飘韲"随之。细切胡芹、蓼下酢中为"飘韲"。

《食次》曰："折米饭[8]：生折，用冷水。用虽好，作甚难。蒯苦怪反米饭[9]：蒯者，背洗米令净也。"

【注释】
〔1〕"以饭，一升面粉粉干下"，大概是说把留下的一升干蒸的面粉，连同饭一起下在四升溲过的面粉里再溲和。如果没有猜错，通常"以饭"下该有"合"字。但"下着筛中，更蒸之"，仍不大好理解。又减下的三合水，怎样用？《食经》文的疏简或残阙，往往留下难解的"谜"。

〔2〕糗糒：干粮，或炒或煮，或成粉或不成粉。这里是熟饭晒干磨成粉的。

〔3〕洒（xǐ）：同"洗"，洗涤。

〔4〕粗细作两种折：按："折"谓损折，此指折粗取细，细的一种折好了过筛，粗的一种再折，即再磨，所谓"两种折"。

〔5〕晒干的饭如何"细筛"，上文应有"捣"、"磨"的过程，但《食经》文往往这样想当然。自上条以下至"胡饭法"仍是《食经》文，崔寔《四民月令》文是因为同是糒法插进去的。

〔6〕菰：茭白。其子实称"菰谷"，其米称"菰米"，又名"雕胡米"。所记是脱壳后再炊成饭。

〔7〕脔（luán）：同"脔"，把肉切成小块。

〔8〕折米饭：一种折米使极精白而炊成的饭。折法是用冷水淘折，推测其意似乎是没有像用热水那样容易折得精白，所以折起来比较繁难，但糊粉层没有泡糊，比较清爽好吃。

〔9〕"蒯（kuǎi）米饭"，疑应作"蒯米炊饭"，这饭才作成，脱"炊"字。注文"蒯"的解释，当是其时其地方言。又"背"，仅明抄如字，湖湘本等误作"皆"。"背"是吴越方言，谓簸扬，今江浙仍有此口语。《食经》、《食次》的风尚和俗语，往往与江南不谋而合，疑其书为南朝人所写。

【译文】

《食经》说："作面饭的方法：用五升面粉，先干蒸，搅拌让它冷了。用一升水。留下一升面粉，减去三合水；拿七合水溲和四升面粉，用手擘散。再加饭〔连同〕一升干蒸面粉〔一起溲和到四升擘散的面里（？）〕。然后慢慢切下来，切成像板栗大小的颗颗。切完了，蒸熟。放到筛里，再蒸（？）。"

作粳米糗糒的方法：取粳米汰洗洁净，炊成饭，晒干。捣成碎末，再磨；筛过，粗的再磨细。

作粳米枣糒的方法：把饭炊到烂熟，晒干，〔捣磨后，〕筛取细粉。拿红枣蒸熟，榨出膏泥，溲和到干饭粉的糒里。比例是一升糒用一升枣。

崔寔说："五月里多作糒，准备外出时作干粮。"

作菰米饭的方法：将菰的谷实盛在皮袋里；把瓷器捣成碎屑，但不要捣成细末，装进皮袋里，要装满，放在板上揉搓，〔揉去谷壳，〕取得米。作一次可以用一升半菰谷。把米炊作饭，跟稻米一样。

　　作胡饭的方法：将酸腌瓜切成长条，脔割肥肉，炙熟，杂和些生菜，一并放进〔先作好的〕饼里，卷紧。〔盛供上席时〕用两个卷饼，一卷切成三段，仍然相连排着，一份共有六段，每段长不超过二寸，供上。另外盛着"飘齑"跟上去。将胡芹、蓼切细，下在醋里面，就是"飘齑"。

　　《食次》说："折米饭：用冷水淘折生米。用起来虽然好，但作起来很难。把米蒯干净，〔炊作〕饭。蒯，是"背米"淘洗使米洁净的意思。"

素食第八十七

《食次》曰："葱韭羹法：下油水中煮葱、韭——五分切，沸俱下。与胡芹、盐、豉、研米糁——粒大如粟米。"

瓠羹：下油水中煮极熟——瓠体横切，厚三分，沸而下。与盐、豉、胡芹。累奠之。

油豉：豉三合，油一升，酢五升[1]，姜、橘皮、葱、胡芹、盐，合和，蒸。蒸熟，更以油五升，就气上洒之。讫，即合甑覆泻瓮中。

膏煎紫菜：以燥菜下油中煎之，可食则止。擘奠如脯。

薤白蒸：秫米一石，熟舂师，令米毛[2]，不渖[3]先击反。以豉三升煮之[4]，渖箕漉取汁[5]，用沃米，令上谐可走虾[6]。米释，漉出——停米豉中[7]，夏可半日，冬可一日，出米。葱、薤等寸切，令得一石许，胡芹寸切，令得一升许，油五升，合和蒸之——可分为两甑蒸之。气馏，以豉汁五升洒之。凡三过三洒，可经一炊久。三洒豉汁，半熟[8]，更以油五升洒之，即下。用热食。若不即食，重蒸取气出。洒油之后，不得停灶上；则漏去油。重蒸不宜久，久亦漏油。奠讫，以姜、椒末粉之。溲甑亦然[9]。

　　𦠆音苏托饭〔10〕：托二斗，水一石。熬白米三升，令黄黑，合托〔11〕，三沸。绢漉取汁，澄清，以𦠆一升投中。无𦠆，与油二升。𦠆托好。一升"次檀托"〔12〕，一名"托中价"。

　　蜜姜：生姜一升〔13〕，净洗，刮去皮，笮子切〔14〕，不患长，大如细漆箸。以水二升，煮令沸，去沫。与蜜二升煮，复令沸，更去沫。碗子盛，合汁减半奠；用箸，二人共。无生姜，用干姜，法如前，唯切欲极细。

【注释】

　　〔1〕"豉三合，油一升，酢五升"，下文还要用五升油来"洒"，这样的配比，不合理。三合约合今60毫升，只有一小杯，油和醋多到17—20倍，这点点豆豉，底下醋泡着，上层油封着，都反常。从洒油来推测，豆豉绝不止三合，因为只有这点点，五升油根本无法洒，那只能是沃灌。也许是："豉五升，油一升，酢三合"，不过也只是"猜谜"而已。总之，自"瓠羹"以下至"蜜姜"，仍是《食次》文，它的"谜"比《食经》还多。

　　〔2〕"毛"，可以作带糠不淘洗解释，但也可能是"白"字之误。

　　〔3〕"渄"(xī)，各本同，字书未收。吾点校记："疑淅之变体。"据下文"渄箕"，应是"淅"的另一写法。这又是《食次》的异写字。

　　〔4〕"豉三升"，下文要用豉汁沃灌一石米，这太少，应有误。

　　〔5〕连下条的"漉取汁"，均以沥取液汁为"漉"，《食次》与《食经》用词相同，但贾氏不同(贾氏指取出固体物)。

　　〔6〕"谐"，意谓恰好，指上面高出的豉汁刚好达到能使虾游走的深度。这又是《食次》的特用词，与《食经》的"谐令胜刀"相同(卷八《羹臛法》"烂熟"引《食经》)。

　　〔7〕"豉"，指豉汁，应有"汁"字。

　　〔8〕"半熟"，三次洒豉汁，等于馏了三次，米已蒸熟，而且半熟也不能吃，应是"米熟"之误。

　　〔9〕"溲甀亦然"，或者指溲米上甀时也要加些姜、椒末？词语特别，有否误字，也是难猜的谜。

　　〔10〕𦠆：同"酥"。此指酥油。这是《食次》用词。　　托：应是

"粖"的同音借用字,《集韵·入声·二十陌》解释粖是"屑米为饮",这臁托也是一种粖米加炒米合煮取得米汤加上酥油的饮浆,与粖很相似。

〔11〕"托"下应有"煮"字。

〔12〕"一升",黄麓森校记,疑"一名"之误。"次檀托"及下句中"托中价",无从理解,大概都是少数民族名称的译音。

〔13〕金抄作"一升",他本作"一斤"。

〔14〕笇(suàn):同"算",算筹。

【译文】

《食次》说:"葱韭羹的作法:将葱和韭菜都切成五分长,下在加油的水里煮——等水开了一齐放下去。加入胡芹、盐、豆豉和研碎了的米糁——颗粒像粟米大小。"

瓠羹:将瓠横切成片,每片三分厚,下在加油的水里煮——等水开了放下去,煮到极熟。加上盐、豆豉、胡芹。一片片叠着盛供上席。

油豉:三合豆豉,一升油,五升醋(?),加上生姜、橘皮、葱、胡芹、盐,混合着一起蒸。蒸熟了,再用五升油就着水汽上面洒下去。洒完了,举起甑倒覆过来倒进瓮里。

油煎紫菜:用干燥的紫菜下在油里煎,到可以吃就停煎。撕开来盛供上席,像撕开腊肉一样。

薤白蒸:糯米一石,精熟地舂捣,让米就带着糠,不淘洗。用三升(?)豆豉煮出汁,拿浙箕沥出豉汁,用来浸米,豉汁高出米上面恰好可以让虾游走的深度。米浸涨了,捞出来——浸米的时间,夏天大约半天,冬天大约一天,然后捞出。葱、薤白切成一寸长,要用一石左右,胡芹也切成一寸长,用一升左右,再加五升油,〔连同米〕一起混合起来蒸——可以分作两甑来蒸。气馏之后,又用五升豉汁洒上。一共气馏三次,洒三次豉汁,大约蒸到炊熟一顿饭的时间。洒了三次豉汁,〔米〕熟了,再用五升油洒下去,就下甑。趁热吃。如果不是马上吃的,后来吃时要重蒸到冒气。洒油之后,不要停放在灶火上,否则会漏油。重蒸时也不宜过久,过久了也会漏油。盛好之后,撒些生姜、花椒末在上面,供上席。溲米上甑时(?),也要加些姜、椒末。

臁托饭:用二斗托,一石水。将三升白米炒到黄黑,和在托里，〔用一石水煮到〕三沸。用绢滤取汁。澄清之后，加入一升臔。没有臔，加入二升油。臔托就好。这饭又〔名〕"次檀托"，又名"托中价"。

蜜姜：一升生姜，洗干净，刮去皮，切成算筹般的条子，不嫌长，粗细像细的漆筷子。用二升水，煮沸，去掉浮沫。加入二升蜜，再煮沸，再撇去浮沫。盛在碗里，连汁不到半碗，供上席。用筷子夹，两个人共一份。没有生姜，用干姜，作法同上面一样，不过要切得极细。

焦瓜瓠法[1]：冬瓜、越瓜、瓠，用毛未脱者，毛脱即坚。汉瓜用极大饶肉者[2]，皆削去皮，作方脔，广一寸，长三寸。偏宜猪肉，肥羊肉亦佳；肉须别煮令熟，薄切。苏油亦好。特宜菘菜。芜菁、肥葵、韭等皆得。苏油，宜大用苋菜。细擘葱白，葱白欲得多于菜。无葱，薤白代之。浑豉，白盐，椒末。先布菜于铜铛底，次肉，无肉以苏油代之。次瓜，次瓠，次葱白、盐、豉、椒末，如是次第重布，向满为限。少下水，仅令相淹渍。焦令熟。

又焦汉瓜法：直以香酱、葱白、麻油焦之。勿下水亦好。

焦菌其殒反法：菌，一名"地鸡"，口未开，内外全白者佳；其口开里黑者，臭不堪食[3]。其多取欲经冬者，收取，盐汁洗去土，蒸令气馏，下着屋北阴干之。当时随食者，取即汤煠去腥气，擘破。先细切葱白，和麻油，苏亦好。熬令香；复多擘葱白，浑豉、盐、椒末，与菌俱下，焦之。宜肥羊肉；鸡、猪肉亦得。肉焦者，不须苏油。肉亦先煮熟，薄切[4]，重重布之如"焦瓜瓠法"，唯不着菜也。

焦瓜瓠、菌，虽有肉、素两法，然此物多充素食，故附素条中[5]。

焦茄子法：用子未成者，子成则不好也。以竹刀骨刀四破之，用铁则渝黑[6]。汤煤去腥气。细切葱白，熬油令香；苏弥好。香酱清、擘葱白与茄子俱下，焦令熟。下椒、姜末。

【注释】

〔1〕自此条以下，专讲焦法，才是《要术》本文。焦，用少量的水液缓火焖煮，或单用油焖，与卷八《蒸焦》的焦法相同，不过本篇的焦菜是素的，虽然也有加肉荤的，但仍然当作素食，所以都列在本篇。

〔2〕汉瓜：未详。

〔3〕伞菌子实体的幼期，菌盖还被菌幕的薄膜包被着，"伞"还没有张开来，最为鲜嫩。菌盖张开，越大越老，到菌盖腹面的菌褶变成黑色，以至发臭，自然不堪食用。

〔4〕"薄"，金抄作"蒜"，他本作"蘇"，均误。"焦瓜瓠法"有"……薄切"，显系"薄"字之误，径改。

〔5〕本篇焦法是用少量的水液缓火油焖，与卷八《蒸焦》的焦法相同，同法分列，使读者产生疑窦。贾氏本条特予解释，原来是这些焦菜"多充素食"，焦茄子、焦汉瓜还是净素的，所以都列在本篇《素食》中。

〔6〕茄子肉中含有多量的鞣酸，鞣酸能与铁化合，生成黑色的鞣酸铁，所以用铁刀切茄子，切面很快会变黑。

【译文】

焦瓜瓠的方法：冬瓜、越瓜、瓠，都用还没有脱毛的，脱毛的肉就硬了。汉瓜用极大多肉的，都削去皮，切成长方块，一寸宽，三寸长。用猪肉特别相宜，肥羊肉也好；肉须要另外煮熟，切成薄片。苏子油也不错。特别宜于配上荵菜。芜菁叶、肥葵菜、韭菜等都可以用。苏子油宜于配合多量的苋菜。〔准备着〕擘细的葱白，葱要比菜多。没有葱白，可以用薤白代替。整颗的豆豉，白盐，花椒末。先将菜铺在铜铛底上，再铺肉，没有肉用苏子油代替。再铺瓜，再铺瓠，最后铺葱白、白盐、豆豉、花椒末，这样依次层层铺上，到快满为止。少下水，只让它腌渍着。焖煮到熟。

又焦汉瓜的方法：只用香酱、葱白、大麻油焖煮。不加水也好。

焦菌蕈的方法：菌蕈，又名"地鸡"，没有开口，里外都是白色的为好；开了口里面黑色的，有臭气，不堪食用。如果要想多采收一直用到过冬的，采来之后，用盐汁洗去泥土，蒸到气馏了，就取下来，放在屋北面阴干了收藏。如果采来当时就吃的，就用沸汤焯去腥气，撕开来。先将葱白切细，和进大麻油里，苏子油也好。借葱香把油炼香，再多擘些葱白，加上整颗的豆豉、盐、花椒末，连同菌蕈一并下到锅里油焖。又宜于加肥羊肉焖煮；加鸡肉、猪肉也可以。加肉焖煮的，不必再加苏子油。肉也要先煮熟，切成薄片，一层层地铺上，像上面焦瓜瓠的方法，不过不加菜罢了。

　　焦瓜瓠、焦菌蕈，虽然都有肉的、素的两种方法，不过大都把这些食品当作素食，所以附列在《素食》篇中。

　　焦茄子的方法：用种子还没有成熟的，种子成熟的就不好了。拿竹刀或骨刀切成四块，用铁刀切就会变黑。下沸汤中焯去腥气。用切细的葱白，下油中把油炼香，苏子油更好。将香酱清汁、擘细的葱白，连同茄子一并下到锅里，油焖到熟。再搁下花椒和生姜末。

作菹、藏生菜法第八十八[1]

葵、菘、芜菁、蜀芥咸菹法：收菜时，即择取好者，菅、蒲束之。作盐水，令极咸，于盐水中洗菜，即内瓮中。若先用淡水洗者，菹烂。其洗菜盐水，澄取清者，泻着瓮中，令没菜把即止，不复调和。菹色仍青，以水洗去咸汁，煮为茹，与生菜不殊。

其芜菁、蜀芥二种，三日抒出之。粉黍米，作粥清[2]；捣麦𪌉作末，绢筛。布菜一行，以𪌉末薄坌之，即下热粥清。重重如此，以满瓮为限。其布菜法：每行必茎叶颠倒安之。旧盐汁还泻瓮中。菹色黄而味美。

作淡菹，用黍米粥清，及麦𪌉末，味亦胜。

作汤菹法[3]：菘菜佳，芜菁亦得。收好菜，择讫，即于热汤中煠出之。若菜已萎者，水洗，漉出，经宿生之，然后汤煠。煠讫，冷水中濯之，盐、醋中[4]；熬胡麻油着。香而且脆。多作者，亦得至春不败。

䤖菹法[5]：菹，菜也[6]。一曰：菹不切曰"䤖菹"。用干蔓菁，正月中作。以热汤浸菜令柔软，解辫[7]，择治，净洗。沸汤煠，即出，于水中净洗，复作盐水暂度，出着箔上。经宿，菜色生好。粉黍米粥清[8]，亦用绢筛麦𪌉末，浇菹布菜，如前法；然后粥清不用大热[9]。其汁才令相淹，不用过多。泥头七日，便熟。菹瓮以穰茹之，如酿酒法。

作卒菹法：以酢浆煮葵菜，擘之，下酢，即成菹矣。

藏生菜法[10]：九月、十月中，于墙南日阳中掘作坑，深四五尺。取杂菜，种别布之，一行菜，一行土，去坎一尺许，便止。以穰厚覆之，得经冬。须即取，粲然与夏菜不殊。

【注释】

〔1〕菹：主要利用乳酸发酵加工保藏的盐菜或酸菜，通常指整棵和大片不切的。有咸菹，有淡菹；有久藏的，有速成的。速成的有些是在沸水里焯一下就加盐醋的临时泡成的酸味菜。　　藏生菜：保藏蔬菜使新鲜，只有《要术》本文的一条窖藏鲜菜法。其他引录他人材料的都是腌藏法，主要是藏瓜，有盐藏、糟藏、蜜藏、女曲藏、乌梅杬汁藏各法。

〔2〕粥清：清粥浆。按：《要术》在物品后加"清"，指该物品的清汁，如"酱清"，即指豆酱的清汁，"豉清"，即指煮豆豉的澄清液汁，那时没有酱油，都作为酱油的代用品。这里粥清，也是粥上层澄出的清汁，但溶有淀粉，成为清粥浆。

〔3〕汤菹：烫菜作成的菹，即先经沸水焯过而后作成的腌菜。现在各地仍有这样腌制的，西南地方比较多。此法成熟较快，但味道不如生菜腌的好。《食次》的汤菹则是临时加醋的酸菜，随焯随吃的。

〔4〕"盐、醋中"上面该有"下"字，或者前面"之"是"入"字之误。

〔5〕醸菹：菹本身含有酝酿、酿造的意思。此菹加麦䴸和粥浆腌酿，并泥瓮、保温如酿酒的方法，大概因此加草头称为"醸菹"。

〔6〕"菹，菜也"，疑脱"醸"字，应作："醸，菹菜也。"连下文"一曰"云云，都是解释标题的，严格说来，都该作小字注文。

〔7〕"辬"，各本作"辨"、"辦"或"瓣"，均误。这正是卷三《蔓菁》提到的"醸菹"，当时收割时是"择治而辬之"，字应作"辬"。

〔8〕"粥清"上宜有"作"字。下文"浇菹布菜"宜倒作"布菜浇菹"。

〔9〕"后"，上有"如前法"，此作"后法"讲，或作"后来"浇粥清讲，都牵强，疑衍。

〔10〕到本条止，《要术》本文的作菹和鲜藏生菜二项交代完毕，再下面

补充说一下"世人"作葵菹为什么作不好,和作"木耳菹"的方法。除此之外,全是引他人的材料。

【译文】

用葵菜、菘菜、芜菁叶、蜀芥作咸菹的方法:收菜的时候,就把好的拣出来,用菅草或蒲草扎成把。调好盐水,让它极咸,在盐水里洗菜,洗过就放进瓮子里。如果先用淡水洗菜,菹菜就会烂坏。洗过菜的盐水,澄清之后,把清汁倒进菜瓮里,让它淹没菜把就够了,不必去翻动调和。这菹菜的颜色仍旧是绿的,用水洗去咸汁,煮作菜来吃,和鲜菜没有两样。

其中芜菁和蜀芥两种,盐水浸三天之后,就取出来。把黍米粉碎,煮成粥,澄取清粥浆,再把麦䴷捣成粉末,用绢筛筛过。在瓮子里铺上一层菜,薄薄地撒上一层麦䴷粉,随即浇进一层热的清粥浆。这样一层一层地铺上去,倒满瓮为止。铺菜的方法,每层必须把菜茎、菜叶颠倒着铺上。浸过的盐水,仍旧倒进瓮子里。这菹菜是黄色的,味道也好。

要作淡菹,只用黍米粥浆和麦䴷粉末,〔不加盐水,〕味道也好。

作汤菹的方法:用菘菜好,芜菁叶也可以用。收得好菜,择治完了,就在沸汤里焯过取出来。如果菜已经蔫了,用水洗过,捞出来,过一夜,让它回复同新鲜一样,然后再汤焯。焯好,在冷水里冲洗过,〔下到〕盐调醋的〔瓮子〕里,放进熬过的芝麻油。这菹菜香而且脆。作得多的,可以留到春天也不坏。

作䕯菹的方法:〔䕯,〕是菹菜。有人说,菹不切断的叫作"䕯菹"。用干芜菁叶,正月里作。用热水把干菜浸到柔软,解开〔原来打成辫的把子〕,拣择好的,洗洁净。在沸水里焯一下,随即取出来,又在水里洗干净;再作好盐水,拿菜在盐水中过一下,取出来,摊在席箔上。过一夜,菜的颜色像鲜菜,好。把黍米粉碎,煮得粥浆,也用绢筛筛得麦䴷粉末,然后照前面的方法一样,铺菜,撒粉,浇粥,不过粥浆不要太热。〔盐水仍然倒进菜瓮中,〕只要刚刚浸没菜叶就够了,不要过多。用泥涂封瓮头,七天便熟了。菹瓮外面用黍穰包裹着,像酿酒的方法一样。

作速成菹菜的方法:用酸浆水煮葵菜,擘开来,放下醋,便成酸泡菜了。

　　保藏蔬菜让新鲜的方法：九月、十月里，在墙南面太阳晒到的地方，掘一个四五尺深的坑。将各种蔬菜，一种一种地分别铺在坑里，一层菜，一层土，铺到离坑口一尺左右，便停止。用黍穰厚厚地盖在上面，可以过冬。要用时取出来，鲜绿跟夏天的菜没有两样。

　　《食经》作葵菹法："择燥葵五斛，盐二斗，水五斗，大麦干饭四斗，合渍[1]：按葵一行，盐、饭一行，清水浇满。七日黄，便成矣。"

　　作菘咸菹法："水四斗，盐三升，搅之，令杀菜。又法：菘一行，女曲间之。"

　　作酢菹法：三石瓮。用米一斗，捣，搅取汁三升；煮滓作三升粥[2]。令内菜瓮中，辄以生渍汁及粥灌之。一宿，以青蒿、薤白各一行，作麻沸汤浇之，便成。

　　作菹消法[3]："用羊肉二十斤，肥猪肉十斤，缕切之。菹二升，菹根五升，豉汁七升半，切葱头五升。"

　　蒲菹：《诗义疏》曰[4]："蒲，深蒲也；《周礼》以为菹[5]。谓蒲始生，取其中心入地者——蒻，大如匕柄，正白，生噉之，甘脆；又煮，以苦酒浸之[6]，如食笋法，大美。今吴人以为菹，又以为酢[7]。"

　　世人作葵菹不好，皆由葵大脆故也。菹菘，以社前二十日种之；葵，社前三十日种之。使葵至藏，皆欲生花乃佳耳。葵经十朝苦霜，乃采之。秫米为饭，令冷。取葵着瓮中，以向饭沃之[8]。欲令色黄，煮小麦时时糁桑葛反之[9]。

　　崔寔曰："九月，作葵菹。其岁温，即待十月。"

【注释】

〔1〕《津逮》本等作"濑"(lài);金抄等作"瀬",汉文无此字,日文汉字有之,疑是"濑"之或体。"濑"原意是沙上浅水,这里"清水浇满"有些像"濑",即浅浅地浸着。大概这是当时当地腌菜上的口语,指腌菜让上面浅浅地浮着一层水的操作过程。《汉书·武帝本纪》:"甲为下濑将军,下苍梧。"颜师古注:"濑,湍也。吴越谓之濑,中国谓之碛。"《食经》、《食次》特用词往往与吴越方言暗合,其为南人手笔,此类亦其佐证。

〔2〕"三升粥",一斗米捣碎加水,取去三升汁后,剩下的米渣不止煮三升粥,疑"三斗"之误。"搅取汁"上应脱"下水"字。

〔3〕"菹消法",即卷八《菹绿》的"菹肖法"。《御览》卷八五六"菹"引到:"《食经》有此法也。"说明本条及上面二条仍是《食经》文。

〔4〕《诗经·大雅·韩奕》"维笋及蒲",孔颖达疏引陆机《疏》,与《诗义疏》不同,陆《疏》自"蒲始生"至"如食笋法"即止。今本陆机《毛诗草木鸟兽虫鱼疏》与孔引陆《疏》同。

〔5〕《周礼·天官·醢人》有"深蒲"作菹,郑众注:"深蒲,蒲蒻入水深,故曰'深蒲'。"蒻(ruò),嫩芽。按:蒲指香蒲科的香蒲(Typha orientalis)。其嫩芽由叶鞘抱合而成假茎,径0.5—1寸左右,圆棒形,在深水和土中的部分白色,柔嫩可食;其出土近水面的部分淡绿色,亦柔嫩可食。这两部分,通称"蒲菜"。现在有用作蔬菜而栽培的。

〔6〕"浸",各本误作"受",《渐西》本从吾点校改作"浸",是。

〔7〕"鲊",各本误作"酢"。卷八《作鱼鲊》引《食经》有"蒲鲊法",《本草图经》:"香蒲……其始生……亦可以为鲊。"据改。

〔8〕以下饭为"沃",殊违贾氏用例,黄麓森疑二"饭"字均"饮"之误。否则,"沃"疑应作"投"。

〔9〕糁(sè):用熟米粉和羹。

【译文】

《食经》作葵菹的方法:"择出五斛干燥的葵菜,用二斗盐,五斗水,四斗大麦干饭,合在一起'濑':按下一层葵菜,撒上一层盐、饭,再用清水浇满。过七天,菜黄了,便作成了。"

作菘菜咸菹的方法:"放下四斗水,三升盐,搅和,让菜渗出水分。又一方法:一层菘菜,一层女曲,间隔着铺放。"

作酸菹的方法:用容量三石的瓮。一斗米,捣碎,〔加水〕搅和,取得三升汁,将剩下的米渣煮作三升(?)粥。把菜放入瓮中,随即将生米汁和粥灌下去。过一夜，〔锅里加水〕放下一层青蒿，一层薤白，煮成气泡冒上来像大麻子大小的沸汤，浇进瓮里，便成了。

作菹消的方法：用二十斤羊肉，十斤肥猪肉，切成细条〔，炒熟（?）〕。用菹二升，菹根五升，豉汁七升半，切碎的葱头五升〔，下到肉里〕。

蒲菹：《诗义疏》说："蒲，是深蒲；《周礼》中有用它作菹的。就是说，蒲刚长出时，摘取它还没有钻出土的嫩芽——就是'蒻'，有匙柄粗细，颜色正白，可以生吃，又甜又脆；又可以煮熟，用苦酒浸着，像吃笋似的，味道很美。现在吴地的人用来作菹，也用来作鲊。"

现在一般人作葵菹所以不好，都是由于葵菜太脆嫩。作菹的菘菜，该在秋社前二十天下种；葵菜该在秋社前三十天下种。让葵菜到要腌藏的时候，都快要开花为好。葵菜要经过十天早晨的严霜，然后采收。炊秫米为饭，摊冷。将葵菜放进瓮中，用摊冷的饭投下去。要让菹菜颜色黄，煮些小麦常常撒在瓮里。

崔寔说："九月，作葵菹。如果那年天气暖，就等到十月。"

《食经》曰："藏瓜法：取白米一斗，铴中熬之[1]，以作糜[2]。下盐，使咸淡适口，调寒热。熟拭瓜，以投其中，密涂瓮。此蜀人方，美好。又法：取小瓜百枚，豉五升，盐三升。破，去瓜子，以盐布瓜片中，次着瓮中，绵其口。三日豉气尽，可食之。"

《食经》藏越瓜法："糟一斗，盐三升，淹瓜三宿。出，以布拭之，复淹如此。凡瓜欲得完，慎勿伤，伤便烂；以布囊就取之，佳。豫章郡人晚种越瓜[3]，所以味亦异。"

《食经》藏梅瓜法："先取霜下老白冬瓜，削去皮，取肉，方正薄切如手板[4]。细施灰[5]，罗瓜着上，复以灰覆之。煮杬皮、乌梅汁着器中[6]。细切瓜，令方三分，长二寸，熟煤之，以投梅汁。数日可食。以醋石榴子着中，并佳也。"

《食经》曰:"乐安令徐肃藏瓜法[7]:取越瓜细者,不操拭[8],勿使近水,盐之令咸。十日许,出,拭之,小阴干熇之,仍内着盆中。作和法:以三升赤小豆,三升秫米,并炒之,令黄,合舂,以三斗好酒解之。以瓜投中,密涂。乃经年不败。"

崔寔曰:"大暑后六日,可藏瓜。"

【注释】

〔1〕"钖"(lì),同"鬲",这里作锅讲。《方言》卷五:"镀……吴扬之间谓之鬲。""镀"(fù),大口锅。真奇怪,《食经》又出现吴扬方言。

〔2〕"糜",两宋本如字,后来《津逮》本等才改作"糜"。糜通糜(粥),但较僻。可杭州地区的朱肱(翼中)《北山酒经》凡"糜"概写作"糜"。《食经》文又和杭州朱肱不谋而合,大概南朝"俚俗"早已这样借用。

〔3〕豫章郡:汉置隋废,郡治在今江西南昌。

〔4〕手板:《食经》的地方方言,即手掌肉板部,非朝笏或名帖的手板(版)。今江浙仍有此方言。

〔5〕"细施灰",似宜作"施细灰"。

〔6〕"杬",各本误作"枛"、"杭"或"梳"。卷四《种木瓜》引《食经》及下文"梅瓜法"都用"杬汁",字应作"杬"。

〔7〕乐安:县名,汉置,故治在今山东博兴北。又后魏置,故治在今安徽霍山东。

〔8〕"操",可以作拿着讲,但仍疑是"揩"字之误。

【译文】

《食经》说:"腌瓜的方法:取一斗白米,在锅中炒过,煮作粥。搁盐,让咸淡合口味,又冷热合适。把瓜细细地揩拭干净,投入粥里,用泥密涂瓮口。这是蜀人的方法,瓜味美好。又一方法:取一百个小瓜,五升豆豉,三升盐。把瓜破成两半片,去掉瓜子,用盐抹在半片瓜上,接着放〔豆豉〕,下入瓮中,用丝绵蒙住瓮口。三天之后,没有豆豉气味了,便可以吃。"

　　《食经》腌越瓜的方法："一斗酒糟，三升盐，把瓜腌三天三夜。取出来，用布揩干净，再这样腌上三夜。所用的瓜，都要完好的，千万别弄损伤了，损伤了便会烂坏；用布袋套着摘下来，最好。豫章郡人越瓜种得晚，所以味道也不同一般。"

　　《食经》用乌梅腌瓜的方法："先取经霜的老白冬瓜，削去皮，将肉切成方正形的像手板的薄片。铺一层细灰，把瓜片排列在灰上，瓜上再盖上一层灰。拿杭木皮和乌梅煮得液汁，盛在容器里。将瓜片细切成三分宽二寸长的条，在沸水里多焯一会，下到乌梅汁里。过几天，可以吃。拿酸石榴的子粒放下去，同样也好。"

　　《食经》说："乐安县令徐肃腌瓜的方法：取细长的越瓜，不要揩拭，不让它碰上水，〔在盆子里〕用盐腌咸。十日左右，取出来，揩干净，让它阴干，依旧放回盆子里。作好和头：用三升赤小豆，三升糯米，都炒黄，一起舂成屑，用三斗好酒调成稀浆〔，盛在瓮里〕。把瓜放进去，用泥涂封严密。可以经年不坏。"

　　崔寔说："大暑后六天，可以腌瓜。"

　　《食次》曰："女曲[1]：秫稻米三斗，净淅，炊为饭——软炊。停令极冷，以曲范中用手饼之。以青蒿上下奄之，置床上[2]，如作麦曲法。三七二十一日，开看，遍有黄衣则止。三七日无衣，乃停，要须衣遍乃止。出，日中曝之。燥则用。"

　　酿瓜菹酒法：秫稻米一石，麦曲成剉隆隆二斗，女曲成剉平一斗。酿法：须消化，复以五升米酘之；消化，复以五升米酘之。再酘酒熟，则用，不迮出。瓜，盐揩，日中曝令皱，盐和暴糟中停三宿，度内女曲酒中为佳。

　　"瓜菹法：采越瓜，刀子割；摘取，勿令伤皮。盐揩数遍，日曝令皱。先取四月白酒糟盐和，藏之。数日，又过着大酒糟中，盐、蜜、女曲和糟，又藏泥瓯中，唯久佳。"又云：

“不入白酒糟亦得。”又云：“大酒接出清，用醅，若一石，与盐三升，女曲三升，蜜三升。女曲曝令燥，手抃令解[3]，浑用。女曲者，麦黄衣也。”又云：“瓜净洗，令燥，盐揩之。以盐和酒糟，令有盐味，不须多，合藏之，密泥瓺口。软而黄，便可食。大者六破，小者四破，五寸断之，广狭尽瓜之形。”又云：“长四寸，广一寸。仰奠四片。瓜用小而直者，不可用贮[4]。”

瓜芥菹：用冬瓜，切长三寸，广一寸，厚二分。芥子，少与胡芹子，合熟研，去滓，与好酢，盐之，下瓜。唯久益佳也。

汤菹法：用少菘、芜菁，去根，暂经沸汤[5]，及热与盐、酢。浑长者，依杯截。与酢，并和菜汁；不尔，太酢。满奠之。

苦笋紫菜菹法：笋去皮，三寸断之，细缕切之；小者手捉小头，刀削大头，唯细薄；随置水中。削讫，漉出[6]，细切紫菜和之。与盐、酢、乳[7]。用半奠。紫菜，冷水渍，少久自解。但洗时勿用汤，汤洗则失味矣。

竹菜菹法[8]：菜生竹林下，似芹，科大而茎叶细，生极概。净洗，暂经沸汤，速出，下冷水中，即搦去水，细切。又胡芹、小蒜，亦暂经沸汤，细切，和之。与盐、醋。半奠。春用至四月。

蕺菹法[9]：蕺去土、毛、黑恶者，不洗，暂经沸汤即出。多少与盐。一升[10]，以暖米清潘汁净洗之，及暖即出，漉下盐、酢中。若不及热，则赤坏之。又汤撩葱白[11]，即入冷水，漉出，置蕺中。并寸切，用米[12]。若碗子奠，去蕺节,料理,接奠各在一边,令满。

菘根榶菹法[13]: 菘,净洗遍体,须长切,方如算子,长三寸许。束根,入沸汤,小停出,及热与盐、酢。细缕切橘皮和之。料理,半奠之。

爆呼干反菹法[14]: 净洗,缕切三寸长许,束为小把,大如筀箷[15]。暂经沸汤,速出之,及热与盐、酢,上加胡芹子与之。料理令直,满奠之。

胡芹小蒜菹法: 并暂经小沸汤出,下冷水中,出之。胡芹细切,小蒜寸切,与盐、酢。分半奠,青白各在一边。若不各在一边,不即入于水中,则黄坏[16]。满奠。

"菘根萝卜菹法: 净洗通体,细切长缕,束为把,大如十张纸卷。暂经沸汤即出,多与盐[17]。二升暖汤合把手按之。——又: 细缕切,暂经沸汤,与橘皮和; 及暖与则黄坏[18]。——料理,满奠。煴菘、葱、芜菁根悉可用[19]。"

紫菜菹法: 取紫菜,冷水渍令释。与葱菹合盛,各在一边,与盐、酢。满奠。

"蜜姜法: 用生姜,净洗,削治,十月酒糟中藏之。泥头十日,熟。出,水洗,内蜜中。大者中解,小者浑用。竖奠四。"又云:"卒作: 削治,蜜中煮之,亦可用。"

"梅瓜法: 用大冬瓜,去皮、穰[20],笮子细切,长三寸,粗细如研饼[21]。生布薄绞去汁,即下杭汁,令小暖。经宿,漉出。煮一升乌梅,与水二升,取一升余,出梅,令汁清澄。与蜜三升,杭汁三升,生橘二十枚——去皮核取汁——复和之,合煮两沸,去上沫,清澄令冷,内瓜。讫,与石榴酸者、悬钩子、廉姜屑[22]。石榴、悬钩,一杯可下十度〔23〕。尝看〔24〕，若不大涩，杬子汁至一升。"又云："乌梅渍汁淘奠。石榴、悬钩，一奠不过五六〔25〕。煮熟，去粗皮。杬一升，与水三升，煮取升半，澄清。"

"梨菹法：先作溇〔26〕：卢感反用小梨，瓶中水渍，泥头，自秋至春。至冬中，须亦可用。——又云：一月日可用。——将用，去皮，通体薄切，奠之，以梨溇汁投少蜜，令甜酢〔27〕。以泥封之。若卒作，切梨如上，五梨半用苦酒二升〔28〕，汤二升，合和之，温令少热，下，盛。一奠五六片，汁沃上，至半。以篸置杯旁。夏停不过五日。"又云："卒作，煮枣亦可用之。"

【注释】

〔1〕女曲：糯米作的饼曲。又麦黄衣，即麦麸，《食次》也叫女曲。

〔2〕"置床上"，应与上句"以青蒿上下奄之"倒易位置。这是罨曲法，先在下面衬垫植物枝叶，然后布曲饼，再在上面覆盖枝叶。"奄"借作"罨"字。

〔3〕拃（zhà）：同"榨"。

〔4〕"贮"，讲不通。据"瓜用小而直者"，明是歪曲者不可用，应是"喎"字之误。

〔5〕金抄作"沸汤"，他本作"汤沸"，非是。按：《食次》文对"煤"的处理，均作"暂经沸汤"的直接描述，下文屡见。

〔6〕苦笋切得很细很薄，随即入水，可以浸去一点苦味，但仍宜作"暂经沸汤"的处理，"漉出"下疑脱此处理过程。

〔7〕"乳"，未知是否有误。

〔8〕竹菜：缴形科多年生草本，学名 Aegopodium tenera。生于竹林及树阴间。

〔9〕蕺（jí）：蕺菜，三白草科，多年生草本，学名 Houttuynia cordata。茎叶有腥臭气，俗名"鱼腥草"，产于长江以南各地，嫩茎叶可作蔬菜。浙江绍兴有蕺山，相传以产蕺菜得名，越王勾践喜食蕺菜。《食次》出现蕺菜，它似应是南方人的作品。

〔10〕"一升"，无论指盐或菜都不允洽，疑有脱误。

〔11〕"撩"，各本同，金抄误作"掩"。按："撩"谓捞取，是说在汤中过一下就捞出来。这是吴越方言，五代吴越国有"撩浅军"专职清捞河湖淤泥，今口语犹称水中捞物为"撩"。此又《食次》用语暗合江东方言者。

〔12〕"用米"，各本同，无法解释。或者"用"连上句，"米"是衍文，或是"半"字之误，脱"奠"字。

〔13〕菘根：当是指菘菜的叶柄。　　　槛：字书无，疑"槛"之误。按：本篇引《食次》自"汤菹法"至"紫菜菹法"各条，都是在汤中暂焯即出，随即拌醋的速成酸菜，是随作随用的。槛是一种小型容器，也许这种菹就作在槛子里面，故有"槛菹"之称。

〔14〕"熯"(hàn)，黄麓森校记："熯，本亦作焊，即蔊菜之蔊。"唐陈藏器《本草拾遗》有"狼菜"，李时珍认为即"蔊"字之讹，并说："蔊味辛辣，如火焊人，故名。"(《本草纲目》卷二六"蔊菜")是"熯"并非暵曝字，是《食次》借作同音的"蔊"字，即蔊菜(Rorippa indica)，十字花科，一名辣米菜。清吴其濬《植物名实图考》卷六："吾乡人摘而腌之为菹，殊清辛耐嚼。"

〔15〕筚(bì)篥(lì)：即觱篥，又名"笳管"，簧管乐器。以竹为管，管上开孔，管口插有芦制的口吹哨子。这里是说扎成像觱篥管子那样粗细的小把。

〔16〕"若不各在一边"，这和下面"……就会变黄坏了"是怎样一种关系，是不是说变黄坏了就不能青的白的各在一边？疑有脱文，不然，此三句难以连贯解释。

〔17〕自"瓜芥菹"至"紫菜菹"都用盐、醋，这里"盐"下疑脱"酢"字。

〔18〕"及暖与则黄坏"，应指橘皮，是说及热和橘皮会黄坏不香，则上文"暂经沸汤"下应有"待冷"过程。上文"又"下疑脱"云"字。

〔19〕煴(yūn)菘：古时南方有称萝卜为"温菘"，但本条标目就用萝卜，则煴菘自非萝卜。《今释》疑是加温法栽培的白菜。究竟指什么，不明。

〔20〕"穰"，借作"瓢"字。这是《食次》、《食经》的惯例。

〔21〕"研饼"，不可解。按：上篇《素食》引《食次》"蜜姜"有"笋子切……大如细漆箸"，本条既说明"笋子细切"，疑"研"是"水引"的误合错成。

〔22〕悬钩子：蔷薇科，落叶灌木，学名Rubus palmatus(R. corchorifolius)。果实为聚合的小核果，可生食，也可制果酱或酿酒。又名野杨梅。　　廉姜：即山柰(Kaempferia galanga)，又名"三柰"、"沙姜"。姜科，多年生草本。具块状根状茎，有香气。蒴果长椭圆形。产于我国赣南、岭南等地，也出现于《食次》，其书很可能是南朝人所写。

〔23〕"一杯可下十度"，盆、盏、羹斗等，古时都可叫"杯"，问题不大，但怎样可以"下十度"，这疙瘩难解。如果"一杯"是"一枚"之误，也绝不可能一个可以用十次。猜测或者是一大"杯"的酸石榴或悬钩子，可以够十次用吧？

〔24〕"尝看"上金抄有"皮"字，他本无，应无。但有错简，这整句应倒在"又云"条之后，作："杬一升，与水三升，煮取升半。尝看，若不大涩，杬子汁至一升。澄清。"是说杬汁不够浓时，就再煮浓些，只取一升。如果指尝杬木"皮"，就与"大涩"矛盾，讲不通了。

〔25〕悬钩子的果实是肉质小核果，可以整个地用，但酸石榴怎样整个用法？如果指子粒，太少，不相称。这又是《食次》文记述不明的"谜"。

〔26〕溇（lǎn）：溇汁。一种水渍水果并密封之，使营乳酸发酵所成的酸浆。

〔27〕"令甜酢"下应脱"浇之"二字，指将此汁浇在梨片上面上供。下文"蕨"项下突然飞来"又浇之"三字，该就是从这里飞出去的，而又多了个"又"字。

〔28〕"半"，费解，疑"片"之误。

【译文】

《食次》说："作女曲的方法：用三斗糯米，淘干净，炊成饭，要炊软些。搁着让它冷透之后，在曲模子中用手按压成饼。上下两面都用青蒿罨着，放在床箔上，像作麦曲一样。过了三七二十一天，开开曲室来看，如果长满了黄衣，便成了。如果还没有长满黄衣，依旧停放着，一定要长满了衣才行。取出来，在太阳下面晒着，到干了才可以用。"

酿瓜菹酒的方法：用一石糯米，斫碎的麦曲满满的二斗，斫碎的女曲平平的一斗。酿造的方法：等〔一石糯米的饭〕消化了，再投下五升米的饭；又消化了，又投下五升米的饭。投两次之后，酒熟了，就可以用，不榨出酒糟。瓜，用盐抹过，太阳下晒到皮起皱，放进和了盐的浓酒糟中腌上三夜，然后过到女曲酒中为好。

"瓜菹的作法：采收越瓜，要用刀割；如果手摘，不要使瓜皮受伤。瓜用盐揩抹几遍，太阳下晒到皱皮。先用四月作的白醪酒酒糟和进盐，把瓜腌在酒糟中。过几天，再过到大酒酒糟里，酒糟里和进盐、蜜和女曲，一起下在缸中腌着，泥封缸口，总要日子久了为好。"

又说："不在白醪酒糟里腌过也可以。"又说："大酒要舀出清酒，用酒醅，如果一石酒醅，就和上三升盐，三升女曲，三升蜜。女曲要晒干，用手揲破，整小块地用。女曲就是麦黄衣。"又说："瓜洗干净，让它干燥，用盐抹上。拿盐和在酒糟里，只要有咸味，不要多，连瓜带糟一起腌在缸中，用泥密封缸口。瓜腌软腌黄了，便可以吃。大瓜破作六条，小瓜破作四条，每条再截成五寸长的段，条的宽窄就着瓜的大小来决定。"又说："切成四寸长，一寸宽。〔皮在下面〕仰着盛供四片上席。瓜要用小而直的，不可用〔歪曲的〕。"

瓜芥菹的作法：用冬瓜，切成三寸长，一寸宽，二分厚的片。芥子中捻点胡芹子，一起研透，去掉渣，给些好醋，加上盐，放进瓜腌着。越久越好。

汤菹的作法：用没有老的菘菜、芜菁，去掉根，在沸汤里短时地焯一下，趁热加上盐、醋。整条长的菜，依盛器的大小截短。加上醋，要用菜汁调稀；不然的话，太酸。盛满供上席。

苦笋紫菜菹的作法：笋，剥去壳，横切成三寸长的段，再细切成条；小笋拿住尖端，从大的一头一片片的削下来，总要又细又薄；都随手放进水里。削完之后，捞出来，和进切细的紫菜，给些盐、醋和乳。盛半碗供上席。紫菜用冷水浸着，过一会自然会涨开。但洗的时候不要用热水，热水一洗就会失去原味。

竹菜菹的作法：竹菜生在竹林下面，像芹菜，科丛大，茎叶细小，长得很密。洗干净，在沸汤里稍微焯一下，赶快拿出来，放入冷水中浸一下，随即捏去水，切细。另外用胡芹、小蒜，也在沸汤里暂焯一会，取出来切细，和进竹菜里。加盐、醋。盛半碗供上席。春天可用到四月。

蕺菜菹的作法：蕺菜去掉泥土、须根，拣去黑色不好的，不要洗。在沸汤里暂时焯一下就拿出来。多少搁些盐。一升〔菜（？）〕，用暖的米泔清汁洗洁净，趁暖取出，把水沥干净，下在盐和的醋里面。如果不趁暖就取出来，菜会发黄变坏的。再沸汤里撩出〔焯过的〕葱白，随即放入冷水中，再捞出来，放在蕺菜里面。都要切成一寸长用（？）。如果用碗子盛供上桌，要拣去蕺节，调理整齐，葱白和蕺菜相接，各在一边盛上，要盛满。

菘根榼菹的作法：菘菜，整棵统统地洗干净，〔截取叶柄，〕须要切成长条，像算筹的粗细，三寸左右长。把切好的叶柄扎起来，放进沸汤里，稍停一会就拿出来，趁热加上盐和醋。将橘皮切成细丝，和在里面。整理好，盛半碗供上席。

䐤菹的作法：洗洁净，缕切成三寸左右长的条，扎成小把，粗细像筟篗管子。在沸汤里稍微焯一下，赶快拿出来，趁热加上盐和醋，上面加些胡芹子。把菜整理平直，盛满供上席。

胡芹小蒜菹的作法：胡芹和小蒜都在刚开的沸水里暂时焯一下就拿出来，放进冷水里，再拿出来。胡芹切细，小蒜切成一寸长，加上盐和醋。分开来一样一半，青的白的各在一边，供上席。如果不是各在一边，焯过不随即放进冷水里，就会变黄坏了。要盛满供上。

"菘根萝卜菹的作法：整棵统统地洗洁净，细切成长条，扎成把，像十张纸卷成的卷子大小。在沸汤里暂时焯一下就取出来，多给些盐〔、醋〕。用二升暖汤，整把地用手按在暖汤里。——又〔说〕：切成细丝，在沸汤里暂时焯一下，和上橘皮，但不能趁热和上，那会变黄坏掉的。——整理好，盛满供上席。煴菘、葱、芜菁根都可以用。"

紫菜菹的作法：取紫菜，冷水中浸涨开来，加上腌葱一起盛着，两样各在一边，搁上盐和醋。盛满供上席。

"蜜姜的作法：用生姜，洗干净，削去皮，腌藏在十月作的酒糟里。用泥涂封容器的口，过十天，熟了。取出来，用水洗净，再放进蜜里面。大的中间破开，小的整块用。竖着盛四块供上席。"又说："快速作成的方法：削去皮之后，放进蜜里面煮过，就可以用。"

"乌梅腌瓜的作法：用大冬瓜，削去皮，挖去瓤，细切成算筹样，三寸长，像〔水引〕饼的粗细。用生布轻轻地绞去汁，随即浇下〔煮得的〕杭皮汁，让它稍稍浸暖。过一夜，捞出来。用一升乌梅，加上二升水，煮得一升多些的汁，捞去梅子，把汁澄清。清汁里再加进三升蜜，三升杭皮汁，二十个新鲜橘子——去掉皮、核，取得橘汁——调和好，一起煮到两沸，撇去上面的浮沫，澄清，摊冷。然后把瓜下在这梅杭合煮的汁里。下完后，再加上酸石榴、悬钩子、廉姜屑。一'杯'的酸石榴或悬钩子，可以够十次用。"又说："用乌梅浸出的汁浇在上面盛上席。酸石榴、悬钩子，一份不过五六个。〔杭皮〕煮透了，去掉粗皮。一升杭皮，加上三升水，煮到一升半。（尝尝看，如果不够涩，再煮浓到一升。）澄清了用。"

"梨菹的作法：先要作成梨溪汁：用小梨子，盛在瓶子里，用水浸着，泥封瓶口，从当年秋天一直到第二年春天。到当年冬天如果需要时，也可以将就拿来用。——有一说，只要一个月就可以用了。——要用的时候，削去皮，整个地切成薄片，盛供上席，在梨溪汁里加些蜜，让它又酸又甜〔，浇在上面〕。仍旧把瓶口用泥封好。如果要快速作成的，把梨子照上面的方法切成薄片，五个梨〔的片〕放进二升苦酒同二升热汤调和的液汁里，加温让它暖暖的。取出来盛着，一份盛上五六片，浇上酸汤汁，浇到半满，供上席。把签子放在盛器旁边〔，戳梨片吃〕。夏天作的，保留时间不超过五天。"又说："快速作成的，煮枣子也可以用。"

木耳菹[1]：取枣、桑、榆、柳树边生犹软湿者，干即不中用。柞木耳亦得。煮五沸，去腥汁，出置冷水中，净洮。又着酢浆水中洗，出，细缕切。讫，胡荽、葱白，少着，取香而已。下豉汁、酱清及酢，调和适口，下姜、椒末。甚滑美。

蔍菹法[2]：《毛诗》曰："薄言采芑。"毛云："菜也。"[3]《诗义疏》曰[4]："蔍，似苦菜，茎青；摘去叶，白汁出。甘脆可食，亦可为茹。青州谓之'芑'。西河、雁门蔍尤美[5]，时人恋恋，不能出塞。"

【注释】

〔1〕本条是贾氏本文，在引完了《食次》文之后，殿以自己的材料。以下仍是引书，主要是蕨和荇两组野菜。

〔2〕蔍（jù）：同"苣"，是菊科莴苣属（Lactuca）或苦苣菜属（Sonchus）的植物。

〔3〕《诗经·小雅·采芑》句。"毛云"是毛亨《传》。

〔4〕《诗经·采芑》孔颖达疏引陆机《疏》与《诗义疏》不同，特别是后者开头标明"蔍"，与青州叫作"芑"的是异名同物，而前者开头标明的仍是"芑"，则"蔍"的异名消失，大异。但《诗义疏》没有提到作"菹"，与标题不符，应是传刻中被脱漏。

〔5〕西河、雁门：均郡名，雁门也是关名，在今山西北部地区。

【译文】

木耳菹的作法：采得长在枣树、桑树、榆树、柳树上还润湿柔软的木耳，干了的就不好用。柞树上的木耳也可以用。用水煮五沸，去掉腥汁，捞出来放在冷水中，淘洗洁净。再放进酸浆水中洗过，取出来，切成细丝。切好了，加点胡荽、葱白，少放点，只要有香气就行。搁下豆豉汁、酱清汁和醋，调和到合口味，再搁点生姜、花椒末。味道很嫩滑好吃。

蘉菹的作法：《毛诗》说："采芑又采芑。"毛《传》说："芑是菜。"《诗义疏》说："蘉，像苦菜，茎是绿的；把叶摘下，里面有白汁流出来。又甜又脆，可以生吃，也可以煮了吃。青州人叫作'芑'。西河、雁门的蘉尤其好，当时的人恋恋不舍，舍不得离开它到塞外去。"

蕨〔1〕

《尔雅》云："蕨，鼈。"郭璞注云："初生无叶，可食。《广雅》曰'紫萁'，非也。"〔2〕

《诗义疏》曰〔3〕："蕨，山菜也。初生似蒜茎，紫黑色。二月中，高八九寸，老有叶〔4〕，瀹为茹，滑美如葵。今陇西、天水人〔5〕，及此时而干收，秋冬尝之。又云以进御。三月中，其端散为三枝，枝有数叶，叶似青蒿，长粗坚强，不可食。周秦曰'蕨'；齐鲁曰'鼈'，〔6〕亦谓'蕨'。"

【注释】

〔1〕蕨（jué）：蕨类植物，凤尾蕨科，学名Pteridium aquilinum var. latiuseulum。多年生草本，生于山坡或疏林下。嫩叶可食，俗名"蕨菜"；根状茎含淀粉，称"蕨粉"或"山粉"。又叫"蘉"，《经典释文》："俗云其初生似鼈脚，故名焉。"

〔2〕见《尔雅·释草》，今本"鼈"作"蘉"，郭璞注多"江西谓之蘉"句。《诗经·召南·草虫》"言采其蕨"唐陆德明《经典释文》称："俗云其初生似鼈脚，故名焉。"《广雅·释草》有："茈萁（qí），蕨也。"而郭璞释《尔雅·释草》的"萁，月尔"为"紫萁"，"似蕨可食"，故称《广雅》所释为"非"。"茈"

通"紫"。

〔3〕《尔雅·释草》"蕨，鳖"，邢昺疏引陆机《疏》寥寥数语，与《诗义疏》特别详尽迥异。

〔4〕"老"，各本同，费解。清陈奂《诗毛氏传疏》引《要术》改作"先"，其实应作"始"。

〔5〕陇西、天水：均郡名，在今甘肃黄河以南地区。

〔6〕周秦：大致指今陕西关中地区。　　齐鲁：今山东地区。

【译文】

蕨

《尔雅》说："蕨，就是鳖。"郭璞注解说："刚生长时还没有长叶，可以吃。《广雅》说是'紫萆'，那是错的。"

《诗义疏》说："蕨，是山中的野菜。刚长出时像大蒜的茎，紫黑色。到二月里，长高到八九寸时，〔才开始〕长叶，把它煮过作菜吃，像葵菜一样嫩滑好吃。现在陇西、天水的人，就在这时采收来晒干贮藏，到秋冬季节拿来吃。又说是进贡皇家的。到三月里，上端分开成三枝，每枝有几个叶，叶像青蒿，既长又粗，又坚硬，就不好吃了。周秦的人称为'蕨'；齐鲁的人称为'鳖'，也称为'蕨'。"

又浇之[1]。

《食经》曰："藏蕨法：先洗蕨，把着器中，蕨一行，盐一行，薄粥沃之。一法：以薄灰淹之，一宿，出，蟹眼汤瀹之。出熇，内糟中。可至蕨时。"

"蕨菹：取蕨，暂经汤出；小蒜亦然。令细切，与盐、酢。"又云："蒜、蕨俱寸切之。"

【注释】

〔1〕"又浇之"，从上文"梨菹法"窜误于此，见该条注释。

【译文】

《食经》说："藏蕨的方法：先把蕨洗干净，放进容器里，一层蕨，一层盐，用稀粥浇在上面。又一方法：薄薄地用灰罨着，过一夜，拿出来，在气泡像蟹眼大的沸水里焯一下。取出来，晒去水分，放进酒糟里腌着。可以保存到接上新蕨。"

"蕨菹的作法：拿蕨在沸汤里暂焯一下，取出来；小蒜也同样处理。都切细，加上盐和醋。"又说："小蒜和蕨，都切成寸把长。"

荇[1]字亦作莕

《尔雅》曰："莕，接余。其叶，苻。"郭璞注曰："丛生水中。叶圆，在茎端；长短随水深浅。江东菹食之。"[2]

【注释】

〔1〕荇(xìng)：即莕菜(Nymphoides peltatum)，龙胆科。多年生水生草本，生于淡水湖泊中。茎细长，沉没水中，下部白色，接近水面部分淡绿色；叶卵圆形，漂浮在水面上，表面绿色，背面带紫红色。嫩茎叶可食。

〔2〕引文见《尔雅·释草》，文同。今本郭璞注无"菹"字，似脱。

【译文】

荇也写作莕

《尔雅》说："莕，就是接余。它的叶称为苻(fú)。"郭璞解释说："莕，丛生在水中。叶片圆形，长在茎的顶端；茎的长短随着水的深浅。江东人用来作菹吃。"

《毛诗·周南国风》曰："参差荇菜，左右流之。"毛注云："接余也。"[1]《诗义疏》曰[2]："接余，其叶白；茎紫赤[3]，正圆，径寸余，浮在水上。根在水底。茎与水深浅等，大如钗股，上青下白，以苦酒浸之为菹，脆美，可按酒。其华为蒲黄色[4]。"

【注释】

〔1〕引文见《诗经·周南·关雎》。"毛注"是毛亨《传》。

〔2〕《诗经·关雎》孔颖达疏及《尔雅·释草》邢昺疏引陆机《疏》均与《诗义疏》异，《诗义疏》多"为菹"，所以贾氏列入《作菹藏生菜法》篇，又多"其华为蒲黄色"句，而"与水深浅等"上有"茎"字，必须有，陆《疏》脱。

〔3〕"其叶白；茎紫赤"，各本同，误，致下文不可通。按：莕菜的茎沉没水中，下部白色，接近水面部分淡绿色，即所谓"上青下白"；叶漂浮在水面上，表面绿色，背面带紫红色，即陆机《疏》所称："白茎，叶紫赤色。"《诗义疏》"茎"、"叶"二字传刻中倒错，应作"其茎白；叶紫赤"。

〔4〕蒲黄色：香蒲的圆柱状肉穗花序的花粉，取以为药，称为"蒲黄"，其色金黄。莕菜夏秋间开花，鲜黄色，像蒲黄的颜色。

【译文】

《毛诗·周南·关雎》说："长长短短的荇菜，这边那边采来。"毛《传》说："荇菜就是接余。"《诗义疏》说："接余，〔茎〕白色；〔叶子〕紫赤色，圆形，直径一寸多，浮在水面上。根在水底下。茎的长短和水的深浅相等，粗细像一支钗股，上部绿色，下部白色，用苦酒浸着可以作菹，味道脆而且美，可以下酒吃。它的花是蒲黄色的。"

饧铺第八十九

史游《急就篇》云[1]:"䬺(生但反)、饴、饧[2]。"

《楚辞》曰[3]:"粔籹、蜜饵,有怅�442;。"怅�442;亦饧也。[4]

柳下惠见饴曰[5]:"可以养老。"[6]然则饴铺可以养老自幼[7],故录之也。

【注释】

〔1〕引文见《急就篇》卷二,原句是:"枣、杏、瓜、棣、䬺、饴、饧。"

〔2〕䬺:即䬺子。"生但反",明抄作"生偭反",字书无"偭"字,他本更误。《急就篇》音注作"思但反",据改为"但"字。　饴、饧:利用麦芽糖化淀粉,将滤去米渣后的糖化液汁煎成的糖,叫作饴或饧。饧,古念 táng,即今糖字,隋唐以后又念 xíng。分开来说,饧比较强厚,饴比较柔薄,故软饴也叫"湿饴",强厚成固态的叫"干饴",也叫"脆饧";通称则二者无别,都是饴糖。

〔3〕《楚辞》:西汉刘向所辑录,东汉王逸作注。所辑以战国楚人屈原的辞赋为主,兼及宋玉及汉代东方朔、王褒等人之作。文体承袭屈赋的形式和方言声韵,内容叙写楚地风土物产等,具有浓厚的地方色彩,故名《楚辞》。

〔4〕《楚辞·招魂》:"粔籹、蜜饵,有怅�442;些。"东汉王逸注:"怅�442;,饧也。"怅(zhāng)�442;(huáng),由"张皇"从食作"怅�442;",也从米作"粻粻",是物体膨胀的意思,故唐颜师古注《急就篇》释为䬺子。但东汉王逸注《楚辞》释为"饧",贾思勰亦承其说认为"就是饧"。粔籹,也是䬺子。

〔5〕柳下惠:春秋时鲁国大夫,任士师(掌刑狱的官)。原名展获,字禽。食邑于柳下,谥惠,故称柳下惠。

〔6〕《淮南子·说林训》:"柳下惠见饴曰:'可以养老。'盗跖见饴曰:

'可以黏牡。'见物同而用之异。"牡"指门楎,放上饴糖,开门时没有响声。

〔7〕餔:"如饧而浊"的饴糖。浊的来源是有较多的未滤清的饭渣杂和在饧里面。"自",无意义,应是"育"字残烂错成。

【译文】

史游《急就篇》有"𩛿、饴、饧"。

《楚辞》说:"粔籹、蜜饵,有伥餭哟。"伥餭也就是饧。

柳下惠见到饴说:"这可以颐养老人。"这就是说,饴、餔可以养老〔育〕幼,所以也记录在这里。

煮白饧法:用白芽散櫱佳[1];其成饼者,则不中用。用不渝釜;渝则饧黑。釜必磨治令白净,勿使有腻气。釜上加甑[2],以防沸溢。干櫱末五升,杀米一石。

米必细𥶶,数十遍净淘,炊为饭。摊去热气,及暖于盆中以櫱末和之,使均调。卧于醡瓮中[3],勿以手按,拨平而已。以被覆盆瓮[4],令暖;冬则穰茹。冬须竟日,夏即半日许,看米消减离瓮,作鱼眼沸汤以淋之,令糟上水深一尺许,乃上下水洽。讫,向一食顷,便拔醡取汁煮之。

每沸,辄益两杓。尤宜缓火;火急则焦气。盆中汁尽,量不复溢,便下甑。一人专以杓扬之,勿令住手,手住则饧黑。量熟,止火。良久,向冷,然后出之。

用粱米、稷米者,饧如水精色。

黑饧法:用青芽成饼櫱。櫱末一斗,杀米一石。余法同前。

琥珀饧法:小饼如碁石,内外明彻,色如琥珀[5]。用大麦櫱末一斗,杀米一石。余并同前法。

煮餔法:用黑饧櫱末一斗六升,杀米一石。卧、煮如法。但以蓬子押取汁[6]，以匕匙纥纥搅之，不须扬。

《食经》作饧法："取黍米一石，炊作黍，着盆中。糵末一斗搅和。一宿，则得一斛五斗。煎成饧。"

崔寔曰："十月，先冰冻，作京饧[7]，煮暴饧。"

【注释】

〔1〕这是刚长出白色的芽就收取晒干备用的小麦芽糵，专用来糖化米饭作成白饧的。白芽继续生长，发生绿叶素，由白转青，同时根芽相互盘结成一片，即所谓"成饼"，这种转青成饼的小麦芽糵是专用于作黑饧的。见卷八《黄衣黄蒸及糵》。

〔2〕釜上加甑：锅口上加上甑。甑，指甑桶或甑圈，加在锅边上以防沸溢。浙江义乌以善制饴饧著称于浙，有一套特制的工具。这口熬饧的大锅，叫作"煎口"。它加高的办法是用大缸凿去缸底，然后将缸的底缘接合在大锅的口缘上。其接合之处，是在缸的底缘凿成一条小沟，刚刚可以嵌合在大锅的口缘上，然后再用桐油石灰粘固，非常牢固。

〔3〕"卧"，指罨着，即密闭在瓮中保持相当高的温度，使糖化作用顺利进行。义乌称这口特用的瓮为"翁缸"，外面用砖砌并石灰厚封以保温。"翁"也是"罨"的转音。醋，连下文"拔醋"的"醋"，各本均作"酢"，误。吾点校改作"醋"，《渐西》本据以改正。字亦作"瓶"，此指瓮底边上开的孔。惟糖水从醋孔中流出，《要术》没有提到过滤措施，则其糖水夹带糖渣，其饧亦浑浊多渣，不知是否有脱文。据下文琥珀饧"内外明彻"，该是经过过滤的。浙江义乌以善制饴饧著称于浙，卧饭糖化也用醋瓮，但有过滤装置，就是在瓮的近底部安上一面竹箅子，以过滤糖渣，缸底边上开醋孔以泄流糖水。醋孔下掘地为坑，坑中另埋一口缸（缸口平地面），以承接从醋孔中下注的清糖水。《要术》承接糖水的用具是大盆，大概醋瓮是稍稍架高的。

〔4〕"以被覆盆瓮"，从盆中装饭入瓮，不可能又抬瓮放入盆中，再用被把盆和瓮一起覆盖。这应是以空盆倒覆瓮口，然后连盆一起覆盖，写得更明白些，应是"盆合，以被覆瓮"。

〔5〕色如琥珀：用大麦芽熬成的饧，颜色褐黄像琥珀色。但经过不断挽打，就成白色，义乌人到现在仍称之为"白饧"，而别称蔗糖为"糖霜"。《名医别录》"饴糖"，陶弘景说："其凝强及牵白者不入药"，所称"牵白者"正是牵打成白色的硬饧。而《要术》没有提到，大概当时《要术》地区还没有这样做，所以还是褐黄本色的。

〔6〕蓬子：未详。推想该是一种过滤糖渣的用具，而孔隙较疏，可以透过一些细渣，因而成为"如饧而浊"的"铺"。

〔7〕"京饧"，各本同，但卷三《杂说》引《四民月令》作"凉饧"，《玉烛宝典》引同，"京"应是"凉"字之误。"凉饧"是干硬的"冻饧"，"暴饴"是速成的稀饴。

【译文】

煮白饧的方法：用芽白色的小麦散蘖为好；芽转青纠结成饼的不中用。要用不褪色的铁锅；褪色的铁锅煮出来的饧是黑色的。锅必须刮治得干净洁白，不让它有油腻气。锅口上加上甑，防止煮沸时糖水溢出外面。五升干的麦芽蘖末，可以消化一石米。

米必须细心地舂白，淘洗几十遍让它洁净，炊成饭。摊开让热气散去一部分，趁暖放在盆子里，和上蘖末，调和均匀。再倒进底边上有醡孔的瓮里罨着，不要用手去按，只拨平就可以了。〔盆子倒覆在瓮口上，〕用被子连盆带瓮一起覆盖着，让它保温；冬天要在瓮外用穰秸包裹着。冬天须要经过一整天，夏天经过半天左右，看饭消化减缩了，离开瓮边沉下去了，烧开气泡像鱼眼大小的沸汤浇进瓮里，让饭糟上有一尺左右深的水，再将上下层的糖水和浇水搅和均匀。搅完之后，经过将近吃一顿饭的时间，便拔掉醡孔塞子，将流出的糖汁〔接在盆子里，再分次舀进锅里〕熬煮〔，浓缩成饧〕。

每次煮沸溢上来了，就添进两杓糖水。尤其宜于用缓火；火猛了就会有焦臭气。接在盆子中的糖汁舀尽了，估量煮稠的糖液也不会再沸溢了，就拿掉锅上的甑。由一个人专门守着，不断地用杓子扬搅糖液，不要停手，停手了饧就会焦黑。估计熬熟了，就停火。过好长时间，到快凉时，然后舀出来。

用粱米、稷米作的饧，颜色像水晶一样。

煮黑饧的方法：用麦芽已转青纠结成饼的小麦蘖。一斗蘖末，可以消化一石米。熬煮的方法，同上条一样。

琥珀饧的作法：作成小饼的形状，像围棋子的大小，里外明彻，颜色像琥珀。用大麦芽蘖末。一斗蘖末，可以消化一石米。其余的方法都和上条一样。

煮铺的方法：用煮黑饧的那种成饼的小麦芽蘖末。一斗六升蘖末,可以消化一石米。罨着保温,煎煮,都同煮饧的方法。不过要用蓬子押取糖汁,煮时用杓子不断地来回搅动,不得上下翻扬。

《食经》作饴的方法:"取一石黍米,炊成饭,盛在盆子里,和进一斗蘖末,搅匀。过一夜,糖化得到一石五斗的糖汁,煎熬浓缩成饴。"

崔寔说:"十月,在冻冰以前,作〔固态的〕饴糖,煮速成的薄饴。"

《食次》曰[1]:"白茧糖法[2]:熟炊秫稻米饭,及热于杵臼净者春之为糬[3],须令极熟,勿令有米粒。斡为饼:法,厚二分许。日曝小燥,乃直副为长条,广二分;乃斜裁之[4],大如枣核,两头尖。更曝令极燥,膏油煮之。熟,出,糖聚丸之;一丸不过五六枚[5]。"又云:"手索糬,粗细如箭簳。日曝小燥,刀斜截,大如枣核。煮、丸,如上法。丸大如桃核。半奠,不满之。"

"黄茧糖:白秫米,精春,不簸、淅[6],以栀子渍米取色。炊,春为糬;糬加蜜。余一如白糬。作茧,煮,及奠,如前。"

【注释】

〔1〕引《食次》的"白茧糖"和"黄茧糖"与饴饧无关,不过也是一种糖食而已。很小粒的油炸糯米馓子,外面滚糖成丸,其所用糖不可能是饴糖,否则受湿失其膨松脆散口味,只能用散糖滚附,即"石蜜",即蔗糖的砂糖或白糖。但那时很贵重,即使我国岭南也未必有生产,该是海南"进口"或进贡的。

〔2〕白茧糖和下文的黄茧糖都是一种油炸糯米馓子,外层黏附白糖,油炸膨胀后其形如茧,故名。黄茧糖是糯米先用栀子果实的浸出液染上黄色后再制作。

〔3〕糬(cí):同"餈"。即糍粑。

〔4〕"裁",可以解释,不过下文有"斜截",怀疑该作"截"。

〔5〕"一丸",指作一次丸。这是《食次》用词,恐非误文。

〔6〕糯米所以不簸不淘洗，大概因为米粒不是一下子能全染黄的，而白米糠却是立刻可以染上黄色，再舂进糍粑里，能使黄色均匀，而炸成馓子后又不会糊嘴。

【译文】

《食次》说："白茧糖的作法：将糯米炊成饭，趁热在洁净的杵臼里舂作糍粑，须要舂得极熟，不让它有饭粒。再擀成饼，规定是二分左右厚。太阳底下晒到稍稍干燥，用刀切成二分宽的长条，再斜切，切成像枣核大小两头尖的小丁点儿。然后晒到极干燥，下入油锅里炸。熟了，捞出来，放进糖里滚成粘上糖的小丸；滚一次不过五六个丸子。"又说："用手捏拉糍粑，拉成像箭幹粗细的长条。太阳下面晒到稍稍干燥，刀子斜切成像枣核大小的小丁点。油炸，滚成糖丸，都同上面的方法一样。丸子像桃核的大小。盛半碗供上席，不盛满。"

"黄茧糖的作法：用精白糯米，细细地舂透，不簸扬，不淘洗，用栀子水浸米，染上黄色。炊成饭，舂成糍粑，加上蜜。其余都和白糍粑的作法一样。油炸，滚成糖茧丸，以及盛供上席，都和白茧糖一样。"

煮胶第九十

煮胶法：煮胶要用二月、三月、九月、十月，余月则不成。热则不凝，无作饼[1]。寒则冻瘃，合胶不黏[2]。

沙牛皮、水牛皮、猪皮为上[3]，驴、马、驼、骡皮为次。其胶势力，虽复相似，但驴、马皮薄毛多，胶少，倍费樵薪。破皮履、鞋底、格椎皮、靴底、破鞦、靯[4]，但是生皮，无问年岁久远，不腐烂者，悉皆中煮。然新皮胶色明净而胜，其陈久者固宜，不如新者。其脂朒盐熟之皮，则不中用。譬如生铁，一经柔熟，永无镕铸之理，无烂汁故也[5]。唯欲旧釜大而不渝者。釜新则烧令皮着底，釜小费薪火，釜渝令胶色黑。

法：于井边坑中，浸皮四五日，令极液。以水净洗濯，无令有泥。片割，着釜中，不须削毛。削毛费功，于胶无益。凡水皆得煮；然咸苦之水，胶乃更胜。长作木匕，匕头施铁刃，时时彻底搅之，勿令着底。匕头不施铁刃，虽搅不彻底，不彻底则焦，焦则胶恶，是以尤须数数搅之。水少更添，常使滂沛。经宿晬时[6]，勿令绝火。候皮烂熟，以匕沥汁，看末后一珠，微有黏势，胶便熟矣。为过伤火[7]，令胶焦。取净干盆，置灶埵丁果反上，以漉米床加盆，布蓬草于床上，以大杓挹取胶汁，泻着蓬草上，滤去滓秽。挹时勿停火。火停沸定，则皮膏汁下，挹不得也。淳熟汁尽，更添水煮之；搅如初法。熟复挹取。看皮垂尽，着釜焦黑，无复黏势，乃弃去之。

胶盆向满，舁着空静处屋中[8]，仰头令凝。盖则气变成水，令胶解离。凌旦，合盆于席上，脱取凝胶。口湿细紧线以割之：其近盆底土恶之处，不中用者，割却少许，然后十字坼破之，又中断为段，较薄割为饼[9]。唯极薄为佳，非直易干，又色似琥珀者好[10]。坚厚者既难燥，又见黯黑，皆为胶恶也。近盆末下，名曰"笨胶"，可以建车。近盆末上，即是"胶清"，可以杂用。最上胶皮如粥膜者，胶中之上，第一粘好。

先于庭中竖槌，施三重箔樀，令免狗鼠。于最下箔上，布置胶饼，其上两重，为作荫凉，并扞霜露。胶饼虽凝，水汁未尽，见日即消；霜露霑濡，复难干燥。旦起至食时，卷去上箔，令胶见日；凌旦气寒，不畏消释；霜露之润，见日即干。食后还复舒箔为荫。雨则内敞屋之下，则不须重箔。四五日浥浥时，绳穿胶饼，悬而日曝。

极干，乃内屋内悬，纸笼之。以防青蝇、尘土之污[11]。夏中虽软相着，至八月秋凉时，日中曝之，还复坚好。

【注释】

〔1〕"无作饼"，各本无"作"字，金抄有，仍疑有脱文，应作"无可作饼"。

〔2〕"合"，金抄、明抄同，他本作"白"，均非。按：这是指胶因天寒开裂失去黏性，不是指用胶粘合什物，字应作"令"。

〔3〕沙牛：文献上说法不一，或指母牛为沙牛，或指肩垂臀尖的牛为沙牛，又有指角向前弯曲的黄牛为沙牛。《要术》所指在此抑在此外，不明。

〔4〕"格椎皮"，未详。《今释》释为"隔锤皮"，指包在锣锤外面的皮。

日译本改作"络维皮",释为系缚马具之皮。由于意义不明,也无从推测错脱,阙疑。"鞑",字书未见此字,《学津》本等作"鞴"。字形近"鞍",疑"鞍"之误。

〔5〕烂汁:指熟铁不能再熔化成铁液。熟铁熔点 1 500 度左右,生铁熔点 1 150—1 250 度,熟铁熔点高于生铁,在当时的技术条件下,还不能熔化熟铁为铁熔液。这熟铁再也不能熔化了作铸件,就好像熟皮再也不能回头煮出胶来一样。

〔6〕晬(zuì):一昼夜。

〔7〕"为过",当是"过为"倒错。

〔8〕舁(yú):抬

〔9〕"较薄"与"极薄"不协,"较"疑应作"再",或是衍文。

〔10〕"者",金抄、明抄有,他本无。"色似琥珀者好",就是颜色像琥珀那样的好,"者"非指代薄胶,不然,薄胶也有不像琥珀色的,那就讲不通。《今释》疑"者"是"黄"字之误,则可免误解。

〔11〕"尘"(塵),各本作"壁",金抄作"鹿"。据卷八《作豉法》有"以防青蝇、尘垢之污",《脯腊》有"青蝇尘污","鹿"明显是"塵"的残误,字应作"塵"(尘)。

【译文】

煮胶的方法:煮胶要在二月、三月、九月、十月,其余的月份都不行。天热胶不凝固,就割不成胶片。天冷〔会使〕胶冻坏冻裂,没有黏性。

〔煮胶的皮,〕沙牛皮、水牛皮、猪皮最好,驴皮、马皮、骆驼皮、骡皮次之。煮得的胶虽然粘固力相似,但驴皮、马皮等皮薄毛多,因而得胶就少,柴薪却加倍耗费。破皮鞋帮,鞋底,格椎皮(?),靴底,破〔鞍〕,破箭袋,只要是生皮,不管年代有多久,凡是不腐烂的,都可以用来煮胶。不过新皮煮的胶,颜色鲜明纯净,胜过旧皮,陈久的皮固然也可以煮,究竟不如新皮。那种用油、盐鞣料鞣制过的熟皮,就不能用。这好像生铁,一旦经过冶炼成为柔性的熟铁,再也不能熔化了作铸件,因为没有"烂汁"。煮胶必须用旧的不褪黑色的大铁锅。新锅容易使皮烧粘在锅底上,锅小了费柴火,褪色的锅会使胶变黑。

煮的方法:在井边掘个坑,把皮浸在坑里,浸上四五天,让它涨透。用水洗洁净,不让它有泥土。割成片,放进锅里,不必削去毛。削毛费工夫,对胶并没有好处。什么水都可以煮;不过有咸苦味的水,煮得的胶更好。作一个长柄的木杓子,杓子头上加一件铁刃,不断地搅铲到锅底，不让皮片粘在锅底上。杓子头上不加铁刃，虽然搅着也不能一直铲到锅底，不铲到锅底就会焦，焦了胶就恶劣，所以更需要频频搅铲。水煮少了就添上，经常保持着有满足的水。经过整整一昼夜的时间，不让它熄火。候到皮烂熟了，用杓子舀点胶汁向下滴，看看最后一滴稍微有黏稠的状态，胶便熟了。煮过头了就伤火，伤火了胶就会焦。取洁净干燥的盆子，放在灶旁边〔承搁物件的〕灶垛上，盆口上搁上漉米架，架上铺上蓬草，用大杓舀出胶汁，倒在蓬草上，过滤去渣滓污物。舀胶汁时不要停火。火停了锅里就不沸了，胶面上会结成一层皮，汁在下面，就不好舀了。锅里的纯汁舀尽了，再加水煮；像上面的方法一样搅动。熟了又舀到盆子里。看看皮已经差不多溶化尽了，贴在锅底上有些焦黑，不再有黏性了，就扔掉它。

　　盛胶的盆子快满时，就抬到空疏清静的房子里，敞开口让它冷却凝固。加上盖，蒸气凝成水滴下来，胶就会溶解不凝固。到明天凌晨，把盆子倒覆在席子上，让凝固的胶脱出来。把细紧的线沾上口水弄湿，用来割胶：先将贴近盆底的有泥污的胶，不能用的，少少割去一些，然后十字割成四大块，每大块又从中割成若干段，每段再薄薄地割成片。总要割得极薄为好，不但容易干，又颜色像琥珀那样的好。如果是硬而厚的，既难以干燥，颜色又显得黯黑，都是胶恶的缘故。靠近盆子下部的，名叫"笨胶"，可以用来粘造车辆。靠近盆子上部的，名叫"胶清"，可以作各项用途。最上一层胶皮，像粥面上的皮膜的，是胶中的上品，粘力第一好。

　　先在院子里架设直柱和横档木，铺上三层席箔，避免狗和老鼠来侵扰。在最下面一层箔上，铺上胶片，上面两层，作为遮蔽太阳和隔断霜露之用。胶片虽然已经凝固了，但水分还没有完全干去，遇上太阳就会溶化；胶片沾上霜露后，更难干燥。清早起来到吃早饭以前，卷起上面两层席箔，让胶片见见太阳；清早气温低，不怕溶化；霜露的潮气，见了太阳就会干。吃过早饭，仍然把席箔摊开来遮阴着。下雨天，搬进敞屋下面放着，不再需要用两重箔遮盖了。四五天之后，晾到半干半软的时候，用绳子把胶片一片片穿起来，挂在太阳下面晒。

　　晒到极干，收回来挂到屋里，用纸套着遮住。为了防止苍蝇、尘土的污染。夏天热，胶片虽然会变软相粘连，到八月秋凉的时候，太阳下面一晒，又会恢复坚实同原来一样的好。

笔墨第九十一

笔法：韦仲将《笔方》曰[1]："先次以铁梳梳兔毫及羊青毛[2]，去其秽毛，盖使不髯。茹讫[3]，各别之。皆用梳掌痛拍，整齐毫锋端，本各作扁[4]，极令均调平好，用衣羊青毛——缩羊青毛去兔毫头下二分许。然后合扁，卷令极圆。讫，痛颉之[5]。

"以所整羊毛中截[6]，用衣中心——名曰'笔柱'，或曰'墨池'、'承墨'[7]。复用毫青衣羊青毛外[8]，如作柱法，使中心齐，亦使平均。痛颉，内管中，宁随毛长者使深[9]。宁小不大[10]。笔之大要也。"

合墨法[11]：好醇烟，捣讫，以细绢筛——于堈内筛去草莽若细沙、尘埃[12]；此物至轻微，不宜露筛，喜失飞去，不可不慎。墨䴲一斤，以好胶五两，浸梣才心反皮汁中[13]——梣，江南樊鸡木皮也，其皮入水绿色，解胶，又益墨色；可下鸡子白——去黄——五颗；亦以真朱砂一两，麝香一两，别治，细筛：都合调。下铁臼中，宁刚不宜泽[14]，捣三万杵，杵多益善。合墨不得过二月、九月：温时败臭，寒则难干潼溶，见风自解碎[15]。重不得过三二两。墨之大诀如此。宁小不大。

【注释】

〔1〕《御览》在引书总目中有韦仲将《笔墨方》，但卷六〇五"笔"引有《笔墨法》，却不标作者，其内容是："作笔当以铁梳梳兔毫及羊青毛，去其秽毛，使不髯。茹羊青为心，名曰笔柱，或曰墨池。"疑出韦仲将法而多删简。大概《要术》只引录韦氏的制笔法，故简称《笔方》。韦仲将，名诞，三国魏时人。文献记载他善书法，并善制墨。

〔2〕"先次"，如果解释为先梳兔毫，次梳羊青毛，有些勉强。《御览》卷六〇五引《笔墨法》这二字处只是一"当"字，北宋苏易简《文房四谱》引韦仲将《笔墨方》无"次"字，《要术》"次"字疑衍。又"梳梳"，原只一"梳"字，《文房四谱》及《御览》引均重文，必须重文。据补。"羊青毛"，苏易简《文房四谱》引《笔墨方》作"青羊毛"（下同）。清梁同书《笔史》记载笔的毛料有30种，其中羊毛有羊毛、青羊毛、黄羊毛3种。

〔3〕茹：茹治，"茹"是制笔过程中初时用口整治毫锋的一道工序，必须非常细致地使锋头对齐。唐陆龟蒙《甫里先生文集》卷一七《哀茹笔工文》赞叹茹工的极其细致辛劳。梁同书《笔史》称："制笔谓之茹笔，盖言其含毫终日也。"这一道工序，现在由水盆工来完成，古时是茹工的艰辛劳动。

〔4〕"本"，各本同。但如"端本"连读，不通，因"端"是毫锋，"本"是毫末，两头不能同时拍齐。制笔必须毫端相齐，现在湖笔生产上叫作"对锋"。梁同书《笔史》引《妮古录》："笔有四德：锐、齐、健、圆"；引柳公权《帖》："出锋须长……副切须齐"；引卫夫人《笔阵图》："锋齐、腰强"。《文房四谱》卷一笔有四句诀："心柱硬，覆毛薄，尖似锥，齐似凿。"都要求毫端齐而尖锐。锋齐以后，根齐容易办到（如"副切"）。《文房四谱》所引没有这个"本"字，这句是："用梳掌痛整毫，齐锋端。"都只要求拍齐锋端，不可能同时拍齐末端。因此，"端本"不能连读。下文"扁"是一种编法，即编连成扁扁的薄排，其所编的地方必须在毫毛的下端，而锋端是不能编的。这样，这个"本"字必须有，没有则指编"锋端"，就不通了。

〔5〕颉(xié)：束扎得极紧。《笔史》引黄庭坚《笔说》称："张遇丁香笔，撚心极圆，束颉有力。"由于笔脚扎得很紧很坚实，可以强固地装入笔管中，故称为"颉"。《笔史》引《南部新书》说："柳公权《笔偈》：'圆如锥，捺如凿，只得入，不得却。'盖缚笔要紧，一毛出，即不堪用。"所以必须尽力颉扎到极紧实。

〔6〕"截"，原作"或"，《文房四谱》与《事类赋》均引作"截"。"中截"是截取羊毛的上段，即柳公权《帖》所称"副切须齐"，作为裹覆（"衣"）笔柱之用。启愉按：这是四层作成的笔：最内层是羊毛，次层是兔毫，这两层构成"中心"，即"笔柱"，第三层就是这里"中截"的羊毛，最外层仍裹以兔

毫（"复用毫青衣羊青毛外"）。梁同书《笔史》引黄庭坚《书侍其瑛笔》：
"宣城诸葛高三副笔，锋虽尽而心故圆。"引宋晁说之《赠笔处士屠希诗》：
"自识有心三副健。""心"指笔心，"副"即外层的"衣"，"三副"即三重衣，
"圆"、"健"都属笔的四德。所谓"有心三副"，正是四重的笔。韦诞（仲将）
可能是三副笔的创始人。字应作"截"，据改。

〔7〕"承墨"是"笔柱"的别名。唐段公路《北户录》卷二"鸡毛笔"，
崔龟图注引韦仲将《笔方》说："笔柱，或云墨池，亦曰承墨。"由于《要术》
无"亦曰"字，以致有人误读"承墨"入下句，致不可解，其实没有"亦曰"也
可以两个别名并举的。

〔8〕到这一道工序，这笔一共是四层毛：最内层是青羊毛，次层是兔
毫，这两层构成"笔柱"，第三层又是青羊毛，最外层是青兔毫，这笔的层层
包毛工作才完成。

〔9〕"宁随毛长者使深"，"者"疑"著"字脱草头。这是说宁可尽其毛
的长度，尽可能装进（著）笔管中深些。《笔史》引黄庭坚《笔说》："宣城诸葛
高，系'散卓笔'，大概笔长寸半，藏一寸于管中。"可说深得很。

〔10〕"宁小不大"，清张定均所用旧抄本《文房四谱》引韦仲将《笔墨
方》作："宁心小，不宜大。"按：韦诞善写"径丈"大字，笔不可能限制"宁小
不大"，应是指笔心，《要术》脱"心"字。

〔11〕本条"合墨法"，《御览》卷六〇五"墨"及《文房四谱》卷五均引
作韦仲将法，文句基本相同。但本条行文是贾氏笔调，也许因此之故，晁氏
《墨经》（《四库全书总目提要》推定为宋晁贯之撰）在记述制墨各步骤中，常
将韦法与贾思勰法对举，并作比较，如关于用药："魏韦仲将用真珠、麝香二
物，后魏贾思勰用梣木、鸡白、真珠、麝香四物。"可能本条在韦法的基础上，
贾氏补充了一些自己的经验，所以在引书时只称韦仲将《笔方》，而不称《笔
墨方》。

〔12〕"草莽"，《文房四谱》与《御览》引均作"草芥"，谓细小草屑。

〔13〕梣（chén）：木樨科的白蜡树（Fraxinus chinensis），落叶乔木。其
树皮称"秦皮"，其浸出液有蓝色荧光。《名医别录》：秦皮，"一名岑皮，一名
石檀"。陶弘景注："俗云是樊槻（guī）皮，而水渍以和墨，书色不脱，微青。"
樊槻木大概是江南的习俗名称，而到北方讹音作"樊鸡木"。

〔14〕明沈继孙《墨法集要》"搜烟"说："搜（按借作'溲'）如细砂状，
宁干勿湿。"这里"宁刚不宜泽"，似应与"下铁臼中"倒易位置。

〔15〕"自"，从明抄本，他本作"日"。按：制墨有"荫"的程序，所谓
"荫"，也叫"入灰"，即将初制成的墨锭上下铺上细灰使吸去潮润（冬天在生
火的暖室中），然后阴干，可是没有日干的处理。《要术》所记也是干墨的过

程,这里该是指风干时要坏裂。故从明抄作"自"。

【译文】

　　制笔的方法:韦仲将《笔方》说:"先用铁梳〔梳理〕兔毫和青羊毛,去掉污秽乱毛,不让它蜷曲杂乱。茹治完了,两种毛各自分开。都用梳把用力将毫锋拍齐,再将下端〔截齐〕,分别作成扁扁的薄排,须要极均匀平整。用〔兔毫〕裹覆在青羊毛的外面——让青羊毛缩进兔毫锋下二分左右。然后一起卷拢来,要卷得极圆。卷好了,使劲地颉扎得极紧实。

　　"将整治好的青羊毛的上段〔截取下来〕,用来裹覆在笔心的外面——这笔心名叫'笔柱',又叫'墨池'、'承墨'。再用青兔毫裹在青羊毛的外面,像作笔柱的方法,使中心整齐,也要使它平贴均匀。然后尽力颉扎到极坚实,紧紧地装进笔管中,宁可随着毛的长度装进更深些。〔笔心〕宁可小些,不宜大。这就是制笔的基本要领。"

　　配制墨的方法:用纯净的好烟子,捣好后用细绢筛筛过——要在缸里面筛,筛去草屑和细沙、尘土,这东西很轻很微细,不能敞露在外面筛,那就容易飘飞散失,不可不谨慎。一斤作墨的烟粉末,用五两好胶,浸在梣皮汁中——梣皮就是江南樊鸡木的皮,这树皮浸出的水呈现绿色,容易使胶溶解,又使墨的颜色更好。可以再加入五个鸡蛋的蛋白,又用一两真朱砂,一两麝香,分别捣细,筛得细末,加在里面。这些都一起均匀地溲和在烟末梣皮汁里面(,宁可溲得刚硬些,不宜潮软)。然后下入铁臼中,捣上三万杵,杵数越多越好。配制墨的时令,不可过了二月、九月,因为天气暖了会败坏发臭,冷了黏腻难以干,见风就会碎裂。每锭重量不得超过二三两。制墨的重要诀法就是这样。墨锭宁可小些,不要过大。

齐民要术卷第十

五谷、果蓏、菜茹非中国物产者^{〔1〕}

聊以存其名目，记其怪异耳。爰及山泽草木任食，非人力所种者，悉附于此。

【注释】

〔1〕本卷仅此一篇，在全书中是第九十二篇，即贾氏自序所称："凡九十二篇，束为十卷"的最后一卷的最后一篇。照以前九十一篇例，篇题下应有"第九十二"字样，除《渐西》本加这四字外，他本都没有，本译注本仍保留两宋本原样不加。卷内共149个小标题，不能称"篇"，本书称之为"目"。为了眉目清醒和便于引称，在标目下一律加上（一）、（二）、（三）……的数号。所谓"中国"，指中国北方，即后魏的疆域，主要指汉水、淮河以北，不包括江淮以南，也不包括沙漠以北。所谓"非人力所种"，当然是野生。但卷内所记，并不完全符合这个原则。例如"蕤（二二）"、"芡（二六）"及"菜茹（五〇）"的"荷"等，既是北方原有，也不能以野生于南方来解释。又如"橘（一四）"、"甘（一五）"、"甘蔗（二一）"、"龙眼（三八）"、"荔支（四〇）"等等，都是岭南或交趾等地的栽培植物，也不是野生。惟本篇引录了大量的热带亚热带植物资料，成为我国最早的"南方植物志"（旧题晋代嵇含写的《南方草木状》是伪书），对我国植物学史的研究有特殊重要意义，而其引书大都失传，故其资料更可珍视。

【译文】

姑且列举它们的名称，把奇怪特异的东西记录下来。还有那些生长在山上和水泽中可以供食用的草木，但不是人力所种植的，也附录在这里。

五　谷(一)

《山海经》曰[1]:"广都之野,百谷自生,冬夏播琴。"郭璞注曰:"播琴,犹言播种,方俗言也。""爰有膏稷、膏黍、膏菽[2]。"郭璞注曰:"言好味,滑如膏。"

《博物志》曰[3]:"扶海洲上有草,名曰'蒒'[4]。其实如大麦,从七月熟,人敛获,至冬乃讫。名曰'自然谷',或曰'禹余粮'。"

又曰:"地三年种蜀黍,其后七年多蛇。"[5]

【注释】

〔1〕《山海经》: 古代地理著作。东晋郭璞作注。引文见《山海经》卷一八《海内经》。今《四部丛刊》本"广都"作"都广",多"膏稻"一种。

〔2〕"膏",郭璞解释为"味道好",据游修龄教授研究,"膏"是南方方言的"词头",没有实际意义。

〔3〕今本《博物志》(《丛书集成》排印《指海》本)卷六所记"扶海洲上"作"海上","其实"下有"食之"二字。

〔4〕蒒(shī): 莎草科的蒒草(Carex macrocephala),多年生草本,生海滨砂地。唐陈藏器《本草拾遗》"蒒草实"说:"出东海洲岛,似大麦,秋熟,一名禹余粮,非石之余粮也。"按: 禹余粮有同名异物三种,这蒒草是一种。另两种,一种是百合科的麦冬(Ophiopogon japonicus),见《名医别录》;一种是褐铁矿的矿石,即"石之余粮",亦称"禹粮石",可用为止血药。

〔5〕《博物志》卷二所载同《要术》,惟前有"《庄子》曰"三字,但今本《庄子》无此语,《御览》卷八四二"黍"及九三四"蛇"两引《博物志》亦无此三字,疑出后人伪增。又《御览》二处所引,"地"下均多"节"字,作"地节三年……"。地节是汉宣帝年号,三年是公元前67年,则大有差异。蜀黍,应是高粱。

【译文】

《山海经》说:"广都的广野上;百谷自然生长,冬夏播琴。"郭璞注解说:"播琴,好像我们说播种,是地方方言。""其中谷物,有膏稷、膏黍、膏菽。"郭璞注解说:"膏是说味道好,像膏油一样润滑。"

《博物志》说:"扶海洲上有一种草,叫作'蒒'。它的子实像大麦,从七月开始成熟,人们收获一直到冬天才完毕。又叫作'自然谷',也叫'禹余粮'。"

又说:"地里种了三年蜀黍,以后七年之中多蛇。"

稻(二)

《异物志》曰[1]:"稻,一岁夏冬再种,出交趾。"[2]
俞益期《笺》曰:"交趾稻再熟也。"[3]

【注释】

〔1〕《异物志》:自东汉杨孚写《交州异物志》后,迭有三国吴的万震《南州异物志》、吴末的沈莹《临海异物志》、晋初的薛莹《荆扬已南异物志》及时代不明的陈祈畅《异物志》、曹叔雅《异物志》等等多种。本条《初学记》引作杨孚《异物志》。但《要术》所引,仅标"《异物志》"三字者很多,究为何人何种《异物志》,不明,只能作为缺名《异物志》看待(大概当时北方流传这种《异物志》不少)。

〔2〕《御览》卷八三九"稻"引《异物志》是:"交趾稻,夏冬又熟,农者一岁再种。"《初学记》卷二七引作杨孚《异物志》,少"稻夏"二字,余同《御览》。交趾,今广东、广西大部和越南北部、中部地区。其政治中心为交趾郡,郡治在今河内西北。

〔3〕《御览》卷八三九引俞益期《笺》是:"交趾稻再熟,而草深耕重,收谷薄。"再熟,一年两熟。后魏郦道元《水经注》卷三六"温水"记载东晋俞益期写给韩康伯的信说:"火耨耕艺,法与华同。名白田,种白谷,七月大作,十月登熟;名赤田,种赤谷,十二月作,四月登熟:所谓两熟之稻也。"可知"两熟"是夏种初冬收和冬种初夏收的两熟。

【译文】

《异物志》说:"稻,一年中夏、冬种两季,出在交趾。"
俞益期的书信中说:"交趾稻,一年两熟。"

禾（三）

《广志》曰："梁禾，蔓生，实如葵子。米粉白如面，可为馆粥[1]。牛食以肥。六月种，九月熟。

"感禾，扶疏生，实似大麦。

"扬禾，似藋[2]，粒细。左折右炊，停则牙生。此中国巴禾——木稷也[3]。

"大禾，高丈余，子如小豆。出粟特国[4]。"

《山海经》曰[5]："昆仑墟……上有木禾，长五寻，大五围。"郭璞曰："木禾，谷类也。"

《吕氏春秋》曰："饭之美者，玄山之禾，不周之粟，阳山之穄。"[6]

《魏书》曰[7]："乌丸地宜青穄。"[8]

【注释】

〔1〕馆（zhān）：稠粥。

〔2〕藋（dí）：即荻。

〔3〕木稷：即高粱，也叫"蜀黍"。

〔4〕粟特国：中亚细亚古国名。其地在阿姆河、锡尔河之间（我国新疆西北），首都在今撒马尔罕。自汉朝以来与我国有密切的经济和文化联系。

〔5〕见《山海经》卷一一《海内西经》。郭璞注尚有："生黑水之阿，可食。见《穆天子传》。"

〔6〕见《吕氏春秋·本味》，文同。末后尚有"南海之秬"句。《本味》假托伊尹对汤陈说边远各地的各种美食，包括鸟、兽、虫、鱼、菜、禾、果，《要术》分引在本卷有关各目中。

〔7〕《魏书》：《隋书·经籍志二》著录，晋司空王沈撰，其他无可考。非记后魏史的魏收所撰之《魏书》。书已佚。

〔8〕《三国志·魏志·乌丸传》裴松之注引《魏书》："乌丸者……地宜

青稞、东墙。"《要术》分引于本目和"东墙（六）"目。乌丸：即乌桓，古代一少数民族的名称，原居辽宁，后迁居乌桓山而得名。曹操迁乌桓万余落于中原（部分留居东北），后渐与汉族人相融合。

【译文】

《广志》说："粱禾，蔓生，子实像葵子。米粉像面一样白，可以煮粥吃。喂牛长得肥。六月播种，九月成熟。

"感禾，枝叶分散茂盛，子实像大麦。

"扬禾，像荻，籽粒细小。一边采一边就要炊成饭，停放着就会发芽。这是中国的巴禾——就是木稷。

"大禾，一丈多高，子实像小豆。出在粟特国。"

《山海经》说："昆仑的大丘上……有木禾，有四丈高，五围粗。"郭璞注解说："木禾，是谷类。"

《吕氏春秋》说："饭中味道好的，是玄山的禾，不周山的粟，阳山的稷。"

《魏书》说："乌丸的土地宜于种青稞。"

麦（四）

《博物志》曰："人啖麦橡，令人多力健行。"[1]

《西域诸国志》曰[2]："天竺十一月六日为冬至，则麦秀。十二月十六日为腊，腊麦熟。"[3]

《说文》曰："麳，周所受来麰也。"[4]

【注释】

〔1〕今本《博物志》卷二"啖麦橡"作"啖麦稼"，《御览》卷八三八"麦"引《博物志》也是"啖麦"，疑"橡"是"稼"之误。

〔2〕《西域诸国志》：《隋书·经籍志》不著录，《御览》引书总目中有之。时代作者无可考。书已佚。

〔3〕《御览》卷八三八引《西域诸国志》同《要术》，惟"腊麦熟"作"则

麦熟"。吾点据《御览》引改为"则",《渐西》本从之。天竺,古印度别名。

〔4〕《初学记》卷二七及《御览》卷八三八引《说文》同《要术》。但今本《说文》此句在"来"字下,是:"来,周所受瑞麦来麰。""麰"(móu)字下则是:"来麰,麦也。"分开来,"来"指小麦,"麰"指大麦,如《广雅·释草》:"大麦,麰也。小麦,麳也。"

【译文】

《博物志》说:"人吃了麦橡(?),让人有力,走路轻快。"

《西域诸国志》说:"天竺,十一月六日是冬至,这时麦子孕穗。十二月十六日是腊日,这时腊麦成熟。"

《说文》说:"麰,就是周族祖先传下来的来麰。"

豆(五)

《博物志》曰〔1〕:"人食豆三年,则身重,行动难〔2〕。恒食小豆〔3〕,令人肌燥粗理。"

【注释】

〔1〕引文见《博物志》卷二,"豆"和"小豆"分列二条。《御览》卷八四一"豆"也有引到,"三年"作"三斗"。

〔2〕《名医别录》:"生大豆……久服令人身重。"唐孟诜《食疗本草》:"大豆……初服时,似身重,一年以后,便觉身轻。"所指是生吃大豆,而且是指"服食法",则《博物志》所说,该是此类,未必是什么"记其怪异"的豆。

〔3〕《神农本草经》"赤小豆",陶弘景注:"小豆,性逐津液,久服令人枯燥矣。"北宋寇宗奭《本草衍义》:"赤小豆,食之行小便,久则虚人,令人黑瘦枯燥。"与《博物志》所说相同,则是根据本草书赤小豆行水利湿的作用来的,也不是什么"怪异"的东西。

【译文】

《博物志》说:"人吃豆三年,使人身躯笨重,行动困难。常吃小豆,使人皮肤肌肉枯燥。"

东　墙(六)

《广志》曰[1]："东墙[2]，色青黑，粒如葵子；似蓬草。十一月熟。出幽、凉、并、乌丸地[3]。"

河西语曰[4]："贷我东墙，偿我田粱。"

《魏书》曰："乌丸地宜东墙，能作白酒。"[5]

【注释】

〔1〕《御览》卷八四二引《广志》"东墙"作"东薔"，较简。唐陈藏器《本草拾遗》引《广志》则作："东廧之子，似葵，青色。并、凉间有之。河西人语：'贷我东廧，偿尔田粱。'"

〔2〕东墙：是藜科的沙蓬（Agriophyllum squarrosum），一年生草本。我国西北、华北至东北多有分布，多生于流动或半流动的砂丘和砂地。种子可食，并可榨油供食用。

〔3〕幽：幽州，魏晋时约有今河北及辽宁西部地。　凉：凉州，魏晋时约有今甘肃黄河以西地。　并：并州，魏晋时大致为今山西省地。

〔4〕"河西语"条，《要术》原亦提行，但作为书名，各家书目未见。《本草拾遗》引作"河西人语"，并且仍是《广志》文。《史记·司马相如列传》引录《子虚赋》"东薔、雕胡"下唐司马贞《索隐》引作："《广志》云：'东薔子，色青黑。河西记云：贷我东薔，偿尔白粱也。'"《河西记》虽有其书（《隋书·经籍志》等著录），但这是《广志》文连贯下来，疑是"河西语"之误。则《要术》的"河西语"犹言"河西谚"，亦即《本草拾遗》的"河西人语"，并非书名，下文"董（六二）"引《广志》正有"语曰"可为佐证。所以这条实应归入《广志》文，只是原系提行，姑仍其旧。河西，魏晋时相当于今甘肃和青海的黄河以西，即今河西走廊和湟水流域。

〔5〕《三国志·魏志·乌丸传》裴松之注引《魏书》："乌丸者……地宜青穄、东墙。东墙，似蓬草，实如葵子，至十月熟。能作白酒。"

【译文】

《广志》说："东墙，颜色青黑，籽粒像葵子，植株像蓬草。十一月成熟。出在幽州、凉州、并州、乌丸等地。"

河西人谚语说:"借去我的东墙,还给我是田粱。"

《魏书》说:"乌丸的土地宜于东墙,可以用来作白酒。"

果　蓏(七)

《山海经》曰:"平丘……百果所在。""不周之山……爰有嘉果:子如枣,叶如桃,黄花赤树,食之不饥。"〔1〕

《吕氏春秋》曰:"常山之北,投渊之上,有百果焉,群帝所食。""群帝,众帝先升遐者。"〔2〕

《临海异物志》曰〔3〕:"杨桃〔4〕,似橄榄,其味甜。五月、十月熟。谚曰:'杨桃无蹙,一岁三熟。'其色青黄,核如枣核。"

《临海异物志》曰:"梅桃子〔5〕,生晋安候官县〔6〕。一小树得数十石。实大三寸,可蜜藏之。"

《临海异物志》曰:"杨摇〔7〕,有七脊,子生树皮中。其体虽异,味则无奇。长四五寸,色青黄,味甘。"

《临海异物志》曰:"冬熟〔8〕,如指大,正赤,其味甘,胜梅。"

"猴闼子〔9〕,如指头大,其味小苦,可食。"

"关桃子,其味酸。"

"土翁子〔10〕,如漆子大〔11〕,熟时甜酸,其色青黑。"

"枸槽子〔12〕,如指头大,正赤,其味甘。"

"鸡橘子〔13〕,大如指〔14〕,味甘。永宁界中有之〔15〕。"

"猴总子〔16〕,如小指头大,与柿相似,其味不减于柿。"

"多南子〔17〕,如指大,其色紫,味甘。与梅子相似。出晋安〔18〕。"

"王坛子〔19〕，如枣大，其味甘。出候官，越王祭太一坛边有此果〔20〕。无知其名，因见生处，遂名'王坛'。其形小于龙眼，有似木瓜〔21〕。"

《博物志》曰："张骞使西域还，得安石榴、胡桃、蒲桃。"〔22〕

刘欣期《交州记》曰〔23〕："多感子，黄色，围一寸。"〔24〕

"蔗子，如瓜大，亦似柚〔25〕。"

"弥子，圆而细，其味初苦后甘，食皆甘果也。"

《杜兰香传》曰〔26〕："神女降张硕。常食粟饭，并有非时果。味亦不甘，但一食，可七八日不饥。"〔27〕

【注释】

〔1〕引文分见《山海经》卷八《海外北经》及卷二《西山经》"西次三经"。"所在"，今本作"所生"。《山海经》卷一四《大荒东经》有"百谷所在"，郭璞注："言自生也。"则《要术》的"所在"，自是所据不同，不能认为是"所生"之误。但"赤树"今本作"赤树"，《要术》似误。

〔2〕见《吕氏春秋·本味》。小注是高诱注。正注文并同《要术》。

〔3〕《临海异物志》：《隋书》、新旧《唐书》经籍志均著录，题称"沈莹撰"。全称应是《临海水土异物志》。"临海"犹言沿海，非指临海郡。书已佚。沈莹，吴末晋初人。以下所引自"杨桃"至"王坛子"十二种果子，均引自《临海异物志》。《御览》将这十二种果子，每种分列一目，均冠以"《临海异物志》曰"，全部引录在卷九七四中，次序先后同《要术》，文句也基本相同。

〔4〕杨桃：即酢浆草科的五敛子（Averrhoa carambola），也叫阳桃、羊桃。果实椭圆形，两端狭缩，下端具短尖头，有5棱，间或3—6棱，未熟时果皮青绿色，熟时黄绿色。一年内开花数次，自夏至秋，相继不绝。古人描述植物的"似"什么，往往只是指某些方面的相似，如这里的"似橄榄"，只是指它两端狭缩的形状，不是指它的棱和大小。本篇中"似"的描述很多，这是必须注意的。

〔5〕"梅桃子"，《御览》引作"杨桃子"，因此这条也列在"杨桃"项下，

一字之误，致使混二为一。梅桃子，未详是何种植物。《临海水土异物志辑释》(农业出版社，1981年)以为是山樱桃(Prunus tomentosa，蔷薇科)，但山樱桃果实大小如樱桃，跟"果实三寸大"相差很远。

〔6〕晋安：郡名，始置于晋，故治在今福州。"候"，金抄、明抄、湖湘本如字，《御览》引同，他本作"侯"。按，"候官县"，东汉末改西汉冶县置，以西汉曾在其地置"候官"(迎送宾客、斥候军警)得名，晋为晋安郡治所，在今福州。"候"以后乃改作"侯"。

〔7〕杨摇：所谓果实从树皮中长出来(原文"子生树皮中"，应指"生自树皮")，该是桑科无花果属(Ficus)的植物，但此属的果实都没有棱，则又不是。有人认为是酢浆草科的五敛子，但果实从树皮中长出无法解释，显然也不是。因此，杨摇究为何种植物，仍无从确指。

〔8〕冬熟：作为果名，不像，疑上文脱去果名。冬熟和下文的"关桃子"、"土翁子"、"枸槽子"，究为何种果子，均未详。近人有认为枸槽子就是茄科的枸杞(Lycium chinense)，恐非。

〔9〕猴闼(tà)子：清赵学敏《本草纲目拾遗》卷八记载有"猴闼子"，引《宦游笔记》说："出临海深山茅草中，土名'仙茅果'，秋生冬实，樵人采食，并可磨粉。"石蒜科仙茅属有仙茅(Curculigo orchioides)，多年生草本，根和根状茎肉质粗壮，野生于荒草地，或混生在山坡茅草丛中，我国西南、两广等地有分布。浆果长矩圆形，大小略如指头。未知即古名"猴闼子"否？

〔10〕明抄及《御览》引作"土"，他本作"土"。

〔11〕漆子：漆树(Toxieodendron vernicifluum，漆树科)的小核果。

〔12〕枸：各本同，金抄作"拘"，《御览》引作"狗"。

〔13〕鸡橘子：芸香科金柑属(Fortunella)的一种。唐段公路《北户录》怀疑《临海异物志》的"鸡橘子"就是"山橘子"〔按是金柑属的金豆(F. hindsii)，今仍有"山橘"之名〕，虽然未必同物，至少道出了同类相似果实的见解，是正确的。《本草纲目》卷三一"枳椇"记载滇人称枳椇为"鸡橘子"，那是枳椇别名"鸡距子"的方音转讹，和"橘"不相干。鸡橘子自是金柑属的一种，不能被滇名所混，误认为是鼠李科的枳椇(Hovenia dulcis)。

〔14〕"大如指"，《御览》引作"如指头大"。

〔15〕永宁：县名，汉置，治所在今浙江温州。"永宁"下《御览》引多"南"字。

〔16〕猴总子：《本草纲目拾遗》卷八称："又临海出猴总子，一名'土柿'，每年九、十月间生，形与红柿同。"则猴总子应是柿树科柿属(Diospyros)的小型果柿，但种类多，仅凭简略所记难以确指为何种。近有人认为是油柿(Diospyros kaki var. sylrestris)，似亦悬测。

〔17〕多南子：该是藤黄科的倒捻子（Garcinia mangostana）。清郭柏苍《闽产录异》卷二记载有"冬年"说："结子如妇人乳头，倒粘于树，未熟色赤味涩，既熟色紫味甘。按《齐民要术》曰：'多南子，出晋安。' 即此果也。" 又名"倒粘子"、"丹粘子"、"都念子"，都是方音异呼，"多南子"、"冬年"也是如此。

〔18〕"出晋安"，《御览》引作"晋安候官界中有"。

〔19〕王坛子：是芸香科的黄皮（Clausena lansium），又名"黄弹子"、"黄淡子"。原产我国南方及印度等地。南宋张世南《游宦纪闻》卷五："《长乐志》曰'王坛子'。旧记又云：'相传生于王霸坛侧。'" 清吴震方《岭南杂记》卷下："黄皮果，大如龙眼，又名'黄弹'。"

〔20〕越王：古代越人的一支闽越人，秦汉时分布于今福建北部、浙江南部的部分地区。其首领无诸，汉初受封为闽越王，都城冶县，即东汉后的候官，在今福州。

〔21〕"有似木瓜"下《御览》引尚有"七月熟，甘美也"句。

〔22〕黄丕烈刊叶氏宋本《博物志》只是："张骞使西域还，乃得胡桃种。" 但《初学记》卷二八"石榴"引《博物志》同《要术》，唐玄应《一切经音义》卷六"蒲桃"引《博物志》也有这三种，《御览》引同（分引在卷九七〇、九七一、九七二有关各目）。据《汉书·西域传上》记载，张骞通西域引种进来的植物只是葡萄和苜蓿两种。

〔23〕刘欣期：东晋末人，其他无可考。　《交州记》：史志及私家书目均未著录，书已佚。交州，自吴至南朝，治所在龙编（今越南河内东北），辖境有今广东、广西的一部分，及越南的北部、中部。所记"多感子"、"蔗子"、"弥子"，均未详。

〔24〕本条及"蔗子"、"弥子"二条，同出刘欣期《交州记》，未见他书引录。"感"，各本同，金抄作"咸"。

〔25〕柚：柚子，是芸香科的Citrus grandis。又名"文旦"、"抛"。

〔26〕《杜兰香传》：史志不见著录。《类聚》卷八一及《御览》卷九八四、九八九均引作曹毗《杜兰香传》。已亡佚。曹毗，晋人，《晋书》本传提到"时桂阳张硕为神女杜兰香所降"，不提给她写传事。

〔27〕《类聚》卷八二"菜蔬"、《御览》卷九六四"果"均引到神女杜兰香下嫁（"降"）张硕此条，文句有异。

【译文】

《山海经》说："平丘地方……百果自然生长。""不周山上……长着好果子,它的果实像枣子,叶子像桃叶,黄色的花,赤色的〔萼〕,吃了不饥饿。"

《吕氏春秋》说:"常山北面,投渊的上面,长着百果,是群帝所食。"〔高诱注解说〕:"群帝,指先归天的众帝。"

《临海异物志》说:"杨桃,果实像橄榄,味道甜。五月和十月成熟两次。俗话说:'杨桃相接续,一年有三熟。'果实黄绿色,核像枣核。"

《临海异物志》说:"梅桃子,产在晋安候官县。一小株收得几十石。果实三寸大,可以用蜜渍藏。"

《临海异物志》说:"杨摇,果实有七道棱,从树皮中长出来。它的模样虽然奇异,味道却没有什么特别。有四五寸长,黄绿色,味道甜。"

《临海异物志》说:"冬熟,果实像手指大小,颜色正赤,味道甜,比梅子好吃。"

"猴闼子,像指头大,有点苦味,可以吃。"

"关桃子,味道酸。"

"土翁子,像漆子大小,成熟时甜中带酸,颜色青黑。"

"枸槽子,像指头大,颜色正赤,味道甜。"

"鸡橘子,像手指大,味道甜。永宁边界上有生产。"

"猴总子,像小指头大,形状和柿子相似,味道也不比柿子差。"

"多南子,像手指大,紫色,味道甜。和梅子相像。出在晋安。"

"王坛子,像枣子大小,味道甜。出在候官,越王祭太一神的神坛边上有这种果子。没有人知道它的名称,因为它长在越王祭坛的旁边,因而就管它叫'王坛'。果子比龙眼小,形状像木瓜。"

《博物志》说:"张骞出使西域回来,带来了安石榴、胡桃、葡萄。"

刘欣期《交州记》说:"多感子,黄色,周围一寸大。"

"蔗子,像瓜大,也像柚子。"

"弥子,圆而细小,味道初吃时苦,后来转甜,吃着个个是甜美的果子。"

《杜兰香传》说:"神女杜兰香下嫁张硕。常吃粟米饭,还有过了时令的果子。果子味道也不甜,但一吃,可以七八天不饥饿。"

枣(八)

《史记·封禅书》曰:"李少君尝游海上,见安期生食枣,大如瓜。"〔1〕

《东方朔传》曰〔2〕:"武帝时,上林献枣。上以杖击未央殿槛,呼朔曰:'叱叱! 先生来,来,先生知此箧里何物?'朔曰:'上林献枣四十九枚。'上曰:'何以知之?'朔曰:'呼朔者,上也;以杖击槛,两木,林也;朔来,来者,枣也;叱叱者,四十九也。'上大笑。帝赐帛十匹。"〔3〕

《神异经》曰〔4〕:"北方荒内,有枣林焉。其高五丈,敷张枝条一里余。子长六七寸,围过其长。熟,赤如朱。干之不缩。气味甘润,殊于常枣。食之可以安躯,益气力。"〔5〕

《神仙传》曰:"吴郡沈羲,为仙人所迎上天。云:'天上见老君,赐羲枣二枚,大如鸡子。'"〔6〕

傅玄《赋》曰〔7〕:"有枣若瓜,出自海滨;全生益气,服之如神。"

【注释】

〔1〕《史记·封禅书》作:"臣(李少君自称)尝游海上,见安期生。安期生食巨枣,大如瓜。"司马贞《索隐》:"包恺云:'巨,或作臣。'"《南方草木状》"海枣树"引亦作"臣"。李少君:汉时以神仙方术骗取统治者信任的方士,汉武帝时以辟谷却老长生等方术晋见,颇得信任。安期生:秦时方士,据说卖药海边,后来传说很多,成为海中蓬莱山的仙人。

〔2〕《东方朔传》:《隋书·经籍志二》等著录,八卷,不著作者姓名。书已佚。东方朔(前154—前93),汉武帝时为太中大夫,性诙谐滑稽,善辞赋。

〔3〕《类聚》卷八七、《御览》卷九六五"枣"均引到此条,文句稍异,内容相同。上林:上林苑,汉武帝时宫苑名,就秦苑扩建,周围二百余里,故址在西安西及周至、户县(今为鄠邑区)界。苑内放养禽兽,供皇帝射猎,并栽植各方所献名果异树,又建离宫、观、馆数十处。其所植名果种类,《西京杂记》有记录,《要术》多有引录。

〔4〕《神异经》:旧题东方朔撰,西晋张华注,实为伪托。原书散佚,今本是辑录唐宋类书所引逸文而成。

〔5〕《类聚》卷八七、《御览》卷九六五"枣"及《证类本草》卷二三"大枣"均引到《神异经》此条,文字互异。

〔6〕《御览》卷九六五引《神仙传》同《要术》。"沈羲",明抄、《御览》引及今本《神仙传》并同,金抄及明清刻本作"沈义"。这个神话,《神仙传》曾交代沈羲是说谎。

〔7〕"傅玄《赋》",据《初学记》卷二八"枣"及《御览》卷九六五所引,是傅玄的《枣赋》,二书各引其《赋》中之句,《要术》所引同《初学记》所引的末四句。

【译文】

《史记·封禅书》说:"李少君曾在海上闲游,见到安期生吃的枣,像瓜一样大。"

《东方朔传》说:"汉武帝时,上林苑进献新鲜枣子给皇上。皇上用木杖敲着未央殿的栏杆,叫东方朔说:'叱叱!先生来,来,先生晓得这小箱里面藏着什么东西?'朔说:'上林苑贡献的枣子四十九枚。'皇上说:'你怎么知道的?'朔说:'叫朔的,是皇"上";用杖子敲栏杆,是两根木,两木是"林";叫朔来,来,两个来是"枣";叱叱,七七是"四十九"。'武帝大笑。赏赐给他十匹绸子。"

《神异经》说:"北方极荒远地方,有一片枣林。枣树有五丈高,枝条伸展开来有一里多远。枣子六七寸长,周围的大小超过它的长。成熟时颜色红得像朱砂。干了也不缩小。气味甜,又滋润,跟普通的枣子大不相同。吃了可以使身体安适,增益气力。"

《神仙传》说:"吴郡人沈羲,被仙人迎接到天上去。他说:'在天上我见到了太上老君,老君赐我两个枣子,像鸡蛋一样大。'"

傅玄《〔枣〕赋》说:"有枣子像瓜,出在海边沿;益气能保健,吃了很神验。"

桃（九）

《汉旧仪》曰[1]：“东海之内度朔山上，有桃，屈蟠三千里。其卑枝间，曰东北鬼门[2]，万鬼所出入也。上有二神人：一曰‘荼’，二曰‘郁櫑’[3]，主领万鬼：鬼之恶害人者，执以苇索，以食虎。黄帝法而象之，因立桃梗于门户，上画荼、郁櫑，持苇索以御凶鬼；画虎于门，当食鬼也。”櫑音垒。《史记》注作“度索山”[4]。

《风俗通》曰：“今县官以腊除夕，饰桃人，垂苇索，画虎于门，效前事也。”[5]

《神农经》曰[6]：“玉桃，服之长生不死。若不得早服之，临死日服之，其尸毕天地不朽。”[7]

《神异经》曰：“东北有树，高五十丈，叶长八尺，名曰‘桃’。其子径三尺二寸，小核，味和，食之令人短寿。”[8]

《汉武内传》曰[9]：“西王母以七月七日降[10]……令侍女更索桃。须臾以玉盘盛仙桃七颗，大如鸭子，形圆色青，以呈王母。王母以四颗与帝，三枚自食。”

《汉武故事》曰[11]：“东郡献短人[12]。帝呼东方朔。朔至，短人因指朔谓上曰：‘西王母种桃，三千年一着子。此儿不良，以三过偷之矣[13]。’”

《广州记》曰：“庐山有山桃，大如槟榔形，色黑而味甘酢。人时登采拾，只得于上饱噉，不得持下——迷不得返。”[14]

《玄中记》曰[15]：“木子大者，积石山之桃实焉[16]，大如十斛笼。”

《甄异传》曰[17]："谯郡夏侯规亡后[18]，见形还家。经庭前桃树边过，曰：'此桃我所种，子乃美好。'其妇曰：'人言亡者畏桃，君不畏邪？'答曰：'桃东南枝长二尺八寸向日者，憎之；或亦不畏也。'"

《神仙传》曰："樊夫人与夫刘纲，俱学道术，各自言胜。中庭有两大桃树，夫妻各呪其一：夫人呪者，两枝相斗击；良久，纲所呪者，桃走出篱。"[19]

【注释】

　〔1〕《汉旧仪》：东汉初卫宏撰，所记都是西汉典礼。后人引录常与东汉末应劭的《汉官仪》混淆为一，因而改称此书为《汉官旧仪》。原书已佚，今本是从《永乐大典》中辑出。卫宏，东汉光武帝时任仪郎，治《毛诗》、《古文尚书》学。本条不载今本。《御览》卷九六七"桃"引到此条，题作"《汉旧仪》曰：《山海经》称"云云，则是引录《山海经》的，所引较简。清孙星衍校订的《汉旧仪》即将《御览》此条辑入"补遗"中。东汉王充《论衡·订鬼》、蔡邕《独断》卷上、《战国策·齐策》"桃梗"高诱注、《史记·五帝本纪》裴骃《集解》及《后汉书·礼仪志》刘昭注都引到《山海经》（或《海外经》）此条，文句详略不一，但今本《山海经》无之，似是佚文。

　〔2〕"其卑枝间，曰东北鬼门"，《论衡》引《山海经》是"其枝间东北曰鬼门"，《独断》也是"卑枝东北有鬼门"。《要术》显然倒错，应作"其卑枝间东北曰鬼门"。

　〔3〕"荼"(shū)、"郁櫑"，各书引《山海经》多作"神荼、郁垒"，第一、二、四字音伸、舒、律，为画在双扇大门上的门神名。

　〔4〕异写"度索山"，见《史记·五帝本纪》"帝颛顼"下"东至于蟠木"句裴骃《集解》引《海外经》。《要术》此注疑是后人加注。

　〔5〕见《风俗通义》卷八"桃梗"。二神名作"荼与郁垒"，为兄弟二人。《要术》所引是其文之后段。

　〔6〕《神农经》：《御览》引书总目中有《神农经》，列在道家书类，则为《道藏》书。但《抱朴子》、《博物志》所引《神农经》，当指《神农本草经》，又《初学记》卷二八"桃"引有《本草》一条说"玉桃，服之长生不饥"，则《神农经》又像《本草经》。究竟如何，不能确指，存疑。

〔7〕《御览》卷九六七引《神农经》，与《要术》所引全同。

〔8〕《御览》卷九六七引《神异经》多有异文。"短寿"，金抄、明抄等同，他本作"益寿"，《御览》引作"多寿"。

〔9〕《汉武内传》：唐宋书目均不题撰人姓名，明代乃题为班固撰，当系伪托。一说出自东晋葛洪之手。记述西王母降临汉宫，汉武帝向她学长生不老之术等故事。今传《汉武帝内传》及《太平广记》所录该传，均非完帙，但此条都有，文字稍异，内容相同。《初学记》卷二八、《御览》卷九六七也有引到，亦稍有异。这段记载，并见于《汉武故事》。

〔10〕西王母：即俗所称"王母娘娘"，古代神话中的女神，后为道教所信奉。其形象由最初的兽形怪物，几经塑造，终于变成一个三十来岁容貌绝世的美女。其神话故事传说很多。

〔11〕《汉武故事》：旧题东汉班固撰，或以为南齐时王俭作。记述汉武帝生平琐闻杂事。原书已残缺，鲁迅《古小说钩沉》辑本比较完备。《类聚》卷八六、《初学记》卷二八、《御览》卷九六七都引到这条，文句基本相同。

〔12〕东郡：郡名，秦置，汉因之，郡治在今河南濮阳西南。

〔13〕以三过偷之：以，通"已"。《博物志》卷三称："七月七日夜漏七刻，王母乘紫云车而至于殿西南。……王母索七桃，大如弹丸，以五枚与帝，母食二枚。……时东方朔窃从殿南厢朱鸟牖中窥母。母顾之，谓帝曰：'此窥牖小儿，尝三来盗吾此桃。'"后人因谓东方朔为仙人。

〔14〕此条《御览》卷九六七引作裴渊《广州记》，"迷"上有"下辄"二字，较顺妥。

〔15〕《玄中记》，《初学记》卷二八引作"郭氏《玄中记》"（假托郭璞所写），多有脱文。《御览》卷九六七也引到这条。

〔16〕积石山：在青海东南部，为昆仑山脉中支，黄河绕流其东南侧。

〔17〕《甄异传》：《隋书·经籍志二》著录，题称"晋西戎主簿戴祚撰"。书已佚。戴祚，《晋书》无传，生平不详。隋《志》又著录《西征记》二卷，戴延之撰"，而此书《新唐书·艺文志二》则著录为"戴祚《西征记》二卷"，因此昔人有认为戴祚即戴延之，祚名而延之其字。究竟怎样，无可究诘。《类聚》卷八六、《御览》卷九六七都引到这条，"夏侯规"作"夏侯文规"。

〔18〕谯郡：郡名，东汉置，故治在今安徽亳州。

〔19〕《类聚》卷八六、《御览》卷九六七引《神仙传》"两枝"作"便"。这是两桃树相斗，刘纲斗败，非其妻之桃两枝自斗，字宜作"便"。"便"亦写作"偄"，后来剥烂，脱去人旁，又讹分为"两支"，再有什么人加上木旁，就变成了"两枝"。

【译文】

《汉旧仪》说:"东海中的度朔山上,有一株大桃树,盘盘曲曲展延开来三千里。它东北面的低枝之间,叫'鬼门',是千千万万的鬼所出入的。门上有两个神人,一个叫'荼',一个叫'郁櫑',他俩管束着千万的鬼:所有害人的恶鬼,都用苇索捆绑起来,喂给老虎吃。黄帝就依法把它象征化了,因而就在门口插立桃枝,门上画着荼和郁櫑的像,手里拿着苇索准备绑凶鬼,还画着老虎,就是让它吃鬼的。"櫑音垒。"度朔山",《史记》注作"度索山"。

《风俗通》说:"现在县官在腊月除夕,雕饰桃木为人,拿苇索挂在门口,在门上画着老虎,就是仿效从前的故事。"

《神农经》说:"玉桃,吃了可以长生不死。如果不能早日吃到,临死这天吃掉它,尸体与天地一样长久,不会腐烂。"

《神异经》说:"东北有一株大树,五十丈高,叶子八尺长,叫作'桃'。果实直径三尺二寸,核小,味道平和,吃了使人短寿。"

《汉武内传》说:"西王母在七月七日降临汉宫……叫侍女再拿桃子来。过一会,侍女用玉盘盛着七颗仙桃,像鸭蛋大,圆形,颜色青,呈上王母。王母拿四颗给武帝,三颗自己吃。"

《汉武故事》说:"东郡献来一个矮人。武帝就唤东方朔。东方朔到时,矮人指着朔对武帝说:'西王母种的桃,三千年结一次果实。这人很不好,已经来偷过三次桃了。'"

《广州记》说:"庐山上有山桃,像槟榔那样大,颜色黑,味道甜中带酸。人们常常上山采摘拾取,只能在山上饱饱地吃,不能挈带下来,否则会迷了路回不来。"

《玄中记》说:"树木中果实大的,有积石山的桃,大到像十斛的竹笼。"

《甄异传》说:"谯郡人夏侯规死去后,现出人形回家。经过院子前面的桃树旁边,说道:'这桃是我种的,桃子味美好吃。'他妻子说:'听人说,死人怕桃树,你不怕吗?'回答说:'桃树东南面二尺八寸长向阳的枝条,很讨厌,但也不一定怕它。'"

《神仙传》说:"樊夫人和丈夫刘纲,都学道家法术,各自夸说自己的道术高强。院子中有两株大桃树,夫妻各对一株念咒,结果夫人念的〔便和刘纲念的〕相斗打;过了好长时间,刘纲念的一株逃出院子篱笆了。"

李(一〇)

《列异传》曰[1]："袁本初时[2]，有神出河东，号'度索君'。人共立庙。兖州苏氏母病[3]，祷。见一人着白单衣，高冠，冠似鱼头，谓度索君曰：'昔临庐山下，共食白李未久，已三千年。日月易得，使人怅然！'去后，度索君曰：'此南海君也。'"

【注释】

〔1〕《列异传》：《隋书·经籍志二》著录，题称"魏文帝撰"（即曹丕）。但《旧唐书·经籍志上》、《新唐书·艺文志三》亦著录，均作西晋张华撰。其内容刘宋裴松之注《三国志》已有征引，则此书可能是魏晋间人所写，但撰作时间应在曹丕之后，因书中所记有曹丕死后之事。原书已佚。《类聚》卷八六、《初学记》卷二八、《御览》卷九六八"李"均引到此条，《初学记》题名"魏文帝《列异传》"（托名曹丕），前一书较简，后二书基本同《要术》，"祷"作"往祷"，"往"字宜有。

〔2〕袁本初：东汉末袁绍（？—202），字本初。

〔3〕兖州：东汉州治在今山东金乡西北，刘宋移治今兖州。

【译文】

《列异传》说："袁本初时，河东出了个神人，号为'度索君'。老百姓给他建立了祠庙。兖州苏氏之母害病，到庙里祈祷。见到一人穿着白色单衣，戴着高帽，帽子形状像鱼的头，〔来到庙里，〕对度索君说：'昔年在庐山脚下，我们一起吃白李，好像还没有多久，却已经过了三千年。岁月竟是这样容易度过，真使人惆怅！'这人走后，度索君说：'这就是南海君。'"

梨(一一)

《汉武内传》曰："太上之药，有玄光梨。"[1]

《神异经》曰："东方有树,高百丈,叶长一丈,广六七尺,名曰'梨'。其子径三尺,割之,瓢白如素。食之为地仙,辟谷,可入水火也。"〔2〕

《神仙传》曰〔3〕:"介象,吴王所征,在武昌〔4〕。速求去,不许。象言病,帝以美梨一奁赐象。须臾,象死。帝殡而埋之。以日中时死,其日晡时,到建业〔5〕,以所赐梨付守苑吏种之。后吏以状闻,即发象棺,棺中有一奏符。"

【注释】

〔1〕今本《汉武帝内传》(《丛书集成》排印《守山阁丛书》钱熙祚校订本)记载着许多"太上之药",就是没有"玄光梨",则有遗漏。《御览》卷九六九"梨"引《汉武内传》同《要术》,《类聚》卷八六及《初学记》卷二八"梨"所引有异文。

〔2〕《类聚》卷八六、《御览》卷九六九引并同今本据唐宋类书辑录的《神异经》,与《要术》引有异文。

〔3〕《类聚》卷八六及《御览》卷九六九所引,较《要术》有节简。

〔4〕吴王:指三国吴的君主孙权(182—252)。　武昌:孙权于公元221年建都武昌(翌年称帝),在今湖北鄂城。

〔5〕建业:孙权于公元229年自武昌迁都建业,在今南京。据此,介象最迟应是在229年孙权还在武昌时被征召的,同年某日中午死,同日黄昏到建业,而孙权得报告后随即开棺。显然孙权那时还没有迁都建业,可介象却捷足先登了。神仙故事不足为凭。

【译文】

《汉武内传》说:"最上等的仙药,有一种玄光梨。"

《神异经》说:"东方有一种大树,高一百丈,叶子一丈长,六七尺阔,名称叫'梨'。果实直径三尺,剖开来,果肉像素绢一样白。吃了可以成地仙,可以辟谷不吃东西,可以进入水中火中不受伤。"

《神仙传》说:"介象,吴王征召了他,那时在武昌。他要求赶快回去，吴王不允许。介象就装病，吴帝送给他一匣好梨子。过一会，介象死了。吴帝就把他出殡埋葬了。他是中午死的，可到黄昏时，他却到了建业，将吴帝所赐的梨子交给守卫宫苑的小吏，嘱咐他种下去。后来该吏将这情况告诉皇上，随即掘开介象的棺木，棺材里面只有一纸奏敕符篆。"

奈(一二)

《汉武内传》曰："仙药之次者，有圆丘紫奈，出永昌。"[1]

【注释】

〔1〕今本《汉武帝内传》关于"仙药"的记载是："王母曰：'……太上之药……碧海琅菜……北采玄都之绮华〔按"华"是"葱"字之误，见"菜茹(五〇)"〕……东掇扶桑之丹椹……其次药……下摘圆邱之紫奈……八陔赤薤……'"这些药《要术》分别摘引于本目及"椹(三九)"及"菜茹(五〇)"。本目今本《汉武帝内传》缺"出永昌"句，《类聚》卷八六及《初学记》卷二八"奈"引亦缺。永昌，汉郡名，故治在今云南保山东北。

【译文】

《汉武内传》说："次等的仙药，有圆丘的紫奈，出在永昌。"

橙(一三)

《异苑》曰[1]："南康有萐石山[2]，有甘、橘、橙、柚。就食其实，任意取足；持归家人嗽，辄病，或颠仆失径。"

郭璞曰[3]："蜀中有'给客橙'[4]，似橘而非，若柚而芳香。夏秋华实相继，或如弹丸，或如手指，通岁食之。亦名'卢橘'。"

【注释】

〔1〕《异苑》：南朝宋刘敬叔撰。记述先秦迄刘宋的怪异之事，尤以晋代为多。今本《异苑》有明胡震亨校刊本，《四库全书总目提要》说就是胡震亨"采诸书补作者"。刘敬叔，今江苏徐州人，曾任给事中，泰始（465—471）中卒。《御览》卷九七一"橙"引到《异苑》此条，地名作"南康归美山石城内"，余同。明胡震亨校刊本《异苑》地名同《御览》，似据《御览》辑录。

〔2〕南康：郡名和县名，皆晋置。郡治西晋在今江西于都东北，东晋在今赣州。县即今江西南康。

〔3〕"郭璞曰"云云是郭璞注司马相如《上林赋》"卢橘夏熟"文。其文见于《史记·司马相如列传》裴骃《集解》引郭注，基本同《要术》引，惟"或如手指"作"或如拳"。按：这是芸香科金柑属（Fortunella）的植物，金柑属中有金枣（F. margarita），通称"长金柑"，果实长圆形或长倒卵形，则如手指或如拳都像（如拳只是倒卵形相像，非关大小）。

〔4〕给客橙：原文记明又名"卢橘"。卢橘是金柑属（Fortunella）的植物。

【译文】

《异苑》说："南康有蒵（xí）石山，山中有柑子、橘子、橙子、柚子。人们只能在山上就地吃，任凭你吃到腻足，如果拿回来给家里人吃，就会生病，或者跌倒迷失了路。"

郭璞〔注司马相如《上林赋》〕说："蜀中有一种'给客橙'，像橘而不是橘，像柚子而芳香。从夏到秋开花结果，相继不绝，果实有的像弹丸，有的像手指，整年可以吃。也叫'卢橘'。"

橘（一四）

《周官·考工记》曰〔1〕："橘逾淮而北为枳〔2〕……此地气然也。"

《吕氏春秋》曰："果之美者……江浦之橘。"〔3〕

《吴录·地理志》曰〔4〕："朱光禄为建安郡〔5〕，中庭有橘，冬月于树上覆裹之，至明年春夏，色变青黑，味尤绝美。《上林赋》曰：‘卢橘夏熟’，盖近于是也。”

裴渊《广州记》曰：“罗浮山有橘[6]，夏熟，实大如李；剥皮噉则酢，合食极甘。又有‘壶橘’[7]，形色都是甘，但皮厚气臭[8]，味亦不劣。”

《异物志》曰[9]：“橘树[10]，白花而赤实，皮馨香，又有善味。江南有之，不生他所。”

《南中八郡志》曰[11]：“交趾特出好橘，大且甘；而不可多噉，令人下痢。”

《广州记》曰[12]：“卢橘，皮厚，气、色、大如甘，酢多。九月正月□色[13]，至二月，渐变为青，至夏熟。味亦不异冬时。土人呼为‘壶橘’。其类有七八种，不如吴会橘。”

【注释】

〔1〕节引《周礼·考工记》，文同。

〔2〕枳：芸香科的 Poncirus trifoliata，也叫“枸橘”。但枳和橘同科异属，橘不可能变为枳。所以出现这种现象，现今有植物学者推测，可能是以枳树为砧木的橘嫁接苗，移到淮北禁受不了较寒的气候条件，因而死去，而枳树耐寒能够适应，所以仍然活着蘖发新枝，长成枳树。这是有可能的。

〔3〕节引《吕氏春秋·本味》，文同。

〔4〕《吴录》：西晋张勃撰，《隋书》、《旧唐书·经籍志》均称“三十卷”，《地理志》应是其中之一篇。原书已佚。张勃，只知是三国吴的鸿胪（掌管朝贺庆吊的赞礼官）张俨之子，其他不详。《史记·司马相如列传》司马贞《索隐》引《吴录》较简。《类聚》卷八六、《初学记》卷二八、《御览》卷九六六均引到此条，与《要术》所引互有异文。《御览》将《吴录·地理志》原引的《上林赋》另列一条，致使“盖近是也”悬空为游词。《类聚》又在“味尤”与“绝美”之间插进“酸正裂人牙”五字，致使与“绝美”大相牴牾，原来它是从上文引魏文帝诏文中错入的。

〔5〕建安郡：吴置，故治在今福建建瓯。

〔6〕罗浮山：在广东增城、博罗、河源间，绵亘数百里。主峰飞云顶，多

瀑布,风景优美,为游览胜地。

〔7〕壶橘:据下引《广州记》,就是"卢橘"。清吴其濬《植物名实图考》卷三一"金橘"称:"冬时色黄,经春复青,或即以为卢橘。"卢是饭笥,和壶都是指其长圆或长倒卵形的形状。壶橘、卢橘都是芸香科金柑属(Fortunella)的某些种。其中金枣(F. margarita),现仍别名"罗浮",就是因罗浮山而传名。金橘则是金柑的俗名。

〔8〕气臭:辛香气味浓烈。《本草纲目》卷三〇"柚":"其味甘,其气臭","其皮粗厚而臭"。古人所谓"臭",除葱蒜类的荤臭气外,又指一种强烈刺激的辛香气,非指腐秽臭气。

〔9〕《御览》卷九六六引《异物志》末尚有"交趾有橘,置长官一人,秩三百石,主岁贡御橘"句。《类聚》卷八六、《初学记》卷二八所引都有设官掌管贡橘的记载,北宋吴淑《事类赋》卷二七所引只有设官贡橘的记载。又,《初学记》题作"曹叔《异物志》","曹叔"应是"曹叔雅"之误。但相同内容卷二〇"贡献"又题作"杨孚《异物志》",当有一误。惟引杨孚《志》作"里又有美味",此指果瓣,非指果皮,"里"字必须有,《要术》及各书所引均脱"里"字。"美"也比"善"好。

〔10〕这里的橘和《南中八郡志》的橘都是通常所称的橘。柑和橘在现代植物分类上常统称为柑橘,以代表柑橘属(Citrus)中的宽皮柑橘类(橙、柚都是Citrus属,但果皮不易剥离)。一般说来,柑的果皮海绵层稍厚,剥皮稍难,但比橙等容易得多;橘的海绵层薄,剥皮很容易。

〔11〕《南中八郡志》:各史志书目未见著录。《文选·蜀都赋》刘逵(渊林)注引有"魏完《南中志》",据清章宗源、姚振宗二种《隋书经籍志考证》均认为《南中志》就是《南中八郡志》,魏完即其作者。《后汉书》注所引《南中志》二条,在他人或他书均引作《南中八郡志》,说明前者是后者的简称。惟魏完,日人杉本直治郎认为应作魏宏(见所著《〈西南异方志〉与〈南中八郡志〉》,载《东洋学报》第47卷,1962年)。原书已佚。魏完可能是西晋初人。南中,古地区名,其地相当今西南四川大渡河以南和云贵两省。三国蜀汉以巴、蜀为根据地,"南中"在巴、蜀之南,故名。八郡,蜀汉时指犍为、牂牁、越嶲、永昌、朱提、建宁、云南、兴古八郡;魏灭蜀后,又附益交趾、九真等郡。

〔12〕《广州记》:这种不题撰人姓名的《广州记》,《要术》引有多条,可能当时有一种不标姓名的本子在流行。凡《要术》不题姓名而他书引录时题姓名者,在原文校记内校明。

〔13〕"九月正月□色",有脱误。《史记·司马相如列传》司马贞《索隐》引《广州记》作"九月结实正赤",可能是对的。

【译文】

《周礼·考工记》说："橘树移栽越过了淮河以北，便变成了枳树……这是地理环境不同使它这样的。"

《吕氏春秋》说："果实中味道美好的……有江浦的橘。"

《吴录·地理志》说："朱光禄任建安郡太守，庭院中有橘树，冬天把树上的橘子包裹起来，到明年春夏天，橘子变成了青黑色，味道尤其美好。《上林赋》说的'卢橘夏熟'，大概和这情形相近似。"

裴渊《广州记》说："罗浮山有一种橘子，夏天成熟，像李子一样大小；剥掉皮吃味道酸，连皮一起吃很甜。又有一种'壶橘'，形状、颜色都像柑子，不过皮厚些，辛香气味浓烈，味道也不坏。"

《异物志》说："橘树，开白色的花，结赤色的果子，果皮芳香，〔里面〕又有美好的味道。只有江南有，其他地方不生长。"

《南中八郡志》说："交趾特别出产有好橘子，大而且甜；可是不可多吃，多吃了使人下痢。"

《广州记》说："卢橘，果皮厚，香气、颜色、大小都像柑，多酸味。九月到正月〔，颜色正赤〕。到明年二月，渐渐变成青色，到夏天成熟。味道也与冬天时候没有什么两样。土人叫作'壶橘'。这一类有七八种，都不及吴郡、会稽郡的橘子好。"

甘(一五)

《广志》曰："甘有二十一核[1]。有成都平蒂甘，大如升，色苍黄。犍为南安县[2]，出好黄甘。"

《荆州记》曰："枝江有名(？)[3]。宜都郡旧江北有甘园[4]，名'宜都甘'。"

《湘州记》曰[5]："州故大城内有陶侃庙[6]，地是贾谊故宅[7]。谊时种甘，犹有存者。"

《风土记》曰："甘，橘之属，滋味甜美特异者也。有黄者，有赪者，谓之'壶甘'。"[8]

【注释】

〔1〕"核",金抄空白二格,《津逮》本及清刻本作"种",明抄作"核",当系"核"字之误。这句《类聚》卷八六引作"有甘一核",《初学记》卷二八引作"有黄甘,一核",都是"核",不是"种"。《本草纲目》卷三〇记载"乳柑"说:"一颗仅二三核,亦有全无者……为柑中绝品也。"浙江黄岩、江西南丰所产乳橘(Citrus reticulata var. kinokuni),福建漳州、广东潮安等地所产蕉柑(Citrus reticulata var. tankan),都只有一二颗种子,或者全无,品质甘美。而"甘一"很容易错成"廿一",再错就变成"二十一",所以,"甘有二十一核",应如《类聚》所引作"有甘一核",前二字又倒错了。

〔2〕南安县:汉置,南朝齐以后废,故治在今四川乐山。犍为郡属县。

〔3〕枝江:县名,汉置,故治在今湖北枝江。"名"下《御览》卷九六六引《荆州记》有"甘"字,《渐西》本据补。

〔4〕宜都郡:三国蜀置,故治在今湖北宜都西北,在长江南岸。

〔5〕《湘州记》:据《隋书》、《新唐书》经籍志著录有庾仲雍、郭仲彦及缺名《湘州记》三种,《御览》引书总目又有甄烈《湘州记》一种,本条不知出自何种。惟据湘州旧城考之,当是公元412年以后的《湘州记》。书已亡佚。湘州,州治在今长沙。湘州于东晋咸和三年(328)并入荆州,至义熙八年(412)复设置,已在80多年之后,所谓"旧大城",应指复建州城前的旧城。

〔6〕陶侃(259—334):东晋大臣,今江西九江人。多次平定内乱后,任荆江二州刺史,都督八州诸军事,封长沙郡公。

〔7〕贾谊(前200—前168):西汉政论家、文学家,今河南洛阳人。汉文帝时曾任太中大夫。后为大臣所忌,贬为长沙王太傅,迁梁怀王太傅而卒。在长沙三年,所谓"旧宅",即居长沙时宅第。

〔8〕《御览》卷九六六引《风土记》"赪(chēng)者"重文,则专指"壶甘"。

【译文】

《广志》说:"有一种柑〔只有一颗核〕。又有成都出的平蒂柑,像一升的大小,颜色青黄。犍为郡南安县,出产有好黄柑。"

《荆州记》说:"枝江出产名〔柑〕。宜都郡旧时江北有柑园,所产的柑名叫'宜都柑'。"

《湘州记》说:"湘州旧大城内有陶侃庙,庙址原来是贾谊的旧宅。贾谊那时种的柑树,还有留存的。"

《风土记》说:"柑是橘一类的,不过滋味甜美特别不同。有黄色的,有赭红色的,称为'壶柑'。"

柚(一六)

《说文》曰[1]:"柚[2],条也,似橙,实酢。"

《吕氏春秋》曰:"果之美者……云梦之柚。"[3]

《列子》曰[4]:"吴楚之国,有大木焉,其名为'櫾'音柚,碧树而冬青,生实丹而味酸。食皮汁,已愤厥之疾。齐州珍之[5]。渡淮而北,化为枳焉。"

裴渊《记》曰[6]:"广州别有柚,号曰'雷柚'[7],实如升大。"

《风土记》曰:"柚,大橘也,色黄而味酢。"

【注释】

〔1〕"似橙,实酢",今本《说文》作"似橙而酢"。郭璞注《尔雅·释木》"柚,条"也是"似橙,实酢"。

〔2〕柚:芸香科柑橘属,学名Citrus grandis,又名"文旦"、"抛"。常绿乔木。果实大,果皮海绵层厚,白色或红色,其果肉随之同色。品种多,以文旦柚、沙田柚等品质为优。

〔3〕引文见《吕氏春秋·本味》,文同。云梦,古泽薮名,说法不一,大致在今洞庭湖及其以北地区。

〔4〕《列子》:相传战国时列御寇撰,《汉书·艺文志》著录之,八篇,早已亡佚。今本《列子》亦八篇,可能是晋人伪作,东晋张湛给它作注,有人说可能就是张湛编凑的伪书。列御寇,战国时道家代表,郑人。《庄子》中有许多关于他的传说。后世被道家所尊奉。引文见《列子·汤问》。《类聚》卷八七、《御览》卷九七三"柚"引均无"生"字,今本《列子》则无"青"字,此句作"碧树而冬生","生"应是"青"字之误。音注《列子》原有。

〔5〕齐州:作为州名,后魏皇兴三年(469)始设置(州治在今济南),时已在刘宋末年,与张湛时代乖违,因此不能作州名讲。《尔雅·释地》"齐州"邢昺疏:"齐,中也。中州,犹言中国也。"《列子·黄帝》:"不知斯齐国几千万里。"张湛注:"斯,离也;齐,中也。"正是张湛以"齐"为中央的。齐州即中州,就是中土、中原之意,谓中原不产柚子而特别珍贵也。

〔6〕"裴渊《记》",《御览》卷九七三引作"裴渊《广州记》",所引文中

无"广州"二字,《要术》也许是从书名窜入正文内。

〔7〕雷柚:雷通"罍"、"镭",古时壶形盛酒器。《本草纲目》卷三〇
"柚":"《广雅》谓之'镭柚'。镭亦壶也。"(今本《广雅》无此语)是所谓镭
柚,和壶橘一样,都以其圆倒卵形的形状如壶而得名。

【译文】

《说文》说:"柚,就是条,像橙子,味道酸。"

《吕氏春秋》说:"果实之中美好的⋯⋯有云梦的柚。"

《列子》说:"吴和楚的地方,有一种大树,名叫'樧'音柚,树冠
深绿色,叶子冬天常绿〔不脱落〕,结的果实〔里面带〕红色,味道酸。
吃它果皮煎的汁,可以治疗郁闷气逆的病。齐州人很珍视它。移栽
到淮河以北,就变成了枳树。"

裴渊《〔广州〕记》说:"广州别有一种柚,名叫'雷柚',果实像
一个升的大小。"

《风土记》说:"柚是大形的橘,果皮黄色,味道酸。"

椵(一七)

《尔雅》曰:"櫠,椵也。"〔1〕郭璞注曰:"柚属也。子大
如盂,皮厚二三寸,中似枳,供食之,少味。"〔2〕

【注释】

〔1〕引文见《尔雅·释木》,无"也"字。

〔2〕郭璞注同《要术》,惟无"供"字,《御览》卷九七三"椵"引郭注亦
无,《要术》似衍。而清邵晋涵《尔雅正义》"供"作"实",则"枳实"连文,
不知何据。

【译文】

《尔雅》说:"櫠(fèi),就是椵(jiǎ)。"郭璞注解说:"是柚子一类
的果树。果实像水盂大小,果皮二三寸厚,果肉像枳子,拿来吃味道
并不好。"

栗（一八）

《神异经》曰：“东北荒中，有木高四十丈，叶长五尺，广三寸，名‘栗’。其实径三尺，其壳赤，而肉黄白，味甜。食之多，令人短气而渴。”〔1〕

【注释】

〔1〕今本《神异经》“广三寸”作“广三尺二寸”，《要术》“寸”应是“尺”字之误；“食之”下无“多”字，《御览》卷九六四“栗”引《神异经》较简略，亦无“多”字。“多”也可以连下读，作“大多”讲。

【译文】

《神异经》说：“东北荒远地方，有一种大树，四十丈高，叶子五尺长，三〔尺〕阔，名叫‘栗’。果实直径三尺，果壳赤色，果肉淡黄色，味道甜。吃得多了，使人气急而口渴。”

枇　杷（一九）

《广志》曰〔1〕：“枇杷，冬花。实黄，大如鸡子，小者如杏，味甜酢。四月熟。出南安、犍为、宜都〔2〕。”

《风土记》曰〔3〕：“枇杷，叶似栗，子似蒳〔4〕，十十而丛生。”

《荆州土地记》曰〔5〕：“宜都出大枇杷。”

【注释】

〔1〕《御览》卷九七一“枇杷”引《广志》产地无“南安”、“宜都”。

〔2〕这三处应该都是郡名。南安郡，东汉置，郡治在今甘肃陇西境。犍为郡，汉置，有今四川犍为、宜宾等广大地区。宜都郡，已见“甘（一五）”注释。

〔3〕《御览》卷九七一引《风土记》末尾多“四月熟”句。

〔4〕蒳（nà）：蒳子。见“蒳子（四三）”。

〔5〕《御览》卷九七一引作《荆州记》,内容相同,说明《荆州土地记》也简称为《荆州记》。

【译文】

《广志》说:"枇杷,冬天开花。果实黄色,大的像鸡蛋,小的像杏子,味道甜酸。四月成熟。出在南安、犍为、宜都。"

《风土记》说:"枇杷,叶子像栗树叶,果实像药子,十个十个成簇地生长。"

《荆州土地记》说:"宜都出产大枇杷。"

椑(二○)

《西京杂记》曰:"乌椑,青椑,赤棠椑。"〔1〕
"宜都出大椑。"〔2〕

【注释】

〔1〕《西京杂记》卷一所列各种"名果",关于椑是:"椑三:青椑,赤叶椑,乌椑。"椑(bēi),即椑柿,又名漆柿,即柿树科的油柿(Diospyros kaki var. sylvestris),是柿的变种。

〔2〕"宜都出大椑"这句原接写在"赤棠椑"下面,变成《西京杂记》文,但《西京杂记》无此句。《御览》卷九七一"椑"引此句标明"《荆州土地记》曰",《要术》脱书名。

【译文】

《西京杂记》说:"有乌椑,青椑,赤棠椑。"

(《荆州土地记》说:)"宜都出产大椑。"

甘　蔗(二一)

《说文》曰:"藷蔗也。"〔1〕按:书传曰〔2〕,或为"芋蔗",

或"干蔗",或"邯睹",或"甘蔗",或"都蔗",所在不同。

雩都县土壤肥沃[3]，偏宜甘蔗，味及采色，余县所无，一节数寸长。郡以献御。

《异物志》曰："甘蔗，远近皆有。交趾所产甘蔗特醇好，本末无薄厚，其味至均。围数寸，长丈余，颇似竹。斩而食之，既甘；迮取汁为饴饧[4]，名之曰'糖'，益复珍也。又煎而曝之，既凝，如冰，破如博棋[5]，食之，入口消释，时人谓之'石蜜'者也。"

《家政法》曰："三月可种甘蔗。"

【注释】

〔1〕《说文》："藷，藷蔗也。蔗，藷蔗也。"都是"藷蔗"连文，这里不能读为"藷，蔗也"。古有单呼薯蓣类为"藷"，从无单呼甘蔗为"藷"。

〔2〕"书传曰"云云，是贾氏摘录文献所载甘蔗的异名。各异名均见于魏晋以后文献，但"芋蔗"未见，或应作"竿蔗"，但考虑到"芋"与"藷"、"都"音近，姑仍其旧。

〔3〕雩（yú）都县：汉置，在今江西于都。这条前面脱去书名。

〔4〕"为"，原作"如"，《御览》卷九七四引《异物志》作"为"，应作"为"。甘蔗汁未经煎制只能是蔗浆，不是"饴饧"。南宋王灼《糖霜谱》："自古食蔗者，始为蔗浆……其后为蔗饧……其后又为石蜜。"

〔5〕"博棋"，原作"博其"，形似之误。《御览》卷八五七"蜜"引《异物志》是"破如博棋，谓之石蜜"，据改。

【译文】

《说文》说："就是藷蔗。"〔思勰〕按：古书上记载或者作"芋蔗"，或者作"干蔗"，或者作"邯睹"，或者作"甘蔗"，或者作"都蔗"，多有不同。

雩都县土壤肥沃，特别宜于种甘蔗。甘蔗的味道和色泽，都是别的县及不到的，一节几寸长。郡里用来进贡皇家。

《异物志》说："甘蔗，远近地方都有。交趾出产的甘蔗，味道特别醇浓，从根到末梢没有甜淡之分，甜味极为均匀。周围几寸粗，一丈多长，很像竹竿。斩断了吃，固然甜美；榨出汁来煎成饴饧，管它叫'糖'，更可珍贵。又把汁煎得更浓，在太阳底下晒，等到凝固了，像冰一样，破开成棋子块的大小，拿来吃，入口就溶消了，当时人叫它为'石蜜'。"

《家政法》说："三月可以种甘蔗。"

薞（二二）

《说文》曰："薞，芰也。"〔1〕

《广志》曰："钜野大薞，大于常薞。淮汉之南，凶年以芰为蔬，犹以预为资也。钜野，鲁薮也。"〔2〕

【注释】

〔1〕"薞"，今本《说文》从水作"蓤"。二字通，《广雅·释草》："薞、芰，薢茩也。"今写作"菱"，即菱角，古又名"芰"。但菱和"芡（二六）"都是北方早有的，《要术》卷六《养鱼》就附有种芰、种芡的方法，并非"非中国物产"。

〔2〕《类聚》卷八二、《御览》卷九七五"菱"均引到《广志》此条。《要术》"大薞"下原有"也"字，二书引无；"为资"下原无"也"字，《类聚》引有。显然，《要术》"也"字原应在"为资"下，今为移正。钜野，古大泽名，在今山东巨野北，早已湮废。

【译文】

《说文》说："薞，就是芰。"

《广志》说："钜野的大薞，比一般的薞都大。淮河汉水以南，遇到荒年把菱角当粮食，好像靠薯蓣之类渡过难关一样。钜野，是鲁地方的大泽。"

椋（二三）

《尔雅》曰〔1〕："椋，楝其也。"郭璞注曰："椋，实似柰，

赤,可食。"〔2〕

【注释】

〔1〕引文见《尔雅·释木》,末无"也"字。郭注同《要术》。

〔2〕棪(yǎn):虽然郭璞作了这样的解说,但未见其他可资佐证的资料,未悉是何种植物。

【译文】

《尔雅》说:"棪,就是榽(sù)其。"郭璞注解说:"棪,果实像柰,赤色,可以吃。"

刘(二四)

《尔雅》曰〔1〕:"刘〔2〕,刘杙也。"郭璞曰:"刘子,生山中。实如梨,甜酢,核坚。出交趾。"

《南方草物状》曰〔3〕:"刘树,子大如李实。三月花色,仍连着实〔4〕。七八月熟,其色黄,其味酢。煮蜜藏之,仍甘好。"

【注释】

〔1〕引文见《尔雅·释木》,末无"也"字。郭注同《要术》。

〔2〕刘:又名"刘子",也叫"榴子树",文献间有记述,内容简略,不能确指为何种植物,但肯定不是安石榴。

〔3〕《南方草物状》:各家书目未见著录,惟类书、本草书多有引录,作者是徐衷,当是东晋、刘宋间人。所谓"草物"包括动、植、矿物,与专记"草木"的《南方草木状》是根本不相干的两本书。但北宋以前文献有引作《南方草木状》者,实即《南方草物状》,并非今本《南方草木状》。今本《南方草木状》,旧题晋嵇含撰,实系后人撮拾前人文献而成的伪书(见拙著《〈南方草木状〉的诸伪迹》,《中国农史》1984年第3期)。《御览》卷九七三"刘"引《南方草物状》较简约,但多产地:"出交趾、武平、兴古、九真。"

〔4〕《南方草物状》在说到开花结实过程时有一特用"术语"，总是说"×月花色，仍连着实"，为他书所绝无，是辨别徐表书的重要参证之一。吾点校改"色"为"包"（通"苞"），连下句读，但不致都错成"色"，而且苞片也有早落的，那就不是"仍然连着实"了。"色"应理解为显现颜色，即花朵开放之意；"仍"作"乃"字用，是那时习用词，全句是说某月开始展放花朵，接着不久就开始结果了。

【译文】

《尔雅》说："刘，就是刘杙 (yì)。"郭璞注解说："刘子，生在山中。果实像梨，味道甜酸，核坚硬。出在交趾。"

《南方草物状》说："刘树，果实像李子大小。三月展放花朵，接着不久就开始结果了。七八月成熟，颜色黄，味道酸。用蜜煮过渍藏，就甜美好吃。"

郁〔1〕（二五）

《豳·诗义疏》曰〔2〕："其树高五六尺。实大如李，正赤色，食之甜。

"《广雅》曰：'一名雀李，又名车下李，又名郁李，亦名棣，亦名薁李。'《毛诗·七月》：'食郁及薁。'"〔3〕

【注释】

〔1〕郁：即蔷薇科的郁李（Prunus japonica）。落叶小灌木，高1—1.5米。果实小，球形，暗红色。

〔2〕《豳·诗义疏》指《诗经·豳风》部分的《诗义疏》，《御览》卷九七三 "郁" 即引作《诗义疏》，引文基本相同，仅个别无关紧要字有差异。

〔3〕今本《广雅·释木》没有这么多的别名，文例亦迥异。此条应是《诗义疏》原引，只录其异名，改变《广雅》原文形式，这在古人引书是很平常的。但《要术》原系提行另列，姑存其原式。异名很多，可能《诗义疏》所见《广雅》原是如此，也可能出于别的书，《诗义疏》误题书名。但无论如何，此条是《诗义疏》文，末后殿以《诗》句，正是它疏《诗》的一种方式，以下各目

多见。

【译文】

《豳诗》的《诗义疏》说:"郁树五六尺高。果实像李子大小,颜色正赤,吃着味道甜。

"《广雅》说:'一名雀李,又名车下李,又名郁李,也叫棣,也叫奠李。'《毛诗·七月》有:'〔六月〕食郁及奠(yù)。'"

芡(二六)

《说文》曰:"芡,鸡头也。"〔1〕

《方言》曰〔2〕:"北燕谓之葰〔3〕,音役。青、徐、淮、泗谓之芡〔4〕,南楚江、淅之间谓之鸡头、雁头。"

《本草经》曰:"鸡头,一名雁喙。"〔5〕

【注释】

〔1〕《说文》同《要术》引。但"芡"已见于卷六《养鱼》,"中国"也有,与本卷体例不合。

〔2〕引文见《方言》卷三,是节引。《四部丛刊》本《方言》"葰"作"葰",疑误。"淅"是淅水,在河南西陲,是汉水的小支流,与长江不相称,《方言》作"南楚江、湘之间",疑是"湘"字之误。

〔3〕北燕:指今河北长城以北地方。

〔4〕青、徐、淮、泗:今山东中部至江苏北部等地区。

〔5〕《神农本草经》作:"鸡头实……一名雁喙实。"

【译文】

《说文》说:"芡,就是'鸡头'。"

《方言》说:"北燕地方管它叫'葰',音役。青、徐、淮、泗之间管它叫芡,南楚长江〔、湘水〕之间管它叫'鸡头'、'雁头'。"

《本草经》说:"鸡头,又叫'雁喙'。"

藷（二七）

《南方草物状》曰："甘藷[1]，二月种，至十月乃成卵。大如鹅卵，小者如鸭卵。掘食，蒸食，其味甘甜。经久得风，乃淡泊。出交趾、武平、九真、兴古也[2]。"

《异物志》曰："甘藷，似芋，亦有巨魁。剥去皮，肌肉正白如脂肪。南人专食，以当米谷。蒸、炙皆香美。宾客酒食亦施设，有如果实也。"[3]

【注释】

〔1〕甘藷（shǔ）：不是现在俗名"山薯"、"红苕"的旋花科植物番薯（Ipomoea batatas），而只能是薯蓣科薯蓣属（Dioscorea）的植物，但不像现在两广仍有栽培的甜薯（D. esculenta），未详何种。番薯原产美洲中部，哥伦布发现"新大陆"后才由越南等地传入我国，六朝那时根本不知道。

〔2〕武平：郡名，公元271年三国吴置，在今越南北部。　九真：郡名，在今越南中部偏北清化、河静等地。　兴古：郡名，公元225年三国蜀置，在今贵州西南角和云南边区。见清洪亮吉等《补三国疆域志补注》（《二十五史补编》）。

〔3〕《御览》卷九七四引作陈祈畅《异物志》，内容相同，"蒸炙"以下作正文。

【译文】

《南方草物状》说："甘藷，二月里种，到十月长成卵圆形的块。块大的像鹅蛋，小的像鸭蛋。掘出来生吃，或者蒸了吃，味道都甜。放久了受了风，味道就变淡了。出在交趾、武平、九真、兴古。"

《异物志》说："甘藷，像芋，中心也有大藷块。剥去皮，肉像脂肪一样白。南方人作为主食，当作米粮。蒸吃、烤吃都香美。宴请宾客的酒席上也用到它，好像果实一样。"

薁(二八)

《说文》曰："薁,樱也。"〔1〕

《广雅》曰："燕薁,樱薁也。"〔2〕

《诗义疏》曰："樱薁,实大如龙眼,黑色,今'车鞅藤'实是。《豳诗》曰:'六月食薁。'"〔3〕

【注释】

〔1〕《说文》作:"薁,婴薁也。"《要术》所引疑脱下一"薁"字。薁,这是葡萄科的蘡薁(Vitis adstricta),落叶木质藤本。浆果小球形,黑色。又名野葡萄、山葡萄。字又音郁,因此"薁"又是郁李的异名,即(二五)目的"郁"。孔颖达误认为《豳风·七月》的"薁"就是郁李,清王念孙《广雅疏证》、段玉裁注《说文》对此都有辩证。

〔2〕《广雅·释草》作:"燕薁,蘡舌也。"

〔3〕此条《御览》卷九七四无引,但引有《魏王花木志》转引《诗疏》称:"《诗疏》:一名'车鞅藤'。"或即指《诗义疏》。孔颖达没有见到《诗义疏》,因此根据《晋宫阁铭》推测《豳风·七月》的"薁"就是"薁李",变成与"郁"为同物,即郁李,引起后人的纠缠。

【译文】

《说文》说:"薁,就是樱〔薁〕。"

《广雅》说:"燕薁,就是樱薁。"

《诗义疏》说:"樱薁,果实像龙眼大小,黑色,就是现在'车鞅藤'的子实。《豳诗》有'六月食〔郁及〕薁'。"

杨　梅〔1〕(二九)

《临海异物志》曰："其子大如弹子,正赤,五月熟。似梅,味甜酸。"

《食经》藏杨梅法："择佳完者一石,以盐一升淹之。

盐入肉中，仍出，曝令干熇。取杬皮二斤，煮取汁渍之，不加蜜渍。梅色如初，美好，可堪数岁。"[2]

【注释】

〔1〕杨梅：杨梅科，学名Myrica rubra，常绿乔木，雌雄异株。原产我国，分布于长江以南各省区，有很多栽培品种。北方不产。

〔2〕《御览》卷九七二引《食经》基本相同，"可堪数岁"作"可留数月"。

【译文】

《临海异物志》说："杨梅果实像弹丸大小，颜色正赤，五月成熟。像梅子，味道甜酸。"

《食经》渍藏杨梅的方法："选得完整无损的好杨梅一石，用一升盐腌渍着。等到盐进入果肉中，就取出来，晒到干燥。再取杬木皮二斤，加水煮出汁来腌渍，不要加蜜浸渍。这样，杨梅颜色像新鲜的一样，很好，可以保藏几年。"

沙　棠(三〇)

《山海经》曰[1]："昆仑之山……有木焉，状如棠，黄华赤实，味如李而无核，名曰'沙棠'[2]。可以御水，时使不溺。"

《吕氏春秋》曰："果之美者，沙棠之实。"[3]

【注释】

〔1〕引文见《山海经·西山经》"西次三经"，文句略同。

〔2〕沙棠：文献所记，尚有《广志》、《南越志》、《登罗浮山疏》等，《本草纲目》也有记述，但除产地多为岭南外，没有更多的内容，而《本草纲目》说到："食之，却水病。"（卷三一"沙棠果"）又《本草纲目》卷三〇"海红"引沈立《海棠谱》说："棠有甘棠、沙棠、棠梨。"海红是蔷薇科的海棠果

（Malus prunifolia）。看来，沙棠似是蔷薇科苹果属（Malus）的植物。

〔3〕见《吕氏春秋·本味》，文同。

【译文】

《山海经》说："昆仑山中……有一种树，形状像棠树，开黄色的花，结赤色的果，味道像李子，但没有核，名叫'沙棠'。吃了可以抗御水害，不致溺水。"

《吕氏春秋》说："果实中美好的，有沙棠的果子。"

柤（三一）

《山海经》曰："盖犹之山，上有甘柤，枝干皆赤黄，白花黑实也。"〔1〕

《礼·内则》曰："柤、梨、姜、桂。"郑注曰："柤，梨之不臧者……皆人君羞。"〔2〕

《神异经》曰〔3〕："南方大荒中有树，名曰'柤'。二千岁作花，九千岁作实。其花色紫。高百丈，敷张自辅。叶长七尺，广四五尺，色如绿青〔4〕。皮如桂，味如蜜；理如甘草，味饴。实长九围，无瓤、核，割之如凝酥。食者，寿以万二千岁。"

《风土记》曰："柤，梨属，内坚而香〔5〕。"

《西京杂记》曰："蛮柤。"〔6〕

【注释】

〔1〕见《山海经·大荒南经》，"枝干皆赤黄"作"枝干皆赤，黄叶"，《要术》似脱"叶"字（《渐西》本补"叶"字）。柤（zhā），通"樝"，即"楂"字。这里是蔷薇科的樝子（Chaenomeles japonica）。樝子与木瓜同属，但与梨同科异属，不是"不好的梨"，陶弘景已指出郑玄误释；也不是王祯说的"小的梨"。

〔2〕《礼记·内则》"柤"作"樝",字同。郑玄注则是:"樝,蔾之不臧者。自牛脩至此三十一物,皆人君燕食所加庶羞也。"《要术》是摘引。"庶"是众多,"羞"是好食品。"樝蔾",据阮元校勘是"柤梨"之误。

〔3〕《御览》卷九六七"樝"引《神异经》较简,多有异文,末有小注:"张茂先注曰:'柤梨。'"《神异经》旧题张华(茂先)注。"围"状粗大,状"长"不词,《要术》"长"宜作"大",或如《御览》引作"实长九尺"。

〔4〕绿青:一种绿色颜料,是孔雀石的粉末作成,中国画常用以着色。

〔5〕"内坚",《观象庐丛书》本《要术》改作"肉坚",其实不改也可以。

〔6〕《西京杂记》是:"查三:蛮查,羌查,猴查。"蛮柤,即蔷薇科的榠楂(Cydonia sinensis),比木瓜大,黄色。榠楂和楂子味道都酸涩,但有特殊香气。

【译文】

《山海经》说:"盖犹的山上,生有甘柤,树枝树干都是赤色,〔叶〕黄色,花白色,果实黑色。"

《礼记·内则》说:"柤、梨、姜、桂。"郑玄注解说:"柤是不好的梨……这些都是君王的好食品。"

《神异经》说:"南方很荒远的地方,有一种大树,名称叫'柤'。两千年才开花,九千年才结果。它的花紫色。树有一百丈高,枝叶茂密地铺张开来簇拥着自身。叶子七尺长,四五尺阔,颜色像绿青。树皮像桂皮,味道像蜜;木理像甘草,味道甜。果实九围〔大〕,剖开来,里面没有瓤肉,也没有核,而是像凝结的酥油。吃到的人,长寿可到一万二千岁。"

《风土记》说:"柤是梨一类的,里面硬实而香。"

《西京杂记》说:"有蛮柤。"

椰（三二）

《异物志》曰〔1〕:"椰树〔2〕,高六七丈,无枝条。叶如束蒲,在其上。实如瓠,系在于巅〔3〕,若挂物焉。实外有皮如胡卢。核里有肤,白如雪,厚半寸,如猪肤,食之美于胡桃味也。肤里有汁升余，其清如水，其味美于蜜。食其肤，可以不饥；食其汁，则愈渴。又有如两眼处，俗人谓之'越王头'[4]。"

《南方草物状》曰："椰，二月花色，仍连着实；房相连累，房三十或二十七八子[5]。十一月、十二月熟，其树黄实[6]，俗名之为'丹'也[7]。横破之，可作碗；或微长如栝蒌子[8]，从破之，可为爵[9]。"

《南州异物志》曰[10]："椰树，大三四围[11]，长十丈，通身无枝。至百余年。有叶，状如蕨菜，长丈四五尺[12]，皆直竦指天。其实生叶间，大如升，外皮苞之如莲状[13]。皮中核坚。过于核，里肉正白如鸡子，着皮，而腹内空：含汁，大者含升余。实形团团然，或如瓜蒌。横破之，可作爵形，并应器用，故人珍贵之。"

《广志》曰："椰出交趾，家家种之。"

《交州记》曰："椰子有浆。截花，以竹筒承其汁，作酒饮之，亦醉也。"[14]

《神异经》曰[15]："东方荒中有'椰木'，高三二丈，围丈余，其枝不桥。二百岁，叶尽落而生华，华如甘瓜。华尽落而生萼，萼下生子，三岁而熟。熟后不长不减，形如寒瓜，长七八寸，径四五寸，萼覆其顶。此实不取，万世如故。取者掐取，其留下生如初[16]。其子形如甘瓜。瓤，甘美如蜜，食之令人有泽；不可过三升，令人醉，半日乃醒。木高，凡人不能得；唯木下有多罗树[17]，人能缘得之。一名曰'无叶'，一名'倚骄'。"张茂先注曰："骄，直上不可那也。"

【注释】

〔1〕《御览》卷九七二"椰"引《异物志》极简略，"愈渴"误作"增渴"，盖误解消解的"愈"为更加、越发也。

〔2〕椰树：即棕榈科的椰子（Cocos nucifera）。常绿乔木，高20—30米，直立无分枝，上下大小近乎一致。羽状复叶，簇生于茎顶，下束而上分。肉穗花序着生于顶端叶丛间。果实圆形或椭圆形，少数三棱形，直径15厘米以上，由外果皮、中果皮、内果皮、胚乳、胚和椰子水构成。外果皮即果实外表的革质薄层，中果皮成熟后是厚而疏松的棕色纤维层，内果皮即椰壳，坚硬，即所谓"核"。椰壳里面是胚乳，俗称"椰肉"，为白色的肉质层，富含脂肪，附着于椰壳上。胚乳里面为果腔，中含椰子水，即所谓"汁"或"浆"，其味清甜有香气，为热带地方最佳的清凉饮料。本目各书对椰果结构的描述都非常细致精确。

〔3〕"巅"，原作"山头"，不通。《史记·司马相如列传·上林赋》"留落胥余"，司马贞《索隐》引《异物志》作"系在颠"，《御览》卷九七二引作"系之巅"，显然，"山头（头）"是"巅"字拆开错成，据改。

〔4〕如两眼：指内果皮近基部的萌发孔。椰壳近基部有三个圆形凹点，幼芽从这里萌发，通称"果眼"或"芽眼"。其中一般仅有一个发育完全，其余两个较小，已退化。　　越王头：据《御览》卷九七二引《异物志》是指整个椰果。神话传说，古时林邑国王（东汉末建国于今越南中南部）与越王有怨隙，派刺客取得越王头，挂在树上，不久变为椰子。林邑国王恨极，取椰子剖开作饮器。越王是在大醉时被刺的，所以椰子浆就像酒一样。

〔5〕房：此指果序的分枝。

〔6〕"其树黄实"，椰子成熟时外果皮黄色或褐色，但文句勉强，疑应作"其实黄"。

〔7〕丹：马来语tua的对音，意思是成熟，非指丹色。

〔8〕栝蒌子：即葫芦科栝楼（Trichosanthes kirilowii）的果实，卵圆形至广椭圆形。也叫瓜蒌。

〔9〕关于用椰壳作器皿，旧时岭南笔记类书记载颇多，大如水罐子，小如碗、酒盏等，考究的镶以金属，以防破裂。

〔10〕《南州异物志》：《隋书》、新旧《唐书》经籍志均著录，《隋志》题"吴丹阳太守万震撰"。《要术》又引有《南方异物志》，实为同一书。书已佚。万震，三国吴时人，曾任丹阳太守，其他无可考。

〔11〕围：此指"拱把"为一围，即两手的拇指食指相围合。

〔12〕蕨菜：即凤尾蕨科的蕨（Pteridium aquilinum var. latiusculum），以其嫩叶可食，俗名"蕨菜"。叶大，羽状复叶，椰叶羽状复叶似之。　　长

丈四五尺：椰叶长4—6米，一丈四五尺合今尺还不到4米，毫不夸张。或谓"丈"字是衍文，删去，译成"四五尺长"，失察。

〔13〕指包裹在外面的中果皮，其纤维层疏松柔软，有似莲蓬。

〔14〕切断椰子的花轴，其"伤流"富含糖分，可以作成酒。其实植物果子"果糖"放着一段时日也会自然酵解变成酒。椰子水也一样，椰果放上几天，其富含糖水的浆水也会自然酒化，这时喝多了也会醉人，但新鲜椰果的浆水是不会醉人的。

〔15〕《御览》卷九七二引《神异经》极简略，止于"径四五寸"，无下文，但树高多"或十余丈"句，今辑本《神异经》作"高三千丈"。清初汪灏等《广群芳谱》所引多有润饰，疑后人所增改，但有错脱。

〔16〕"其留下生如初"，《广群芳谱》改作"若取子而留蕚，蕚复生子"。

〔17〕多罗树：南宋释法云《翻译名义集》卷三"林木篇"："多罗，旧名贝多。"贝多是梵语Pattra的音译，也译"贝多罗"。这是桑科无花果属（Ficus）的菩提树（Ficus religiosa），又名"思惟树"。参看（一一四）目"槃多"。

【译文】

《异物志》说："椰树，六七丈高，没有分枝。叶子像束着的一蓬蒲草，簇生在茎干顶上。果实像圆葫芦，着生在顶上，好像挂着什么东西似的。果实外面有一层皮，像葫芦的皮。核里面有一层肉，像雪一样白，半寸厚，像猪膘肉，吃起来比胡桃的味道还好。肉里面有一升多的液汁，像水一样清，味道比蜜还美。肉，吃了可以不饿；汁，喝了可以止渴。又果实上还有个地方像两只眼睛，因此俗人〔就把椰果〕叫作'越王头'。"

《南方草物状》说："椰子，二月绽放花朵，接着不久就开始结果。果实一房一房地连累着，每房有三十个或二十七八个果子。十一月、十二月成熟，果实成为黄色，本地人叫它为'丹'。〔圆形的〕横着破开，可以作碗；或者稍微长圆形像栝蒌子的，竖着破开，可以作酒盏。"

《南州异物志》说："椰树，有三四围粗，十丈高，整条树干没有分枝。寿命有一百多年。叶片像蕨菜的形状，一丈四五尺长，都耸直地指向天空。果实着生在叶丛间，有升那么大，外层有皮包着像莲蓬。皮里面的核，坚硬。通过核，里面有肉，颜色正白像熟的蛋白一样，是附着于核上的。而肉的内腔是空的，里面含着液汁，大的含有一升多的汁。果实的形状，有的团团的成圆形，有的像瓜蒌那样〔成椭圆形〕。横着破开来，可以作成酒器，也可以作成其他器皿，所以人们都觉得它很珍贵。"

《广志》说："椰子出在交趾，家家都有种植。"

《交州记》说："椰子有浆汁。切断花轴，用竹筒接得液汁，作成酒，喝了也会醉人。"

《神异经》说："东方荒远的地方，有一种'椰木'，三二丈高，周围一丈多粗，没有横枝条。二百年后，叶子完全脱落后长花，花像甜瓜的花。花落尽了长出萼，萼里面结果子，三年成熟。成熟之后，果实不长大，也不缩小，形状像寒瓜，七八寸长，直径四五寸，萼片覆盖着顶端。这果实如果不采摘，一万世之后，也还是那个老样子不变。采摘时要掐断果柄摘取，下面留着的还会像当初一样长出果子。果子形状像甜瓜。果瓤像蜜一样的甜美，吃了让人有光泽；但不可超过三升，使人醉醺醺的，半天才能醒过来。树很高，一般人采不到，不过树下面有多罗树长着，人们可以攀缘上去采得。这椰木又名'无叶'，又名'倚骄'。"张华注解说："骄是一直在上面没法采下的意思。"

槟　榔(三三)

俞益期《与韩康伯笺》曰[1]："槟榔[2]，信南游之可观：子既非常，木亦特奇，大者三围，高者九丈。叶聚树端，房构叶下，华秀房中[3]，子结房外。其擢穗似黍[4]，其缀实似谷。其皮似桐而厚，其节似竹而概[5]。其内空，其外劲，其屈如覆虹，其申如缒绳。本不大，末不小；上不倾，下不斜：调直亭亭[6]，千百若一。步其林则寥朗，庇其荫则萧条，信可以长吟，可以远想矣。性不耐霜，不得北植，必当遐树海南；辽然万里，弗遇长者之目，自令人恨深。"

《南方草物状》曰："槟榔，三月花色，仍连着实，实大如卵。十二月熟，其色黄；剥其子，肥强可不食[7]，唯种作子。青其子，并壳取实，曝干之，以扶留藤、古贲灰合食之[8]，食之即滑美[9]。亦可生食，最快好。交阯、武平、兴古、九真有之也。"

《异物志》曰："槟榔，若笋竹生竿[10]，种之精硬[11]，引茎直上，不生枝叶，其状若柱。其颠近上未五六尺间，洪洪肿起，若瘣黄圭切，又音回。木焉[12]；因坼裂，出若黍穗，无花而为实[13]，大如桃李。又生棘针[14]，重累其下，所以卫其实也。剖其上皮，煮其肤，熟而贯之[15]，硬如干枣。以扶留、古贲灰并食，下气及宿食、白虫，消谷。饮啖设为口实。"

《林邑国记》曰[16]："槟榔树，高丈余[17]，皮似青桐，节如桂竹[18]，下森秀无柯，顶端有叶。叶下系数房，房缀数十子[19]。家有数百树。"

《南州八郡志》曰[20]："槟榔，大如枣，色青，似莲子。彼人以为贵异，婚族好客，辄先逞此物；若邂逅不设，用相嫌恨。"

《广州记》曰："岭外槟榔，小于交阯者，而大于蒳子，土人亦呼为'槟榔'。"[21]

【注释】

〔1〕《水经注》卷三六《温水》引豫章俞益期《与韩康伯书》删去槟榔的描述，极简略。《类聚》卷八七及《御览》卷九七一"槟榔"所引均稍简（《类聚》作"喻益期"）。《御览》"木亦特奇"下多"云温交州时度之"句。

"云温"，《要术》张步瀛校本录有张定均校勘《御览》的校语说"一本作'予在'"，《植物名实图考长编》卷一五引俞《笺》作"余在"，则"云"是"予"的残误，而"温"应作"在"，是说"我在交州时度量过树干的大小高矮"。

〔2〕槟榔：棕榈科的槟榔（Areca catechu），常绿乔木，高10—18米，直立无分枝。原产东南亚，我国两广、云南、福建等地有栽培。

〔3〕房：此指槟榔花序外面佛焰苞状的大形苞片，长倒卵形，长达40厘米，花在大苞片内开展。

〔4〕擢穗似黍：抽穗像黍子。这和下面《异物志》说的"出若黍穗"（抽出像黍穗的穗子）一致。按：槟榔的肉穗花序长在叶鞘束基部，多分枝，排成圆锥花序式，犹如黍穗的圆锥花序从叶鞘间抽生。

〔5〕其节似竹而概：指槟榔叶脱落后所形成的明显的环纹，即残留的叶痕，像竹节，但很密。可《林邑国记》说"节象桂竹"，就难以理解了。

〔6〕"调直"，原作"稠直"，不词。《类聚》及《本草纲目》卷三一"槟榔"引均作"调直"，《御览》卷九七一引《林邑记》同，意即匀直，据改。上文"似谷（穀）"，应是"似榖"之误，即桑科的构树，其果实圆形，与槟榔的卵圆形果实相似，而与谷的种子风马牛也。

〔7〕"肥强可不食"，当指老熟干燥了的种子坚硬不好吃，则"肥"宜作"坚"，"可"应倒作"不可"。

〔8〕扶留藤、古贲（fén）灰：见"扶留（四九）"。

〔9〕"食之"，重复，疑应作"煮之"，在上文"取实"下，作"取实煮之，曝干"，"干"下"之"字衍。下条引《异物志》有"煮其肤"，《本草纲目》卷三一亦称"煮其肉而干之"。这样的处理是为了便于贮藏，《本草图经》记载："其实春生，至夏乃熟。然其肉极易烂，欲收之，皆先以灰汁煮熟，仍火焙熏干，始堪停久。"这样，才与下文"亦可生食"相对应。

〔10〕若笋竹生竿：这是说槟榔树干的生长过程跟竹笋长成竹竿相似。这包含着两种现象：叶的脱落，环纹或节的显现。竹的主竿所生的叶，即箨，竹笋时期包在笋外，在竹竿继续生长中陆续脱落，竹节也就裸露于外；槟榔干在长高的过程中，因叶的陆续脱落而逐年呈现多数明显的环纹状的"节"，和笋长成多节的竹竿相似，当然，节的疏密是大不相同的。

〔11〕"种之精硬"，费解。《本草纲目》卷三一说："初生若笋竿，积硬引茎直上。"意谓积渐坚硬，引茎直上，符合实际，"种之"疑是"积久"的形误。

〔12〕瘣（huì）木：原指因病害而茎干肿胀的树木，这里指隆隆肿胀的孕育于叶鞘束基部的肉穗花序。花序从最下一叶的叶鞘束下抽生，而叶鞘很早，因而长花处上距茎顶丛生叶处也很远，《异物志》作者目测大约相距"五六尺间"。

〔13〕无花而为实：不开花就结果实。叶鞘基部肿胀处破裂开来，就钻出肉穗花序，发生像黍穗般的分枝。但由于花很小，不显眼，又被大苞片包覆着，大概因此古人认为"无花而为实"。

〔14〕棘针：槟榔茎叶不生棘刺，推测大概指具尖突的萼片，起保护花蕾的作用。

〔15〕上皮：指纤维质的果皮，也叫"槟榔衣"，即中药所称"大腹皮"。　　肤：就是"肉"，也就是"槟榔子"，是咀嚼的部分。煮熟串挂起来晒干，是为了便于贮藏。

〔16〕《林邑国记》：《隋书·经籍志二》著录"《林邑国记》一卷"，无撰人姓名。《水经注》中屡引之。书已佚。林邑国始建于东汉末，其地在今越南中南部。《类聚》卷八七、《御览》卷九七一引《林邑记》均较详，其中有一联骈句"仰望眇眇，如插丛蕉于竹杪；风至独动，似举羽扇之扫天"，描写椰树高耸挺拔，羽状复叶迎风摇晃，像一丛蕉叶插在竹杪上，像一把把大羽扇在扫荡天空，十分生动贴切，文采亦颇可观。

〔17〕"高丈余"，与事实不符，《类聚》、《御览》均引作"高十余丈"，《要术》有误。

〔18〕"节如桂竹"，疑有误文。按：桂竹（Phyllostachys bambusoides）节间长可达45厘米，而节甚突起，可槟榔的叶痕残留的节环虽然明显，但并不如桂竹的突起，而且很密，无论如何不像节如桂竹。

〔19〕槟榔肉穗花序多分枝，每枝可结果多至两三百颗。

〔20〕《类聚》卷八七、《御览》卷九七一均引作《南中八郡志》，是同一书，而《要术》误"中"为"州"。因"南中"是西南边区的大地区名，"八郡"有所专指，而"南州"是泛指南方，非大部州之名，并无特定的郡属关系。

〔21〕《类聚》卷八七引有顾徽（应是"微"）《广州记》，与《要术》不同，全文是："山槟榔，形小而大于莂子。莂子，土人亦呼为槟榔。"莂子最小，《名医别录》："俗人呼为'槟榔孙'。"

【译文】

俞益期写给韩康伯的信中说："槟榔，确实是游历南方见到的奇树：果实已是不平常，树也特别奇异，大的有三围粗，高的有九丈长。叶子簇聚在树干顶上，花房抽生在叶丛底下，花在房里开展，果实在房外长着。它抽穗像黍子，结果像〔楮实〕。树皮像梧桐，但厚一些；节像竹子，但很密。树干中心空虚，外层劲韧，弯曲它可以像垂曲着的虹一样〔，不会折断〕；伸直了像缒着重物的绳子一样〔，笔直不弯曲）。下端不特别粗，上梢不特别细；上面不歪倾，下面不偏斜：亭亭高耸，均匀挺直，千百株都一个样。在这林子里散步，觉得空疏开朗；待在树荫下休息，又觉得清静寂寞，真可以使人长吟，使人遐想。这树不耐霜冻，不能移植到北方，只能远远地种在海南；跟中原隔着万里之遥，不能让长者您亲眼一见，自然叫人深深怅恨！"

《南方草物状》说："槟榔，三月展放花朵，接着不久就开始结果，果实像蛋一样大。十二月成熟，颜色黄。剥开〔老熟的〕种子，〔坚〕硬不好吃，只能用来作种子。但果实还青色时，连壳一并采下来，〔煮过，〕晒干，配上扶留藤和古贲灰一起吃，味道就滑美。也可以生吃，最为爽快好吃。交趾、武平、兴古、九真都有出产。"

《异物志》说："槟榔树，跟竹笋长成竹竿相似，〔日子长了渐渐〕长得坚硬，茎干一直向上挺长，不生分枝分叶，形状像一根柱子。靠近茎顶不到五六尺的地方，隆隆地肿胀起来，好像〔害了病的〕瘣木，因而就爆裂开来，抽出像黍穗的穗子，不开花就结果实，大小像桃子或李子。又有棘针，重叠长在下面，是保护果实的。剥去上面的皮，把里面的肤煮熟，串挂起来〔晒干〕，像干枣那样硬。用扶留藤和古贲灰合起来吃，可以下气、消积食、打肠道虫、助消化。酒宴上也用它当作果品。"

《林邑国记》说："槟榔树，一丈多（？）高，皮像青桐，节像桂竹（？），下面矗立挺秀，没有分枝，顶头上有叶。叶下面系着几串房，每串房结着几十个果子。一户人家往往有几百株。"

《南州八郡志》说："槟榔子，像枣子那样大，颜色青，像莲子的颜色。当地人认为是贵重的珍品，亲戚朋友往来，总是先献上这东西；如果偶然碰巧没有献上，便会引起猜疑怨恨。"

《广州记》说："岭南的槟榔，比交趾所产的小，但比蒳子大，当地人也叫它为'槟榔'。"

廉　姜（三四）

《广雅》曰："蔟葰相维切，廉姜也。"[1]
《吴录》曰："始安多廉姜[2]。"

《食经》曰[3]:"藏姜法:蜜煮乌梅,去滓,以渍廉姜,再三宿,色黄赤如琥珀。多年不坏。"

【注释】

〔1〕《广雅·释草》作:"廉姜,蒩也。"廉姜,据清李调元《南越笔记》卷一五:"山柰,亦曰廉姜。"山柰,姜科,学名Kaempferia galanga,多年生宿根草本,根状茎有香气。

〔2〕始安:郡名,三国吴置,郡治在始安县,在今广西桂林。

〔3〕《御览》卷九七四"廉姜"引《食经》有脱误。

【译文】

《广雅》说:"蒩蒉(suī),就是廉姜。"

《吴录》说:"始安多产廉姜。"

《食经》说:"渍藏廉姜的方法:用蜜煮乌梅,把渣滓去掉,用来浸渍廉姜。过两三夜,颜色黄红像琥珀一样。可以保存多年不坏。"

枸　橼(三五)

裴渊《广州记》曰:"枸橼,树似橘,实如柚大而倍长,味奇酢。皮以蜜煮为糁。"[1]

《异物志》曰:"枸橼,似橘,大如饭筥[2]。皮有香[3]。味不美。可以浣治葛、苎,若酸浆[4]。"

【注释】

〔1〕《御览》卷九七二"枸橼"引裴渊《广州记》脱"实"字,但"糁"作"粽",是正字。枸(jǔ)橼,即芸香科的枸橼(Citrus medica),俗名香橼。李时珍、吴其濬都说枸橼就是佛手。佛手是枸橼的变种(var. sarcodactylis)。

〔2〕饭筥(jǔ):《说文》说饭筥"受五升",是一种竹制的长圆形小容器。汉1升约合今200毫升。枸橼果实卵形或长圆形,长10—25厘米,裴渊说它像柚子大而加倍的长,并不夸张。

〔3〕"皮有香",原作"皮不香",误,枸橼有强烈香气,据鲍崇城刻本《御览》卷九七二引《异物志》改正。

〔4〕酸浆:酸味的饮浆。这是说利用枸橼所含大量的有机酸来沤治葛和苎麻的茎皮纤维,分解其所含果胶,犹如用酸浆一样。

【译文】

裴渊《广州记》说:"枸橼,树像橘树,果实像柚子大而加倍的长,味道奇酸。果皮可以用蜜煮过作蜜饯。"

《异物志》说:"枸橼,像橘子,有饭管那样大。皮有香。味道不好。可以用来沤治葛和苎麻,像用酸浆一样。"

鬼　目(三六)

《广志》曰:"鬼目〔1〕,似梅,南人以饮酒。"

《南方草物状》曰:"鬼目树,大者如李,小者如鸭子〔2〕。二月花色,仍连着实。七八月熟。其色黄,味酸;以蜜煮之,滋味柔嘉。交阯、武平、兴古、九真有之也。"

裴渊《广州记》曰:"鬼目、益知〔3〕,直尔不可啖;可为浆也。"

《吴志》曰〔4〕:"孙皓时有鬼目菜〔5〕,生工人黄耇家。依缘枣树,长丈余,叶广四寸,厚三分。"

顾微《广州记》曰〔6〕:"鬼目,树似棠梨,叶如楮,皮白,树高。大如木瓜,而小斜倾,不周正,味酢。九月熟。

"又有'草昧子'〔7〕,亦如之,亦可为糁用。其草似鬼目。"

【注释】

〔1〕鬼目:李时珍认为鬼目有三种:一种木本鬼目,又名"麂目";另两

种草本鬼目，是白英和羊蹄（《本草纲目》卷三一"麂目"）。《广志》、《南方草物状》和顾微《广州记》所记都是木本鬼目，但未悉是何种植物，也许还不是同一种。启愉按：鬼目种类繁多：草本有茄科的白英（Solanum lyratum），草质藤本，浆果球形，成熟时黑红色，直径8毫米；蓼科的羊蹄（Rumex japonica），多年生草本，瘦果宽卵形，有三棱，黑褐色，有光泽。木本除麂目外，尚有蔷薇科的石楠（Photinia serrulata），常绿灌木或小乔木，梨果球形，直径5—6毫米，红色或紫褐色；紫葳科的凌霄花（Campsis grandiflora），落叶木质藤本，种子扁平，有透明的翅；还有苦木科的臭椿（Ailanthus altissima），落叶乔木，结长翅果，长3—5厘米。这些都有"鬼目"之名。其所以得此名，大概因其果实（或种子）的形色有些像眼珠而又特别，诸如形圆而色红，或圆而黑亮，小形，或有棱，或具翅等。特别是臭椿的长翅果有"凤眼草"之名，是很形象的，因其翅果两端具尖长的翅，种子长在中央，如凤眼之形。芸香科的花椒（Zanthoxylum bungeanum），种子黑色圆形有光泽，像眼珠，今尚有"椒目"之名。这里木本鬼目，又名麂目，据说也因其果实像麂眼而得名，又因其果皮上有两斑点而名"鬼目"（李调元《南越笔记》卷一三"广东诸果"）。因此，很难确指为何种植物。

〔2〕"大者如李，小者如鸭子"，这是指果实，"大"上应脱"实"字。但大小矛盾，下文引顾微《广州记》说"大如木瓜"，《本草纲目》卷三一"麂目"引刘欣期《交州记》也说"大者如木瓜，小者如梅李"，《要术》"如李"和《御览》卷九七四引作"如木子"，都可能是"如木瓜"之误。否则，大小倒错，应作"小者如李，大者如鸭子"。

〔3〕益知：即姜科山姜属的益智草（Alpinia oxyphylla）。其种子含挥发油，芳香味辛，中药上名"益智仁"。

〔4〕《三国志·吴志·孙皓传》："天纪……三年……八月……有鬼目菜，生工人黄耈家。"下同《要术》。《晋书·五行志》并载其事。"叶"，二书均作"茎"。《御览》卷九九八"鬼目"也引到《吴志》，作"工人黄狗"，"叶"亦作"茎"。

〔5〕孙皓（242—283）：三国吴的末帝，264—280年在位。　鬼目菜：李时珍认为就是草本鬼目的白英（《本草纲目》卷一八"白英"）。吴其濬也这样认为（《植物名实图考》卷二二"白英"）。茄科的白英和《吴志》所记有些相像。

〔6〕顾微《广州记》：和裴渊《广州记》一样，各家书目均未见著录，而二《记》各书征引颇多。书均已佚。裴渊和顾微，据所记地名考证，可能都是南朝宋时人，而顾微稍后于裴渊。

〔7〕草昧子：未详是何种植物。所谓"亦如之"，大概指味道酸和鬼目

树的果实相同,所以都可以用来作蜜饯。下文"草鬼目",也无从推测是白英还是羊蹄。

【译文】

《广志》说:"鬼目,像梅子,南方人用它下酒吃。"

《南方草物状》说:"鬼目树,〔果实〕(小的)像李子,(大的)像鸭蛋。二月展放花朵,接着不久就开始结果。七八月中成熟。颜色黄,味道酸,用蜜煮过,滋味就又软又美。交趾、武平、兴古、九真都有出产。"

裴渊《广州记》说:"鬼目和益知,简直不好吃;可以作饮浆喝。"

《吴志》说:"孙皓在位时有鬼目菜,生在工人黄耇(gǒu)家里。攀缘枣树向上生长,有一丈多长,叶子四寸宽,三分厚。"

顾微《广州记》说:"鬼目,树像棠梨,叶子像楮叶,树皮白色,树干高大。〔果实〕像木瓜大小,稍微有些歪斜,不周正,味道酸。九月成熟。

"又有'草昧子',也是这样,也可以用来作蜜饯。草的形状像〔草〕鬼目。"

橄　榄(三七)

《广志》曰:"橄榄[1],大如鸡子,交州以饮酒[2]。"

《南方草物状》曰[3]:"橄榄子,大如枣,大如鸡子[4]。二月华色,仍连着实。八月、九月熟。生食味酢,蜜藏仍甜。"

《临海异物志》曰[5]:"余甘子[6],如梭且全反形[7]。初入口,舌涩;后饮水,更甘。大于梅实核;两头锐。东岳呼'余甘'[8]、'柯榄',同一果耳。"

《南越志》曰:"博罗县有合成树[9],十围,去地二丈,分为三衢:东向一衢,木威[10],叶似楝[11],子如橄榄而

硬,削去皮,南人以为糁。南向一衢,橄榄。西向一衢,'三
丈',〔12〕。三丈树,岭北之猴□也〔13〕。"

【注释】

〔1〕橄榄:橄榄科,学名 Canarium album,又名"青果"。常绿乔木。原
产越南和我国广东等省,今海南岛尚有野生种。

〔2〕交州:晋时有今越南中北部,迤东至广西钦州地区及雷州半岛、海
南岛等地,州治在今河内东北。

〔3〕《御览》卷九七二引作《南州草木状》(《御览》引书总目无此书),
实际仍是《南方草物状》误题,内容基本相同,多产地"交阯、武平、兴古、九
真有之"。

〔4〕"大如鸡子",《御览》引无此句,《证类本草》卷二三"橄榄"引《本
草拾遗》转引《南方草木(物)状》亦无此句,应是袭上文《广志》而衍。

〔5〕《御览》卷九七二引《临海异物志》基本相同;卷九七三"余甘"也
引到,较简,但有"出晋安候官界中"句。"柯榄",二处所引均作"橄榄",这
就是说,东岳泰山地区"呼余甘为橄榄"。

〔6〕余甘子:有同名的两种:一种是橄榄,就是这里所记的两头尖、形
状像梭子的。橄榄以其果味先涩后甘,因亦得"余甘"之名。一种是大戟科
的余甘子(Phyllanthus emblica),也叫"庵摩勒"、"油甘子",果实球形,并
非两头尖,虽然果味也是先涩后甘,但不能与橄榄混淆。贾思勰没有把这
个"余甘子"列在"余甘(四六)"目,鉴别正确。而《临海水土异物志辑释》
(农业出版社,1981年)认为这个就是庵摩勒,似乎没有见到《要术》。

〔7〕梭,"且全反",读 quán 音,是木名,这里误注。吾点校记:"梭,《玉
篇》音'且全切'者是木名……按:该《志》云'如梭形',又云'两头锐',
则当作'先和切',织具也。"完全正确。按:这余甘仍是橄榄,果形"两头
锐",正像织布的梭子,音羧,而注作"且全反"是误解为梭木,就风马牛了。

〔8〕东岳:即泰山。

〔9〕博罗县:即今广东博罗县,旅游胜地罗浮山在该县西北。 合
成树:怎样合成的,是天生"连理枝",还是人工嫁接的? 无可测度。最近在
闽西梅花山自然保护区发现一株古树,结出五种果实:一为"茄果",圆形,
拇指大小;二为"菜豆果",像四季豆;三为"豇豆果",像豇豆;四为"橄榄
果",形状大小如橄榄;五为"纱帽果",为薄而长的条块(《南京日报》1987
年10月9日一版,转录《今晚报》)。《山海经·中山经》记载"少室之山"有
一种木,名为"帝休","叶状如杨,其枝五衢(分枝)"。未知究竟怎样,录此

供进一步研究。

〔10〕"木威",原只一"木"字。按:所记东枝与"木威(一二八)"相同,《北户录》卷三"橄榄子"引《南越志》是"东向一衢为木威",应为"木威",据补"威"字。木威,是橄榄科的乌榄(Canarium pimela),与橄榄同属,常绿乔木。果实长一寸余,纺锤形,像橄榄。楝树,楝树科的Melia azedarach,乌榄的羽状复叶同楝树叶相似。

〔11〕"楝",原作"练",《本草拾遗》"木威子":"生岭南山谷。树叶似楝。子如橄榄而坚,亦似枣也。"《御览》鲍崇城刻本引亦作"楝",据改。

〔12〕"三丈",《北户录》引《南越志》作"玉文",字形极似,未知孰是。

〔13〕"猴□",金抄等均空白一格,他本只一"候"字,无空格。"候"不成果名,而"果蓏(七)"有"猴闼"、"猴总"的果名,故从金抄空格存疑。

【译文】

《广志》说:"橄榄,像鸡蛋大,交州人用它下酒吃。"

《南方草物状》说:"橄榄子,像枣子大。二月展开花朵,接着不久就开始结果。八月、九月成熟。生吃味道酸,用蜜渍藏就甜。"

《临海异物志》说:"余甘子,形状像织布梭子。刚吃进口时,舌头发涩;吃后喝了水,就会变甜。比梅子的核要大,两头是尖的。东岳地方叫'余甘'为'柯榄',是同一种果子。"

《南越志》说:"博罗县有一株'合成树',有十围粗,在离地二丈的地方,分为三枝:向东面的一枝是木威,叶像楝树叶,果实像橄榄,但比较硬,削去皮,南方人把它作成果饯。南面的一枝是橄榄。西面的一枝是'三丈'。三丈树,就是岭北的猴□树。"

龙　眼(三八)

《广雅》曰:"益智,龙眼也。"〔1〕

《广志》曰:"龙眼树,叶似荔支,蔓延,缘木生。子如酸枣,色黑,纯甜无酸〔2〕。七月熟。"

《吴氏本草》曰:"龙眼,一名'益智',一名'比目'。"〔3〕

【注释】

〔1〕引文见《广雅·释木》，文同。益智，这是无患子科龙眼（Euphoria longan）的别名，跟姜科的草本"益智"同名。此别名已见于《神农本草经》。又名"龙目"，见左思《蜀都赋》。今俗名"桂圆"。

〔2〕按：龙眼树为常绿乔木，高可达10米，而且树冠繁茂，并非木质藤本，此处所记树状，可能传闻有误。又，果肉（假种皮）白色，汁多味甜，干时则黑褐色，郭义恭所见已是干桂圆，并非鲜果。

〔3〕《御览》卷九七三引《吴氏本草》只是："龙眼，一名比目。"无"一名益智"句，但《神农本草经》有"一名益智"。

【译文】

《广雅》说："益智，就是龙眼。"

《广志》说："龙眼树，叶像荔支，〔枝条〕蔓延，攀附他树向上生长。果实像酸枣，颜色黑，全甜不酸。七月成熟。"

《吴氏本草》说："龙眼，又名'益智'，又名'比目'。"

椹（三九）

《汉武内传》〔1〕："西王母曰：'上仙之药，有扶桑丹椹〔2〕。'"

【注释】

〔1〕《汉武帝内传》是："王母曰：'太上之药……东掇扶桑之丹椹。'"

〔2〕扶桑：古国名，其地在"大汉国东二万余里"，因其地多扶桑木而得名。自《梁书》卷五四记载"扶桑国"以来，扶桑国究竟在何处？扶桑木究竟是什么木，近代200多年来中外学者纷纷考查论证，其地多数认为是日本，或太平洋彼岸的墨西哥；其木则有桑树、椿树、桐树，乃至非木本的棉花、玉米、龙舌兰、仙人掌等说，不一而足。这问题到现在还是个谜。

【译文】

《汉武内传》说："西王母说：'上等的仙药，有扶桑的丹椹。'"

荔　支（四〇）

《广志》曰〔1〕："荔支树，高五六丈，如桂树〔2〕。绿叶蓬蓬，冬夏郁茂。青华朱实，实大如鸡子；核黄黑，似熟莲子；实白如肪〔3〕，甘而多汁；似安石榴，有甜酢者。夏至日将已时，翕然俱赤〔4〕，则可食也。一树下子百斛。

"犍为僰道、南广荔支熟时〔5〕，百鸟肥。其名之曰'焦核'〔6〕，小次曰'春花'，次曰'胡偈'：此三种为美。似'鳖卵'〔7〕，大而酸，以为醯和。率生稻田间。"

《异物志》曰："荔支为异：多汁，味甘绝口，又小酸，所以成其味。可饱食，不可使厌。生时，大如鸡子，其肤光泽。皮中食〔8〕，干则焦小，则肌核不如生时奇〔9〕。四月始熟也。"

【注释】

〔1〕《御览》卷九七一"荔支"引《广志》稍有异文，《类聚》卷八七引止于"一树下子百斛"，无下段。

〔2〕桂树：此指樟科的肉桂（Cinnamomum cassia），非指木犀科的木犀（桂花，Osmanthus fragrans）。

〔3〕"实"，疑应作"肤"，指果肉，即假种皮。

〔4〕翕（xī）然：统一。

〔5〕僰（bó）道：县名，犍为郡郡治，在今四川宜宾西南。　　南广：县名，晋南广郡郡治，在今宜宾南的珙县。

〔6〕"之"，费解，吴其濬《植物名实图考长编》卷一七"荔枝"引《要术》改为"上"，疑是"上"字之误。

〔7〕"似"，误。"鳖卵"是比"胡偈"更次的品种，《御览》引作"次"，《北户录》卷三"无核荔枝"引《广志》也说："焦核、胡偈，此最美。次有鳖卵焉。"应是"次"或"又次"之误。

〔8〕上文既说鲜果很好吃，这里不应又说"皮中食"，《植物名实图考长

编》改为“皮中实”，“皮”指果皮，即外壳，就可解释。

〔9〕“生时奇”，指鲜荔枝果肉，则这里“肌核”应作“肌肤”。

【译文】

《广志》说：“荔枝树，五六丈高，像桂树。绿叶郁郁葱葱，冬天夏天一样浓密茂盛。花青色，果实红色，像鸡蛋大小；核黄黑色，像成熟的莲子；〔肉〕像脂肪一样白，味甜汁多；不过也像安石榴一样，有甜的有酸的。夏至节将终了时，便全都红熟了，就可以吃。一株树可以收到一百来斛的果实。

“犍为僰道、南广地方荔枝成熟时，各种鸟都吃肥了。它的名称，〔上等的〕叫‘焦核’，稍次的叫‘春花’，次之的叫‘胡偈’：这三种最美好。〔再次的〕是‘鳖卵’，虽然大，但酸，可以用来和在肉酱里。大多长在稻田中间。”

《异物志》说：“荔枝是奇异的：果肉浆汁多，甜到好吃得不得了，又稍微带点酸，这样就合成它特有的美味。可以吃饱，但不可贪餍过饱。新鲜时，像鸡蛋大小，肉光亮润泽。壳里面的〔肉〕，干后便变焦黑变小了，这时就不像新鲜时那样奇异了。到四月才成熟。”

益　智（四一）

《广志》曰：“益智〔1〕，叶似蘘荷，长丈余〔2〕。其根上有小枝〔3〕，高八九寸，无华萼〔4〕，其子丛生着之，大如枣，肉瓣黑〔5〕，皮白。核小者，曰‘益智’〔6〕，含之隔涎濊〔7〕。出万寿〔8〕，亦生交阯。”

《南方草物状》曰：“益智，子如笔毫，长七八分。二月花色，仍连着实。五六月熟。味辛，杂五味中，芬芳。亦可盐曝〔9〕。”

《异物志》曰〔10〕：“益智，类薏苡〔11〕。实长寸许，如枳椇子〔12〕。味辛辣，饮酒食之佳。”

《广州记》曰〔13〕:"益智,叶如蘘荷,茎如竹箭。子从心中出〔14〕,一枚有十子。子内白滑,四破去之,取外皮〔15〕,蜜煮为糁,味辛。"

【注释】

〔1〕益智:这是姜科的益智草(Alpinia oxyphylla),多年生草本。其叶确似蘘荷(Zingiber mioga,姜科)。

〔2〕"长丈余",各本及各书引《广志》并同。按:益智草植株高1—3米,叶片披针形,与蘘荷叶相似,长20—35厘米,"丈余"应是"尺余"之误。

〔3〕根上有小枝:根上长出小枝。此指花茎,从直立茎顶端的叶的中心抽生,好像从根上抽出,果实从下而上地一个个着生在花轴上。

〔4〕"无华萼",不符合实际。按:益智草,茎丛生,直立,圆锥形总状花序顶生,花萼筒状,《东坡手泽》(一百卷《说郛》本)、《本草图经》及下文《南方草物状》都记载有花或花萼,《广志》误。

〔5〕益智果实椭圆形至纺锤形,长1.5—2厘米,果皮淡棕色;果实分三室,每室含种子6—11粒,种皮棕黑色。所谓"肉瓣黑"应指种子棕黑色,《类聚》卷八七、《御览》卷九七二引《广志》均作"中瓣黑",则"肉"应作"内"。"皮白",应指种仁,则"肉"应下移,作"肉白"。

〔6〕"核小者,曰'益智'",则核大者不是"益智",与开头即标明"益智"不协调,似宜作"核小,名曰'益智子'"。总之,本条《广志》文颇有不切实际处,疑是就传闻记录,并非目验。

〔7〕濊(huì):通"秽"。

〔8〕万寿:县名,晋置,在今贵州福泉。

〔9〕《类聚》卷八七、《御览》卷九七二引《南方草物状》末后多"出交趾、合浦"句。

〔10〕《御览》卷九七二引作陈祁畅《异物志》,基本相同。

〔11〕薏苡:禾本科的薏苡(Coix lacryma-jobi),俗名米仁。益智植株略似之。

〔12〕枳椇(jǔ)子:鼠李科枳椇(Hovenia dulcis)的果实,与益智果实略微相似。

〔13〕《类聚》卷八七、《御览》卷九七二及《证类本草》卷一四均引作顾微《广州记》,仅个别字差异。

〔14〕心中:指叶的中心抽生花序,即圆锥形总状花序顶生,果实列生

在花轴上。

〔15〕"四破去之，取外皮"，去掉种子（益智仁），专用果皮作蜜饯，不无可疑，或者该是"四破取之，去外皮"。

【译文】

《广志》说："益智，叶像蘘荷，〔一尺〕多长。根上长出小枝，八九寸高，〔有〕花萼，果实成列地着生在小枝上，像枣子大小，〔里面的〕种子黑色，〔种仁〕白色。种子小，叫作'益智〔子〕'，含在口里可以减少唾涎。出在万寿，交趾也有生产。"

《南方草物状》说："益智，果实像毛笔的形状，七八分长。二月展放花朵，接着不久就开始结果。五六月成熟。味道辛辣，和在各种菜肴中，芳香。也可以用盐腌过晒干。"

《异物志》说："益智，像薏苡。果实一寸左右长，像枳椇子。味道辛辣，用来下酒吃，好。"

《广州记》说："益智，叶像蘘荷，茎像竹箭。果实从中心长出，一枝上有十颗果实。果实里面〔的种仁〕白色滑腻，横竖破成四块，去掉种仁，取得外皮（？），用蜜煮成蜜饯，味道辛辣。"

桶[1]（四二）

《广志》曰："桶子，似木瓜，生树木。"

《南方草物状》曰："桶子，大如鸡卵。三月花色，仍连着实。八九月熟。采取，盐、酸沤之，其味酸酢；以蜜藏，滋味甜美。出交阯。"

刘欣期《交州记》曰："桶子，如桃。"

【注释】

〔1〕"桶"和引文中的"桶子"，都是"梏"（jué）、"梏子"的形误。这和"都梏（一三五）"、"都昆（一四九）"都应是同一种植物，"昆"是"梏"的转音。说详拙著《齐民要术校释》卷一〇各该目注释。但很难确定是何种

植物。

【译文】

《广志》说："桶子，果实像木瓜，生在树上。"

《南方草物状》说："桶子，果实像鸡蛋大小。三月展放花朵，接着不久就开始结果。八九月成熟。采来，用盐、醋腌着，味道酸；用蜜渍藏，滋味甜美。出在交趾。"

刘欣期《交州记》说："桶子，果实像桃子。"

蒳　子(四三)

竺法真《登罗浮山疏》曰[1]："山槟榔，一名'蒳子'[2]。干似蔗，叶类柞。一丛十余干[3]，干生十房，房底数百子。四月采。"

【注释】

〔1〕竺法真：生平里籍不详，惟据文中提到"元嘉末"，则可能是刘宋末到齐梁间人。　《登罗浮山疏》：各家书目不见著录，类书多有征引。书已佚。《御览》卷九七一"槟榔"引作《登罗山疏》。按：罗浮山是罗山和浮山二山的合称，《登罗山疏》即《登罗浮山疏》。

〔2〕山槟榔：棕榈科，学名 Pinanga baviensis。丛生灌木，茎圆柱状，有节，即所谓茎像甘蔗，一丛有十多干。叶羽状全裂，裂片长椭圆形，和柞木(壳斗科的 Quercus acutissima，或他种)的叶略微相似。竺法真说山槟榔就是蒳子。但也有不同说法。《本草图经》记载："槟榔……此有三四种：有小而味甘者，名'山槟榔'；有大而味涩，核亦大者，名'猪槟榔'；最小者名'蒳子'。"所谓"蒳子"是最小的，《名医别录》说："俗人呼为'槟榔孙'。"这可能是棕榈科的假槟榔(Archontophoenix alexandrae)，独茎直耸，叶生茎顶无分枝，《御览》卷九七一引《登罗浮山疏》说"树似栟榈"，即棕榈，确实相似。　蒳子：果卵状球形，长 1.2—1.4 厘米；山槟榔，果近纺锤形，长 2—2.5 厘米；槟榔(Areca catechu)，果长椭圆形，长 3.5—4 厘米。现代植物学分类上这三种同科不同属，果从小到大是假槟榔(蒳子)

→山槟榔→槟榔。

〔3〕"十"，原作"千"，《御览》卷九七一及《本草纲目》卷三一引均作
"十余干"，据改。

【译文】

竺法真《登罗浮山疏》说："山槟榔，又名'药子'。茎干像甘蔗，
叶子像柞树。〔丛生，〕一丛有十多干，每干长着十枝花房，花房底下
结着几百个果子。四月里采收。"

豆　蔻（四四）

《南方草物状》曰："豆蔻树〔1〕，大如李〔2〕。二月花
色，仍连着实，子相连累。其核根芬芳〔3〕，成壳〔4〕。七月、
八月熟。曝干，剥食，核味辛香〔5〕，五味。出兴古。"

刘欣期《交州记》曰："豆蔻，似杭树。"〔6〕

环氏《吴记》曰〔7〕："黄初二年〔8〕，魏来求豆蔻。"

【注释】

〔1〕豆蔻树：此是木本豆蔻，即肉豆蔻科的肉豆蔻（Myristica
fragrans），常绿乔木，高达10米以上，原产印尼马鲁古群岛，热带地区有栽
培。惟唐陈藏器《本草拾遗》称，肉豆蔻"大舶来即有，中国无"，而这里说
"出在兴古"，兴古在今贵州西南角和云南边境，则此豆蔻树应是云南肉豆蔻
（M. yunnanensis）。至于《吴记》的豆蔻，可能是草本豆蔻，则不止一种，无可
实指。

〔2〕"大如李"，《御览》卷九七一"豆蔻"引《南方草物状》作"子大如
李实"，《北户录》卷三"红梅"崔龟图注引同《御览》，则《要术》"树"下应脱
"子"字。

〔3〕"根"，这里正说果实，不应夹着说根，而且和"成壳"不协调，疑
"极"字之误。

〔4〕肉豆蔻果实近球形，带红或黄色，裂为两瓣，露出深红色假种皮。
假种皮外层脆壳状肉质，中层木质，坚硬，即所谓成壳的"核"，核内为"仁"，

即胚乳。假种皮和胚乳富含香料，为著名的香料和药用植物。

〔5〕“香”，应重文，作“核味辛香，香五味”，“香五味”谓可以调和五味。

〔6〕《御览》卷九七一引刘欣期《交州记》末后尚有：“味辛，堪综合槟榔嚼，治断齿。”

〔7〕环氏《吴记》：《隋书》、新旧《唐书》经籍志均著录，均作《吴纪》。环氏，均作环济，《隋志》并题“晋太学博士环济”，其他无可考。《御览》卷九七一引作环氏《吴地记》，文同《要术》。

〔8〕“黄初二年”，各本同，惟金抄及《御览》引作“黄初三年”。按：黄初是魏文帝年号，而孙权于黄初三年称帝，始建元称黄武，则此处在吴未建元前用魏年号，应是“黄初二年”。

【译文】

《南方草物状》说：“豆蔻树，〔果实〕像李子大小。二月展放花朵，接着不久就开始结实。子实重叠着生长。它的核〔极〕芳香，结着一层壳。七月、八月成熟。晒干，剥出核吃，味道辛香，可以〔香〕各种菜肴。出在兴古。”

刘欣期《交州记》说：“豆蔻树，像杬树。”

环氏《吴记》说：“黄初二年（221），魏国来求讨豆蔻。”

榠（四五）

《广志》曰〔1〕：“榠查〔2〕，子甚酢。出西方。”

【注释】

〔1〕《御览》卷九七三“榠楂”引《广志》同《要术》（“子”上多“其”字）。《要术》标目单称“榠”，可能脱“查”字。

〔2〕榠（míng）查：即蔷薇科的榠楂（Cydonia sinensis）。在现代植物分类学上对木瓜、榠楂、楂子三种植物的中名和学名的归属尚有纷异。

【译文】

《广志》说：“榠查，果实很酸。出在西方。”

余　甘(四六)

《异物志》曰〔1〕:"余甘〔2〕,大小如弹丸,视之理如定陶瓜〔3〕。初入口,苦涩;咽之,口中乃更甜美足味。盐蒸之,尤美。可多食。"

【注释】

〔1〕《御览》卷九七三"余甘"引作陈祁畅《异物志》,基本相同而有衍误。南宋高似孙《纬略》卷四"庵摩勒油"及陈咏(景沂)《全芳备祖》后集卷四"余甘子"亦有引到,《永乐大典》卷八八四一"庵摩勒油"亦载有《纬略》引文,文句均稍简。而《本草纲目》卷三一所引则大为完整,枝、叶、花、子都有描述,是李时珍加工编成的,不足据。

〔2〕余甘:此即大戟科的余甘子(Phyllanthus emblica),也叫"庵摩勒",是梵名的译音。果实球形,直径1.5厘米,即所谓像弹丸。橄榄有"余甘子"的别名,而余甘子也有"橄榄"的别名(贵州就有叫余甘子为"橄榄"的),因其果实都是先涩后甘,故二物互呼。古时西域所产,二物亦同名。唐释玄奘《大唐西域记》卷四"秣菟罗国"下记载:"庵没罗果,家植成林。虽同一名,而有两种:小者生青熟黄,大者始终青色。"两种都叫"庵没罗"(庵摩勒),而前一种是余甘子,后一种则是橄榄。

〔3〕定陶:即今山东定陶。推测古时产一种圆形有条纹的甜瓜,颇有名。余甘子果实,肉质,球形,半熟时呈黄绿色,上有纵走的白色条理,很像定陶瓜瓜皮上的条纹,故有此喻。

【译文】

《异物志》说:"余甘,像弹丸大小,看上去有像定陶瓜一样的条纹。刚吃进口时,味道苦涩;咽下汁去,口中就很甜美,很有余味。加盐蒸过,尤其好。可以多吃。"

蒟　子(四七)

《广志》曰:"蒟子〔1〕,蔓生,依树。子似桑椹,长数寸,色黑,辛如姜。以盐淹之,下气,消谷。生南安〔2〕。"

【注释】

〔1〕蒟(jǔ)子:是胡椒科的蒌叶(Piper betle),其浆果可作酱,又名"蒟酱"。近木质藤本。穗状花序。浆果与花序轴合生成肉质带红黑色的果穗。原产印尼,我国南部栽培颇广。

〔2〕南安:作为县,有二处,一在今四川乐山,一为今江西南康。乐山古属犍为郡,正是"蜀蒟酱"的产地,此应指犍为郡的南安。

【译文】

《广志》说:"蒟子,是蔓生植物,缠着树生长。果实像桑椹,有几寸长,颜色黑,味道辛辣,像生姜。用盐腌过,吃了下气,助消化。产在南安。"

芭　蕉(四八)

《广志》曰:"芭蕉〔1〕,一曰'芭苴',或曰'甘蕉'。茎如荷芋〔2〕,重皮相裹〔3〕,大如盂升〔4〕。叶广二尺,长一丈。子有角〔5〕,子长六七寸,有蒂三四寸,角着蒂生,为行列,两两共对,若相抱形。剥其上皮,色黄白,味似蒲萄,甜而脆,亦饱人。其根大如芋魁〔6〕;大一石,青色。其茎解散如丝,织以为葛,谓之'蕉葛'〔7〕。虽脆而好,色黄白,不如葛色。出交阯、建安。"

《南方异物志》曰〔8〕:"甘蕉,草类,望之如树。株大者,一围余〔9〕。叶长一丈,或七八尺,广尺余。华大如酒盂,形色如芙蓉〔10〕。茎末百余子〔11〕,大名为房〔12〕。根似芋魁,大者如车毂〔13〕。实随华〔14〕,每华一阖〔15〕,各有六子〔16〕,先后相次——子不俱生,华不俱落。

"此蕉有三种：一种，子大如拇指，长而锐，有似羊角，名'羊角蕉'，味最甘好。一种，子大如鸡卵，有似牛乳[17]，味微减羊角蕉。一种，蕉大如藕，长六七寸，形正方，名'方蕉'，少甘，味最弱。

"其茎如芋，取，濩而煮之，则如丝，可纺绩也。"

《异物志》曰："芭蕉，叶大如筵席[18]。其茎如芋，取，濩而煮之，则如丝，可纺绩，女工以为絺绤[19]，则今'交阯葛'也。其内心如蒜鹄头生，大如合柈[20]。因为实房，着其心齐，一房有数十枚[21]。其实皮赤如火，剖之中黑[22]。剥其皮，食其肉，如饴蜜，甚美。食之四五枚，可饱，而余滋味犹在齿牙间。一名'甘蕉'。"

顾微《广州记》曰："甘蕉，与吴花、实、根、叶不异，直是南土暖，不经霜冻，四时花叶展。其熟，甘；未熟时，亦苦涩。"

【注释】

〔1〕芭蕉：此指芭蕉科芭蕉属的香蕉（Musa spp.），又名甘蕉。它和同属的芭蕉（M. basjoo）是两种植物，但古人常指为相同，甘蕉、芭蕉二名互用。北宋苏颂《本草图经》以北方所种很少开花者为"芭蕉"，闽、广所种其果"极美可噉"者为"甘蕉"。现代植物分类学上以果肉含多数种子不堪食用者为芭蕉，以果肉无种子甘美可食为甘蕉，包括香蕉（M. nana）、粉芭蕉（M. paradisiaca var. sapientum）。

〔2〕"荷芋"，各本及《类聚》卷八七、《御览》卷九七五引并同。但甘蕉的假茎像芋不能像荷，下引二书都是"其茎如芋"，"荷"疑衍。

〔3〕重皮相裹：指由粗厚呈覆瓦状排列的叶鞘层层包叠着。此茎称为假茎，其着生方式与芋茎相同，所以说其茎像芋。

〔4〕盂升：《类聚》引作"盂斗"，较胜。

〔5〕"子有角"，"角"谓结成角状，"有"应作"作"更明确。清吴震方《岭南杂记》卷下"蕉子"："蕉心抽一茎，丛生一二十荚。""荚"就是"角"，

如豆荚亦称豆角。

〔6〕其根大如芋魁：甘蔗的地下茎往往增生膨大为根状茎。其实不是"根"，但由于其根状茎的节上能向下长出不定根，今岭南俗语仍称之为"甘蔗根"。芋魁虽是一种球状茎，但它由芋子抱合成一蔸，却与甘蔗根状茎的盘纡交错成一大坨颇为相似，而且都具有营养生长的功能，不过后者特大而已，即下句所谓大一石，《南方异物志》的所谓大如车轮。既明说"大一石"，则"大如芋魁"中"大"字应衍。

〔7〕蕉葛：甘蔗或芭蕉茎经过沤治煮练，脱去蕉茎所含果胶，使茎皮纤维解离，可以织布、打绳索。其所织布，世称"蕉葛"。

〔8〕《类聚》卷八七、《御览》卷九七五均引作《南州异物志》，是同一书。所引各有异文，间有脱误，"濩而煮之"，二书均作"以灰练之"。

〔9〕围：此指两手合抱。虽然茎干很大，看起来像树，其实仍是"草类"。说得很合理。

〔10〕芙蓉：这里指荷花。香蕉花簇生于大型苞片内，苞片红色，基部略淡，形色略似红莲。

〔11〕茎末：茎顶。此指花序。香蕉穗状花序由叶鞘内抽出，花序顶生。花后结果。香蕉最大的果丛有果300多个，一般也有一二百个。

〔12〕"大名为房"，不可解，《本草纲目》卷一五"甘蔗"引万震《南州异物志》作"子各为房"，也许是"子各"之误。"房"，指角，即果荚有皮包着。

〔13〕车毂：车轮。"毂"，这里指代车轮，非指车轮中心贯轴的圆毂。

〔14〕"实随华"，《类聚》引"华"下有"长"字，比较合适。

〔15〕阖（hé）：关闭，这里指花谢意。

〔16〕各有六子：各有六个果。当指香蕉果序上每段的结果数，但"六个果"与实际不符，存疑。

〔17〕"有似牛乳"下《类聚》引尚有"名'牛乳蕉'"，应有。

〔18〕筵席：筵是竹席；古人席地而坐，铺筵作坐具，因亦称之为"筵席"，通常长方形，芭蕉的巨大叶片略似之。非指后来宴会上的筵席，那就有方的圆的，就不对路了。

〔19〕绨（chī）：细葛布。　绤（xì）：粗葛布。

〔20〕内心：指叶鞘中心。　蒜鹄（hú）头：鹄是天鹅，头部有肉疣臃起，即所谓"鹄头"。大蒜头也像这个样子，故称"蒜鹄头"。这里指簇生于大苞片内的大花丛。　合柈（pán）：是腹部向外凸出的圆形容器，这里即指自叶鞘中心长出的大花丛，也就是下句的"房"。这两句是说大花丛形状像蒜鹄头，大小像合柈。

〔21〕一房：此指果序的一段、一束。香蕉的果序一般由8—10段的果束组成，每束有果10至20余个，一累累地齐齐着生在果序轴上，即所谓"一房有数十枚"。

〔22〕据说这也叫"甘蕉"，则有不明，存疑。

【译文】

《广志》说："芭蕉，又叫'芭菹'，又叫'甘蕉'。茎像芋，由多层的皮重叠相裹着，有〔斗桶〕粗细。叶子二尺阔，一丈长。果子结成荚角形，一个六七寸长，上面有三四寸长的蒂，果荚就连着蒂生长，排成行列，两两相对，像相抱的形状。剥去外皮，里面的肉黄白色，味道像葡萄，甜而脆，吃了也会饱人。根的形状像芋魁，有一石大，青色。它的茎〔沤治过〕分解开来像丝一样，用来织成葛，叫作'蕉葛'。蕉葛虽然脆些，但不错，颜色黄白，不如葛布的颜色。出在交趾、建安。"

《南方异物志》说："甘蕉，是草类植物，虽然看起来像树。株形大的有一围多粗。叶子一丈长，或者七八尺长，一尺多宽。花像酒杯大小，形状颜色像芙蓉。茎顶结着一百多个果子，〔各自都〕有'房'。根像芋魁，大的像车轮。果随着花〔生长〕，每一层花凋落后，各有六个果，先后依次开花结果，果不是同时结出，花也不是同时凋落。

"这甘蕉有三种：一种，果像拇指粗，长而尖，有些像羊角，叫'羊角蕉'，味道最甜美。一种，果像鸡蛋大，有些像牛乳，〔叫'牛乳蕉'，〕味道稍微比羊角蕉差些。一种，果像藕那么粗，六七寸长，形状正方，叫'方蕉'，少甜味，最差。

"它的茎像芋，取来沤治后煮过，就像丝一样，可以用来纺织布匹。"

《异物志》说："芭蕉，叶片像筵席大小。茎像芋，取来沤治后煮过，像丝一样，可以纺绩，女工用来织成粗的和细的葛布，就是现在的'交趾葛'。它的内心长出形状像'蒜鹄头'的，有'合柈'大小。这就成为结果的房，果子整整齐齐地着生在中心轴上，一房有几十个果。果的外皮像火一样红，破开来里面是黑的。剥掉皮，吃它的肉，像饴糖和蜜一样甜，很美。吃了四五个，就可以饱，牙齿里还留有残余的滋味。又叫'甘蕉'。"

顾微《广州记》说："〔广州的〕甘蕉，跟吴地的甘蕉，花、果、根、叶都没有什么不同，只是因为岭南的气候温暖，不会受到霜冻，所以四时都会有花叶展放。果熟了，味道甜；没有成熟，味也苦涩。"

扶　留(四九)

《吴录·地理志》曰："始兴有扶留藤[1]，缘木而生。味辛，可以食槟榔。"

《蜀记》曰[2]："扶留木，根大如箸，视之似柳根。又有蛤，名'古贲'，生水中，下，烧以为灰[3]，曰'牡砺粉'[4]。先以槟榔着口中，又取扶留藤长一寸，古贲灰少许，同嚼之[5]，除胸中恶气。"

《异物志》曰："古贲灰，牡蛎灰也。与扶留、槟榔三物合食，然后善也。扶留藤，似木防以[6]。扶留、槟榔，所生相去远，为物甚异而相成。俗曰：'槟榔扶留，可以忘忧。'"

《交州记》曰："扶留有三种：一名'稬扶留'，其根香美；一名'南扶留'，叶青，味辛；一名'扶留藤'，味亦辛。"[7]

顾微《广州记》曰："扶留藤，缘树生。其花实，即蒟也，可以为酱。"[8]

【注释】

〔1〕扶留藤：即胡椒科的蒌叶（Piper betle）。其叶含芳香油，味辛辣，可裹槟榔咀嚼。其浆果可作酱，味辛而香，名"蒟酱"，其植物也因此得名。始兴：郡名，三国吴置，故治在今广东曲江。

〔2〕《蜀记》：《隋书·经籍志》等不著录。《太平寰宇记》引有李膺《蜀记》及段氏《蜀记》二种，《要术》所引，未悉是否在此二种之中。书已佚。

〔3〕"下，烧以为灰"，《御览》卷九七五"扶留"引《蜀记》作"取，烧为灰"，"下"疑"取"字之误。

〔4〕牡砺：即牡蛎（Ostrea），简称"蚝"。据《蜀记》，它又名"古贲"，则

古贲灰就是牡蛎灰,即其贝壳烧成的灰。惟据他书所记,用蛤蜊(Mactra)、蚬(Corbicula)等的贝壳烧成的灰也叫"古贲灰"。

〔5〕槟榔与扶留藤、古贲灰同食,古文献记载颇多。如果没有牡蛎灰,就用蚬灰,没有蒌叶,就用蒌藤。外出时用小盒带着,里面分为三格,分盛槟榔、蒌叶、蚬灰三物。直到现在我国云南、海南等地仍有用蒌叶之类包着槟榔、石灰咀嚼的习惯。有趣的是南太平洋的图瓦卢岛人,无论男女老幼,同样有以此三物合食的习惯,而槟榔袋中藏着这三物,随身携带取食,也竟是一样的(叶进《南太平洋中的万岛世界》,海洋出版社,1979年)。有人曾在云南边境与老挝交界的小镇里居住,经常看到老挝人过境来赶集,他们边走边吐鲜红的口水,原来是在嚼槟榔。后来傣族人也教他嚼。方法是:先拿出一片嫩藤叶(按:大概是蒌叶),放在掌心,又从一个小盒里挑出一点石灰膏放在叶片上,然后放上一小粒槟榔晶,最后放上一小撮老烟叶,一起由叶片包起来放进嘴来嚼。他也学着这样包在一起嚼,顿觉满口辛辣和苦涩,而且因为刺激就产生了许多唾液,不断地往外吐,唾液鲜红鲜红。嚼着嚼着,嘴里却感觉到了一种奇妙的清香,最后代之出现的还有一种隐隐约约的甘甜回味。据说嚼槟榔能提神,还对牙齿有好处(展望《嚼槟榔》,《新民晚报》1991年9月6日七版)。近年湖南湘潭人有"嚼槟榔热"。据世界卫生组织头颈肿瘤组对湘潭市300多例槟榔嗜好者的口腔检查,发现有17例的OSF病患者。此病属口腔黏膜疾病,能诱发口腔癌(《奇怪的"槟榔热"》,《新民晚报》1991年5月25日五版)。

〔6〕"木防以",《御览》卷九七五引《异物志》"以"作"已",《证类本草》及引各书概作"已",正字应作"已"。木防己,防己科的Cocculus trilobus,缠绕性落叶藤本。

〔7〕清李调元《南越笔记》卷一五"蒌"记载:蒌以东安(今广东云浮)所产为最好,根香,叶尖而柔,味甜,多汁,名叫"穇扶留"。他处产的色青味辣,叫"南扶留",大不相及。不过番禺(今广州)及新兴(今云南玉溪)的某些地方所产也是很好的。据所记,其所以有不同,是地理条件的关系,并非另外一种。

〔8〕顾微《广州记》此条,《御览》卷九七五引作《广志》,文句全同(只少"以"字),也许是《御览》搞错。

【译文】

《吴录·地理志》说:"始兴出产有扶留藤,缠绕着树木生长。味道辛辣,可以配合槟榔一起吃。"

《蜀记》说："扶留木，根像筷子粗，看上去像柳树根。又有一种蛤（gé），名叫'古贲'，生在水中，〔取来〕烧成灰，叫作'牡砺粉'。先将槟榔放进口里，又取扶留藤寸把长的一段，和上少量的古贲灰，一同嚼着吃，可以消除胸中邪恶之气。"

《异物志》说："古贲灰，就是牡蛎灰。它同扶留藤和槟榔三样配合着一起吃，味道才好。扶留藤，像木防〔己〕。扶留藤和槟榔，生长的地方相距很远，性质也大不相同，却能彼此相辅相成。所以俗话说：'槟榔扶留，可以忘忧。'"

《交州记》说："扶留有三种：一种叫'獲扶留'，它的根又香又美；一种叫'南扶留'，叶子青色，味道辛辣；一种叫'扶留藤'，味道也辛辣。"

顾微《广州记》说："扶留藤，缠绕着树木生长。它开花后结成的果实，就是'蒟'，可以作酱。"

菜　茹(五〇)

《吕氏春秋》曰[1]："菜之美者……寿木之华；括姑之东，中容之国，有赤木、玄木之叶焉；"括姑，山名。赤木、玄木，其叶皆可食。"余瞀之南，南极之崖，有菜名曰'嘉树'，其色若碧。""余瞀，南方山名。有嘉美之菜，故曰'嘉'，食之而灵。若碧，青色。"

《汉武内传》[2]："西王母曰：'上仙之药，有碧海琅菜。'"

韭："西王母曰：'仙次药，有八纮赤韭。'"

葱："西王母曰：'上药，玄都绮葱。'"

薤：《列仙传》曰[3]："务光服蒲薤根[4]。"

蒜：《说文》曰[5]："菜之美者，云梦之葷菜[6]。"

姜：《吕氏春秋》曰："和之美者，蜀郡杨朴之姜[7]。""杨朴,地名。”

葵:《管子》曰[8]:“桓公……北伐山戎,出冬葵……布之天下[9]。”《列仙传》曰[10]:“丁次卿为辽东丁家作人。丁氏尝使买葵,冬得生葵。问:‘冬何得此葵?’云:‘从日南买来[11]。’”

《吕氏春秋》:“菜之美者,具区之菁”者也[12]。

鹿角[13]:《南越志》曰:“猴葵,色赤,生石上。南越谓之‘鹿角’。”

罗勒[14]:《游名山志》曰[15]:“步廊山有一树[16],如椒,而气是罗勒,土人谓为‘山罗勒’也。”

菥[17]:《广志》曰:“菥,根以为菹,香辛。”

紫菜:“吴都海边诸山,悉生紫菜。”[18]又《吴都赋》云“纶、组、紫菜”也[19]。《尔雅》注云[20]:“纶,今有秩、啬夫所带纠青丝纶[21]。组,绶也。海中草,生彩理有象之者,因以名焉。”

芹:《吕氏春秋》曰:“菜之美者,云梦之芹。”

优殿[22]:《南方草物状》曰:“合浦有菜名‘优殿’[23],以豆酱汁茹食之,甚香美可食。”

雍[24]:《广州记》云:“雍菜,生水中,可以为菹也。”

冬风[25]:《广州记》云:“冬风菜,陆生,宜配肉作羹也。”

藄[26]:《字林》曰:“藄菜,生水中。”

蔊菜[27]:“音罕。味辛。”

莒[28]:“胡对反。《吕氏春秋》曰:‘菜之美者,有云梦之莒。’”[29]

荮[30]:“似蒜,生水中。”

莐菜[31]："音谨。似蒿也。"

菹菜[32]："紫色，有藤。"

蔨菜[33]："叶似竹，生水旁。"

蕳菜："叶似竹，生水旁。"

蓁菜[34]："似蕨。"

藒菜[35]："似蕨，生水中。"

蕨菜："鳖也。《诗疏》曰：'秦国谓之蕨，齐鲁谓之鳖。'"

莒菜[36]："似蒜，生水边。"

藗菜[37]："徐盐反。似'蓓莖菜'也。一曰'染草'[38]。"

薙菜[39]："音唯。似乌韭而黄。"

蓿菜[40]："他合反。生水中，大叶。"

藷[41]："根似芋，可食。"又云："'署预'别名。"

荷：《尔雅》云："荷，芙渠也。……其实，莲。其根，藕[42]。"

【注释】

〔1〕本目引《吕氏春秋》，均出《本味》篇。本条"括姑"，今本作"指姑"。小注是高诱注，有节略，而"故曰'嘉'"作"故曰'嘉树'"，而"灵"作"虚"。"指姑"高注认为就是《淮南子·览冥训》的姑余山，"在吴"。

〔2〕连下文"韭"、"葱"二条同出《汉武内传》。"赤韭"、"绮葱"，各本及《御览》卷九七六"韭"、卷九七七"葱"引《汉武内传》并同，今《丛书集成》本《汉武帝内传》作"赤薤"、"绮华"，"华"应误。

〔3〕《御览》卷九七七"薤"引《列仙传》同《要术》。清孙星衍等辑本《神农本草经》引《列仙传》"蒲薤"作"蒲韭"。

〔4〕务光：古代隐士。相传汤要把天下让给他，不受，隐去。后400余岁，至武丁时又出现，武丁要任他为相，不从，又隐去。　　蒲薤：天南星科石菖蒲（Acorus gramineus）一类的植物，其叶线形如蒲，亦如韭薤，故名。其根状茎入药，治昏厥、癫狂等症。

〔5〕今本《说文》只是："蒜，荤菜。从艸，祘声。"但《尔雅·释草》

"蒚,山蒜"《经典释文》引《说文》:"荤菜也。一本云:'菜之美者,云梦之荤菜。'"

〔6〕蒚(xūn)菜:即荤菜,指有特殊气味的葱蒜类菜。"蒚"即"荤"字。这里即指大蒜。

〔7〕高诱注:"阳朴,地名,在蜀郡。"《要术》"蜀郡"应在注文内而窜入正文。

〔8〕引文见《管子·戒篇》。"冬葵",《万有文库》本《管子》作"冬葱"。

〔9〕山戎:古族名。春秋时分布在今河北北部,侵伐齐、燕等国。公元前六六三年,齐桓公北伐山戎,得其冬葵(即葵菜。今本《管子》作"冬葱")、戎菽(即大豆),移植于齐国。

〔10〕《类聚》卷八二、《御览》卷九七九"葵"引《列仙传》"丁次卿"作"丁次都",下有"不知何许人也"句。

〔11〕日南:日南郡,汉置,有今越南中部地区。

〔12〕具区:太湖的古代名称。　　菁:指韭菜花,也指芜菁。芜菁性喜冷凉,北方栽培最多,太湖地区很少栽培。

〔13〕鹿角:是褐藻门鹿角菜科的鹿角菜(Pelvetia siliquosa),生于中潮带岩石上。藻体分歧如叉,呈紫褐色,其大者为复叉状,全形略似鹿角,故名。《本草纲目》卷二八"鹿角菜":"鹿角以形名,猴葵因其性滑也。"

〔14〕罗勒:又名"兰香",已见卷三《种兰香》。下文山罗勒,系木本,未详。

〔15〕《游名山志》:《隋书·经籍志二》著录,"谢灵运撰"。书已佚。谢灵运(385—433),南朝宋时人,谢玄之孙。今河南太康人,移籍会稽。曾任永嘉(郡治在今浙江温州)太守。性喜游历山水名胜,该《志》即为记述会稽、永嘉等地山水胜迹风物之书。

〔16〕步廊山:《太平寰宇记》记载浙江温州有步廊山:"在州东北,见谢公《名山志》。"

〔17〕葙(xiāng):《集韵》同"蘘"。本条所记,以根茎为葅,有辛香味,疑是蘘荷科(姜科)植物。

〔18〕此条《御览》卷九八〇"紫菜"引作《吴郡缘海记》,称:"郡海边诸山,悉生紫菜。《吴赋》云'纶、组、紫、绛'者也。"可能《要术》脱去书名,但更可能是《广志》文。《要术》"吴都"似应作"吴郡"。

〔19〕《文选》左思《吴都赋》作"纶、组、紫、绛"。据刘逵(渊林)注,"紫"指紫菜,"绛"指绛草,即可染红色的茜草(Rubia cordifolia),《要术》"菜"误。纶、组都是海藻类植物。

〔20〕《尔雅·释草》正文是："纶似纶,组似组,东海有之。"注是郭璞注,文同。

〔21〕有秩、啬夫:均古代乡官名。乡五千户置有秩,秩百石,掌管一乡之人。啬夫掌管一乡讼狱和税收。

〔22〕优殿:《本草拾遗》有记载,但没有更多的描述,未悉是何种植物。

〔23〕合浦:郡名,亦县名,治所均在今广西合浦。

〔24〕雍:即旋花科的蕹菜(Ipomoea aquatica),俗名"空心菜"。水、陆均可种。种于水中(水田或池沼中),叶大茎粗,名"水蕹";植于旱地,叶小茎细,又名"旱蕹"。

〔25〕冬风:这是菊科的东风菜〔Doellingeria scaber(Aster scaber)〕。《本草纲目》卷二七"东风菜"引唐苏敬《新修本草》:"此菜先春而生,故有'东风'之号。一作'冬风',言得冬气也。"

〔26〕蔛(hú):《唐本草》著录有"蔛草",说"生水傍"。蔛草即石斛(Dendrobium nobile,兰科),《本草图经》说,生"水傍石上"。亦附生树上。蔛、蔛同音,未知为同一植物否。

〔27〕蔊(hàn)菜:即十字花科的蔊菜(Rorippa indica),茎叶有辛味,可供食用。自本条以下至"藷"条,仍应是《字林》文。本条《御览》卷九八〇"蔊"正引作《字林》。下文"莘"条,《北户录》卷二"水韭"及《御览》同卷"莘"亦均引作《字林》,文同。

〔28〕苣(qǐ,又huì):《广韵》:"苣菜似蕨,生水中。"即水蕨科(苣科)的水蕨(Ceratopteris thalictroides)。生于水田或水沟中。嫩叶可食。

〔29〕今本《吕氏春秋·本味》没有"云梦之苣",徐锴《说文系传》认为就是"云梦之芹"的异写字。《御览》引《字林》的"苣"也归入卷九八〇的"芹"目。段玉裁也认为就是"芹"。现代植物分类学上则二者各别,并不等同。

〔30〕莘(yín):各书所记只是《字林》的重复,没有更多说明,未详。

〔31〕莐(jǐn):《玉篇》解释就是"荬蒿",见"荬蒿(八九)"。段玉裁、朱骏声解释《说文》的"莐",认为就是"芹"字。

〔32〕葅(zū)菜:即三白草科的蕺菜(Houttuynia cordata)。《广雅·释草》:"葅,蕺也。"《证类本草》卷二九"蕺"引《唐本草》注:"此物叶似荞麦,肥地亦能蔓生。茎紫赤色。……关中谓之葅菜。"葅、葅、菹,同字异写。

〔33〕蓏(luó)菜和下条茼(yuè)菜,解释全同,文献上没有找到更多记载,未详何种植物。

〔34〕蘮(qí)菜:即蕨类植物紫萁科的紫萁(Osmunda japonica)。嫩叶可食。

〔35〕藕（è）菜：像蕨的植物很多，无从推测是什么植物。

〔36〕堇（niē）菜：文献上没有更多的记述，未详。

〔37〕薮（qián）菜：宋张邦基《墨庄漫录》卷七作"薮麻"。薮同"荨"，即荨麻。荨麻有多种，属荨麻科荨麻属（Urtica）。草本，被螫毛，触之即痛痒。嫩茎叶可食。

〔38〕染草：金抄、明抄同，明清刻本作"深草"，深、海形似，疑应作"海草"。按：净去猪毛鱼鳞，古称"敆"，也写作"焊"、"燀"，薮麻亦称"焊麻"。而薮也写作"薄"、"潅"。《说文》："荨，或从夊"作"薄"。《尔雅·释草》："薄，海藻。"藻即藻字。《神农本草经》："海藻……一名潅。"据此，"敆"的另一说是海藻，"染草"似应作"海草"。

〔39〕薳（wěi）菜：未详何物。　　乌韭：是蕨类植物鳞始蕨科的乌蕨（Stenoloma chusanum）。

〔40〕蓍（tè）菜：明朱橚《救荒本草》说泽泻俗名"水蓍菜"。泽泻是泽泻科的 Alisma orientale，多年生沼生草本，即生长在沼泽地者。

〔41〕藇（shǔ）：同"薯"，是薯蓣科薯蓣属（Dioscorea）的植物，参见"诸（二七）"。薯蓣（Dioscorea opposita），俗名"山药"。

〔42〕"其根，藕"：藕是荷的地下横走茎的先端部分膨大长成，不是荷的根。按：本目所列各种蔬菜，颇有重复。莲、藕已见于卷六《养鱼》，荷叶也是卷八《作鱼鲊》所用，并非"非中国物产"，也不是野生。蒜、姜、冬葵、紫菜、芹，已见于有关各篇，或者认为产于吴、楚、蜀，非"中国"所产，还说得过去，但产冬葵的山戎，在今河北北部，则在后魏疆域内。蒴菜即"燠"，菔菜即菔菜，蕨菜即蕨，均已见于卷九《作菹藏生菜法》。冬风与"东风（九八）"重出，蒇菜与"蒇（九一）"重出，藇与"诸（二七）"重出。

【译文】

《吕氏春秋》说："菜中味道美好的……有寿木的花；括姑东面的中容国，有赤木和玄木的叶；〔高诱注解说：〕"括姑是山名。赤木和玄木，它的叶都可以吃。"余瞀（mào）的南面，最南的崖壁上，有一种菜名叫'嘉树'，颜色如碧色。"〔高诱注解说：〕"余瞀是南方的山名。山中有嘉美的菜，所以称为'嘉'，吃了有灵验。如碧色，就是青色。"

《汉武内传》说："西王母说：'上等的仙药，有碧海的琅（láng）菜。'"

韭："西王母说：'次等的仙药，有八纮（hóng）的赤韭。'"

葱："西王母说：'上等的仙药，有玄都的绮葱。'"

薤:《列仙传》说:"务光,服食蒲薤的根。"

蒜:《说文》说:"菜中美好的,有云梦的荤菜。"

姜:《吕氏春秋》说:"调味料中美好的,有杨朴的生姜。"〔高诱注解说〕:"杨朴是地名,(在蜀郡)。"

葵:《管子》说:"齐桓公……向北方攻伐山戎,带出冬葵回来……后来中国各地都有分布。"《列仙传》说:"丁次卿给辽东丁家作佣人。丁家主人曾经叫他去买葵菜,冬天却买得新鲜葵菜。主人问他:'冬天哪能有这种鲜菜?'他说:'是从日南郡买来的。'"

〔菁:〕《吕氏春秋》说:"菜中美好的,有具区的菁。"

鹿角:《南越志》说:"猴葵,赤色,生在石上。南越地方管它叫'鹿角'。"

罗勒:《游名山志》说:"步廊山中有一株树,像花椒树,但却是罗勒的香气,土人管它叫'山罗勒'。"

葙:《广志》说:"葙,根可以腌作菹菜,既香又辣。"

紫菜:"吴〔郡〕海边诸山〔的山脚下〕,都生有紫菜。"又《吴都赋》说:"纶、组、紫〔、绛〕。"《尔雅》〔郭璞〕注解说:"纶,是现今有秩和啬夫所佩带的杂有青丝的带。组,也是丝带。海中的草,新鲜时有和纶、组相似的纹彩,所以这种草也就叫纶、组。"

芹:《吕氏春秋》说:"菜中美好的,有云梦的芹。"

优殿:《南方草物状》说:"合浦有一种菜,名叫'优殿',用豆酱汁和着吃,很香美好吃。"

雍:《广州记》说:"雍菜,生在水中,可以腌作菹菜。"

冬风:《广州记》说:"冬风菜,生在旱地,可以配上肉作羹吃。"

蔌:《字林》说:"蔌菜,生在水中。"

蕈菜:"音罕。味道辛辣。"

葿:"音胡对反。《吕氏春秋》说:'菜中美好的,有云梦的葿。'"

荮:"像大蒜,生在水中。"

荙菜:"音谨。像蒿草。"

葙菜:"颜色紫,有藤。"

薕:"叶子像竹叶,生在水边上。"

蔄菜:"叶子像竹叶,生在水边上。"

蔡菜:"像蕨。"

蔛菜："像蕨，生在水中。"

蕨菜："就是鳖(biē)。《诗疏》说：'秦国叫作蕨，齐鲁叫作鳖。'"

堇菜："像大蒜，生在水边上。"

蕵菜："蕵，音徐盐反。像'�荃菜'。一说是'染草'。"

萑菜："萑，音唯。像乌韭而颜色黄。"

蓄菜："蓄，音他合反。生在水中，叶子大。"

蓲："根像芋，可以吃。"又一说："是薯蓣的别名。"

荷：《尔雅》说："荷，就是芙渠。……它的果实是莲子，它的根是藕。"

竹(五一)

《山海经》曰[1]："嶓冢之山……多桃枝、钩端竹[2]。"

"云山……有桂竹[3]，甚毒，伤人必死。""今始兴郡出筀竹[4]，大者围二尺，长四丈。交阯有篥竹[5]，实中，劲强，有毒，锐似刺，虎中之则死。亦此类。"

"龟山……多扶竹。""扶竹，筇竹也[6]。"

《汉书》[7]："竹大者，一节受一斛，小者数斗，以为柙音匣楗[8]。"

"邛都高节竹，可为杖，所谓'邛竹'。"[9]

《尚书》曰[10]："杨州……厥贡……篠、簜[11]。……荆州……厥贡……箘、簵[12]。"注云："篠，竹箭。簜，大竹。""箘、簵，皆美竹……出云梦之泽。"

《礼斗威仪》曰[13]："君乘土而王，其政太平，蔓竹、紫脱常生[14]。"其注曰："紫脱，北方物。"

《南方草物状》曰："由梧竹[15]，吏民家种之。长三四丈，围一尺八九寸，作屋柱。出交阯。"

《魏志》云[16]:"倭国,竹有条、幹[17]。"

《神异经》曰[18]:"南山荒中有沛竹,长百丈,围三丈五六尺,厚八九寸,可为大船。其子美,食之可以已疮疠。"张茂先注曰:"子,笋也。"

《外国图》曰[19]:"高阳氏有同产而为夫妇者[20],帝怒放之,于是相抱而死。有神鸟以不死竹覆之。七年,男女皆活。同颈异头,共身四足。是为蒙双民。"

《广州记》曰:"石麻之竹[21],劲而利,削以为刀,切象皮如切芋。"

《博物志》云[22]:"洞庭之山,尧帝之二女常泣,以其涕挥竹,竹尽成斑[23]。""下隽县有竹,皮不斑,即刮去皮,乃见[24]。"

《华阳国志》云[25]:"有竹王者,兴于豚水[26]。有一女浣于水滨,有三节大竹,流入女足间,推之不去。闻有儿声,持归,破竹,得男。长养,有武才,遂雄夷狄,氏竹为姓。所破竹,于野成林,今王祠竹林是也。"

《风土记》曰:"阳羡县有袁君家坛边[27],有数林大竹[28],并高二三丈。枝皆两披,下扫坛上,常洁净也。"

盛弘之《荆州记》曰[29]:"临贺谢休县东山有大竹[30],数十围,长数丈。有小竹生旁,皆四五尺围。下有盘石,径四五丈,极高,方正青滑,如弹棋局。两竹屈垂,拂扫其上,初无尘秽。未至数十里,闻风吹此竹,如箫管之音。"

《异物志》曰[31]:"有竹曰篻[32],其大数围,节间相去局促,中实满,坚强以为柱榱。"

《南方异物志》曰:"棘竹^[33],有刺,长七八丈,大如瓮。"

曹毗《湘中赋》曰^[34]:"竹中筼筜、白、乌^[35],实中、绀族^[36]。滨荣幽渚,繁宗隈曲;萋蒨陵丘,菱逮重谷^[37]。"

王彪之《闽中赋》曰:"竹则苞甜、赤若^[38],缥箭、斑弓^[39]。度世推节,征合实中^[40]。筼筜函人,桃枝育虫^[41]。缃箬、素笋,彤竿、绿筒。""筼筜竹,节中有物,长数寸,正似世人形,俗说相传云'竹人',时有得者。育虫,谓竹䖝^[42],竹中皆有耳。因说桃枝,可得寄言。"

《神仙传》曰^[43]:"壶公欲与费长房俱去^[44],长房畏家人觉。公乃书一青竹,戒曰:'卿可归家称病,以此竹置卿卧处,默然便来还。'房如言。家人见此竹,是房尸,哭泣行丧。"

《南越志》云:"罗浮生生竹,皆七八寸围,节长一二丈^[45],谓之'龙钟竹'。"

《孝经河图》曰^[46]:"少室之山^[47],有爨器竹^[48],堪为釜甑。

"安思县多苦竹^[49]。竹之丑有四:有青苦者,白苦者,紫苦者,黄苦者。"

竺法真《登罗浮山疏》曰^[50]:"又有筋竹^[51],色如黄金。"

《晋起居注》曰^[52]:"惠帝二年^[53],巴西郡竹生紫色花^[54],结实如麦,皮青,中米白,味甘。"

《吴录》曰:"日南有篥竹^[55],劲利,削为矛。"

《临海异物志》曰:"狗竹^[56],毛在节间。"

《字林》曰："筀，竹，头有父文。"〔57〕

"篾〔58〕音模，竹，黑皮，竹浮有文〔59〕。"

"籦音感，竹，有毛。"

"籓力印切，竹，实中。"

【注释】

〔1〕引文见《山海经·西山经》。"云山"、"龟山"条均见《中山经》"中次十二经"。小注是郭璞注。正注文均有异文。"锐似刺"中"似"，今本郭注作"以"，则"锐以刺虎"为句，较胜。

〔2〕桃枝：竹名。戴凯之《竹谱》："桃枝皮赤，编之滑劲，可以为席。……节短者不兼寸，长者或逾尺，豫章遍有之。"　钩端竹：郭璞注《山海经》说："桃枝属。"

〔3〕桂竹：是刚竹属的Phyllostachys bambusoides，亦称"刚竹"，其变形为"斑竹"。竿高8—22米，径粗可达10厘米以上，当即郭璞注的筀（guì）竹（桂、筀同音，从竹即为"筀"）。但无毒，而《山海经》说"甚毒"，则是另一种桂竹，未详。

〔4〕始兴郡：三国吴置，故治在今广东曲江。

〔5〕篥（lì）竹：疑即箬竹，见注释〔55〕。

〔6〕筇（qióng）竹：即邛竹，以其产于邛都，因加竹头作"筇"。筇竹可作扶老杖，故又名"扶竹"、"扶老竹"，后人因亦径称拄杖为"筇"。戴凯之《竹谱》称："竹之堪杖，莫尚于筇"，其特点："高节实中，状若人刻，为杖之极。"即其节环特别高起（即《汉书》注所谓"高节竹"），而且是实心竹，所以特别宜于作拄杖。

〔7〕《汉书》无此语；下条"邛竹"，才出于《汉书》注。《初学记》卷二八"竹"引《广志》称："汉竹，大者一节受一斛，小者数升，为椑榼。"疑此条实出《广志》，应作"汉竹，大者……""书"字袭下条引《汉书》而衍，而《广志》的书名被夺去，却变成了《汉书》的内容。

〔8〕"桿"通"匣"，据《初学记》所引，应是"椑"字烂成。椑（pí）榼（kē）是一种圆形盛酒器，这里是现成利用其圆竹筒，并没有作成匣子。"音匣"是后人就误字误注的。

〔9〕这三句是《汉书》注文，见于《汉书·张骞传》颜师古注引臣瓒："邛，山名，生此竹，高节，可作杖。"《要术》文句有异，可能非出瓒注，但无论如何不是《汉书》本文。邛（qióng）都，县名，故治在今四川西昌东南。汉武

帝时张骞出使西域，在大夏国（今阿富汗北部）见到经由印度贩运过去的我国邛竹杖和蜀布，得到启示，开通了由四川通云南的越嶲道，就在邛都建置越嶲郡。

〔10〕见《尚书·禹贡》。注是孔安国《传》。

〔11〕篠（xiǎo）：竹竿短细，因可为箭，又名"箭"，即箭竹（Sinarundinaria nitida），我国特产。　　荡（dàng）：大竹，《尚书·禹贡》孔颖达疏引孙炎："竹阔节者曰荡。"

〔12〕箘（jùn）、簵（lù）：有二说，一说是坚劲之竹，《战国策·赵策》："其坚则箘簵之劲，不能过也。"一说是箭竹类，《广雅·释草》："箘、簵……箭也。"戴凯之《竹谱》："箘、簵二竹，亦皆中矢……大较故是会稽箭类耳，皮特黑涩，以此为异。"则箘、簵是箭竹属（Sinarundinaria）的两种竹。

〔13〕《礼斗威仪》：《礼》纬书的一种，已早佚。《隋书·经籍志一》著录"《礼纬》三卷。郑玄注，亡。"《旧唐书·经籍志上》著录为"宋均注"。宋均，三国魏时人。《要术》本条注文，当出宋均。《类聚》卷八九"竹"、《御览》卷九六三"篾竹"均引到《礼斗威仪》此条，稍有异文，均无注文。

〔14〕篗（mán）竹：《初学记》卷二八引《广志》："篗竹，皮青，内白如雪，软韧可为索。"　　紫脱：元李衎（kàn）《竹谱详录》卷六："篗竹，生江、广间。……紫脱，笋名也。"

〔15〕由梧竹：是大竹，可作梁柱，见戴凯之《竹谱》。小的由梧竹，有刺，可作篱笆，又名"笆竹"，见李衎《竹谱详录》，则是同名异种。

〔16〕《三国志·魏志·倭人传》："其竹篠、簳、桃支。"

〔17〕倭国：古时指日本。　　条、幹：即篠、簳。簳是小竹。现在日名以原产日本的 Pleioblastus simoni 及 Pseudosasa japonica 为"篠竹"。

〔18〕《初学记》卷二八引《神异经》较简略，《御览》卷九六三"沛竹"所引基本相同。

〔19〕《外国图》：《隋书·经籍志》等不著录，《水经注》、《类聚》、《御览》等有引到。《史记·秦本纪》张守节《正义》引有吴人《外国图》，则其书似孙吴时人所写。书已佚。《博物志》卷八有与《外国图》相类似记载，但"不死竹"作"不死草"。

〔20〕高阳氏：相传上古五帝之一的颛顼，号高阳氏，居于帝丘，在今河南濮阳东南，则非"外国"。另外见于《山海经·大荒南经》的有"颛顼国"，未知是否指此而袭用"高阳氏"。

〔21〕《北户录》卷二引作裴渊《广州记》，"石麻"作"石林"。

〔22〕今本《博物志》卷一〇："尧之二女，舜之二妃，曰湘夫人。舜崩，二妃啼，以涕挥竹，竹尽斑。今下隽有斑皮竹。"《御览》卷九六三"斑皮竹"

引《博物志》作"虞帝之二女","二女"宜作"二妃"。

〔23〕这种竹有斑点或斑纹,称为"斑竹",是桂竹的变形。相传舜帝南巡,死于苍梧(山名,即九嶷山,在今湘南蓝山之南)。他的二妃是尧帝的二女,即娥皇和女英,日夜哭泣,泪水洒在竹上,竹皆成斑,因名"斑竹",也叫"湘妃竹"。

〔24〕下雋县:在今湖南沅陵境。一说在今湖北通城境。清汪灏等《广群芳谱》引《临汉隐居诗话》:"竹有黑点,谓之斑竹,非也。湘中斑竹方生时,每点上苔钱封之甚固。土人斫竹浸水中,用草穰洗去苔钱,则紫晕斓斑可爱,此真斑竹也。"

〔25〕见《华阳国志》卷四《南中志》,内容相同,"豚水"作"遯水",同。

〔26〕豚水:古牂牁江(今北盘江上游),其发源处称濛潭,亦称"豚水"(也写作"遯水")。相传竹王所建的国即"夜郎国"(主要有今贵州西部和北部地区)。

〔27〕阳羡县:今江苏宜兴。《风土记》作者西晋周处即该县人。"家",《御览》卷九六二引《风土记》作"冢",《要术》张步瀛校本亦作"冢","家"应是"冢"之形误。

〔28〕"林",《御览》引作"枚",应作"枚"。

〔29〕盛弘之《荆州记》:《隋书·经籍志二》著录《荆州记》三卷,宋临川王侍郎盛弘之撰"。据胡立初考证,宋文帝元嘉九年(432)临川王刘义庆出为平西将军、荆州刺史,在州八年。盛弘之任临川王侍郎,当在临川王出镇荆州之时,弘之就几年所闻见而记述一州的人物物产及灵怪之事,写成此《记》。书已佚。

〔30〕临贺:郡名,三国吴置,故治在广西贺县(今为八步区),靠近湖南边境。"谢休",疑"谢沐"之误。《汉书》《晋书·地理志》《后汉书·郡国志》均无谢休县,概作"谢沐"。　　谢沐县:故治在今湖南江永西南,属临贺郡。"大竹",疑应作"竹,大"。下句"长数丈",《类聚》卷八九引盛弘之《荆州记》作"数十丈",《渐西》本据以加"十"字,但数十围粗和数十丈长都是可疑的。

〔31〕《御览》卷九六三"篃竹"引《异物志》末后尚有"断截便以为栋梁,不复加斤斧也"。"榱"(cuī)是屋椽,与"柱"不相称,吾点校改为"栋",《渐西》本依着改,据戴凯之《竹谱》应是"梁"。

〔32〕篃(báo):大竹。戴凯之《竹谱》称:"篃实厚肥,孔小,几于实中……大竹也。土人用为梁柱。"

〔33〕棘竹:古时也叫"笐竹"、"勒竹",由于有刺可种为篱笆,又名"笆竹"。据各书描述,具有竿粗材厚、节上小枝短缩硬化而为刺、地下茎为

合轴型的共同特点,显然是箣(cè)竹属(Bambusa)的竹。其为何种,箣竹(B. stenostachya)和车筒竹(B. sinospinosa)极似之。参见戴凯之《竹谱》、李衍《竹谱详录》卷四、广东《肇庆府志》、清屈大均《广东新语》等。

〔34〕曹毗(pí)《湘中赋》:《隋书》、新旧《唐书》经籍志均著录有《曹毗集》,此《赋》当在该集中。书已佚。曹毗,东晋成帝时迁光禄勋,《晋书》有传。

〔35〕笢(yún)筜(dāng):大竹。戴凯之《竹谱》:"桃枝、笢筜,多植水渚。""笢筜最大,大者中甑。"则是宜植于洲渚的中空、内径宽大的大型竹。　白、乌:指白竹、乌竹。戴凯之《竹谱》:"赤白二竹,还取其色;白薄而曲,赤厚而直。沅沣(按:疑应作"澧",指湖南沅江和澧水,而沣水在陕西关中)所丰,余邦颇植。"则白竹是竿白材薄而倾曲的竹。李衍《竹谱详录》有"白竹"、"乌竹"。现在植物分类学上以刚竹属的Phyllostachys nigra为乌竹,也叫"黑竹",茎竿初时绿色,经年以后,渐呈紫黑色,有的并有黑褐色的小斑点,别称"胡麻竹"。

〔36〕绀族:紫黑色的竹类。绀,紫黑色。下文引《孝经河图》有紫苦竹,戴凯之《竹谱》亦称:"苦竹,有白有紫。"又乌竹,茎竿紫黑色,亦称"紫竹",以其姿态及紫竿雅致,我国各地庭园内多栽培以供观赏。所谓绀色的竹,当指此类。

〔37〕蒨(qiàn)、薆(ài):草木繁盛貌。

〔38〕"赤若",不词,应是"赤苦"的形误。下引《孝经河图》就有"紫苦者",戴凯之《竹谱》亦称:"苦竹,有白有紫。"赤苦笋和甜冬笋("苞甜")相对,都讲味道,是一组;下句"缥箭、斑弓"是青白色的箭竹和斑纹的弓竹相对,是另一组,都讲用途。

〔39〕斑弓:斑竹作弓。《御览》卷九六二"竹"引《云南记》:"云南有实心竹,文采斑驳……其土以为枪杆。"以斑竹为弓,亦此类。

〔40〕征合实中:意谓作兵器要用实心竹。如《文选·吴都赋》刘逵(渊林)注引《异物志》:"箭竹,细小而劲实。"棘竹,实中,"夷人破以为弓"(戴凯之《竹谱》);篥竹,"实中劲强,交趾人锐以为矛"(刘逵注引《异物志》);云南有实心斑竹,用以作枪杆(见注释〔39〕),这些都是实心坚劲的武器竹。

〔41〕桃枝育虫:清郭柏苍《闽产录异》卷六在引王彪之《闽中赋》后说:"又簵竹,竹中生虫,长则咬节而出。所谓'育虫',乃指簵竹、桃枝竹。"卷三记载"桃枝竹"说:"漳州、福宁、延平皆产之。笋皮有毛虫聚焉,不宜食。"

〔42〕竹䶅(liú):竹鼠属(Rhizomys),专吃竹类的根。清桂馥《说文义

证》引刘欣期《交州记》：“竹鼠，如小狗子，食竹根，出封溪县。闽中呼之为
鼺。”这条注文是后人加的。

〔43〕《御览》卷九六二引《神仙传》文字稍异，内容相同。《后汉书·费
长房传》亦载其事，叙述有异。

〔44〕壶公：有姓施，姓谢，姓王等数位，据《水经注·汝水》，此为“王
壶公”。　　费长房：东汉方士，汝南（郡治在今河南上蔡西南）人，曾为市
掾。传说王壶公在市上卖药，悬一壶，市散后跳入壶中，次晨又从壶中跳出，
人家看不见，惟有费长房在楼上看得清清楚楚。因此费长房跟他入山学仙。
《后汉书》有费长房传。

〔45〕“节长一二丈”，《御览》卷九六二引《南越志》“丈”作“尺”，应是
“尺”字之误。

〔46〕《孝经河图》：各家书目不见著录，《御览》卷九六二“竹”有引到，
内容基本同《要术》，但《初学记》卷二八引作《河图》。书已佚。

〔47〕少室之山：少室山。河南登封北“中岳”嵩山有三高峰，其西峰
为少室山，山北麓有少林寺。

〔48〕爨（cuàn）器：炊器。

〔49〕安思县：未详，疑误。汉有安昌县，在嵩山附近。　　苦竹：苦竹
属（Pleioblastus），所谓青苦、白苦等只是因竿皮颜色不同而分为几种。

〔50〕《类聚》卷八九引竺法真《罗山疏》是：“岭南道无筋（同“筋”）
竹，惟此山有之。其大尺围，细者色如黄金，坚贞疏节。”

〔51〕筋竹：当即金竹（Phyllostachys sulphurea），参见李衍《竹谱详录》
卷六。

〔52〕《晋起居注》：《隋书·经籍志二》著录，作者题称“〔刘〕宋北徐州
主簿刘道会撰”。书已佚。

〔53〕“惠帝二年”（291），《晋书·五行志》作“惠帝元康二年”（292）。

〔54〕巴西郡：东汉末刘璋置，晋仍之，郡治在今四川阆中。

〔55〕篥竹：疑应作“篻（piǎo）竹”。《文选·吴都赋》“篻、簩有丛”刘
逵注引《异物志》：“篻竹，大如戟槿（即戟柄），实中劲强，交趾人锐以为矛，
甚利。”戴凯之《竹谱》：“筋竹为矛，称利海表，槿仍（作“乃”字用）其杆，刃
即其杪。生于日南，别名为‘篻’。”从“篻、簩有丛”看，说明篻竹、簩竹都是
地下茎为合轴型作灌木状丛生的竹，而篻竹又名筋竹，此筋竹与上文罗浮山
的筋竹是同名异种。篻由剽利得义，《竹谱》并与“表”、“杪”叶韵，而所记
与《吴录》相同，疑“篥”是“篻”的形误。刘逵注引《异物志》又称：“簩竹，
有毒，夷人以为觚（借作“弧”字），刺兽中之则必死。”上文引《山海经》郭
璞注有“篥竹”，篥、簩双声，疑篥竹是簩竹的转音异写。

〔56〕狗竹：李衎《竹谱详录》卷五："狗竹，出临海郡，围三寸，节间有毛。三月，笋可食。"

〔57〕"笴"（róng），各本作"茸"，《渐西》本从吾点校改作"笴"。《玉篇》有"笴"字，解释是："竹也，头有文。"笴，《竹谱详录》卷六："笴竹，在处敷粉，头有父文。……父文，犹花文也。"四川江安县南屏乡有珍奇的"人面竹"，是毛竹的变种。竹竿上端的二三尺处，均在节的一侧裂开一个小口。竹竿表面有一条条凸起而有规律地倾斜相连的曲线，每一曲线单元内的竹面都凸鼓隆起，宛如人的笑脸。（《新民晚报》1987年11月1日五版）则笴竹上端有"父"字形的花纹，似亦可能。

〔58〕籞（wú）：《竹谱详录》卷五："籞竹，生广西、安南，邕州昆仑关中尤多。张得之《谱》云：'籞竹，黑皮，有文。……大者可为柱，小者亦堪杂用。'"

〔59〕"竹浮有文"，疑是《字林》原有"簿"字，释为："竹，有文"，而在传刻中被拆为"竹浮"二字误窜入此。《玉篇》"籞"下正是"簿"字，《广韵》也有，解释是"竹有文者"。

【译文】

《山海经》说："嶓（bō）冢山上……多有桃枝竹、钩端竹。"

"云山……有桂竹，很毒，人被刺伤，一定死亡。"〔郭璞注解说：〕"现在始兴郡出产有筇竹，大的周围二尺，四丈长。〔又，〕交趾有一种篥竹，竹竿实心，坚硬强劲，有毒，（削）尖了刺老虎，刺中了就会死。桂竹也是这一类。"

"龟山……有许多扶竹。"〔郭璞注解说：〕"扶竹，就是筇竹。"

〔《广志》说：〕"（汉）竹，大的一节可以容纳一斛的量，小的也可以容纳几斗，竹筒可以作〔椑〕榼一样的盛酒器。"

《汉书》〕〔注解说：〕"邛都的高节竹，可以作挂杖，就是所谓'邛竹'。"

《尚书》说："扬州……它的贡品有……篠、簜……荆州……它的贡品有……箘、簬。"注解说："篠是作箭的竹。簜是大竹。""箘、簬都是好竹……出在云梦泽中。"

《礼斗威仪》说："人君顺着土地所宜治理国家，政治就会太平，簜竹和紫脱经常有生出。"注解说："紫脱是北方的物产。"

《南方草物状》说："由梧竹，官吏和民众家中都有种植。有三四丈长，周围一尺八九寸粗，可以作屋柱。出在交趾。"

《魏志》说："倭国，竹子有条竹、幹竹。"

《神异经》说："南方荒远的山中有沛竹，有一百丈长，周围三丈五六尺粗，竿有八九寸厚，可以作大船。它的'子'味道好，吃了可以治好疮癞病。"_{张华注解说："子，就是笋。"}

《外国图》说："高阳氏族中有同胞兄妹结为夫妻的，高阳帝大怒，将他们赶出族门，二人于是相拥抱而死。有神鸟衔来'不死竹'覆盖他们的尸体。七年之后，男女二人都复活了。他们同一个颈项两个头，同一个身躯四条脚。这就成为'蒙双民'。"

《广州记》说："石麻竹，坚劲而且锐利，把它削成刀，切大象的皮像切芋一样容易。"

《博物志》说："洞庭山上，尧帝的两个女儿常常哭泣，把眼泪洒在竹子上，竹子就都有了斑点。""_{现在下隽县有竹，竹面上并不见有斑点，但是只要刮去外皮，就见到了。}"

《华阳国志》说："有个竹王，建国于豚水地方。原来是有一女子在豚水河边洗衣服，水上头有三节大竹漂流到女子双足之间，推也推不开。忽然听到有婴儿的声音，就把竹筒抱回家，破开竹筒，得到一个男孩。将他抚养长大之后，这人有武勇才略，便成为各个部落的首领，就以竹为姓〔称为竹王〕。破开的竹，丢在荒野，以后就长成竹林，这就是现在建着竹王祠庙的那片竹林。"

《风土记》说："阳羡县有个袁君的〔坟墓〕，它的祭坛旁边长着几〔株〕大竹，都有二三丈高。竹枝都分两边向下垂着，扫在坛上，坛上常常被扫得很洁净。"

盛弘之《荆州记》说："临贺谢〔沐〕县东山有大竹，有几十围粗（？），几丈长。旁边长着些小竹，也都有四五尺围粗。下面有块巨大的磐石，对径四五丈，很高，正方形，青色，很平滑，平滑得像弹棋的棋局。有两株竹弯曲下垂着，扫拂在石头上，扫得一点尘土污秽都没有。还离开几十里地以外，就可以听到风吹这些竹子，像吹箫管的声音。"

《异物志》说："有一种竹名叫'篔'，有几围粗大，节间距离很短，中间是实心的，坚硬强固，可以用来作柱〔梁〕。"

《南方异物志》说："棘竹，有刺，七八丈高，像瓮子粗大。"

曹毗《湘中赋》说："竹子有箟笞和白竹、乌竹，也有实心竹和绀色的竹。或者丛生在幽静的水渚，也繁衍在溪流的弯曲；或者荫翳地长在丘陵,也茂密地长在深谷。"

王彪之《闽中赋》说:"竹子有甜的冬笋,有〔苦〕的赤笋,青白色的箭竹可以作箭,长斑纹的斑竹可以作弓。处世要崇尚像竹的有节,兵器要选用茎竿的实中。筼筜竹里面包涵着'竹人',桃枝竹里面孕育着幼虫。有黄褐色的笋箨,素白色的笋肉,有赤色的竹竿,绿色的竹筒。""筼筜竹,竹节里面有一种东西,几寸长,很像人的形状,习俗相传说是'竹人',时常可以得到。孕育的虫,是指竹䖟,竹林中都有的。因为这里说到桃枝竹,所以附带说几句。"

《神仙传》说:"壶公要带费长房一起成仙去,费长房怕家人知道不让走。壶公就拿一根青竹写写画画,告诫说:'你可以回家说害病了,拿这竹竿放在床上,然后悄悄地回来。'费长房照着办了。家人见到这竿竹时,竟是长房的尸体,就哭哭啼啼地把它安葬了。"

《南越志》说:"罗浮山生长的竹,周围都有七八寸粗,一节一二尺长,叫作'龙钟竹'。"

《孝经河图》说:"少室山上有可以作炊器的竹,可以作甑桶。

"安思县(?)多有苦竹。苦竹的种类有四种:有青色的苦竹,白色的苦竹,紫色的苦竹,黄色的苦竹。"

竺法真《登罗浮山疏》说:"又有筋竹,竹竿像黄金的颜色。"

《晋起居注》说:"晋惠帝二年(291),巴西郡有竹生出紫色的花,结的果实像麦子,外皮青色,里面的米是白的,味道甜。"

《吴录》说:"日南郡有篥竹,强劲锐利,可以削来作矛。"

《临海异物志》说:"狗竹,节中间有毛。"

《字林》说:"䇹,是竹,上端有'父'形的花纹。"

"篾,是竹,竿皮黑色,上面有凸起的(?)花纹。"

"簳(gǎn),是竹,有毛。"

"䇖(lìn),是竹,是实心的。"

笋(五二)

《吕氏春秋》曰[1]:"和之美者,越骆之菌[2]。"高诱注曰:"菌,竹笋也。"

《吴录》曰:"鄱阳有笋竹[3],冬月生。"

《笋谱》曰[4]:"鸡胫竹笋,肥美。"

《东观汉记》曰[5]:"马援至荔浦[6],见冬笋,名'苞'[7]。上言:《禹贡》"厥苞橘柚",疑谓是也。其味美于春夏。'"

【注释】

〔1〕见《吕氏春秋·本味》,"越籍之菌"作"越骆之菌"。"菌"、"菌"古通。

〔2〕越籍:今本《吕氏春秋》作"越骆",高诱注:"越骆,国名。"但戴凯之《竹谱》引《吕氏春秋》作"骆越"。骆越是古越人的一支,秦汉时分布于今广西、广东及越南北部等地。

〔3〕鄱阳:郡名,三国吴置,郡治在今江西波阳。

〔4〕《笋谱》是北宋初僧人赞宁写的,这是《竹谱》之误。戴凯之《竹谱》正有"鸡胫……笋美",卷五《种竹》引《竹谱》也有"鸡颈竹笋,肥美"。

〔5〕《东观汉记》: 东汉官修的本朝纪传体史书,已亡佚。今本24卷,是清人辑佚之本,大见残缺。东观是洛阳宫中殿名,为当时修史之处。清人辑本《东观汉记》卷二《马援传》,"春夏"作"春夏笋",较完整。

〔6〕荔浦:即今广西荔浦。

〔7〕苞:即苞笋,亦即冬笋。

【译文】

《吕氏春秋》说:"调味料中美好的,有越籍的菌。"高诱注解说:"菌,就是竹笋。"

《吴录》说:"鄱阳有笋竹,冬天出笋。"

《〔竹〕谱》说:"鸡胫竹笋,味道肥美。"

《东观汉记》说:"马援到荔浦,见到了冬笋,名叫'苞'。就上书给皇帝说:'《禹贡》里的"其苞橘柚",怀疑就是指这个。冬笋的味道比春夏的笋美好。'"

荼(五三)

《尔雅》曰:"荼,苦菜。""可食。"[1]

《诗义疏》曰："山田苦菜甜，所谓'堇、荼如饴'〔2〕。"

【注释】

〔1〕引文见《尔雅·释草》，文同。"可食"是郭璞注。荼，即苦菜，该是菊科苦苣菜属（Sonchus）的植物。

〔2〕"堇（jǐn）、荼如饴"，出《诗经·大雅·绵》。堇，堇菜科的堇菜（Viola verecunda），又叫堇堇菜。

【译文】

《尔雅》说："荼，是苦菜。"〔郭璞注解说：〕"可以吃。"

《诗义疏》说："山田里的苦菜味道甜，这就是《诗经》所说的'堇和荼菜，像饴一样甜'。"

蒿（五四）

《尔雅》曰〔1〕："蒿，菣也〔2〕。""蘩，皤蒿也〔3〕。"注云："今人呼青蒿香中炙啖者为菣。""蘩，白蒿。"

《礼外篇》曰〔4〕："周时德泽洽和，蒿茂大，以为宫柱，名曰'蒿宫'。"〔5〕

《神仙服食经》曰："'七禽方'，十一月采旁音彭勃。旁勃，白蒿也。白兔食之，寿八百年。"〔6〕

【注释】

〔1〕引文见《尔雅·释草》，无"也"字。注是郭璞注，文同。

〔2〕菣（qìn）：是菊科的青蒿（Artemisia apiacea），也叫"香蒿"。《尔雅》邢昺疏引孙炎："荆楚之间，谓蒿为菣。"

〔3〕皤（pó）蒿：即菊科的白蒿（Artemisia stelleriana），也叫"蓬蒿"，叶背生白毛。《唐本草》注："从初生至枯，白于众蒿。"启愉按：古人以青蒿和白蒿为食物，记载很多。《诗经·小雅·鹿鸣》的"食野之蒿"，就是青蒿。《夏小正》以"蘩"为"豆实"（即盛在高脚的盘中），《诗经·召南·采蘩》的

"于以采蘩"，吃的都是白蒿。本草书自《神农本草经》到宋代的《本草衍义》等，都记载着或生吃，或蒸吃，或腌作菹菜吃。还有炙了吃，《本草图经》记载着："干者炙作饮，香尤佳。"《要术》中关于青蒿、白蒿的食用，共有13处之多，或者煮青蒿汁浇在菹菜中，或用蒿叶揩拭猪肉，拭锅，或杂和在红米中舂米，或用青蒿罨女曲，或用白蒿作蚕簇，或用蒿作盛器，润滑剂，媒染剂，等等，不一而足，总之，都不嫌恶蒿的特殊气味。今人有以现在"少见"而"多怪"古人，玩弄文字说《要术》的"蒿"字都是"稿"字写错，难怪胡立初要斥为"浅人瞀说"。

〔4〕《礼外篇》：《大戴礼记》中的一些篇，语在《明堂》篇中（隋唐以后自《盛德》篇析出），文同。戴德在整编《大戴礼记》时大概有《内篇》、《外篇》之分（或为后人所分），《明堂》列于《外篇》，故有《礼外篇》之称。引文见《大戴礼记·明堂》，文同。

〔5〕南宋周去非《岭外代答》卷八"大蒿"："容梧（今广西容县和梧州）道中，久无霜雪处，蒿草不凋。年深滋长，大者可作屋柱，小亦中肩舆之杠。……古有蒿柱之说，岂其类乎？"清俞樾（1821—1907）《俞楼杂纂》卷七《礼记异文笺》认为以蒿为宫柱，不足信，蒿是"高"的借字，周人尊崇文王之庙，故称"高宫"。

〔6〕《神仙服食经》：服食各种药物（特别是矿物类药）以求长生的书，《隋书》、新旧《唐书》经籍志均著录，《旧唐书》题称"京里先生撰"，不知何许人。书已佚。旁勃也写作"莠勃"，即白蒿。《御览》卷九九七"青蒿"引《神仙服食经》无"七禽方"，"旁勃"作"彭勃"。

【译文】

《尔雅》说："蒿，是菣。""蘩，是皤蒿。"〔郭璞〕注解说："现在人把香而可以炙了吃的青蒿叫作'菣'。""蘩，是白蒿。"

《礼外篇》说："周时治理人民恩泽广布融洽，蒿长得很大很大，可以用来作宫殿的柱子，名叫'蒿宫'。"

《神仙服食经》说："'七禽方'，十一月采旁勃来配制。旁勃，就是白蒿。白兔吃了这方，寿命活到八百年。"

菖　蒲（五五）

《春秋传》曰〔1〕："僖公……三十年……使周阅来聘，

飨有昌歜。"杜预曰:"昌蒲菹也〔2〕。"

《神仙传》云〔3〕:"王兴者,阳城越人也〔4〕。汉武帝上嵩高,忽见仙人长二丈,耳出头下垂肩。帝礼而问之。仙人曰:'吾九疑人也。闻嵩岳有石上菖蒲〔5〕,一寸九节,可以长生,故来采之。'忽然不见。帝谓侍臣曰:'彼非欲服食者,以此喻朕耳。'乃采菖蒲服之。帝服之烦闷,乃止。兴服不止,遂以长生。"

【注释】

〔1〕引文见《左传·僖公三十年》,首句作"王使周公阅来聘",即周惠王使周公阅聘鲁。

〔2〕昌蒲:即菖蒲,天南星科,学名 Acorus calamus,也叫"白菖蒲"。其根状茎比较肥大,但味道不好,李时珍将它和香蒲相对,目为"臭蒲"。《周礼·天官·醢人》有一种盛在高脚盘(即豆)中的菜叫作"昌本",就是以菖蒲的根状茎作的菹菜。这正是鲁僖公招待周使的。古人以菖蒲为美肴,"可怪"之至,"瞀说"之徒又会说"昌歜"、"昌本"都是错字了。

〔3〕《类聚》卷八一及《御览》卷九九九"菖蒲"引《神仙传》详略不一。《证类本草》卷六"菖蒲"引《汉武帝内传》亦载其事(今本《内传》无此记载)。

〔4〕"阳城越人",费解,《类聚》引无"越"字,疑衍。阳城,作为县名,即今河南登封;作为山名,该县正有阳城山;"嵩高"即嵩山,亦在该县:都与"越"不相干,疑衍。

〔5〕石上菖蒲:即天南星科的石菖蒲(Acorus gramineus),多生于山涧水石隙中或流水砾石间。其地下根状茎横走,密具轮节。其变种细叶菖蒲(Vzr. pusillus),地下茎节间只有2—3毫米长,本草书上都记载"一寸九节者良",完全可能。

【译文】

《春秋左氏传》说:"鲁僖公……三十年……周王使周公阅来聘问,僖公设宴招待他,席上有昌歜(zǎn)。"杜预注解说:"昌歜是菖蒲腌的菹菜。"

《神仙传》说:"王兴,是阳城人。汉武帝登上嵩山,忽然遇见一仙人，有二丈高，两耳长过头，向下垂到肩上。武帝礼貌地问他。他说：'我是九嶷山人。听说嵩山有一种石上菖蒲，一寸之间有九个节，吃了可以长生，所以来采它。'转眼就不见了。武帝对侍从们说：'他并不是自己想服食，而是拿这话暗示我采食。'于是就采这种菖蒲吃了。但吃了之后觉得胸中烦闷，就停止不吃。王兴一直吃着不停止，所以他就长生。"

薇(五六)

《召南诗》曰[1]："陟彼南山，言采其薇[2]。"《诗义疏》云："薇，山菜也，茎叶皆如小豆。藿可羹，亦可生食之。今官园种之，以供宗庙祭祀也。"

【注释】

〔1〕引文见《诗经·召南·草虫》。

〔2〕薇：此指豆科的大巢菜(Vicia sativa)，也叫"野豌豆"，嫩苗可作蔬菜。蕨类植物紫萁科的紫萁(Osmunda japonica)，过去误称为"薇"。

【译文】

《诗经·召南》说："爬上了南山，我采摘那里的薇菜。"《诗义疏》说："薇是山上的野菜，茎叶都像小豆。它的叶可以作羹，也可以生吃。现在官园里种着，准备祭祀宗庙用的。"

萍(五七)

《尔雅》曰："莽，苹也[1]。其大者蘋[2]。"
《吕氏春秋》曰："菜之美者，昆仑之蘋。"[3]

【注释】

〔1〕今本《尔雅·释草》作："萍，莽。"据阮元校勘，"萍"应作"苹"。

按，萍，同"苹"，或作"蓱"。古人所指，包括浮萍科的浮萍（Lemna minor，也叫青萍）和紫萍（Spirodela polyrrhiza，也叫水萍）。

〔2〕蘋：蘋科的Marsilea quadrifolia，叶柄长，四片小叶生在叶柄顶端，也叫"四叶菜"、"田字草"。

〔3〕见《吕氏春秋·本味》。

【译文】

《尔雅》说："萍，就是苹。大的叫作蘋。"

《吕氏春秋》说："菜中美好的，有昆仑的蘋。"

石　菭丈之切〔1〕（五八）

《尔雅》曰〔2〕："藫，石衣。"郭璞曰："水菭也〔3〕，一名'石发'。江东食之。或曰：藫〔4〕，叶似薤而大，生水底，亦可食。"

【注释】

〔1〕金抄作"大之切"，明抄作"文之切"，均非。《周礼·天官·醢人》有"菭菹"，《经典释文》："菭……沈云：'北人音……丈之反。'""菭"虽同"苔"，但亦读治（zhì）音，即《说文》的"从艸，治声"。据改。

〔2〕引文见《尔雅·释草》，文同。"或曰"，原无，今本郭注有，表明是另一种解说，必须有，据补。

〔3〕水菭（tái，又zhì）：菭同"苔"，又读zhì（治）音，音异义同。藫、菭双声，二字涵义亦同。因生于水中石上，所称"石衣"、"石发"、"水菭"，都是指苔类植物的某些种。

〔4〕藫：这是另一种解说，《神农本草经》："海藻……一名藫。"该读xún，即"蕈"字，《尔雅·释草》："蕁，海藻。"则是海藻类植物。

【译文】

《尔雅》说："藫（tán），是石衣。"郭璞注解说："就是水菭，又叫'石发'。江东人吃它。〔又一说：〕藫，叶像薤叶，不过大些，生在水底，也可以吃。"

胡　菱(五九)

《尔雅》云[1]:"菤耳,苓耳。"《广雅》云:"枲耳也,亦云胡枲。"郭璞曰:"胡菱也[2],江东呼为'常枲'。"

《周南》曰:"采采卷耳。"毛云:"苓耳也。"注云:"胡菱也。"[3]《诗义疏》曰:"苓,似胡菱[4],白花,细茎,蔓而生[5]。可鬻为茹,滑而少味。四月中生子,如妇人耳珰,或云'耳珰草'。幽州人谓之'爵耳'。"

《博物志》:"洛中有驱羊入蜀,胡葸子着羊毛,蜀人取种,因名'羊负来'。"[6]

【注释】

〔1〕见《尔雅·释草》,文同。《广雅》云云,实际是郭璞注《尔雅》所引。今本郭注无"胡菱也"的别名。卷三《种襄荷芹蘘》有种胡葸,则并非"非中国物产"。

〔2〕胡菱(suī):菱同"荽",则是伞形科的胡荽(Coriandrum sativum)。但本目的"胡菱"是指菊科的葈耳(Xanthium sibiricum),即苍耳。"胡枲"、"胡葸"、"菤耳"、"苓耳"等都是它的异名。

〔3〕《诗经·周南·卷耳》的一句。毛亨《传》文同。但"注云'胡菱也'",不见于今本郑玄《笺》。"苓",《御览》卷九九八引《诗义疏》作"苓耳",应有"耳"字。

〔4〕似胡菱:菊科的葈耳绝不能像伞形科的胡荽。《诗义疏》所解释的"苓耳",疑是伞形科的天胡荽(Hydrocotyle sibthorpioides),多年生匍匐草本,茎细弱,开白花,悬果略呈心脏形,也正像耳珰。

〔5〕蔓而生:葈耳茎高四五尺,直立粗壮,不蔓生,因此《本草图经》对此提出疑问,葈耳各处都有,"但不作蔓生"。但这恰好是《诗义疏》的"苓耳"是蔓延地上的天胡荽的反证。

〔6〕今本《博物志》不见此条。《类聚》卷九四、《御览》卷九九八、卷九〇二均有引到。

【译文】

《尔雅》说:"菤(juǎn)耳,就是苓耳。"《广雅》说:"就是枲(xǐ)耳,也叫胡枲。"郭璞注解说:"就是胡荾,江东人管它叫'常枲'。"

《诗经·周南》说:"采呀采呀采菤耳。"毛亨《传》说:"菤耳就是苓耳。"注说:"就是胡荾。"《诗义疏》说:"苓〔耳〕,像胡荾,开白花,茎细弱,蔓生。可以煮了作菜吃,滑而味道差些。四月中结果实,像女人戴的耳珰,因此有人管它叫'耳珰草'。幽州人叫它'爵耳'。"

《博物志》说:"洛阳有人赶羊到蜀中去,胡葸(xǐ)子粘在羊毛上带了进去,蜀中人就取来种了,因此管它叫'羊负来'。"

承　露(六〇)

《尔雅》曰[1]:"蔠葵,蘩露。"注曰:"承露也[2],大茎小叶,花紫黄色。实可食。"

【注释】

〔1〕见《尔雅·释草》,文同。今本郭璞注无"实可食"句。承露即落葵,卷五《种红蓝花栀子》用落葵子绞汁作紫粉,本目实际也是重出。

〔2〕承露:是落葵科的落葵(Basella rubra),一年生缠绕草本。花带红色。花后,花被增大,变紫色。子实为浆果,暗紫色,可作胭脂,又名"胭脂菜"。嫩枝叶可作蔬菜。

【译文】

《尔雅》说:"蔠(zhōng)葵,就是蘩露。"注说:"就是承露,茎粗大,叶子小,花紫黄色。果实可以吃。"

凫　茈[1](六一)

樊光曰:"泽草,可食也。"[2]

【注释】

〔1〕凫茈(cí)：即莎草科的荸荠(Eleocharis tuberosa)，又名"乌芋"、"地栗"。

〔2〕这是《尔雅·释草》"芍，凫茈"的东汉樊光注。清臧镛堂辑《尔雅汉注》就将这句采作《尔雅》樊注。严格说来，应同他处例冠以"《尔雅》曰：'芍，凫茈。'"

【译文】

〔《尔雅》说："芍是凫茈。"〕樊光注解说："凫茈是生在水泽中的草，可以吃。"

董(六二)

《尔雅》曰〔1〕："蘬，苦董也〔2〕。"注曰："今董葵也。叶似柳，子如米。汋食之〔3〕，滑。"

《广志》曰："瀹为羹。语曰：'夏萱秋董滑如粉。'〔4〕"

【注释】

〔1〕见《尔雅·释草》，无"也"字。注是郭璞注，文同。

〔2〕苦董(jǐn)：当是董菜科董属(Viola)的植物。郭璞说的叶片披针形的董葵，可能是董菜属的紫花地丁(Viola philippica〔V. philippica ssp. munda〕)。

〔3〕汋(yuè)：通"瀹"。煮。

〔4〕萱(huán)：董菜属的Viola vaginata。

【译文】

《尔雅》说："蘬，是苦董。"〔郭璞〕注解说："就是现在的董葵。叶子像柳叶，种子像米。可以焯了吃，味道软滑。"

《广志》说："焯过可以作羹吃。俗话说：'夏天的萱，秋天的董，柔滑像〔精白的〕米粉。'"

芸（六三）

《礼记》云[1]："仲冬之月……芸始生[2]。"郑玄注云："香草。"

《吕氏春秋》曰[3]："菜之美者，阳华之芸[4]。"

《仓颉解诂》曰[5]："芸蒿[6]，叶似斜蒿，可食。春秋有白蒻[7]，可食之。"

【注释】

〔1〕引文见《礼记·月令》。

〔2〕芸：这是芸香科的芸香（Ruta graveolens），多年生宿根草本。花、茎、叶都含有芳香油，有强烈香气，可作熏香料，也可驱虫防蛀。古人常用以放在衣箱中香衣服，也常用在书籍中防蠹虫，故书籍有"芸编"之称。

〔3〕引文见《吕氏春秋·本味》。

〔4〕阳华：古薮泽名，在今陕西关中。　芸：这不是芸香，而是芸蒿，见注释〔6〕。

〔5〕《仓颉解诂》：《文选》李善注有引用，北齐颜之推（531—约590以后）《颜氏家训·音辞》引到《苍颉训诂》，新旧《唐书》经籍志均著录《苍颉训诂》二卷，作者为东汉杜林（？—47）。所称《苍颉训诂》当即《仓颉解诂》，为古代字书，今已佚。《类聚》卷八一"芸香"引《仓颉解诂》只是："芸蒿，似邪蒿，香可食。"有"香"字比较合适。

〔6〕芸蒿：《名医别录》说，柴胡，"一名芸蒿，辛香可食"。启愉按：《仓颉解诂》的斜蒿就是伞形科的邪蒿（Seseli Libanostis），叶二至三回羽状分裂，和同科的柴胡（Bupleurum chinense）的披针形叶迥异，却和同科的前胡（Peucedanum praeruptorum）的羽状分裂叶类似，则叶像斜蒿的"芸蒿"，应是前胡而不是柴胡。陶弘景所说是另一回事。

〔7〕白蒻（ruò）：白色的嫩芽。按：前胡是多年生宿根草本，白蒻即是宿根上长出的白色嫩芽。《本草图经》说前胡"初出时，有白芽，长三四寸，味甚香美"。这正好给芸蒿是前胡作了注脚。

【译文】

《礼记》说："十一月……芸开始长出。"郑玄注解说："芸是香草。"

《吕氏春秋》说:"菜中美好的,有阳华的芸。"

《仓颉解诂》说:"芸蒿,叶子像斜蒿,可以吃。春天秋天,有白色的嫩芽长出,也可以吃。"

莪　蒿(六四)

《诗》曰[1]:"菁菁者莪。""莪,萝蒿也。"《义疏》云:"莪蒿[2],生泽田渐洳处,叶似斜蒿,细科。二月中生。茎叶可食,又可蒸,香美,味颇似蒌蒿[3]。"

【注释】

〔1〕《诗经·小雅·菁菁者莪》的首句。"莪,萝蒿也"是毛《传》文。

〔2〕莪(é)蒿:李时珍认为莪蒿就是抱娘蒿,吴其濬同意李说。《救荒本草》称:"猪牙菜,《本草》名角蒿,一名莪蒿。"抱娘蒿即十字花科的播娘蒿(Descurainia sophia),一年生草本,生在多湿地方更好。叶二至三回羽状深裂,似邪蒿。角蒿就是紫葳科的角蒿(Incarvillea sinensis),多生于山野,二至三回羽状复叶,裂片线形,不像邪蒿。

〔3〕蒌蒿:菊科的Artemisia selengensis。

【译文】

《诗经》说:"好茂盛的莪呀。"〔毛《传》说:〕"莪,就是萝蒿。"《诗义疏》说:"莪蒿,生长在多湿的田里和低下润泽的地方,叶子像斜蒿,植株细小。二月中生出。茎叶可以吃,又可以蒸吃,香美,味道颇像蒌蒿。"

菖(六五)

《尔雅》云[1]:"菖,蒬茅也。"郭璞曰:"菖[2],大叶白华,根如指,正白,可啖。""菖,华有赤者为蒬。蒬、菖一种耳,亦如陵苕^{〔3〕},华黄、白异名。"

《诗》曰:"言采其菖。"^{〔4〕}毛云:"恶菜也。"《义疏》曰:"河东、关内谓之'菖',幽、兖谓之'燕菖';一名'爵弁',一名'薁'。根正白,着热灰中,温啖之。饥荒可蒸以御饥。汉祭甘泉或用之^{〔5〕}。其华有两种^{〔6〕}:一种茎叶细而香,一种茎赤有臭气。"

《风土记》曰:"菖,蔓生,被树而升,紫黄色。子大如牛角,形如蟥^{〔7〕},二三同蒂^{〔8〕},长七八寸,味甜如蜜。其大者名'林'。"

《夏统别传》注^{〔9〕}:"获,菖也,一名'甘获'。正圆,赤,粗似橘。"

【注释】

〔1〕《尔雅·释草》有"菖,菖"和"菖,蔓茅"两条,《要术》没有引前一条,可引郭璞注是两条全引了,即"菖……可啖"是"菖"条的注,下面是"蔓茅"条的注。《要术》有脱漏。

〔2〕菖(fú):即"菖"(fù),是旋花科的旋花(Calystegia sepium),也叫"打碗花",一年生缠绕草本。花淡粉红色。根状茎富含淀粉,可供食用。蔓茅和有臭气的一种,疑非一种(或其变种),仍不出旋花属(Calystegia)的植物。

〔3〕陵苕(tiáo,又 sháo):黄花和白花的名称不同,见"苕(六八)"引《尔雅》。

〔4〕《诗经·小雅·我行其野》的一句。

〔5〕甘泉:甘泉宫,汉武帝就秦宫扩建,故址在今陕西淳化西北甘泉山。

〔6〕"华",下文没有交代两种花,有误。明末毛晋《毛诗草木鸟兽虫鱼疏广要》引陆机《疏》"华"作"草"。

〔7〕蟥(féi):蛴螬,即金龟子的幼虫。

〔8〕"蒂",原作"叶",《御览》卷九九八引《风土记》作"蒂",据改。

〔9〕《夏统别传》:各家书目未见著录,《类聚》引作《夏仲御别传》。夏

统,字仲御,晋人,《晋书》有传。《别传》作者无可考。注为原注,抑系后人加注,亦不明。书已佚。这里的藒和《风土记》的藒都不明是何种植物。

【译文】

《尔雅》说:"〔藒,是藘。〕藘,是蓉(qióng)茅。"郭璞注解说:"藒,叶子大,花白色,根像指头粗,正白色,可以吃。""藒,也有开红花的,就是蓉。蓉和藒是同一种,正像陵苕一样,有黄花的,有白花的,因而名称也不相同。"

《诗经》说:"去采那儿的藒。"毛《传》解释说:"藒是很差的野菜。"《诗义疏》说:"河东和关中管它叫'藒',幽州和兖州管它叫'燕藒';又名'爵弁'(biàn),又名'蓉'。根正白色,放进热灰中煨熟,趁热吃。在饥荒时可以蒸熟了充饥。汉代祭祀甘泉宫时,有时用到它。这种〔草〕有两种:一种茎叶细小,有香气;一种茎是赤色的,有臭气。"

《风土记》说:"藒是蔓生植物,缠着树向上生长,蔓紫黄色。果实像牛角那样大,形状像蛴螬,两三个果实同一个蒂,有七八寸长,味道像蜜一样甜。大的叫'林'(mò)。"

《夏统别传》的注说:"获,就是藒,又名'甘获'。正圆形,(红色)有些像橘。"

苹(六六)

《尔雅》云[1]:"苹,藾萧[2]。"注曰:"藾蒿也。初生亦可食。"

《诗》曰:"食野之苹。"[3]《诗疏》云:"藾萧,青白色,茎似箸而轻脆[4]。始生可食,又可蒸也。"

【注释】

〔1〕引文见《尔雅·释草》。郭璞注"藾蒿"上有"今"字,说明"藾蒿"连名,不是"藾,蒿也"。

〔2〕藾萧:清郝懿行《尔雅义疏》认为就是艾蒿(即艾),吴其濬认为是

牛尾蒿(《植物名实图考》卷一二),解释不一,但不出菊科蒿属(Artemisia)的植物。

〔3〕《诗经·小雅·鹿鸣》的一句。

〔4〕"蓍"(shī),金抄、明抄及《御览》卷九九八"苹"引《诗义疏》并同;明清刻本从《诗经·鹿鸣》孔颖达疏引陆机《疏》作"箸"。蓍,蓍草,菊科的 Achillea alpina(A. sibirica)。

【译文】

《尔雅》说:"苹,是藾萧。"注说:"就是藾蒿。初生的嫩苗,可以吃。"

《诗经》说:"鹿儿在吃野地的苹。"《诗义疏》说:"就是藾萧。叶青白色,茎像蓍草,比较轻脆。刚长出时可以吃,又可以蒸了吃。"

土 瓜(六七)

《尔雅》云〔1〕:"菲,芴。"注曰:"即土瓜也〔2〕。"

《本草》云:"王瓜……一名土瓜。"〔3〕

《卫诗》曰〔4〕:"采葑采菲,无以下体〔5〕。"毛云:"菲,芴也。"《义疏》云:"菲,似葍,茎粗,叶厚而长,有毛。三月中,蒸为茹,滑美,亦可作羹。《尔雅》谓之'蒩菜'〔6〕。郭璞注云〔7〕:'菲草,生下湿地,似芜菁,华紫赤色,可食。'今河内谓之'宿菜'〔8〕。"

【注释】

〔1〕《尔雅·释草》与郭璞注文并同《要术》。

〔2〕土瓜:即葫芦科的王瓜(Trichosanthes cucumeroides),也叫"假栝楼",多年生攀援草本。叶多茸毛。花白色。块根肥大,可制淀粉。《诗义疏》说像葍的这种也是王瓜,但引《尔雅》的蒩菜,却与王瓜矛盾。

〔3〕《神农本草经》有同样记载。

〔4〕《诗经·邶风·谷风》文及毛《传》并同《要术》。

〔5〕下体:指植株的地上部,非指地下根部。葑,郑玄解释为"蔓菁";

菲，就是王瓜。这两种植物，初时食叶；老熟后食根，即芜菁的肥大肉质根和王瓜的肥大块根，这时叶已粗老不堪食。因此，食根时地上部的茎叶弃去不要，而需要的是"根"。清王夫之（1619—1692）《诗经稗疏》解释："草木逆生，则根在下为上体，叶在上为下体。"意谓根入地者为根本，茎叶为其"尾闾"，非根无以长茎叶，故称茎叶为"下体"。

〔6〕蒠（xī）菜：十字花科，学名Orychophragmus violaceus。一年生草本，花淡紫色。芜菁，又名"诸葛菜"，因诸葛亮行军所种而得名。由于蒠菜像芜菁，《植物名实图考》也称蒠菜为"诸葛菜"，但和攀缘草本的王瓜（菲）是两种植物，不能因同名为"菲"而混淆。《尔雅·释草》有两种"菲"，一种是"芴"，即王瓜，一种是"蒠菜"。可《诗义疏》这里插进《尔雅》的蒠菜和郭璞注，和"似葍"的"菲"（王瓜）自相矛盾，其作者恐不出此，疑系后人因同名为"菲"而混插。

〔7〕以下是郭璞注《尔雅·释草》"菲，蒠菜"文，但插在这里与"似葍"矛盾。《御览》卷九八八"土瓜"引《诗义疏》及《诗经·谷风》孔颖达疏引陆机《疏》均无郭璞注此语。说者多认为《诗义疏》就是陆机《疏》，陆机是三国吴人，岂能引用东晋郭璞注？又陆机《疏》有"幽州人谓之芴"，《诗义疏》独无此句，明显与陆释不同。如果这个郭璞注确系《诗义疏》原有，显然其作者非陆机，而且晚于郭璞，但更可能这个注是后人添进去的，因为不应自相矛盾，二物混释。

〔8〕河内：此应指郡名，晋时郡治在今河南沁阳。

【译文】

《尔雅》说："菲，是芴（wù）。"注说："就是土瓜。"

《本草经》说："王瓜……又名土瓜。"

《诗经·邶风》说："采葑又采菲，不要它的'下体'。"毛《传》说："菲，就是芴。"《诗义疏》说："菲，像葍，茎子粗，叶片厚而长，有毛。三月中，蒸来作菜吃，味道滑美，也可以作羹吃。《尔雅》叫它为'蒠菜'。郭璞注解说：'菲草，生在低湿地方，像芜菁，花紫红色，可以吃。'（？）现在河内称它为'宿菜'。"

苕(六八)

《尔雅》云[1]："苕，陵苕[2]。黄华，蔈；白华，茇。"孙炎云："苕华色异名者。"

《广志》云："苕草〔3〕，色青黄，紫华。十二月稻下种
之，蔓延殷盛，可以美田。叶可食。"

《陈诗》曰："邛有旨苕。"〔4〕《诗义疏》云："苕饶也〔5〕，
幽州谓之'翘饶'。蔓生，茎如劳力刀切豆而细，叶似蒺藜
而青〔6〕。其茎叶绿色，可生啖，味如小豆藿。"

【注释】

〔1〕引文见《尔雅·释草》，文同。三国魏孙炎是《尔雅》注者，《御览》
卷一〇〇〇"苕"引孙炎注是："苕，华色异，名亦不同。"与今本郭璞注完全
相同，恐非。

〔2〕陵苕：有两种解释，一是紫葳科的紫葳（Campsis grandiflora），落叶
木质藤本，又名凌霄。一是唇形科的鼠尾草（Salvia japonica），多年生草本，
可以染皂，又名"乌草"。陵苕和《广志》的"苕草"、《诗义疏》的"苕饶"
虽然都有"苕"名，但不是同一种植物。

〔3〕苕草：豆科的巢菜（Vicia cracca），甘肃称"苕子"，湖北称"草藤"，
广西称"肥田草"。多年生蔓性草本，茎具短柔毛，叶被黄色短柔毛，花紫
色。嫩苗称巢芽，可作蔬菜。这是播种豆科植物作为绿肥的最早记载。

〔4〕《诗经·陈风·防有鹊巢》的一句。

〔5〕苕饶：豆科的紫云英（Astragalus sinicus），也叫"红花草"、"草
子"、"翘摇"，见（九三）目。一二年生葡萄草本。今南方稻田多种为绿肥
和饲料。嫩苗可食。

〔6〕蒺藜：即蒺藜科的蒺藜（Tribulus terrestris）。

【译文】

《尔雅》说："苕，是陵苕。开黄花的叫'薸'（biāo），开白花的叫
'茇'（pèi）。"孙炎注解说："因为陵苕花的颜色不同，所以有不同的
名称。"

《广志》说："苕草，草青黄色，花紫色。十二月撒播在稻茬田里，
蔓延开来长得茂盛，可以肥田。叶子可以吃。"

《诗经·陈风》说："土丘上有美味的苕。"《诗义疏》说："苕，就

是苔饶，幽州叫'翘饶'。蔓生，茎像萱豆，但细一些，叶像蒺藜，但青一些。茎叶绿色时，可以生吃，味道像小豆叶。"

荠（六九）

《尔雅》曰[1]："菥蓂，大荠也[2]。"犍为舍人注曰："荠有小，故言大荠。"郭璞注云："似荠，叶细，俗呼'老荠'。"

【注释】

〔1〕引文见《尔雅·释草》，末无"也"字。汉犍为舍人注，今仅见于《要术》所引。今本郭璞注无"似"字，《类聚》卷八二、《御览》卷九八〇"荠"及《本草图经》"菥蓂子"引郭注都有"似"字，今本郭注脱。

〔2〕大荠：李时珍认为荠与菥蓂是同一植物，不过分大小两种，"小者为荠，大者为菥蓂"。（《本草纲目》卷二七）吴其濬以为菥蓂是"花叶荠"（以其叶羽状深裂为"花"），并说此种科叶易肥大，故名"大荠"（《植物名实图考》卷三、卷一一），则大荠可能是十字花科荠菜（Capsella bursa-pastoris）的一变种。今植物分类学有以十字花科的遏蓝菜（Thlaspi arvense）当菥蓂，则是另一植物。

【译文】

《尔雅》说："菥（xī）蓂（mì），就是大荠。"犍为舍人注解说："荠菜有小的，所以这叫大荠。"郭璞注解说："像荠菜，叶子细些，俗名叫'老荠'。"

藻（七〇）

《诗》曰[1]："于以采藻？"注曰："聚藻也。"《诗义疏》曰："藻，水草也，生水底。有二种[2]：其一种，叶如鸡苏[3]，茎大似箸，可长四五尺；一种茎大如钗股，叶如蓬[4]，谓之'聚藻'。此二藻皆可食。煮熟，挼去腥气，米面糁蒸为茹,佳美。荆、扬人饥荒以当谷食。"

【注释】

〔1〕引文出《诗经·召南·采蘋》。注是毛《传》文。

〔2〕有二种:藻类相似的很多,仅据下文所记,无法推知是哪两种"藻"。

〔3〕鸡苏:即唇形科的水苏(Stachys japonica)。

〔4〕蓬:蓬草,菊科的飞蓬(Erigeron acer)。

【译文】

《诗经》说:"在哪儿采水藻?"毛《传》说:"就是聚藻。"《诗义疏》说:"藻是水草,生在水底。有两种:一种叶像鸡苏,茎像筷子粗,大约四五尺长。一种茎像钗股粗,叶像蓬草,叫作'聚藻'。这两种藻都可以吃。把它煮熟,捏去腥气的液汁,和上米或面作糁,蒸了吃,味道美好。荆州、扬州人饥荒时采来当粮食吃。"

蒋(七一)

《广雅》云〔1〕:"蒋〔2〕,菰也。其米谓之'雕胡'。"

《广志》曰:"菰可食。以作席,温于蒲。生南方。"

《食经》云:"藏菰法:好择之,以蟹眼汤煮之,盐薄洒,抑着燥器中,密涂。稍用〔3〕。"

【注释】

〔1〕今本《广雅·释草》缺"雕"字,清王念孙父子《广雅疏证》据以补"彫"字。卷四《种枣》、卷八《作鱼鲊》、卷九《飧饭》都提到用菰叶或菰米作饭,说明"中国"也有。

〔2〕蒋:就是禾本科的菰(Zizania caduciflora),俗名茭白。其颖果或米通称"雕胡米"、"菰米",古为"六谷"或"九谷"之一。

〔3〕稍用:分次逐渐取出来用。《说文》:"稍,出物有渐也。""稍用",意

谓分次逐渐取用。这是《食经》用词,但也可能是"备用"之误。

【译文】

《广雅》说:"蒋,就是菰。它的果实的米叫'雕胡'。"

《广志》说:"菰可以吃。用它的叶子编成席,比蒲草席要暖和。生在南方。"

《食经》说:"腌藏菰笋的方法:好好择治,用蟹眼沸汤焯过,薄薄地洒上些盐,放进干燥的盛器里捹紧,用泥密封好。以后分次逐渐取出来用。"

羊　蹄(七二)

《诗》云[1]:"言采其蓫。"毛云:"恶菜也。"《诗义疏》曰[2]:"今羊蹄[3]。似芦菔[4],茎赤。煮为茹,滑而不美。多噉令人下痢。幽、扬谓之'蓫',一名'蓨'[5],亦食之。"

【注释】

〔1〕引文出《诗经·小雅·我行其野》。毛《传》说是"恶菜",郑玄《笺》说:"蓫,牛蘈(tuí)也。"

〔2〕《御览》卷九九五引《诗义疏》只有"杨州谓羊蹄为蓫"一句。

〔3〕羊蹄:蓼科,学名Rumex japonica。据古书所记,羊蹄除别名"蓫"外,还有蓨、荼、苖(dí,又chù)、蓳(lí,又chù)、蓄等异名,但实际与同属相似的酸模(Rumex acetosa)和土大黄(Rumex daiwoo)有混淆。

〔4〕"似"上吾点校加"根"字,《渐西》本据加。羊蹄根肥大。

〔5〕"扬",原作"阳"。扬州,古或作"杨州",但无作"阳州"者,据今本陆机《毛诗草木鸟兽虫鱼疏》改为"扬"。但幽州、扬州南北远隔,方言同呼为"蓫",又同呼为"蓨"(tiáo),不无可疑。陆机《毛诗草木鸟兽虫鱼疏》作:"蓫,牛蘈,扬州人谓之羊蹄。……幽州人谓之蓫。"二州异呼。清陈奂《诗毛氏传疏》"言采其蓫"下引曾钊《诗异同辨》转引《要术》引《诗义疏》作:"扬州谓之羊蹄,幽州谓之蓫,一名蓨。"明显是就《要术》结合陆机《毛诗草木鸟兽虫鱼疏》改了的。

【译文】

《诗经》说:"去采那儿的蓫(zhú)。"毛《传》解释说:"蓫是很差的野菜。"《诗义疏》说:"蓫,就是现在的羊蹄。像萝卜,茎赤色。煮作菜,涎滑,并不美好。吃多了会下痢。幽州、扬州管它叫'蓫',又叫'蓚'(?),也吃它。"

菟 葵(七三)

《尔雅》曰[1]:"莃,菟葵也[2]。"郭璞注云:"颇似葵而叶小,状如藜[3],有毛。汋啖之,滑。"

【注释】

〔1〕引文见《尔雅·释草》,末无"也"字。"叶小",今郭注倒作"小,叶",意思有差别。

〔2〕菟(tù)葵:吴其濬认为菟葵是比"家葵瘦小"的"野葵",武昌叫作"棋盘菜"(见《植物名实图考》卷三),则是锦葵科葵的野生种。但本草书认为是"天葵",所指为毛茛科的紫背天葵(Semiaquilegia adoxoides)。

〔3〕藜:藜科,学名Chenopodium album。

【译文】

《尔雅》说:"莃(xī),是菟葵。"郭璞注解说:"颇像葵菜,叶子小些,形状像藜叶,有毛。焯过吃,味道柔滑。"

鹿 豆(七四)

《尔雅》曰[1]:"蔨,鹿藿[2]。其实,莥。"郭璞云:"今鹿豆也。叶似大豆,根黄而香,蔓延生。"

【注释】

〔1〕《尔雅·释草》正注文并同《要术》。

〔2〕鹿藿：豆科，学名Rhynchosia volubilis，别名"鹿豆"。草质缠绕藤本。豆科的葛（Pueraria lobata），也有"鹿藿"、"鹿豆"的异名，非此所指。

【译文】

《尔雅》说："蘦，是鹿藿。它的果实叫蓲（niǔ）。"郭璞注解说："就是现在的鹿豆。叶子像大豆，根黄色，有香气。蔓延着生长。"

藤（七五）

《尔雅》曰[1]："诸虑，山欙[2]。"郭璞云："今江东呼欙为藤，似葛而粗大。"

"櫐，虎櫐[3]。""今虎豆也。缠蔓林树而生，荚有毛刺。江东呼为'欇櫐'音涉。"

《诗义疏》曰："櫐，苣荒也[4]。似燕薁[5]，连蔓生，叶白色，子赤可食，酢而不美。幽州谓之'椎櫐'。"

《山海经》曰："毕山，其上……多櫐。"[6]郭璞注曰："今虎豆、狸豆之属。"

《南方草物状》曰[7]："沈藤[8]，生子大如齐瓯[9]。正月华色，仍连着实。十月、腊月熟，色赤。生食之，甜酢。生交阯。"

"毦藤[10]，生山中，大小如苹蒿[11]，蔓衍生。人采取，剥之以作毦；然不多。出合浦、兴古。"

"菌子藤[12]，生缘树木。正月、二月华色，四月、五月熟。实如梨，赤如雄鸡冠，核如鱼鳞。取，生食之，淡泊无甘苦。出交阯、合浦。"

"野聚藤[13]，缘树木。二月华色，仍连着实。五六月熟。子大如羹瓯。里民煮食[14]。其味甜酢。出苍梧[15]。"

"椒藤[16]，生金封山。乌浒人往往卖之[17]。其色赤。——又云，以草染之。出兴古。"

《异物志》曰[18]："莨蒲[19]，藤类，蔓延他树，以自长养。子如莲，菆侧九切着枝格间[20]，一日作扶相连[21]。实外有壳，里又无核。剥而食之，煮而曝之，甜美。食之不饥。"

《交州记》曰[22]："含水藤[23]，破之得水。行者资以止渴。"

《临海异物志》曰："钟藤[24]，附树作根，软弱，须缘树而作上下条。此藤缠裹树，树死；且有恶汁，尤令速朽也。藤咸成树[25]，若木自然，大者或至十、五围。"

《异物志》曰[26]："蒒藤[27]，围数寸，重于竹，可为杖。篾以缚船，及以为席，胜竹也。"

顾微《广州记》曰："蒒，如栟榈[28]。叶疏。外皮青，多棘刺。高五六丈者，如五六寸竹；小者如笔管竹。破其外青皮，得白心，即蒒藤。

"藤类有十许种：续断，草藤也，一曰'诺藤'，一曰'水藤'。山行渴，则断取汁饮之。治人体有损绝。沐则长发。去地一丈断之，辄更生根至地[29]，永不死。

"刀陈岭有膏藤，津汁软滑，无物能比。[30]

"柔蒒藤，有子。子极酢。为菜滑，无物能比。"

【注释】

〔1〕连下条均见《尔雅·释木》。"今虎豆也……"是郭璞注。

〔2〕山㯋(lěi)：㯋是藤，这该是缠绕植物，参照下文郭璞注《山海经》，

应是虎豆一类的植物，见下注。

〔３〕虎櫐：即豆科的黎豆（Mucuna capitata），别名"虎豆"、"狸豆"。豆荚有毛。种子有斑纹如狸首，故名。

〔４〕苞荒：据所描述，可能是蔷薇科悬钩子属的蓬藟（Rubus thunbergii）或薅田藨（Rubus parvifolius）一类的植物。叶子都是面青背白。

〔５〕燕藇：即葡萄科的蘡薁（Vitis adstricta）。

〔６〕见《山海经·中山经》"中次十一经"，《要术》"毕山"应是"卑山"之误。

〔７〕自本条至"椒藤"条，均《南方草物状》文。"沈藤"，《类聚》卷八二"藤"引《南方草物状》作"浮沉藤"，则是桑科Ficus属的植物，参看下注。

〔８〕沈藤：《类聚》卷八二引《南方草物状》作"浮沉藤"，《要术》脱"浮"字。但"浮"字实际也是错的。唐陈藏器《本草拾遗》记载有"曼游藤"，"蜀人谓之'沉蕗藤'"。"蕗"即"葩"字，也是"花"的古字，古音与"浮"近，俗乃讹转为"浮"。"沉葩"意即"隐花"。桑科无花果属（榕属，Ficus）植物的特征是隐头花序，花托肥厚肉质化，顶端下凹，里面成一空腔，多数小花就着生在空腔里面，外面看不见花，故名"无花"。但实际并非无花，蜀人称之为"沉葩"即"隐花"是很正确的，而无花果属植物正有不少种是木质藤本的。据此，这里所记的"沈藤"，实际应是"沉葩藤"，是Ficus属的一种。

〔９〕齐：疑为"蕭"字之讹。

〔１０〕毦（ěr）藤：毦是以羽毛为饰。这里是剥取毦藤种子，利用其长绒毛作为饰物。从产地和大小方面来推测，毦藤也许是夹竹桃科羊角拗（Strophanthus divaricatus）一类的植物。羊角拗，产于两广、云南等山坡或灌丛中，藤本（或灌木），高约１米余。蓇葖果，木质，内含种子多数。种子线形而扁，一端有长毛，密生白色丝状长种毛，有些像绒羽。

〔１１〕苹蒿：菊科蒿属（Artemisia）的一种，无从确指为何种。

〔１２〕茼（jiān）子：《类聚》卷八二引作"含兰子藤"，清李调元《南越笔记》卷一四记载有"兰子藤"，实"如梨，色赤如鸡冠"，所指正是一物。《广雅·释草》："茼，兰也。"说明"茼子藤"就是"兰子藤"。据此推测，茼子藤应是一种具有芳香性的藤本植物。

〔１３〕野聚藤：未详。

〔１４〕里民：《类聚》卷八二引作"俚民"，亦引作"俚人"。俚人，古族名，亦作"里人"，则不是乡里之民，而是俚族之人。"俚"亦作"里"，其族汉唐时主要分布在今广西南宁、合浦、玉林、梧州等地。

〔15〕苍梧：汉郡名，郡治即今梧州。

〔16〕“椒藤”，《类聚》卷八二引作“蒇藤”，“蒇”字字书未收；《御览》卷九九五“藤”引作“科藤”，应是同物异名。如果颜色红是人工染成的，该是莂藤（见注释〔27〕）。如果是生成红色的，则该是另一种藤，也许是棕榈科黄藤属（Daemonorops）的植物。

〔17〕乌浒人：《后汉书》卷八六李贤注引三国吴万震《南州异物志》：“乌浒，地名也，在广州之南，交州之北。”其族为古代越人的一支，分布地除俚人地区外，兼今贵州、云南接壤地区。

〔18〕《御览》卷九九五引作陈祈畅《异物志》，“子如莲”作“实大小长短如莲”，无“一日作扶相连”句，“侧九切”作“侧尤切”，是。

〔19〕葭（jiā）蒲：清楚说明这是一种寄生植物，依靠寄主提供的养分来自养和生长。果实大小像莲子（Ficus属的榕的果实直径约8毫米），两三个簇生于枝条间。据此，葭蒲应是桑科Ficus属的一种缠绕藤本植物。

〔20〕蕆（zōu）：丛生。

〔21〕“一日作扶相连”，无法理解，从“作扶相连”推测，“一日”疑是“二三”漫漶后的讹误，指果实簇生于枝条间。

〔22〕《御览》卷九九五引作刘欣期《交州记》，文同。

〔23〕含水藤：古文献此类记载颇多，《证类本草》卷一二引《海药》转引《交州记》比较具体：“生岭南及诸海山谷。状若葛，叶似枸杞。多在路，行人乏水处，便吃此藤，故以为名。”又《南越笔记》卷一四记载：“有凉口藤，状若葛，叶如枸杞。去地丈余，绝之更生。中含清水，渴者断取，饮之甚美。沐发令长。一名‘断续藤’。常飞越数树以相绕。”显然，这“凉口藤”就是这里的“含水藤”，也就是下文顾微《广州记》又名“水藤”的“续断”，是一种草质缠绕藤本，但未详何种。

〔24〕钟藤：这是一种初时依附在别的树上的寄生树，茎干软弱不能自立，以后长出气根，气根从空中或者沿着寄主的主干进入土壤中，它吸收寄主主干的营养物质作为自己的养料，而后转变成独立的树。由于其气根很多，或上或下地交织如网络，紧密地包围着所依附的主干，最后主干被缠绞而死。这种现象现代叫作“绞杀植物”。而这种钟藤还分泌一种有害寄主的毒汁，致使寄主加速绞死而腐朽，而后自身却长成一大树。绞杀植物多见于无花果属（Ficus）植物，这钟藤该是该属的一种缠绕植物。

〔25〕“咸”，各本同，《类聚》、《御览》引作“盛”，《渐西》本改作“盛”。

〔26〕《类聚》卷八二所引，承上条标称“又曰”，则仍出《临海异物志》。“莂藤”仍作“蒇藤”。

〔27〕莂藤：可能是棕榈科的省藤（Calamus platyacanthoides），有刺粗

壮藤本。产于两广等地,越南也有。茎和茎皮可编制各种藤器。

〔28〕栟榈:即棕榈科的棕榈(Trachycarpus fortunei)。

〔29〕辄更生根至地:就会再长根到地里。《南越笔记》说是“去地丈余,绝之更生”(见注释〔23〕),是说从断口重新萌芽生长。陶弘景注《神农本草经》“续断”说:“广州又有一藤名‘续断’,又名‘诺藤’……折枝插地即生。”是说可以扦插长成新株。都没有再长根入地的说法。《本草经》的“续断”是川续断科的续断(Dipsacus japonicus),非此所指。

〔30〕“膏藤”条,《类聚》卷八二、《御览》卷九九五引顾微《广州记》均无,但均另引有裴渊《广州记》一条,文句互误,去误取正如下:“力陈岭,民人居之,伐船为业。随树所在,就以成槽。皆去水艰远,动有数里。山生一草,名曰‘膏藤’,津汁软滑,无物能比。以此导地,牵之如流,五六丈船,数人便运。”

【译文】

《尔雅》说:“诸虑,是山櫐。”郭璞注解说:“现在江东叫櫐为藤,像葛,不过粗些大些。”

“欇(shè),是虎櫐。”〔郭璞注解说:〕“就是现在的虎豆。缠绕着林木向上生长,豆荚有毛刺。江东叫它‘欇(liè)欇’。”

《诗义疏》说:“櫐,是苣荒。像燕薁,蔓延着生长,叶子白色,果实赤色,可以吃,味道酸,不美。幽州叫它‘椎櫐’。”

《山海经》说:“〔卑〕山,山上面……多长着櫐。”郭璞注解说:“就是现在的虎豆、狸豆之类。”

《南方草物状》说:“沈藤,结的果实大小像盛菌的小盎。正月展放花朵,接着不久就开始结果。十月、腊月成熟,外皮红色。生吃时,味道甜酸。生在交趾。”

“耗藤,生在山中,大小像苹蒿,蔓延着生长。人们采来,剥取〔种子〕作耗饰;但不多。出在合浦、兴古。”

“蒛子藤,缠附着树木生长。正月、二月展放花朵,四月、五月成熟。果实像梨子,颜色像雄鸡冠一样红,核像鱼鳞。摘下来可以生吃,味道淡淡的,不甜也不苦。出在交趾、合浦。”

“野聚藤,缠附在树木上。二月展放花朵,接着不久就开始结果。五六月成熟。果实像羹碗大小。里民采来煮了吃。它的味道甜中带酸。出在苍梧。”

"椒藤，生在金封山。乌浒人往往拿出来卖。它的颜色红。——有人说是用草染成的。出在兴古。"

《异物志》说："葭蒲，是藤类，蔓延在别的树上，〔依靠它〕来滋养自己和生长。果实像莲子，簇生在枝条间，〔两三个〕成簇地相连着。果实外面有壳，里面却没有核。剥掉壳吃，或者煮熟晒干了吃，味道甜美。吃了可以耐饥。"

《交州记》说："含水藤，把它弄断，可以得到水。行路的人，靠它可以止渴。"

《临海异物志》说："钟藤，贴附在树上生根，茎干软弱，必须缠附在那树干上，或上或下地长出根。这藤缠裹树之后，树被缠死了；而且还分泌一种毒汁，使树腐朽得更快。而后藤却〔茂盛地〕长成了大树，像自然长成的树木，大的或者有十围、五围粗。"

《异物志》说："菻藤，周围几寸粗，比竹子重，可以作拄杖，藤皮可以用来缚船，以及用来作席子，比竹篾要强。"

顾微《广州记》说："菻，像栟榈。叶子疏散。外皮青色，多长着硬刺。五六丈高的〔茎〕，像周围五六寸粗的竹子；小的只有笔管竹的粗细。破掉外面的青皮，得到里面的白心，就是菻藤。

"藤类有十来种：续断，是一种草藤，也叫'诺藤'，又叫'水藤'。山里走路口渴时，把它斫断，取它的汁来喝〔，可以解渴〕。可以用来治人体的伤筋折骨。用来洗发，能使头发长长。离开地面一丈砍断它，就会再生根到地里，永远不死。

"刀陈岭有一种膏藤，液汁极其涎滑，什么东西都比不上。

"柔菻藤，有果实。果实极酸。作菜吃，很柔滑，没有东西比得上。"

藜(七六)

《诗》云："北山有莱。"[1]《义疏》云："莱，藜也[2]，茎叶皆似'蔉，王刍'[3]。今兖州人蒸以为茹[4]，谓之'莱蒸'。谯、沛人谓鸡苏为'莱'[5]，故《三仓》云'莱、茉萸'[6]：此二草异而名同。"

【注释】

〔1〕《诗经·小雅·南山有台》的一句。

〔2〕藜：同"蔾"，即藜科的藜（Chenopodium album）。老硬的茎，可以作杖，称为"藜杖"。

〔3〕"菉，王刍"：《尔雅·释草》文。《唐本草》注、《证类本草》、《本草纲目》、《植物名实图考》都解释"王刍"是禾本科的荩草（Arthraxon hispidus）。但禾本科植物不可能和藜相似，则《诗义疏》所指王刍是另一种植物。

〔4〕兖州：南朝宋州治在今山东兖州。

〔5〕谯：谯郡，东汉置，故治在今安徽亳州。　　沛：沛郡，东晋郡治在今安徽宿州西北。　　鸡苏：即唇形科的水苏，已见"藻（七〇）"。

〔6〕茱萸：是芸香科植物，和谯、沛人称为"菜"的水苏都有辛香气味，所以《三仓》将菜和茱萸连类并列。按：《三仓》是以单字排列的古代识字课本，本来没有上下字的解释关系，也即"菜、茱萸"不是"菜，茱萸也"之意。茱萸别名为"菜"，因读成字典式则"菜"和"茱萸"抵牾，故清孙星衍辑佚本《仓颉篇》改为"菜，茱萸"，值得商榷。

【译文】

《诗经》说："北边的山上有菜。"《诗义疏》说："菜，就是藜，茎叶都像'菉，王刍'。现在兖州人蒸来作菜吃，叫作'菜蒸'。谯郡、沛郡人叫鸡苏为'菜'，所以《三仓》'菜、茱萸'〔连类排列〕。这鸡苏和藜两种植物是不同的，但名称相同。"

蘜(七七)

《广志》云："蘜子〔1〕，生可食。"

【注释】

〔1〕蘜（jú）子：卷八《作酱等法》和《八和齑》都用作调味料，未悉是何种植物。

【译文】

《广志》说:"蒿子,可以生吃。"

薕(七八)

《广志》云:"三薕[1],似翦羽[2],长三四寸;皮肥细[3],缃色。以蜜藏之,味甜酸,可以为酒啖。出交州。正月中熟。"

《异物志》曰:"薕实虽名'三薕',或有五六。长短四五寸,薕头之间正岩[4]。以正月中熟,正黄,多汁。其味少酢,藏之益美[5]。"

《广州记》曰:"三薕快酢。新说,蜜为糁乃美。"

【注释】

〔1〕三薕(lián):薕是棱角,由于其果实有棱,故加草头作"薕"。三薕即酢浆草科的五敛子(Averrhoa carambola,敛亦"棱"意),也叫阳桃、羊桃。浆果通常5棱,间或3—6棱。

〔2〕似翦羽:像箭羽。指五敛子果实上的翅状棱角有些像箭杆上箭羽的形状。

〔3〕"肥",疑应作"肌"。

〔4〕薕头之间正岩:薕道攒聚的地方像岩崖。指五敛子下端棱道攒聚成一尖锐的短角突起。

〔5〕"藏"上应脱"蜜"字。

【译文】

《广志》说:"三薕,像箭羽,三四寸长;皮肉细,浅黄色。用蜜渍藏,味道甜酸,可以下酒吃。出在交州。正月中成熟。"

《异物志》说:"薕的果实虽然名叫'三薕',但有的也有五六道'薕'的。有四五寸长短,薕道攒聚的地方像岩崖。正月中成熟,颜色正黄,液汁多。味道有点酸,〔蜜〕渍过更好吃。"

《广州记》说:"三薕很酸。新近有人说,用蜜煮成蜜饯,就很好吃。"

蘧　蔬（七九）

《尔雅》曰[1]:"出隧,蘧蔬[2]。"郭璞注云:"蘧蔬,似土菌[3],生菰草中。今江东噉之,甜滑。音氍毹。[4]"

【注释】

〔1〕引文见《尔雅·释草》。末三字是郭璞给"蘧蔬"作的音注。"毹"明抄讹作"毧",金抄脱,据郭注补正。

〔2〕蘧(qú)蔬:是禾本科的菰(Zizania caduciflora),即茭白的嫩薹,所谓长在"菰草"中。

〔3〕土菌:指蕈类,肥白的蕈柄和菰的畸形菌瘿相像。茭白"如小儿臂",故又名"菰手"。

〔4〕氍(qú)毹(sōu):疑为"氍𣰉(shū)"之误。

【译文】

《尔雅》说:"出隧,是蘧蔬。"郭璞注解说:"蘧蔬,像土菌,长在菰草中。现在江东人吃它,味道甜滑。蘧蔬音氍毹。"

芺（八〇）

《尔雅》曰[1]:"钩,芺[2]。"郭璞云:"大如拇指,中空,茎头有薹[3],似蓟[4]。初生可食。"

【注释】

〔1〕引文见《尔雅·释草》,正注文并同《要术》。

〔2〕芺(ǎo):是菊科的苦芺(Cirsium nipponicum)。

〔3〕薹:即薹。凡草、菜长花时抽出的中心嫩茎都叫薹,也叫"蓊薹"。《广雅·释草》:"蓊,薹也。"清王念孙《广雅疏证》:"今世通谓草心抽茎作华者为薹矣,蓊之言郁蓊而起也。"这里指蓟和苦芺的顶生头状花序,两者相似。

〔4〕蓟(jì):菊科的大蓟(Cirsium japonicum),亦单称"蓟",与苦芺同属。

【译文】

《尔雅》说:"钩,是芺。"郭璞注解说:"〔茎〕像拇指粗,中心空,茎头上抽薹,像蓟。初生时可以吃。"

竹（八一）

《尔雅》曰[1]:"竹,萹蓄[2]。"郭璞云:"似小藜[3],赤茎节,好生道旁。可食。又杀虫[4]。"

【注释】

〔1〕引文见《尔雅·释草》,今本"竹"作"竹",同音借用,但易与竹混淆,不如《要术》所用古本。郭注同《要术》。

〔2〕萹(biān)蓄:是蓼科的Polygonum aviculare,又名"扁竹"。一年生平卧草本,原野杂草。

〔3〕小藜:是藜科的Chenopodium ficifolium。

〔4〕《神农本草经》称萹蓄"杀三虫"。陶弘景注:"煮汁与小儿饮,疗蚘虫有验。"现在也用为驱除蛔虫药,也用于小便淋沥涩痛等病。

【译文】

《尔雅》说:"竹(zhú),是萹蓄。"郭璞注解说:"像小藜,茎和节都是赤色,喜欢长在路边上。可以吃。又可以杀虫。"

蔛 芜（八二）

《尔雅》曰[1]:"须,蔛芜[2]。"郭璞注云:"蔛芜,似羊蹄[3],叶细,味酢,可食。"

【注释】

〔1〕引文见《尔雅·释草》,正注文并同《要术》。

〔2〕蕵（sūn）芜：是蓼科的酸模（Rumex acetosa），多年生宿根草本。嫩茎叶可以吃。

〔3〕羊蹄：与蕵芜同属的 R. japonica。

【译文】

《尔雅》说："须，是蕵芜。"郭璞注解说："蕵芜，像羊蹄，叶子细些，味道酸，可以吃。"

隐　荵（八三）

《尔雅》云[1]："蒡，隐荵[2]。"郭璞云："似苏，有毛，今江东呼为隐荵。藏以为菹；亦可瀹食。"

【注释】

〔1〕见《尔雅·释草》，正注文并同《要术》。

〔2〕隐荵（rěn）：古书或释为桔梗科的桔梗（Platycodon grandiflorum），但桔梗全株光滑无毛，恐非。李时珍说："隐忍非桔梗，乃荠苨（nǐ）苗也。荠苨苗甘可食，桔梗苗苦不可食，尤为可证。"（《本草纲目》卷一二上"荠苨"）荠苨是桔梗科的 Adenophora remotiflora，又名"甜桔梗"。

【译文】

《尔雅》说："蒡（páng），是隐荵。"郭璞注解说："像紫苏，有毛，现在江东称为'隐荵'。可以渍藏作菹菜，也可以焯过吃。"

守　气（八四）

《尔雅》曰[1]："皇，守田[2]。"郭璞注曰："似燕麦[3]。子如雕胡米，可食。生废田中。一名'守气'。"

【注释】

〔1〕见《尔雅·释草》,正注文并同《要术》。

〔2〕守田:一名"守气",是禾本科的菵草(Beckmannia syzigachne),又名"菵米"、"水稗子",多生于水田或水边潮湿处。

〔3〕燕麦:禾本科的Avena sativa,即"皮燕麦"。

【译文】

《尔雅》说:"皇,是守田。"郭璞注解说:"像燕麦。子实像雕胡米,可以吃。生在废田里。又名'守气'。"

地　榆(八五)

《神仙服食经》云:"地榆[1],一名'玉札'。北方难得,故尹公度曰[2]:'宁得一斤地榆,不用明月珠。'[3]其实黑如豉,北方呼'豉'为'札',当言'玉豉'。与五茄煮[4],服之可神仙。是以西域真人曰:'何以支长久?食石畜金盐[5];何以得长寿?食石用玉豉。'此草雾而不濡,太阳气盛也,铄玉烂石[6]。炙其根作饮,如茗气。其汁酿酒,治风痹,补脑。"

《广志》曰:"地榆可生食。"

【注释】

〔1〕地榆:蔷薇科,学名Sanguisorba officinalis,多年生草本。根粗壮,功能凉血。夏末秋初开花,花小形多数,密集成顶生的长圆形短穗状花序,暗紫色,形色像桑椹。《本草图经》说:"七月开花,如椹子,紫黑色。"比下文比作"黑如豉"更像些。华北、华南均有分布,所谓"北方难得"是"服食家"故意说得"名贵"的。

〔2〕尹公度:即传说与老子一道西出函谷关的尹喜。今传《关尹子》的书就是伪托他写的。

〔3〕《证类本草》卷一二"五加皮"引东华真人《煮石经》有与《神仙服食经》相类似说法，这几句是："昔尹公度闻孟绰子、董士固共相与言曰：'宁得一把五加，不用金玉满车；宁得一斤地榆，安用明月宝珠？'"吾点校《要术》在"珠"上加"宝"字（未说明根据），《渐西》本据加。

〔4〕五茄：即五加科的五加（Acanthopanax gracilistylus）。其根皮入药，即五加皮。

〔5〕金盐：是五加的别名，见《证类本草》卷一二引《煮石经》。

〔6〕玉、石：指"服食家"所服的矿物类药"石药"。魏晋南北朝间盛行服食金石类药以求"长生"，往往热毒发狂，称为"石发"，甚者至死。地榆有凉血作用，五加去风湿，舒筋骨，并有强壮作用。配合这两种药以消解石药的热毒，故有"铄玉烂石"之说。

【译文】

《神仙服食经》说："地榆，又名'玉札'。北方难得，所以尹公度说：'宁可得到一斤地榆，也不要夜明珠。'它的果实黑色像豆豉，北方叫'豉'为'札'，实际该叫'玉豉'。将它和五茄同煮，吃了可以成仙。因此，西域真人说：'怎样能够保持长久？食石药要用金盐；怎样能够得到长寿？食石药配用玉豉。'这种草雾气不能沾湿，因为它蕴含着旺盛的太阳热气，所以它有熔玉烂石的功效。将它的根炙过作饮料，像茶叶的气味。用它的液汁酿酒，可以治风邪痹症，也可以补脑。"

《广志》说："地榆可以生吃。"

人　苋（八六）

《尔雅》曰〔1〕："蕢，赤苋。"郭璞云："今人苋赤茎者〔2〕。"

【注释】

〔1〕引文见《尔雅·释草》。"今人苋"，今郭注作"今之苋"，"之"是"人"字之误。

〔2〕人苋：即苋科的苋菜（Amaranthus tricolor）。茎叶紫红色者名"赤苋"；对赤说，茎叶浅绿色者俗名"白苋"。《本草纲目》卷二七"苋"李时珍

说:"老则抽茎如人长。"

【译文】

《尔雅》说:"蒉(kuài),是赤苋。"郭璞注解说:"就是现在赤茎的那种人苋。"

莓^[1](八七)

《尔雅》曰^[2]:"葥,山莓^[3]。"郭璞云:"今之木莓也。实似藨莓而大^[4],可食。"

【注释】

〔1〕"莓"目,与"莓(一〇一)"标目相同,《学津》本、《渐西》本改此目为"葥",黄麓森改为"山莓"。《要术》常采用郭注为标目,也可能是"木莓"脱"木"字。

〔2〕引文见《尔雅·释草》。郭注作"亦可食",余同。

〔3〕山莓:是蔷薇科悬钩子属的 Rubus corchorifolius,又名木莓。落叶灌木。

〔4〕藨(biāo)莓:见"藨(九〇)"注释。

【译文】

《尔雅》说:"葥(jiàn),是山莓。"郭璞注解说:"就是现在的木莓。果实像藨莓,不过大些,可以吃。"

鹿 葱(八八)

《风土记》曰^[1]:"宜男^[2],草也,高六尺,花如莲。怀妊人带佩,必生男。"

陈思王《宜男花颂》云:"世人有女求男,取此草食

之,尤良。"〔3〕

嵇含《宜男花赋序》云〔4〕:"宜男花者,荆楚之俗,号曰'鹿葱'。可以荐宗庙。称名则义过'马舄'焉〔5〕。"

【注释】

〔1〕《御览》卷九九六"萱"引《风土记》多"又名萱草"句。

〔2〕宜男:是百合科的萱草(Hemerocallis fulva),除宜男外,还有"鹿葱"、"忘忧"的异名。花漏斗状,不怎么像荷花。花蕾蒸熟晒干是"金针菜"的一种。

〔3〕《曹子建集》卷七《宜男花颂》及《类聚》卷八一"鹿葱"引《宜男花颂》都只是四言韵文,无此三句。此三句应是《颂》的序文。

〔4〕《御览》卷九九四"鹿葱"引嵇含此《序》较详,末后多"世人多女欲求男者,取此草服之,尤良也",与曹植文相同。嵇含,西晋人,曾任襄城太守(郡治在今河南襄城),后被表荐为广州太守,但未赴任便被人害死,所以他没有到过广州。新旧《唐书》经籍志均著录《嵇含集》十卷,《宜男花赋》当在《集》中,今已佚。今本《南方草木状》,旧题嵇含撰,实为伪书。该书"水葱"记载:"妇人怀妊,佩其花生男者,即此花,非鹿葱也。"不但以水葱(Scirpus tabernaemontani,莎草科)当宜男花,并且指明鹿葱不是宜男花,与《宜男花赋序》自相矛盾,只能说明《南方草木状》不是嵇含的书。《要术》引及其《序》,但无一字引及其书,也足以说明这一问题。

〔5〕马舄(xì):是车前科的车前(Plantago asiatica)。《诗经·周南·芣苢》毛《传》:"芣苢(fú yǐ),马舄;马舄,车前也。宜怀任焉。"《名医别录》:"车前子……令人有子。"萱草和马舄都宜于怀孕妇人,但萱草径直名为"宜男",所以嵇含说名称比"马舄"好。

【译文】

《风土记》说:"宜男是一种草,有六尺高,花像莲花。怀孕妇人佩带这花,必定生男儿。"

曹植《宜男花颂》说:"人们有了女儿,想求男儿,拿这草〔煮了〕吃,非常好。"

嵇含《宜男花赋序》说:"宜男花,荆楚地方习俗称为'鹿葱'。可以作为祭品进献宗庙。宜男的名称,含义比'马舄'要好。"

蒌　蒿（八九）

《尔雅》曰[1]:"购,蔏蒌。"郭璞注曰:"蔏蒌,蒌蒿也[2]。生下田。初出可啖。江东用羹鱼。"

【注释】

〔1〕见《尔雅·释草》,正注文并同《要术》。

〔2〕蒌蒿:菊科,学名 Artemisia selengensis。

【译文】

《尔雅》说:"购,是蔏(shāng)蒌。"郭璞注解说:"蔏蒌,就是蒌蒿。生在低下田里。初生时可以吃。江东人用来调和鱼羹。"

薕（九〇）

《尔雅》曰:"薕,薝。"[1]郭璞注曰:"薕即莓也,江东呼'薕莓',[2]子似覆葐而大[3],赤,酢甜可啖。"

【注释】

〔1〕"《尔雅》曰:'薕,薝。'",金抄、明抄脱,他本都有,应有。

〔2〕薕莓:据李时珍就实物验证,就是"薅田藨"(《本草纲目》卷一八上"蓬藟")。蔷薇科悬钩子属(Rubus)的茅莓(Rubus parvifolius),别名薅田藨,小灌木,有刺。果实球形,红色,酸甜可食。

〔3〕覆葐(pén):即蔷薇科与茅莓同属的覆盆子(Rubus idaeus),落叶灌木,有刺。果实近球形,红色。

【译文】

《尔雅》说:"薕,就是薝(biāo)。"郭璞注解说:"薕,就是莓,江东叫它'薕莓'。子实像覆葐,但大些,红色,味道酸甜,可以吃。"

蒘（九一）

《尔雅》曰[1]："蒘，月尔。"郭璞注云："即紫蒘也[2]，似蕨，可食。"

《诗》曰[3]："蒘菜也[4]。叶狭，长二尺，食之微苦，即今英菜也。《诗》曰：'彼汾沮洳，言采其英。'[5]"一本作"莫"。

【注释】

〔1〕见《尔雅·释草》，正注文并同《要术》。

〔2〕紫蒘（qí）：即蕨类植物紫萁科的紫萁（Osmunda japonica），嫩叶可食。

〔3〕"《诗》曰"，应是"《诗疏》曰"，脱"疏"字。

〔4〕蒘菜：就是"莫菜"。据《诗经·魏风·汾沮洳》孔颖达疏引陆机《疏》所言莫菜是蓼科的酸模（Rumex acetosa）。基出叶具长柄，叶狭长形，嫩茎叶可食。生于山野，湿地生长更好。

〔5〕这是《诗经·魏风·汾沮洳》的诗句，"英"作"莫"。下云"一本作'莫'"，那个《要术》本子是对的。

【译文】

《尔雅》说："蒘，是月尔。"郭璞注解说："就是紫蒘，像蕨，可以吃。"

《诗〔义疏〕》说："就是蒘菜。叶子狭长，有二尺长，吃着有点苦味，就是现在的〔莫〕菜。《诗经》说：'那汾水浸润的地带，有人在那儿采〔莫菜〕。'"有一个本子作"莫"。

覆　葐（九二）

《尔雅》曰："茥，蒛葐。"郭璞曰："覆葐也。实似莓而小，亦可食。"[1]

【注释】

〔1〕见《尔雅·释草》，正注文并同《要术》。

【译文】

《尔雅》说："菫（guī），是蕨（quē）蕬。"郭璞注解说："就是覆蕬。果实像藨莓，但小些，也可以吃。"

翘　摇[1]（九三）

《尔雅》曰："柱夫，摇车。"[2]郭璞注曰："蔓生，细叶，紫华。可食。俗呼'翘摇车'。"

【注释】

〔1〕翘摇：是豆科的紫云英（Astragalus sinicus），就是"苕（六八）"的"翘饶"、"苕饶"。

〔2〕见《尔雅·释草》，文同。

【译文】

《尔雅》说："柱夫，是摇车。"郭璞注解说："蔓生，叶子细小，花紫色。可以吃。俗名叫'翘摇车'。"

乌　茝音丘（九四）

《尔雅》曰[1]："蘱，蔩也[2]。"郭璞云："似苇而小，实中。江东呼为'乌茝'。"

《诗》曰："葭、菼揭揭。"[3]毛云："葭，芦；菼，蔩。"《义疏》云："蔩，或谓之荻；至秋坚成即刈，谓之'萑'。三月中生。初生其心挺出，其下本大如箸，上锐而细，有黄黑勃，着之污人手。把取，正白，噉之甜脆。一名'蓫薚'。
扬州谓之'马尾'。故《尔雅》云：'蓫薚，马尾'也。幽州
谓之'旨苹'。"

【注释】

〔1〕引文见《尔雅·释草》，无"也"字。郭注同《要术》。《义疏》所
引，同出《释草》。

〔2〕菼（tǎn）、薍（wàn）：都是禾本科的荻（Miscanthus sacchariflorus）
的别名。分开来说，古时在秀前（孕穗前）叫"菼"或"薍"，也叫"蒹"（jiān）
或"蔴"（lián）；坚成后叫"萑"（见下文）。与荻同科相似的芦（Phragmites
communis，通称"芦苇"），在秀前叫"葭"或"芦"，坚成后叫"苇"。但荻茎
也是中空的，李时珍说有一种最短小而实心的，那却是"蒹"、"蔴"。

〔3〕《诗经·卫风·硕人》的一句。

【译文】

《尔雅》说："菼，是薍。"郭璞注解说："像苇，不过短小些，〔茎〕
实心。江东叫它'乌蓲'（qiū）。"

《诗经》说："葭和菼长得长又长。"毛《传》说："葭，是芦；菼，
是薍。"《诗义疏》说："薍，或者又叫荻；到秋天，长坚实成熟，就收
割，这时叫'萑'（huán）。三月中长出。刚长出时茎端挺出，它下部
像筷子粗，上端尖细，〔箨叶上〕有黄黑色的茸毛，碰上会粘污在手
上。扒开土取得〔根茎〕，颜色正白，吃起来味道甜而脆。又名'蓫薚
（tǎng）'。扬州人叫它'马尾'。所以《尔雅》说：'蓫薚，就是马尾。'
幽州人叫它'旨苹'。"

槚(九五)

《尔雅》曰[1]："槚，苦荼[2]。"郭璞曰："树小似栀
子[3]。冬生叶，可煮作羹饮。今呼早采者为'荼'，晚取者
为'茗'，一名'荈'。蜀人名之'苦荼'。"

《荆州地记》曰:"浮陵茶最好[4]。"

《博物志》曰:"饮真茶,令人少眠。"

【注释】

〔1〕"《尔雅》曰",金抄、明抄题作"郭璞曰",连《尔雅·释木》的正文也属于郭注,显系窜误,今从他本作"《尔雅》曰",郭注下移(文同《要术》)。本目所有"荼"字,都读chá音,即今"茶"字(去掉一横作"茶"始于唐)。

〔2〕苦荼:即今山茶科的茶(Camellia sinensis)。

〔3〕栀子:即茜草科的栀子(Gardenia jasminoides)。

〔4〕"浮陵",无此地名,应是同音的"涪陵"之误,或是借用字。涪陵,郡名,三国蜀置,郡治在今四川彭水,晋移治今四川涪陵境。古荆州原包括今两湖及四川、广西边隅等地,"竹(五一)"引《荆州记》即及于广西贺县(今为八步区)。

【译文】

《尔雅》说:"槚,是苦荼。"郭璞注解说:"树小,像栀子。冬月生的叶子,可以煮作羹汤来喝。现在叫早采的为'荼',晚采的叫'茗',又叫'荈'(chuǎn)。蜀人叫它'苦荼'。"

《荆州地记》说:"浮陵(?)的茶最好。"

《博物志》说:"喝了真茶,使人睡不着觉。"

荆 葵[1](九六)

《尔雅》曰:"荍,蚍衃。"郭璞曰:"似葵。紫色。"[2]

《诗义疏》曰[3]:"一名'芘芣'。华紫绿色,可食。似芜菁[4]。微苦。《陈诗》曰:'视尔如荍。'[5]"

【注释】

〔1〕荆葵:是锦葵科的锦葵(Malva sylvestris var. mauritiana)。

〔2〕《尔雅·释草》郭注是："今荆葵也。似葵。紫色……"《要术》既标明"荆葵"，应脱"今荆葵也"句，应照补。

〔3〕《御览》卷九九四"荆葵"引《诗义疏》只是"葰，一名楚葵"五字。下引《陈诗》是《陈风·东门之枌》的一句，孔颖达疏引陆机《疏》是："芘芣，一名荆葵。似芜菁。华紫绿色，可食，微苦。"《御览》卷九七九"葵"引陆机《毛诗疏义》作："……一名楚葵。似芜菁英……"按："荆"、"楚"古人互称，则"荆葵"、"楚葵"亦得互名，未必是误字。水芹别名"楚葵"，非此所指。

〔4〕"似芜菁"，金抄、明抄作"华似芜菁"，"华"不但重复，而且是错的，他本无"华"字。按：荆葵即锦葵，初夏开花，簇生于叶腋，直径寸许，花瓣倒心脏形，淡紫红色，有浓紫纹，美丽，崔豹《古今注》所谓"花色夺目"。但芜菁春日开花，花小、黄色，总状花序，似芸薹花。两者的花绝不相似，但荆葵幼株略似"芜菁英"，则"似芜菁"应如陆机《疏》倒前作："一名芘芣。似芜菁。华紫绿色，可食，微苦。"

〔5〕视尔如葰：这句《陈风·东门之枌》的诗是把一同跳舞的姑娘比作像锦葵花（葰花）一样美丽。

【译文】

《尔雅》说："葰（qiáo），是蚍衃（pí fú）。"郭璞注解说："〔就是现在的荆葵，〕像葵。〔花〕紫色。"

《诗义疏》说："〔葰，〕又名'芘芣'（pí fú）。（像芜菁）花紫绿色，可以吃，稍微有点苦。《诗经·陈风》说：'把你看作像葰一样。'"

窃　衣（九七）

《尔雅》曰〔1〕："蘮蒘，窃衣〔2〕。"孙炎云："似芹，江河间食之。实如麦，两两相合，有毛，着人衣。其华着人衣，故曰'窃衣'。"

【注释】

〔1〕引文见《尔雅·释草》。《御览》卷九九八"窃衣"引孙炎注是："江

淮间食之。其花着人衣,故曰窃衣。"今本郭璞注是:"似芹,可食。子大如麦,两两相合,有毛,着人衣。"《要术》所引孙注,"着人衣"前指果实后指花,不协,明显是郭注混入孙注的。

〔2〕窃衣:是伞形科的窃衣(Torilis japonica),二年生草本。果实为双悬果(两两成对),椭圆形,外被具钩的短刺毛,易粘附在动物身体和人衣服上。

【译文】

《尔雅》说:"蘮蒘(jì rú),是窃衣。"孙炎注解说:"像芹菜,江河之间的人吃它。果实像麦子,两个两个成对地长着,有毛,容易粘附在人衣服上(?)。它的花会粘在人衣上,所以叫'窃衣'。"

东 风(九八)

《广州记》云〔1〕:"东风〔2〕,华叶似'落娠妇'〔3〕,茎紫。宜肥肉作羹,味如酪,香气似马兰〔4〕。"

【注释】

〔1〕《广州记》此条,《广韵·平声·一东》"东"字下、《北户录》卷二"蘿菜"崔龟图注、《御览》卷九八〇"冬风"都有引到,内容相同,文字互异。《本草纲目》卷二七"东风菜"引唐苏敬《新修本草》:"此菜先春而生,故有'东风'之号。一作'冬风',言得冬气也。"《要术》同一菜而分引于两处〔"冬风菜"引于"菜茹(五〇)"〕,当是出自二种《广州记》。

〔2〕东风:即菊科的东风菜〔Doellingeria scaber(Aster scaber)〕,也叫"冬风菜"。

〔3〕落娠(shēn)妇:有同音的落新妇,虎耳草科,学名Astilbe chinensis。但落新妇不能和菊科的东风菜相像,则"落娠妇"自是另一种植物,未详。

〔4〕马兰:菊科,学名Kalimeris indica,俗名"马兰头"。但此草不香,惟嫩叶作菜微有腥香气,所谓"香气"或指此?又,鸢尾科的马蔺〔Iris ensata(Iris lactea var. chinensis;I. pallasii var. chinensis)〕,有香气,而"兰(蘭)"与"蔺"形似,除两宋本《要术》作"马兰"外,他本均作"马蔺",可能

是后人因马兰不香而改的。

【译文】

《广州记》说:"东风,花和叶都像'落娠妇',茎紫色。宜于揽和在肥肉里作羹吃,味道像酪,香气像马兰。"

蓳[1]丑六反(九九)

《字林》云:"草,似冬蓝[2]。蒸食之,酢。"

【注释】

〔1〕蓳(chù):该是蓼科的酸模(Rumex acetosa),叶、茎味酸。古籍一般则指同属的羊蹄(Rumex japonica)。

〔2〕冬蓝:是爵床科的马蓝(Strobilanthus cusia)。

【译文】

《字林》说:"是草,像冬蓝。蒸了吃,味道酸。"

蒬[1]而兖反(一○○)

"木耳也。"
按:木耳,煮而细切之,和以姜、橘,可为菹[2],滑美。

【注释】

〔1〕此条至"蔛(一○三)",均引《字林》文。蒬(ruǎn),木耳。

〔2〕菹:菹菜。卷九《作菹藏生菜法》有贾氏本文的"木耳菹",作法相同,记述较详,并加入醋,成为酸菹。

【译文】

"就是木耳。"

〔思勰〕按：木耳，煮过，切细，和上生姜和橘皮，可以作菹菜，味道嫩滑美好。

莓亡代反(一〇一)

"莓[1]，草实，亦可食。"

【注释】

〔1〕莓：是蔷薇科草莓属（Fragaria）的植物，多年生草本。品种很多。这里是泛指，与郭璞注《尔雅》指定为"藨莓"者不同。

【译文】

"莓，是草的果实，也可以吃。"

萱音丸(一〇二)

"萱[1]，干堇也。"

【注释】

〔1〕萱：堇菜科堇菜属的 Viola vaginata。据《字林》则是指干了的堇叫作"萱"。

【译文】

"萱，是干堇。"

蔪(一〇三)

蔪[1]，《字林》曰："草，生水中，其花可食。"

【注释】

〔1〕薂(sī)：《史记·司马相如列传》中《子虚赋》有"葴、薂、苞、荔"，裴骃《集解》引徐广解释"薂"与《字林》相同。《文选·子虚赋》"薂"作"蓢"(sī)，同音，李善注说："蓢，似燕麦也。"两种解释完全不同，有所未详。

【译文】

薂，《字林》说："是草，生在水中，它的花可以吃。"

木(一〇四)

《庄子》曰[1]："楚之南，有冥泠一本作"灵"者，以五百岁为春，五百岁为秋。"司马彪曰[2]："木，生江南，千岁为一年。"

《皇览·冢记》曰[3]："孔子冢茔中树数百，皆异种，鲁人世世无能名者。人传言：孔子弟子，异国人，持其国树来种之。故有柞、枌、雒离、女贞、五味、毚檀之树[4]。"

《齐地记》曰[5]："东方有'不灰木'。"[6]

【注释】

〔1〕引文见《庄子·逍遥游》，文同。司马彪是《庄子》注者。

〔2〕司马彪(？—约306)：西晋史学家，晋代皇族。曾给《庄子》作注。又著有《续汉书》，其中纪、传部分早佚，仅存八志三十卷。南朝宋范晔(398—445)写《后汉书》，原拟写十志，未成而卒。宋代开始将司马彪的八志补入范《书》合为一部刊行，这就是现在通行的《后汉书》，所以其中《志》的部分是属于司马彪《续汉书》的。

〔3〕《皇览》：三国魏曹丕时王象等编集的我国最早类书，据称"八百余万字"，已佚。《冢记》(《冢墓记》)是其中的一个分篇项目。

〔4〕柞：应是山毛榉科的Quercus acutissima，也叫麻栎，不是大风子科的柞木(Xylosma japonicum)。　　枌：是榆科的白榆(Ulmus pumila)。　　雒离：未详。《文选·子虚赋》有"欓、离、朱杨"，郭璞注引

张揖:"离,山梨也。"推测"雒"可能指洛水,"雒离"是从洛水引种来的山梨。　　女贞:是木犀科的Ligustrum lucidum。但有异说,《史记·孔子世家》司马贞《索隐》说:"女贞,一作'安贵',香名,出西域。"则"女贞"可能是"安贵"残烂后错成的,未详。　　五味:应是木兰科五味子属(Schisandra)的植物,产于我国北方的有北五味子(S. chinensis)。　　毚(chán)檀:古人解释是檀的别名。檀不是檀香科的檀香,是豆科的黄檀(Dalbergia hupeana)。

〔5〕《齐地记》:《御览》卷九六○引作伏琛《齐地记》,则撰者为伏琛,但伏琛籍里生平均无可考。书已佚。

〔6〕《御览》卷九六○木部"胜火"引作伏琛《齐地记》:"东武城东南有'胜火木',方俗音曰'挺子'。其木经野火烧,炭不灭,故东方朔谓之'不灰之木'。"卷八七一"炭"也引到,末句也是"东方有不灰之木"。按:不灰木,石棉(某些硅酸盐矿物的纤维丝)有此异名,可能是指石棉。

【译文】

《庄子》说:"楚国的南方有一种冥泠树,"泠",另一个本子作"灵"。它以五百年为一春天,五百年为一秋天。"司马彪注解说:"这树生在江南,以一千岁作为一年。"

《皇览·冢记》说:"孔子坟墓地中有几百棵树,都是异常的树种,鲁地的人多少世代都不知道叫什么树。有人传说:孔子的学生有鲁国之外的别国人,把该国的树移种到这里来。因此就有了柞、枌、雒离、女贞、五味和毚檀这些树。"

《齐地记》说:"东方有'不灰木'。"

桑（一〇五）

《山海经》曰:"宣山……有桑,大五十尺,其枝四衢。"言枝交互四出。"其叶大尺。赤理。黄花,青叶。名曰'帝女之桑'。"妇人主蚕,故以名桑。""〔1〕

《十洲记》曰:"扶桑,在碧海中。上有大帝宫,东王所治。有椹桑树,长数千丈,三千余围。两树同根,更相依

倚，故曰'扶桑'。仙人食其椹，体作金色。其树虽大，椹如中夏桑椹也，但稀而赤色。九千岁一生实，味甘香。"〔2〕

《括地图》曰〔3〕："昔乌先生避世于芒尚山，其子居焉。化民食桑，三十七年，以丝自裹；九年生翼，九年而死。其桑长千仞。盖蚕类也。去琅邪二万六千里〔4〕。"

《玄中记》云："天下之高者，'扶桑'无枝木焉：上至天，盘蜿而下屈，通三泉也。"〔5〕

【注释】

〔1〕引文见《山海经·中山经》"中次十一经"。"叶大尺"下有"余"字，"青叶"作"青树"，比较合适。注文是郭璞注，文同。

〔2〕《十洲记》：《隋书·经籍志二》著录，注明"东方朔撰"。今本作《海内十洲记》，据考证是六朝人依托之作。《类聚》卷八八、《御览》卷九五五"桑"引《十洲记》稍有异文。"大帝"均作"天帝"，"金色"《类聚》作"紫色"，"体"《御览》作"椹体"，则指椹，非指仙人。

〔3〕《括地图》：隋唐书经籍志不著录，惟类书等每有引录。时代作者都不明。书已佚。《类聚》卷八八、《御览》卷九五五引《括地图》只有中间几句（从"化民"至"而死"止）。"盖蚕类也"，宜与"其桑长千仞"倒换位置。

〔4〕琅邪：郡名，以有琅邪山得名。琅邪（琊）山在山东胶南县（今属青岛市）南，濒临黄海。所谓离开"二万六千里"，实际还是《梁书》记载的那个"扶桑国"，而加以神化。参看"椹（三九）"注释〔2〕。

〔5〕《御览》卷九五五引《玄中记》同《要术》。

【译文】

《山海经》说："宣山山上……有一种桑树，有五十尺高，枝条向四面伸展开。〔郭璞注解说：〕"四衢是说枝条四面交叉着伸展开。"叶子有一尺〔多〕大。木理红色。开黄花，叶片青色。名为'帝女之桑'。〔郭璞注解说：〕"因为妇女主持养蚕，所以这桑树就叫'帝女桑'。""

《十洲记》说："扶桑这地方，在碧茫茫的大海中。上面有大帝的官殿，是东王治理政事的地方。那里有长椹的桑树，树几千丈高，三千多围粗。两棵桑树同一株根，互相依傍扶持着，所以叫'扶桑'。

仙人吃了它的椹,形体成为金黄色。桑树虽然很大,可桑椹却像中华桑椹的大小,不过长得稀些,颜色是红的。这桑树九千年结一次果实,味道又甜又香。"

《括地图》说:"从前有个乌先生隐居在芒尚山,儿子也住在一起。化作山民吃桑叶,吃了三十七年,吐丝裹着自己的身体;九年之后长出翅膀,再过九年死去(,原来是蚕一类的)。那桑树有八千尺高。那里离开琅邪有二万六千里。"

《玄中记》说:"天下最高的,莫过于'扶桑'这没有分枝的树,它上至青天,下面盘纤曲折地穿通三重黄泉,很深很深。"

棠 棣(一〇六)

《诗》曰[1]:"棠棣之华[2],萼不韡韡[3]。"《诗义疏》云:"承花者曰萼。其实似樱桃、薁[4];麦时熟,食,美。北方呼之'相思'也。"

《说文》曰:"棠棣,如李而小,子如樱桃。"[5]

【注释】

〔1〕今《诗经·小雅·常棣》作:"常棣之华,鄂不韡韡。"

〔2〕棠棣(dì):一般认为是蔷薇科的郁李(Prunus japonica)。落叶小灌木。

〔3〕不:花蒂。"不",郑玄解释该作"柎"(柎),就是"鄂足",即"萼足",就是花蒂。今人于省吾(1896—1984)《泽螺居诗义解结》解释"'鄂不'犹言胡不",就是"怎么不"的意思。不过,《说文》、《要术》等引《诗经》和《诗义疏》的解释自作"萼"。   韡(wěi)韡:光明美丽的样子。

〔4〕薁:蘡薁,见"薁(二八)"注释〔1〕。

〔5〕今本《说文》是:"杙(yí),棠棣也。""棣,白棣也。"与《要术》所引迥异。《尔雅·释木》"常棣,棣"邢昺疏引陆机《疏》则称:"许慎曰:'白棣树也。'如李而小,子如樱桃,正白……"则"如李而小……"应是陆机的话。但此条也可能是《诗义疏》所引,许慎在别的书上有这个说法,而《诗义疏》误题作《说文》。

【译文】

　　《诗经》说："棠棣的花，花萼和花蒂托着，多么灿烂美丽啊！"《诗义疏》说："托着花的叫作萼。棠棣的果实像樱桃、蘡薁；收麦的时候成熟，吃起来，很好。北方人管它叫'相思'。"

　　《说文》说（？）："棠棣，树像李树，但矮小，果实像樱桃。"

棫(一〇七)

　　《尔雅》云[1]："棫，白桵[2]。"注曰："桵，小木，丛生，有刺。实如耳珰，紫赤，可食。"

【注释】

　　〔1〕引文见《尔雅·释木》。注是郭璞注。
　　〔2〕桵（ruí）：同"蕤"。《植物名实图考》卷三七"蕤核"："今山西山坡极多，俗呼'蕤棫'。"李时珍认为《尔雅》的"棫"就是蕤核。蕤核是蔷薇科的 Prinsepia uniflora。落叶灌木，叶腋有短刺，核果球形，微椭圆，直径1—1.5厘米，如珰珠，熟时紫黑色，与郭璞所记相符。

【译文】

　　《尔雅》说："棫（yù），是白桵。"〔郭璞〕注解说："桵是小树，丛生，有刺。果实像耳珰，紫红色，可以吃。"

栎(一〇八)

　　《尔雅》曰[1]："栎，其实梂[2]。"郭璞注云："有梂彙自裹[3]。"孙炎云："栎实，橡也。"

　　周处《风土记》云："《史记》曰：'舜耕于历山。'[4]而始宁、剡、郯二县界上[5]，舜所耕田，在于山下，多柞树。吴越之间名柞为栎[6]，故曰'历山'[7]。"

【注释】

〔1〕引文见《尔雅·释木》,正注文及邢昺疏引孙炎注并同《要术》。

〔2〕栎(lì):即山毛榉科(壳斗科)的Quercus acutissima,也叫柞树、橡树。其果实名"梂"(qiú),郝懿行《尔雅义疏》:"栎实外有裹囊,形如彙毛,状如球子。"

〔3〕彙(wèi):《尔雅·释兽》:"彙,毛刺。"邢昺疏:"彙,即猬也,其毛如针。"是彙即刺猬,这里是形容栎的壳斗上的毛刺犹如刺猬的针刺。

〔4〕《史记·五帝本纪》:"舜耕历山。"

〔5〕"始宁、邳、郯",有误。按:始宁,古县,在今浙江上虞。邳,古邳国,秦为下邳县,在今江苏邳州。郯(tán),汉置的县,在今山东郯城。邳、郯二县虽相邻,但与上虞不相侔。东晋亦侨置郯县,在今江苏镇江,虽在江南,也和上虞无法在"二县界上",而且置郯县时周处早已去世。《水经注》卷四《河水》及《御览》卷九五八"柞"引《风土记》都是"始宁、剡二县界上",剡(shàn)县,秦置,汉晋因之,即今浙江嵊州,与上虞正相邻。据此,"邳"衍,"郯"是"剡"字之误。

〔6〕栎:栎树。《水经注》卷四《河水》及《御览》卷九五八引《风土记》均作"枥(lì)",同"栎",并与"历"同音,故名"历山"。

〔7〕历山:很多,大率以舜耕于历山而得名。其较著者有六:二处在山东;二处在山西;在吴越间的有二处(一在江苏无锡,即惠山,又名历山;一在浙江上虞四明山区,即是周处所指者)。但《水经注》作者郦道元斥周处此说为不近人情。

【译文】

《尔雅》说:"栎,它的果实叫梂。"郭璞注解说:"梂外面有刺猬一样的刺包裹着自己。"孙炎注解说:"栎的果实,就是橡子。"

周处《风土记》说:"《史记》说:'舜耕田于历山。'现在始宁和〔剡县〕交界的地方,〔还留有〕舜所耕的田的遗迹,在山脚下,那里有不少柞树。吴越之间叫柞树为栎树,所以把那山叫'历山'。"

桂(一〇九)

《广志》曰〔1〕:"桂〔2〕,出合浦。其生必高山之岭,冬夏常青。其类自为林[3],林间无杂树。"

　　《吴氏本草》曰:"桂,一名'止唾'[4]。"

　　《淮南万毕术》曰:"结桂用葱[5]。"

【注释】

　　[1]《类聚》卷八九、《御览》卷九五七"桂"引《广志》末尾都有"交阯置桂园"句。

　　[2]桂:即樟科的肉桂(Cinnamomum cassia),常绿乔木。

　　[3]其类自为林:启愉按:这就是排挤异类,最后形成清一色的纯粹桂树林。植物之间有互利互抑作用。有些植物通过根系、茎、叶向周围环境分泌出特有的有机物质,这些物质对其他植物或者促进其生长,或者抑制其生长,有的甚至是致命的因素,例如"藤(七五)"的"钟藤"就是这样。桂树的树皮、小枝、叶、花梗、果实都含有桂皮油,其主要成分为桂皮醛,树皮中含量高达70%—90%,初结的果实和花梗中更有过之。这是一种挥发性芳香物质,可以抑制其他树种的生长,时间一长,导致植物群落结构的变化,最后形成纯桂树林。这种现象已被古人发现,是合科学的。但不始于《广志》,《吕氏春秋》已明确记载"桂枝之下无杂木"。

　　[4]《名医别录》记载桂有"止唾"的功效。

　　[5]"服食家"服桂后"石发"(发大热)弄出"结毒"病来,据说用葱汁可以缓解。《抱朴子》卷一一和《名医别录》都有记载。

【译文】

　　《广志》说:"桂,出在合浦。它生长的地方,一定在高山岭上,冬夏常绿的。它自己同类形成树林,林子中间没有别的杂树。"

　　《吴氏本草》说:"桂,又名'止唾'。"

　　《淮南万毕术》说:"服桂结毒,用葱汁来消解。"

木　绵(一一〇)

　　《吴录·地理志》曰:"交阯定安县有木绵树[1],高丈。实如酒杯,口有绵,如蚕之绵也。又可作布,名曰'白緤'[2],

一名'毛布'〔3〕。"

【注释】

〔1〕"定安县",《御览》卷九六〇"木绵"引《吴录·地理志》同,应是"安定县"倒错。因为汉在交趾所置的安定县(在今越南北境),至南朝宋才改名"定安"(《后汉书·郡国志》、《晋书·地理志》都是"安定"原名),而《吴录》作者张勃是西晋初人,无由得知"定安县"。 木绵树:这里当是锦葵科的一种棉花(Gossypium arboreum),即亚洲棉,也叫"中棉"。一年或多年生亚灌木或灌木,所以也叫"树棉",但在我国为一年生草本。不是木棉科的大型乔木的木棉(Bumbax malabaricus),也叫"攀枝花"、"英雄树"。

〔2〕"绁"(dié),历来的解释同"绁",是系牲畜的绳索,也是缧绁。音均为xiè。只有唐释慧琳《一切经音义》卷四〇《曼殊室利菩萨阎曼德迦忿怒真言仪轨经》"渍其氎"注:氎,《经》本作'绁'"。说明"绁"同"氎"。又卷六四"白氎"注:"音牒。按氎者,西国木绵花如柳絮,彼国土俗皆抽撚以纺为缕,织以为布,名之为氎。"是白绁即白氎,也写作"白叠"、"帛叠",都是棉布的古名。据此,故本书音dié(此音义大型字书如《辞源》、《辞海》等均未采入)。

〔3〕毛布:棉布的古代别名。

【译文】

《吴录·地理志》说:"交趾〔安定〕县有木绵树,有丈把高。果实像酒杯的形状,口上有绵,像蚕吐的绵絮。又可以用来作成布,叫作'白绁',又叫'毛布'。"

禳 木(一一一)

《吴录·地理志》曰:"交阯有禳木〔1〕,其皮中有如白米屑者,干,捣之,以水淋之〔2〕,似面,可作饼。"

【注释】

〔1〕禳(xiāng)木:李时珍认为就是"莎木"(《本草纲目》卷三一"莎

木面”）。清李调元《南越笔记》卷一六“异饭”：“琼州以南椰粉为饭，曰椰霜饭。……性温热补中，本草以为莎木面也。”是莎木就是南椰。启愉按：棕榈科的西谷椰子（Metroxylom sagu），常绿高大乔木，马来语叫sagu，明张燮《东西洋考》卷三记载“其树名沙孤”，就完全和sagu对音，则所谓槵木或莎木也是从sagu转译来的，那么这两种名称也就是西谷椰子。它的茎干中心有白色的髓，可提取淀粉，制成“西谷米”，也可以作饼食。

〔2〕指澄取淀粉。清谢清高《海录》记载西谷米的制法：将树髓取出春成碎末，用水冲洗，去掉渣滓，澄取淀粉，晒干捏成粉，再洒上些水，就可制成“米”。

【译文】

《吴录·地理志》说：“交趾有一种槵木，它树中心有一种像白米粉屑的东西，晒干，捣细，用水淋洗出来，像面一样，可以作饼。”

仙　树(一一二)

《西河旧事》曰[1]：“祁连山有仙树[2]。人行山中，以疗饥渴者——辄得之。饱不得持去。平居时，亦不得见。”

【注释】

〔1〕《西河旧事》：《新唐书·艺文志二》著录《西河旧事》一卷，无撰人姓名。据胡立初考证，当是记载汉晋时代凉州一带地方事情的书。今已佚。《御览》卷九六一“仙树”引《西河旧事》脱“祁”字，就不可解。清张澍辑佚本却即据《御览》此条辑入。

〔2〕唐段成式《酉阳杂俎》卷一八记载祁连山上有“仙树”，“其实如枣”，用各种材料的刀切，有各种味道，说得更奇异。祁连山，在今甘肃酒泉南。

【译文】

《西河旧事》说：“祁连山上有一种仙树。人们从山中走过，需要解决饥渴时，就可以得到〔它的果实〕，但吃饱了不能带走。平常时候也是见不到的。"

莎　木(一一三)

《广志》曰[1]:"莎树多枝叶[2],叶两边行列,若飞鸟之翼[3]。其面色白。树收面不过一斛。"

《蜀志记》曰[4]:"莎树出面,一树出一石。正白而味似桃榔[5]。出兴古。"

【注释】

〔1〕《御览》卷九六〇"莎木"引《广志》末尾尚有:"捣筛,乃如面,不则如磨屑,为饭滑软。"《证类本草》卷一二"八种海药余"的"莎木"引《广志》则是:"作饭饵之,轻滑美好,白胜桃榔面。"

〔2〕莎树:即㯷木,见"㯷木(一一一)"注释〔1〕。

〔3〕启愉按:西谷椰子为羽状复叶,丛生于茎顶,即《御览》卷九六〇引《蜀志》所说"峰头生叶"。小叶多数,排列在叶轴的两侧,成羽状,所以说像飞鸟的羽翼,相当形象。

〔4〕《蜀志记》:《御览》卷九六〇引作《蜀志》,可能是同一书。《隋书·经籍志二》著录《蜀志》一卷,东京武平太守常宽撰"。常宽是东晋时人。书已佚。《御览》卷九六〇引《蜀志》是:"莎树大四五围,长五六丈。峰头生叶。出面,一树出一石,正白而味似桃榔。"《证类本草》卷一二"莎木"引《蜀记》则是:"生南中八郡。树高数(疑衍)十余丈,阔四五围。叶似飞鸟翼。皮中亦有面,彼人作饼食之。"

〔5〕桃榔:棕榈科的 Arenga pinnata,常绿高大乔木。其髓心亦可提取淀粉,称"桃榔粉";割开肉穗花序所流出的液汁,可蒸发成砂糖,其树又名"砂糖椰子"。

【译文】

《广志》说:"莎树,多枝条,多叶,叶子两边分开成行列,像飞鸟的羽翼。它〔树中心〕的面白色。一株树收得的面不过一斛。"

《蜀志记》说:"莎树出的面,一棵树可以出一石。面的颜色正白,味道像枕榔面。出在兴古。"

槃　多(一一四)

裴渊《广州记》曰:"槃多树[1],不花而结实。实从皮中出[2]。自根着子至杪,如橘大。食之。过熟,内许生蜜[3],一树者,皆有数十[4]。"

《嵩山记》曰:"嵩寺中忽有思惟树,即贝多也。有人坐贝多树下思惟,因以名焉。汉道士从外国来,将子于山西脚下种,极高大。今有四树,一年三花。"

【注释】

〔1〕槃多树:是桑科无花果属的菩提树(Ficus religiosa),又名"思惟树",常绿乔木。下文引《嵩山记》的"贝多树"也是此种。启愉按:此树梵文名 Pattra,全音译为"贝多罗",贝多、槃多或多罗(南宋僧法云《翻译名义集》卷三:"多罗,旧名贝多。"),都是 Pattra 的省译。菩提则是梵文 Bodhi 的音译,意译为"觉"、"道"等。另有棕榈科的贝叶棕(Corypha umbraculifera),有"贝多"的共名,非此所指。又椴树科的 Tilia miqueliana,由于果实可作念珠,也叫"菩提树",亦非此所指。

〔2〕实从皮中出:果实从树皮中冒出来。无花果属的植物为隐头花序,其花聚生于肥厚肉质化的呈囊状的花序托里面,所以外面只看见结果而看不到花。其着生方式也很特别,着生于叶腋,特别是着生于老枝或无叶的枝上,都没有果梗,而紧贴在树枝皮上,很像从树皮中突然冒出来的,就是"古度(一三二)"所说的"枝柯皮中生子"。

〔3〕"生蜜",疑应作"生虫",指寄生于花序托内的瘿蜂(Cynips spp.),参看"古度(一三二)"注释〔2〕。

〔4〕"数十",应指瘿蜂,但一株树"自根着子至杪",果实很多,瘿蜂岂止"数十",故疑为"数千"之误。

【译文】

裴渊《广州记》说:"槃多树,不开花就结果实。果实从树皮中冒出来。从根部到树梢都长着果实，像橘子大小。可以吃。熟过头了，里面会生〔虫〕，一株树上，都有几十（？）只。"

《嵩山记》说："嵩山寺中，忽然出现了'思惟树'，就是'贝多树'。有人坐在贝多树下思惟〔得道〕，所以就叫'思惟树'。汉时有个道士从外国来到嵩山，带来了种子，在山的西面脚下种了，长得很高大。现在还有四棵树，一年开三次花。"

緗(一一五)

顾微《广州记》曰："緗[1]，叶、子并似椒；味如罗勒[2]。岭北呼为'木罗勒'。"

【注释】
　〔1〕緗：緗树，疑是芸香科花椒属（Zanthoxylum）的植物。
　〔2〕罗勒：唇形科的 Ocimum basilicum，芳香草本。

【译文】
　顾微《广州记》说："緗树，叶和子实都像花椒；气味像罗勒。因此岭北人管它叫'木罗勒'。"

娑 罗(一一六)

盛弘之《荆州记》曰："巴陵县南有寺[1]，僧房床下，忽生一木；随生旬日，势凌轩栋。道人移房避之，木长便迟，但极晚秀[2]。有外国沙门见之[3]：'名为娑罗也[4]。彼僧所憩之荫。常着花，细白如雪。'元嘉十一年[5]，忽生一花，状如芙蓉[6]。"

【注释】

〔1〕巴陵县：晋置，即今湖南岳阳。

〔2〕晚秀：按：娑罗并非常绿乔木，所谓"晚秀"，应指入秋很晚叶子还是绿的，就是落叶很晚的意思。

〔3〕《御览》卷九六一"娑罗"引盛弘之《荆州记》作"有西域僧见之曰"，则"外国"是指西域。

〔4〕娑罗：是龙脑香科的 Shorea robusta，落叶大乔木。分布于南亚热带地区，至今仍是南亚地区重要经济树种。其木材俗名"柳安木"，在印度等地是次于柚木的重要木材。

〔5〕元嘉十一年：元嘉，南朝宋文帝年号，此年为公元434年。

〔6〕芙蓉：此指锦葵科的木芙蓉（Hibiscus mutabilis）。花白色或淡红色。

【译文】

盛弘之《荆州记》说："巴陵县南有个寺庙，庙里和尚住房床下，忽然长出一棵树来。长出十来天，长势猛，简直要冲出栏杆到屋梁。和尚移出住房避它，树便长得慢了，但是很晚还绿。有个外国和尚来到寺里看到了，就说：'这树名叫娑罗，是那地方的和尚借以休息的树荫。这树常常开花，花细小，像雪一样白。'元嘉十一年，忽然生出一朵花，样子像芙蓉花。"

榕（一一七）

《南州异物志》曰："榕木〔1〕，初生少时，缘榑他树〔2〕，如外方扶芳藤形〔3〕，不能自立根本，缘绕他木，傍作连结，如罗网相络，然后皮理连合〔4〕，郁茂扶疏，高六七丈。"

【注释】

〔1〕榕木：即桑科榕属的榕（Ficus microcarpa），常绿大乔木。枝干生气根，下垂至地，如长入土中，粗似支柱，很多，一株可覆盖很广的地面。但与《南州异物志》所记不符，疑所记是榕属的某些种，是一种"绞杀植

物",非一般所称的 Ficus microcarpa。

〔2〕"榑"(fú),金抄如字,他本作"搏",《御览》卷九六〇"榕"引《魏王花木志》(与《南州异物志》相同)作"縳"。按:《淮南子·览冥训》:"朝发榑桑。"即扶桑。这里"榑"即借作"扶"字。

〔3〕扶芳藤:见下条"杜芳(一一八)"注释〔1〕。

〔4〕"然后皮理连合",原作"然彼理连合",不通。下条"杜芳"同出《南州异物志》即作"然后皮理连合",这里"彼"是"後"字烂去右半部只剩下彳旁,次一"皮"字就上窜与彳旁误合为一"彼"字。

【译文】

《南州异物志》说:"榕木,刚长出来还幼小的时候,缠附着其他的树,像外地扶芳藤的形状,不能自己立稳根基,要缠绕着别的树,依傍着缠连在一起,〔长出气根,〕像罗网相缠络一样,然后〔树皮和被缠的树的〕木理相结合,茂盛地生长,向四面散开,可以达到六七丈高。"

杜　芳(一一八)

《南州异物志》曰:"杜芳[1],藤形,不能自立根本,缘绕他木作房[2],藤连结如罗网相胃[3],然后皮理连合,郁茂成树。所托树既死,然后扶疏六七丈也。"

【注释】

〔1〕杜芳:应即是"扶芳"。扶芳藤,据本条和古文献所记,应是桑科榕属(Ficus)的植物,而且是一种大型的常绿"绞杀植物",被缠之树既死,而后自成一大乔木。现在植物分类学上定名为扶芳藤者是卫矛科的 Euonymus fortunei,为匍匐灌木,非此所指。

〔2〕"作房",各本同,这里应作依傍讲,疑是"作傍"之误。又,本条与上目的"扶芳藤形"以下可说完全相同,"杜芳"应即"扶芳"(或系习俗异呼,或系形似致误),同出一书,不应有此重沓,疑上条和本条在传抄中已有窜乱。

〔3〕罥(juàn)：缠绕。

【译文】

　　《南州异物志》说："杜芳，是藤形的植株，不能自己立稳根基，要缠绕着别的树为〔依傍〕，藤蔓连结起来像罗网相缠络一样，然后藤皮和〔被缠的树的〕木理相粘合，茂盛地长成树。所寄托的树既已死去，于是它才分披四散开来，长成六七丈高的大树。"

摩　厨(一一九)

　　《南州异物志》曰："木有摩厨〔1〕，生于斯调国〔2〕。其汁肥润，其泽如脂膏，馨香馥郁，可以煎熬食物，香美如中国用油。"

【注释】

　　〔1〕摩厨：李时珍认为与"齐暾果"是同一类植物(《本草纲目》卷三一"摩厨子")。"齐暾"是阿拉伯文Zaytun的古代译音，即木犀科的木本油料植物Olea europaea，今名油橄榄，果实可榨油，即"橄榄油"。但同类并不相等，摩厨不能确指是何种植物。
　　〔2〕斯调国：古国名，其地一般认为在今斯里兰卡。

【译文】

　　《南州异物志》说："树中有一种摩厨，生在斯调国。它的液汁肥润，润泽得像脂肪一样，香气浓烈，可以煎熬食物，香美像中国用的油。"

都　句(一二〇)

　　刘欣期《交州记》曰："都句树〔1〕，似栟榈。木中出屑如面,可啖。"

【注释】

〔1〕都句树:李时珍认为可能就是欀木,见"欀木(一一一)"注释〔1〕,未知究竟怎样。

【译文】

刘欣期《交州记》说:"都句树,像棕榈树。树里面出一种粉屑像面一样,可以吃。"

木 豆(一二一)

《交州记》曰:"木豆〔1〕,出徐闻〔2〕。子美,似乌豆。枝叶类柳。一年种,数年采。"

【注释】

〔1〕木豆:是豆科的木豆(Cajanus cajan)。直立小灌木,产于两广、云南等地。叶似柳叶。荚果和种子供食用,种子又可榨油、磨豆腐或作豆蓉。

〔2〕"徐闻",原作"徐门"。按:《御览》卷八四一"豆"引《魏王花木志》转引《交州记》作"徐僮(zhuàng)间",卷九四六"蜘蛆"引有刘欣期《交州记》:"大吴公,出徐闻县界。取其皮,可以冠鼓。"徐闻,县名,汉置,在今广东海康,古属交州。

【译文】

《交州记》说:"木豆,出在徐闻。种子美好,像乌豆一样。枝叶像柳枝。一年种下去,可以采摘几年。"

木 堇(一二二)

《庄子》曰〔1〕:"上古有椿者,以八千岁为春,八千岁为秋。"司马彪曰："木堇也,以万六千岁为一年,一名'蕣椿'。"

傅玄《朝华赋序》曰："朝华,丽木也,或谓之'洽容',或曰'爱老'。"〔2〕

《东方朔传》曰："朔书与公孙弘借车马曰:'木堇夕死朝荣〔3〕,士亦不长贫。'"

《外国图》曰："君子之国,多木堇之花,人民食之。"〔4〕

潘尼《朝菌赋》云〔5〕:"朝菌者,世谓之'木堇',或谓之'日及',《诗》人以为'蕣华'。"又一本云:"《庄子》以为'朝菌'。"

顾微《广州记》曰："平兴县有花树〔6〕,似堇,又似桑。四时常有花,可食,甜滑,无子。此蕣木也。"

《诗》曰："颜如蕣华。"〔7〕《义疏》曰："一名'木堇',一名'王蒸'。"

【注释】

〔1〕引文见《庄子·逍遥游》,"椿"作"大椿"。陆德明《音义》引有"司马云",即司马彪注,只是:"木,一名櫬。櫬,木槿也。"

〔2〕《御览》卷九九九"蕣"引傅玄语末尾多"潘尼以为'朝菌'"句。

〔3〕木堇:即锦葵科的木槿(Hibiscus syriacus),落叶灌木。花单生于叶腋,花冠有红、紫、白等色,大而美丽(有重瓣者),朝开暮落,故有"朝华"、"朝菌"、"蕣华"、"日及"等别名。"舜"者取义于"转瞬"之间,加草头作"蕣";"日及"也是不出当天就萎谢的意思。

〔4〕《类聚》卷八九"木槿"引《外国图》末尾多"去琅耶三万里"句,其说与慧深说"扶桑"相似。

〔5〕《类聚》卷八九引作晋潘尼《朝菌赋序》,应是序文。其文曰:"朝菌者,盖朝华而暮落。世谓之'木槿',或谓之'日及',诗人以为'舜华',宣尼以为'朝菌'。其物向晨而结,逮明而布,见阳而盛,终日而殒。不以其异乎?何名之多也!"则后人所见潘尼序文有"宣尼"和"《庄子》"之异。宣尼,汉平帝追赠孔子的谥号见《汉书·平帝纪》。

〔6〕平兴县：南朝宋置，故城在今广东肇庆东南。

〔7〕《诗经·郑风·有女同车》的一句，"蕣"作"舜"。

【译文】

《庄子》说："上古有一种椿树，以八千年为一个春天，八千年为一个秋天。"司马彪注解说："就是木堇，以一万六千岁作为一年，又名'蕣（shùn）椿'。"

傅玄《朝华赋序》说："朝华是花美丽的树，或者叫作'洽容'，或者又叫'爱老'。"

《东方朔传》记载："东方朔写给公孙弘借车马的信说：'木堇花傍晚萎谢了，明天早上又开茂盛了，读书人也不会老是贫寒的。'"

《外国图》说："有德行的人当权的国家，木堇花开得很多，人民可以采来吃。"

潘尼《朝菌赋〔序〕》说："朝菌，世俗人叫它'木堇'，或者又叫'日及'，写《诗经》的人以为是'蕣华'。"另一个本子又说："《庄子》以为是'朝菌'。"

顾微《广州记》说："平兴县有一种开花的树，像堇木，又像桑树。一年四季常常有花，花可以吃，甜而柔滑，没有子。这就是'蕣木'。"

《诗经》说："脸蛋儿颜色像蕣华。"《诗义疏》说："蕣华，一名'木堇'，又名'王蒸'。"

木　蜜（一二三）

《广志》曰："木蜜[1]，树号千岁，根甚大。伐之四五岁，乃断取不腐者为香。生南方。"

"枳，木蜜，枝可食。"[2]

《本草》曰[3]："木蜜[4]，一名木香。"

【注释】

〔1〕木蜜：本目所引三种"木蜜"，实指三种植物而同名者。本条的木

蜜是瑞香科的沉香（Aquilaria agallocha）或同属的白木香（A. sinensis）。启愉
按：著名熏香料的"沉香"是沉香树的含树脂的心材，其在树干或根部伤口处
天然凝结着的多量树脂，年久转为优质沉香，古文献叫作"熟结"；人工采制
则是斫伤树干或凿出树孔（俗称"开香门"），使逐渐分泌树脂，若干年后削取
之，或将大树砍倒，若干年后取其不朽心材，古文献叫作"生结"。由于年份
久暂和树体部位的不同，树脂含量有多寡，品质有优劣，加上形状不一，因而
有沉香、栈香、马蹄、鸡骨等多种品名，而以坚黑沉重含树脂量特多的心材（或
节）入水即沉者为"沉香"，最名贵。再，"沉香"的来源有二：一即沉香（A.
agallocha），产于越南、印度、马来西亚等地，我国古时不产；一是白木香（A.
sinensis），产于海南岛、广西、台湾等地，以其产于我国，别名"土沉香"，以别于
进口的 A. agallocha。原文只说"出在南方"，因此这两种都有可能。

〔2〕"枳"这条原接写在《广志》下面成为《广志》文，但这是指枳柜，
下条就有《广志》记"枳柜"文，则此条不应是《广志》文，故为提行另列，但
脱去书名。可《御览》卷九八二"木蜜"引《魏王花木志》转引《广志》末句
有"其枝可食"，这是错误的，因为枳柜的"枝"（肉质的扭曲的果柄）可食，
沉香的枝不可食，《魏王花木志》误同名异物的"木蜜"为一物。枳柜单名
为"枸"，《要术》"枳"疑应作"枸"。木蜜，此处应指鼠李科的枳柜，见下目
注释〔1〕。所谓"枝条"，是其扭曲的肉质果柄，味甜，可以吃。

〔3〕《御览》卷九八二引《本草经》是："木蜜，一名蜜香。味辛温。"名
称与《要术》不同。

〔4〕木蜜：这里指菊科的云木香（Aucklandia lappa），多年生高大草本。
原产印度，我国云南、广西、四川等地早有栽培。其主根粗壮木质化，具特异
香气，原名"蜜香"，又名"木香"，因与沉香的别名相同，又改呼此为"广木
香"、"南木香"以别之。

【译文】

　　《广志》说："木蜜，它的树号称可以活上一千年，根很大。砍断
四五年之后，才斫取里面不腐烂的部分来作'香'。生在南方。"

　　"枳〔柜〕，就是木蜜，它的'枝条'可以吃。"

　　《本草》说："木蜜，一名木香。"

枳　柜(一二四)

《广志》曰："枳柜〔1〕，叶似蒲柳〔2〕；子似珊瑚，其味如

蜜。十月熟,树干者美[3]。出南方。邳、郯枳柜大如指[4]。"

《诗》曰:"南山有枸。"[5]毛云:"柜也。"《义疏》曰:
"树高大似白杨,在山中。有子着枝端,大如指,长数寸,噉
之甘美如饴。[6]八九月熟。江南者特美。今官园种之,谓
之'木蜜';本从江南来。其木令酒薄[7];若以为屋柱,则
一屋酒皆薄。"

【注释】

〔1〕枳柜(jǔ):即鼠李科的枳椇(jǔ)(Hovenia dulcis),落叶乔木。果实
着生在分枝而扭曲的花梗上,近球形而小,不能吃。其扭曲的肉质果柄味甜
可食,别名"木蜜"、"木饧",因其味甘;又名"鸡爪子"、"金钩子"、"木珊
瑚",因其形象。据说"木珊瑚"就是因为《广志》有"似珊瑚"而来的。所
谓"子",非指果实,实指其着之果柄。

〔2〕蒲柳:是杨柳科的水杨(Salix gracilistyla)。叶长椭圆形,跟广卵
形的枳椇叶基本相似。

〔3〕干:扬雄《方言》卷一〇:"干……老也。"指老熟,非指干燥。

〔4〕邳(pī):即今江苏邳州。 郯(tán):故城在今山东郯城北,与
邳州相邻。但都不能说成"在南方",有窜误。《御览》卷九七四引《广志》
无"邳、郯",应是。

〔5〕《诗经·小雅·南山有台》的一句。枳柜单称为"枸"(jǔ),本此。
今毛《传》文是:"枸,枳枸。"

〔6〕描写"子"的这几句,《御览》卷九七四"枳椇"引《诗义疏》是:
"子着支端,支柯不直,噉之甘美如饴。"启愉按:枳椇的花梗分枝而扭曲,熟
时肉质红棕色,味甜可食,这就成为其果实的肉质果柄,则"大如指"应指
"枝",非指"子","枝"应重文。而《广志》所谓"子似珊瑚",则是径指果
柄。《御览》所引"支(枝)柯不直"才是正确的。

〔7〕此木能使酒味变淡,本草书上都有这样的说法,并用以"解酒毒"。
它的果实,现在也用为利尿和解酒毒的药。上文"枝"指可以吃的肉质果柄。

【译文】

《广志》说:"枳柜,叶子像蒲柳;'子'像珊瑚,味道甜得像蜜。十

月成熟,在树上自己老熟的更美好。出在南方。邠、郏(?)的枳椇像手指一样粗。”

《诗经》说:“南面的山上有枸。”毛《传》说:“就是〔枳〕柜。”《诗义疏》说:“这树高大像白杨树,生长在山中。有种子着生在‘枝’的顶端,〔枝〕像手指粗细,有几寸长,吃起来像饴糖一样甜美。八九月成熟。产在江南的特别美好。现在官园里有种着,叫作‘木蜜’,原来是从江南引进来的。枳柜木能使酒味变淡;如果用它来作房屋柱子,那整个房子里的酒都会变淡。”

杬(一二五)

《尔雅》曰[1]:“杬[2],樕梅。”郭璞云:“杬树,状似梅。子如指头,赤色,似小奈,可食。”

《山海经》曰:“单狐之山,其木多杬[3]。”郭璞曰:“似榆,可烧粪田。出蜀地。”

《广志》曰:“机木[4],生易长。居,种之为薪,又以肥田。”

【注释】

〔1〕引文见《尔雅·释木》,正注文并同《要术》。

〔2〕杬(qiú):李时珍以为就是山楂,有两种,一种小的,“山人呼为‘棠杬子’”;一种大的,“山人呼为‘羊杬子’”(《本草纲目》卷三〇“山楂”)。所指二种是蔷薇科的野山楂(Crataegus cuneata)和山楂(C. pinnatifida),或其变种山里红(var. major)。

〔3〕“其木多杬”,今本《山海经·北山经》作“多机木”。郭璞注也是“机木”,并注音“音饥”。《御览》卷九六一“机”引《山海经》也是“机”而不是“杬”。这两个字是两种植物,如果贾氏所见《山海经》原作“杬”,那是错字。山楂的叶和花绝不像榆树。机木即桦木科的桤(qī)木(Alnus cremastogyne),落叶乔木,极易长大。成都的田垄河岸间颇多。木材轻软,主要用作柴薪。嫩叶可以代茶。《广志》的机

木同此。

〔4〕明抄仍作"杋木"，但金抄作"机木"，应是"机木"（即桤木）。《要术》引《山海经》和《广志》的机木都列在"杋"目，是混列，贾氏似不至于如此，可能由于字形极相似，后人误"机"为"杋"而混并入"杋"目，而原有的"机"目被夺失。

【译文】

《尔雅》说："杋，是綮（jī）梅。"郭璞注解说："杋树，形状像梅树。果实像手指头大小，红色，像小的柰子，可以吃。"

《山海经》说："单狐山中，树木多〔机木〕。"郭璞注解说："像榆树，可以烧成灰来肥田。出在蜀地。"

《广志》说："机木，容易长大。住在那地方的人，种来当柴烧，又可以〔烧了〕肥田。"

夫 栘（一二六）

《尔雅》曰〔1〕："唐棣〔2〕，栘。"注云："白栘。似白杨。江东呼'夫栘'。"

《诗》云："何彼秾矣，唐棣之华。"〔3〕毛云："唐棣，栘也。"《疏》云："实大如小李，子正赤，有甜有酢；率多涩，少有美者。"

【注释】

〔1〕引文见《尔雅·释木》。今本郭注无"白栘"，但《经典释文》引郭注有，作"今白栘也"，今本似脱。

〔2〕唐棣：和"栘"（yí）、"夫栘"，异名同物，就是蔷薇科的唐棣（Amelanchier sinica），落叶小乔木。梨果小，近球形或扁圆形，紫黑色。《诗义疏》所描述者，即是此种。但郭璞解释"像白杨"，白杨为高大落叶乔木，柔荑花序，种子具白毛，则大异，为白杨类树木，非此种。

〔3〕《诗经·召南·何彼秾矣》句，"秾"（nóng）通"襛"。

【译文】

《尔雅》说："唐棣，是栘。"〔郭璞〕注解说："就是白栘。像白杨，江东叫它'夫栘'。"

《诗经》说："怎么那样美丽呀！这唐棣的花啊！"毛《传》说："唐棣，就是栘。"《〔诗义〕疏》说："果实像小李子大小，颜色正赤，有甜的有酸的；但味道大都是涩的，少有美好的。"

羍音诸(一二七)

《山海经》曰："前山，有木多羍。"〔1〕郭璞曰："似柞，子可食。冬夏青。作屋柱难腐。"

【注释】

〔1〕引文见《山海经·中山经》"中次十一经"，文作："前山，其木多楮。"羍(zhū)，同楮，即山毛榉科的楮(Quercus glauca)和它的近亲种，常绿乔木。

【译文】

《山海经》说："前山，树木多羍树。"郭璞注解说："像柞木，果实可以吃。冬夏常绿。木材作屋柱，不易腐朽。"

木　威(一二八)

《广州记》曰："木威〔1〕，树高大〔2〕。子如橄榄而坚，削去皮，以为粽〔3〕。"

【注释】

〔1〕木威：是橄榄科的乌榄(Canarium pimela)，常绿乔木。很早以其果实榨油，为我国华南特有的木本油料树种。

〔2〕"树高大"，金抄如文，明抄作"树高丈"，《御览》卷九七四"木威"引顾微(鲍崇城刻本)《广州记》作"高丈余"。按：木威树高可达10

米以上,应作"高大"(《北户录》卷三崔龟图注引顾微《广州记》同)。

〔3〕"粽",应作"粽",同"糁",指蜜饯。

【译文】

《广州记》说:"木威,树高大。果实像橄榄,不过坚硬些,削去外皮,可以作蜜饯吃。"

梬 木(一二九)

《吴录·地理志》曰[1]:"庐陵南县有梬树[2],其实如甘焦[3],而核味亦如之。"

【注释】

〔1〕原题作"《吴录》曰《地理志》曰",据《御览》卷九七四"梬木"引作"《吴录·地理志》曰",删去前一"曰"字。

〔2〕"庐陵南县",《御览》引作"庐陵南部雩都县",《要术》脱"部雩都"三字。庐陵,郡名,郡治在今江西泰和西北。雩都县,即今同省于都,属庐陵郡。　　梬(yuán)树:未悉是何种植物。

〔3〕"甘焦"即"甘蕉"(《御览》引即作"蕉"),但甘蕉果内不含种子(含种子的是另外的蕉类,一般不好吃),且古有称硬壳为"核",无称果肉为"核"者。因此,"而核味亦如之",就很难想像,未知"甘焦"是否"焦甘"倒错。"焦甘"即"蕉柑",是芸香科柑(Citrus reticulata)的优良变种(var. tankan)。否则,疑此句有脱讹。

【译文】

《吴录·地理志》说:"庐陵南面〔雩都〕县有一种梬树,果实像甘蕉(?),其中核(?)的味道也像甘蕉。"

韶[1](一三〇)

《广州记》曰:"韶,似栗[2]。赤色,子大如栗[3],散有棘刺。破其外皮，内白如脂肪，着核不离，味甜酢。核似荔支。"

【注释】

〔1〕标目和引文的"韶"字，原均作"歆"，误，据《御览》卷九六○"韶"引裴渊《广州记》及各书所记改正。

〔2〕"韶，似栗"，据《御览》所引及《本草拾遗》引《广志》应作"韶，叶似栗"。韶，此指无患子科的海南韶子（Nephelium lappaceum var. topengii）。叶椭圆形或矩圆形，与栗树叶相似。果实椭圆形，红色或橙黄色，密被软刺，刺先端钩状。假种皮与种子密着不离。果实味酸甜，可食。产于云南、广东、海南等地。其正种韶子（N. lappaceum）产于印度、马来西亚，我国不产。

〔3〕"赤色"，指果实，应作"子赤色，大如栗"。

【译文】

《广州记》说："韶，〔叶子〕像栗树的叶。（果实）赤色，像栗子大小，散布着棘刺。破开外皮，里面的肉像脂肪一样白，与核紧密相连不分离，味道甜酸。核像荔枝的核。"

君　迁（一三一）

《魏王花木志》曰〔1〕："君迁树细似甘焦〔2〕，子如马乳。"

【注释】

〔1〕《魏王花木志》：《隋书·经籍志》等不著录，惟《御览》等有引录。撰人不详，"魏王"亦不知为何人。书已佚。

〔2〕君迁：即柿树科的君迁子（Diospyros lotus）。"树细似甘焦"，君迁子树不能像甘蕉，有脱误，也许"甘焦"仍是"焦甘"倒错，疑应作："君迁树，叶似焦甘，子细如马乳。"

【译文】

《魏王花木志》说："君迁，树像甘蕉（？），果实（细小）像马奶头。"

古　度(一三二)

《交州记》曰:"古度树[1],不花而实。实从皮中出,大如安石榴,正赤,可食。其实中如有'蒲梨'者[2],取之数日,不煮,皆化成虫,如蚁,有翼,穿皮飞出。着屋正黑[3]。"

顾微《广州记》曰:"古度树,叶如栗而大于枇杷。无花,枝柯皮中生子。子似杏而味酢。取煮以为粽[4]。取之数日,不煮,化为飞蚁。

"熙安县有孤古度树生[5],其号曰'古度'[6]。俗人无子,于祠炙其乳,则生男。以金帛报之。"

【注释】

〔1〕古度树:据所记明显是桑科无花果属(Ficus)的植物,参看"槃多(一一四)"注释〔2〕。

〔2〕蒲梨:即《尔雅·释虫》的"蒲虑",郭璞注:"即细腰蜂也。"启愉按:无花果属植物的花序托中有雄花、雌花,还有瘿花。瘿花是花组织受到瘿蜂(Cynips spp.)的侵害后,细胞加速分裂而成的一种畸形构造,其花为瘿蜂所盘踞,瘿蜂在里面产卵,待其幼虫羽化为成虫时,就像有翅蚂蚁那样,穿透果皮飞了出来。

〔3〕"着屋正黑",《永乐大典》卷一四五三六"古度树"引《要术》转引《交州记》作正文,《植物名实图考长编》卷一六"古度"引亦作正文。

〔4〕"粽",沿讹字,应作"糇",同"糁"。

〔5〕熙安县:始置于南朝宋,故治在今广东番禺。

〔6〕"古度",此指"古度庙",此句当脱祠庙字。

【译文】

《交州记》说:"古度树,不开花却结果实。果实从树皮中冒出来,像安石榴大小,颜色正赤,可以吃。果实里面有像'蒲梨'那样的东西,采下来隔几天不煮,就化成了虫,像蚂蚁,有翅膀,都穿透果皮飞了出来。满屋子钉着,颜色黑乎乎的。"

顾微《广州记》说:"古度树,叶子像栗树叶,而比枇杷叶要大。没有花,却从树枝的皮中冒出果实来。果实像杏子,味道酸。采下来可以煮成蜜饯。采下来过几天不煮,里面便化成了会飞的蚂蚁。

"熙安县有独棵的古度树长着,〔人们在那里建造祠庙,〕称为'古度祠'。老百姓没有儿子,就去祠里烧炙一下〔神像的〕乳,便会生男孩。人们就用金钱绢帛报答它。"

系　弥(一三三)

《广志》曰:"系弥树〔1〕,子赤,如楔枣〔2〕,可食。"

【注释】

〔1〕系弥树:很像"杬(一二五)"所讲的"杬,檕梅",即山楂。
〔2〕楔枣:即君迁子。

【译文】

《广志》说:"系弥树,果实赤色,像楔枣,可以吃。"

都　咸(一三四)

《南方草物状》曰:"都咸树〔1〕,野生。如手指大,长三寸,其色正黑。三月生花色,仍连着实。七八月熟〔2〕。里民噉子〔3〕,及柯皮干作饮,芳香。出日南。"

【注释】

〔1〕都咸树:未详是何种植物。
〔2〕"三月生花色……七八月熟",宜在"如手指大……"之上,因为"如手指大"云云是指果实。
〔3〕"噉子",《御览》卷九六〇"都咸"引徐衷《南方记》作:"取子及树

皮,曝干作饮,芳香。"《本草拾遗》引《南州记》同《御览》。《要术》"噉子"
未知是否"取子"之误。

【译文】

《南方草物状》说:"都咸树是野生的。〔果实〕像手指粗细,三寸
长,颜色正黑。三月展放花朵,接着不久就结果实。七八月成熟。当
地老百姓吃它的果实,以及用树枝的皮晒干冲水作饮料,气味芳香。
出在日南郡。"

都　桷(一三五)

《南方草物状》曰:"都桷树[1],野生。二月花色,仍连
着实。八九月熟。一如鸡卵[2]。里民取食。"

【注释】

〔1〕都桷树:这和"桶("桷"之误)(四二)"、"都昆(一四九)"应是同
一种植物,但难以确指是何种植物。

〔2〕"一如鸡卵",《御览》卷九六〇"都桶("桷"之误)"引《魏王花木
志》转引《南方草物状》作:"子如鸭卵,民取食之。其皮核滋味酢。出九真、
交趾。"《本草拾遗》所记也是"子如卵"。"一如"也许是"子如"之误。

【译文】

《南方草物状》说:"都桷树是野生的。二月展放花朵,接着不久
就开始结果。八九月成熟。很像鸡蛋。当地人采了来吃。"

夫　编—本作"猵"[1](一三六)

《南方草物状》云:"夫编树[2],野生。三月花色,仍连
着实。五六月成子,及握[3]。煮投下鱼、鸡、鸭羹中,好。

亦中盐藏。出交阯、武平。"

【注释】

〔1〕金抄作"编"，明抄作"徧"，均非，实际是"漏"字错成。

〔2〕夫编树：应该就是《御览》卷九六〇"夫漏"引徐衷《南方记》(《南方草物状》亦徐衷所写)的"夫漏树"。唐陈藏器《本草拾遗》说："无漏子……生波斯国，如枣，一云波斯枣。"唐刘恂《岭表录异》卷中记载他曾在广州吃到外国来的波斯枣，并曾收其果核种下去，结果"久无萌芽，疑是蒸熟也"。按：无漏子即棕榈科的海枣，学名 Phoenix dactylifera，别名椰枣、波斯枣。常绿大乔木。浆果长椭圆形，形似枣子，味甘美。原产非洲北部和亚洲西南部，为伊拉克特产之一，故又名"伊拉克蜜枣"。现在很多热带地方有栽培。但那时交阯、武平(今越南北部)是否有野生海枣，值得考虑，则所记又未必是海枣。

〔3〕"及握"，可以解释果实的大小"盈握"，但有些勉强。《御览》卷九六〇"夫漏"引《南方记》作"如术有"，"术有"是"枣"字拆开后错成，《本草拾遗》即作"如枣"，则"及握"应作"如枣"。其致误之由，或系由"州树(一三八)"有"五六及握"，却和这里的"五六月"看混了错写在这里，而"如枣"原文被夺。

【译文】

《南方草物状》说："夫编树，野生的。三月展放花朵，接着不久就开始结实。五六月成熟〔，像枣子〕。果实煮过放进鱼羹或鸡、鸭羹里，味道好。也可以用盐腌着保藏。出在交阯、武平。"

乙　树(一三七)

《南方记》曰[1]："乙树[2]，生山中。取叶，捣之讫，和缥叶汁煮之，再沸，止。味辛。曝干，投鱼、肉羹中。出武平、兴古。"

【注释】

〔1〕《南方记》：不见各家书目著录，惟《御览》等有引录。与《南方草

物状》同为东晋到刘宋时的徐衷所撰。二书关系,究竟如何,是徐衷先写了
《南方记》,后来作修改,改名《南方草物状》,还是《南方草物状》在抄写流
传过程中又变名《南方记》,不得而知,只能说二书同出一人手笔。书已佚。

〔2〕乙树:连下文的"州树"、"前树"、"国树"、"柠",都未详是何种
植物。

【译文】

《南方记》说:"乙树,生在山中。采取叶子,捣烂了,混和着叶汁
一起煮,煮到两次沸腾,停止。味道辛辣。晒干了,放进鱼、肉羹里
吃。出在武平、兴古。"

州　树(一三八)

《南方记》曰:"州树,野生。三月花色,仍连着实。
五六及握,煮如李子〔1〕。五月熟。剥核,滋味甜。出
武平。"

【注释】

〔1〕"煮",费解,疑"着"之误。

【译文】

《南方记》说:"州树,野生的。三月展放花朵,接着不久就开始
结果。果实五六个满一把,〔着生在树上〕(?)像李子。五月成熟。
剥去硬壳吃,滋味甜。出在武平。"

前　树(一三九)

《南方记》曰:"前树,野生。二月花色,连着实,如手
指,长三寸。五六月熟。以汤滴之〔1〕,削去核食。以糟、

盐藏之，味辛可食。出交阯。”

【注释】

　　〔1〕“滴”，疑“渜”之误。

【译文】

　　《南方记》说：“前树是野生的。二月展放花朵，接着不久就结果实。果实像手指粗细，三寸长。五六月成熟。用沸水〔焯〕过，削去〔软化的〕硬壳吃。用酒糟、盐腌过，味道辛辣，也可以吃。出在交阯。”

石　南(一四○)

　　《南方记》曰：“石南树〔1〕，野生。二月花色，仍连着实。实如燕卵，七八月熟。人采之，取核，干其皮〔2〕，中作肥鱼羹，和之尤美。出九真。”

【注释】

　　〔1〕石南树：有蔷薇科的石楠(Photinia serrulata)，常绿灌木或小乔木。小梨果球形，极小(直径5—6毫米)，熟时红色或紫褐色，有“鬼目”之称。本目说“果实像燕蛋”，又可以作调味料，显然和石楠不像，并且也不像石南科的石南，未悉究为何种植物。

　　〔2〕“干其皮”以下《御览》卷九六一“石南”引《魏王花木志》转引《南方记》是：“干取皮，作鱼羹，和之尤美。出九真。”无“肥”字。

【译文】

　　《南方记》说：“石南树，野生的。二月展放花朵，接着不久就结果实。果实像燕蛋，七八月成熟。人们采来，取出核，把皮晒干，可以下在鱼羹里使味道肥美(？)，用来调味尤其美好。出在九真。”

国　树(一四一)

《南方记》曰："国树,子如雁卵。野生。三月花色,连着实。九月熟。曝干讫,剥壳取食之,味似栗。出交阯。"

【译文】

《南方记》说："国树,果实像鸿雁的蛋。树是野生的。三月展放花朵,接着不久就开始结果。九月成熟。晒干之后,剥去外壳拿肉来吃,味道像栗子。出在交阯。"

楮(一四二)

《南方记》曰："楮树〔1〕,子似桃实。二月花色,连着实。七八月熟。盐藏之,味辛。出交阯。"

【注释】

〔1〕楮树:这不是桑科的构树(Broussonetia papyrifera),而与"桶("桷"之误)(四二)"、"都桷(一三五)"和"都昆(一四九)",花期、果期、果形以至盐藏,完全相同,应是同一种植物。《御览》卷九七二引陈祈畅《异物志》有"榖子",说明与可以作纸的"榖树"同名,"而实大异"。这里"楮树",应即陈祈畅所指的这种,亦即"桷"、"都桷"。桑科的构树,亦名"楮树",也是和本目的"楮树"同名异种的。但难以确指为何种植物。

【译文】

《南方记》说："楮树,果实像桃子。二月展放花朵,接着不久就开始结果。七八月成熟。用盐腌着保藏,味道辛辣。出在交阯。"

柠(一四三)

《南方记》曰："柠树,子如桃实,长寸余。二月花色,连着实。五月熟，色黄。盐藏，味酸似白梅。出九真。"

【译文】

《南方记》说："柊(chǎn)树，果实像桃子，一寸多长。二月展放花朵，接着不久就开始结果。五月成熟，颜色黄。用盐腌藏，味道酸，像干制的白梅。出在九真。"

梓棪(一四四)

《异物志》曰："梓棪[1]，大十围，材贞劲，非利刚截，不能克。堪作船。其实类枣，着枝叶重曝挠垂[2]。刻镂其皮[3]，藏[4]，味美于诸树。"

【注释】

〔1〕清李调元《南越笔记》卷一三"海枣"说："海枣，俗名'紫京'，坚重过于'铁力木'。铁力木不甚宜水，此则入水及风雨不朽。"这里"梓棪(yǎn)"，木质极坚，宜于作船(紫京也不怕入水)，果实又像枣子，也许和紫京同类相似，但未悉是何种植物。

〔2〕"曝"，疑是"累"字之误。

〔3〕刻镂其皮：这是一种"藏"的加工程序，如果是蜜藏，则是将果肉细划，使糖分易于渍入。南宋周去非《岭外代答》卷八："人面子……肉甘酸，宜蜜饯：镂为细瓣，去核，按扁，煎之。微有橘柚芳气，南果之珍也。"清吴震方《岭南杂记》卷下亦载："人面子……或刻作花毬，蜜渍充馈。"有些像今天作蜜枣的方法。人面子是漆树科的Dracontomelom duperreanum，果实扁球形，核有数孔，似口、鼻，故名。

〔4〕"藏"上疑脱"蜜"、"盐"一类字。

【译文】

《异物志》说："梓棪，树干有十围大，木材坚硬，不用锋利的钢刀来砍，不能砍进去。可以作船。它的果实像枣子，着生在枝叶间重叠〔累累〕地弯曲悬垂着。刻划果实的皮，〔用蜜〕渍藏，味道比各种树的果实都美好。"

葛　母(一四五)

《异物志》云："葛母[1]，树皮有盖[2]，状似栟榈；但脆不中用。南人名其实为'葛'。用之，当裂作三四片。"

《广州记》曰："葛，叶广六七尺，接之以覆屋。"

【注释】

〔1〕葛(gē)母：未详是何种植物，可能是棕榈科的。

〔2〕树皮有盖：该是指套在茎干外的纤维质长叶鞘，像棕榈的茎干被长叶鞘形成的棕衣所包的样子。

【译文】

《异物志》说："葛母，树皮有盖，形状像棕榈树；可是树干脆弱不中用。南方人把它的果实叫作'葛'。用起来，要撕开作三四片。"

《广州记》说："葛，叶子有六七尺宽，把它连接起来，可以盖屋顶。"

五　子(一四六)

裴渊《广州记》曰："五子树[1]，实如梨，里有五核，因名'五子'。治霍乱、金疮[2]。"

【注释】

〔1〕五子树：果实为梨果，当是蔷薇科植物，但记述过简，未详何种。下目"白缘"，亦未详。

〔2〕古所谓"霍乱"，泛指剧烈吐泻、腹痛、抽筋拘挛等症，不同于现代所称的急性传染病的霍乱(Cholera，译名"虎列拉")。

【译文】

　　裴渊《广州记》说:"五子树,果实像梨子,里面有五颗核,所以叫'五子'。可以治霍乱、刀伤。"

白　缘(一四七)

　　《交州记》曰:"白缘树,高丈。实味甘,美于胡桃。"

【译文】

　　《交州记》说:"白缘树,有丈把高。果实味道甜,比胡桃还美好。"

乌　臼(一四八)

　　《玄中记》云:"荆、扬有乌臼[1],其实如鸡头。迮之如胡麻子,其汁味如猪脂。"

【注释】

　　[1]乌臼:树名,即大戟科的乌桕(Sapium sebiferum),落叶乔木。种子外层被白色蜡质,炼制成的白色脂肪为桕脂,其种仁榨得的油为青油,为干性油。

【译文】

　　《玄中记》说:"荆州、扬州有乌臼树,它的果实像芡子。榨起来,像榨芝麻子;它的汁,味道像猪油。"

都　昆(一四九)

　　《南方草物状》曰:"都昆树[1],野生。二月花色,仍连着实。八九月熟，如鸡卵，里民取食之，皮核滋味醋。出九真、交阯。"

【注释】

〔1〕都昆树：这和"桶（应是"桷"）（四二）"、"都桷（一三五）"应是同一种植物。

【译文】

《南方草物状》说："都昆树，野生的。二月展放花朵，接着不久便开始结果。八九月成熟，像鸡蛋的形状，当地人采来吃，皮和核味道酸。出在九真、交阯。"

附　录

西汉、魏晋、后魏度量衡亩折合今制表

西汉制	折合今制
1尺	231毫米（0.69市尺）
1升	200毫升（0.2市升）
1斤	240克（0.48市斤）
1亩	0.69市亩
魏晋制	
1尺	242—245毫米（约0.73市尺）
1升	200毫升（0.2市升）
后魏制	
1尺	280毫米（0.84市尺）
1升	400毫升（0.4市升）
1石（斛）	40升（4市斗）
1斤	444克（0.89市斤）
1亩	1.016市亩

中国古代名著全本译注丛书